办公软件应用
Windows 10、Office 2016
职业技能培训教程

（中级）

计算机职业技能培训教材编委会　编写

北京希望电子出版社
Beijing Hope Electronic Press
www.bhp.com.cn

内容简介

本书包含办公软件应用 Windows 10、Office 2016 中级考试的全部试题、试题解答和知识点讲解，书中试题根据办公软件应用培训和考核标准及中级考试大纲编写。全书共分 8 章，分别讲解了操作系统应用、文字录入与编辑、文档的格式设置与编排、文档的版面设置与编排、电子表格的基本操作、电子表格的数据处理、Word 和 Excel 的进阶应用、演示文稿的基本操作等内容。

本书是参加办公软件应用 Windows 10、Office 2016 中级考试的必备技术资料，既可供考评员和培训教师在组织培训、操作练习时使用，又可供考生考前练习之用，同时也可作为高职高专院校和社会培训机构进行办公软件应用技能培训与测评的首选教材。

为方便考生练习，本书配套资源将在北京希望电子出版社微信公众号、微博，以及北京希望电子出版社网站（www.bhp.com.cn）上提供。

图书在版编目（CIP）数据

办公软件应用 Windows 10、Office 2016 职业技能培训教程 ：中级 / 计算机职业技能培训教材编委会编写. -- 北京 ：北京希望电子出版社, 2021.1

ISBN 978-7-83002-789-6

Ⅰ. ①办… Ⅱ. ①计… Ⅲ. ①Windows 操作系统—教材②办公自动化—应用软件—教材 Ⅳ. ①TP316.7②TP317.1

中国版本图书馆 CIP 数据核字(2020)第 254615 号

出版：北京希望电子出版社

地址：北京市海淀区中关村大街 22 号
中科大厦 A 座 10 层

邮编：100190

网址：www.bhp.com.cn

电话：010-82620818（总机）转发行部
010-82626237（邮购）

传真：010-62543892

经销：各地新华书店

封面：希望云

编辑：安 源

校对：石文涛

开本：787mm×1092mm 1/16

印张：23.75

字数：563 千字

印刷：北京昌联印刷有限公司

版次：2024 年 12 月 1 版 2 次印刷

定价：56.00 元

计算机职业技能培训教材编委会

本书执笔人： 孙　平　王雅男　王政辉　王　楠

出版说明

本书依据“计算机网络类（文本处理）”技能提升培训课程标准进行编写，并根据办公软件应用培训和考核标准及中级考试大纲进行试题开发。全书以“知识讲解→试题汇编→试题解答”为主线，详细讲解了办公软件应用 Windows 10、Office 2016 中级评价考试的全部试题、试题解答和知识点讲解等内容，旨在全面提升劳动者的职业技能水平和就业创业能力。

本书共分 8 章，分别讲解了操作系统应用、文字录入与编辑、文档的格式设置与编排、文档的版面设置与编排、电子表格的基本操作、电子表格的数据处理、Word 和 Excel 的进阶应用、演示文稿的基本操作等内容。

本书是参加办公软件应用 Windows 10、Office 2016 中级考试的必备技术资料，既可供考评员和培训教师在组织培训、操作练习等方面使用，也可供考生考前练习之用，还可作为高职高专院校和社会培训机构进行办公软件应用技能培训与测评的首选教材。

本书执笔人有孙平、王雅男、王政辉、王楠等，不足之处敬请批评指正。

目　录

第1章　操作系统应用

Ⅰ.知识讲解

知识要点

- Windows 10操作系统的基本操作。
- Windows 10操作系统的设置与优化。

评分细则

本章有6个评分点，每题8分。

评分点	分值	得分条件	判分要求
启动资源管理器	1	在Windows 10中启动资源管理器	无操作失误
建立考生文件夹	1	文件夹名称、位置正确	必须在指定的驱动器中
复制文件	1	正确复制指定的文件	复制正确即得分
重命名文件	1	正确重命名文件名及扩展名	文件名及扩展名须全部正确
操作系统的设置	2	按要求对操作系统进行设置	操作正确得分
操作系统的优化	2	按要求对操作系统进行优化	操作正确得分

1.1　Windows 10操作系统的基本操作

1.1.1　文件资源管理器

1. 认识“文件资源管理器”

计算机中的资源是全部管理对象的总称，包括硬件资源和软件资源。而“文件资源管理器”的作用就是用来全面管理各种资源的Windows应用程序，例如：文件、文件夹、桌面、打印机、控制面板、网络、频道等，都是它所管理的对象。

“文件资源管理器”是一个非常重要的浏览和管理磁盘文件的程序。利用“文件资源管理器”可以查看本机或其他计算机上的磁盘（硬盘、光盘等）上的文件，或是连接设备上的文件，并可对这些文件进行复制、移动、删除等操作。

“我的电脑”和“文件资源管理器”的外观很类似，其最大区别是：“我的电脑”只能显示当前窗口中某个文件夹的内容；“文件资源管理器”的左侧窗格中显示了当前文件夹的结构，而在其右侧窗格中显示了当前文件夹中的所有内容，可以快速查看计算机上的所有文件或文件夹。

在“文件资源管理器”的左侧窗格中，各种资源的图标前面都有一个标志：显示为“ › ”标志的表示该资源中的下一级文件夹还没有显示出来；显示为“ ⌄ ”标志的表示该资源中的下一级文件夹已经显示出来了。单击图标前的“ › ”或“ ⌄ ”标志可以在二者之间进行切换，即下一级文件夹从关闭到打开，或是从打开到关闭，如图1-1所示。

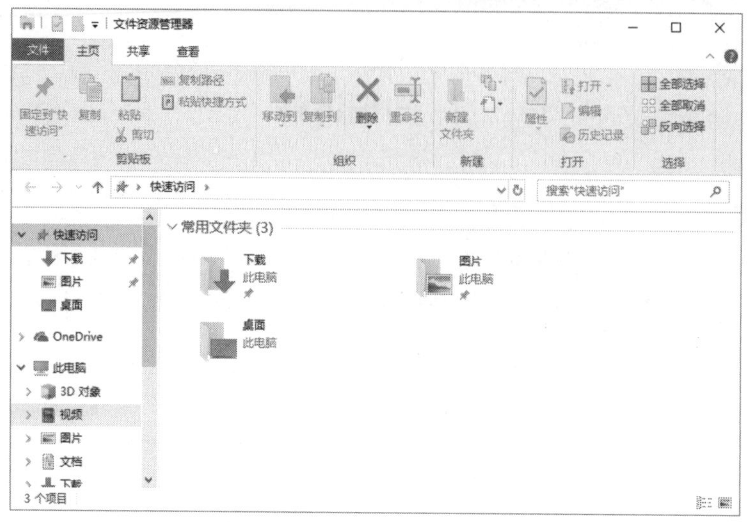

图1-1

2. 启动“文件资源管理器”的方法

方法1：打开“开始”菜单，在“Windows系统”子菜单中执行“文件资源管理器”命令，如图1-2所示。

方法2：使用鼠标右键单击（在本书后续描述中，本操作简称“右击”）“开始”按钮，在弹出的快捷菜单中执行“文件资源管理器”命令，如图1-3所示。

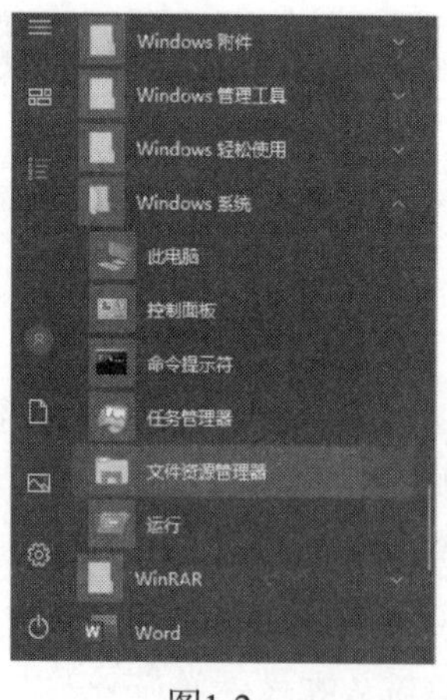

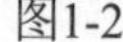

图1-2

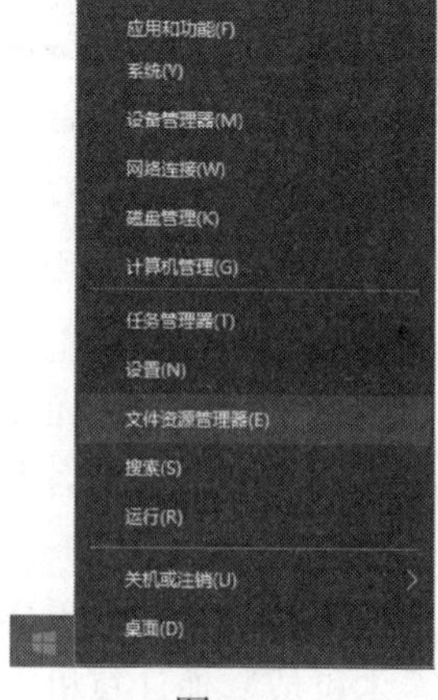

图1-3

通过“文件资源管理器”，可以完成如下操作：

（1）选择1个或多个对象。

（2）对所选择的对象进行复制/拷贝、剪切/移动、粘贴、删除等操作。

（3）创建新文件或新文件夹。

（4）更改对象名称。

（5）查看文件或文件夹属性。

1.1.2 文件（夹）的基本操作

文件是计算机中一个重要的概念。计算机中的程序及在程序中所编辑的文章、表格等都是以文件的形式存放在计算机中的。文件名是文件的标识符号，每个文件都有自己的文件名，由“主文件名.扩展名”组成。

Windows支持长文件名，文件或文件夹的名字最多可以包含255个西文字符或127个汉字（1个汉字占2个西文字符的位置）。注意：文件名中不能含有“/ : \ * ? | 〈 〉”等字符。用不同的扩展名可以区别不同类型的文件，扩展名一般为西文字符。

按照文件类别和内容，分别把它们存放在一起，而存放这些同类信息的地方，就叫做文件夹。一般情况下可以把目录和文件夹概念等同，但是文件夹并不仅仅代表目录，还可以代表硬件设备，如驱动器、打印机及其网络计算机。文件夹可存放文件及子文件夹，Windows 以文件夹的形式组织和管理文件。

1. 选择文件（夹）

在对文件或文件夹进行操作之前，要先选择对象。首先打开“文件资源管理器”，在其左侧的文件夹树窗格中选择文件夹，然后再在其右侧的内容窗格中选择所需的文件或文件夹。

选择文件（夹）的方法有如下几种：

- 使用鼠标左键单击对象，即可选择单个文件（夹）。
- 将鼠标放置在空白处，按住鼠标左键并拖动鼠标，此时会出现一个矩形方块，用此方块包含所选对象后，松开左键即可选择一组连续排列的文件（夹）。
- 按住Shift键，使用鼠标依次单击第1个和最后一个选择对象，即可选择一组连续排列的文件（夹）。
- 按住Ctrl键，使用鼠标逐个单击要选择的所有文件和文件夹，即可选择不相邻的文件（夹）。
- 单击“主页”选项卡下“选择”组中的“全部选择”按钮（如图1-4所示），或是使用快捷键Ctrl+A，都可选择所有文件或文件夹。

取消选定文件（夹）的方法为：按住Ctrl键的同时单击要取消的项目，即可取消对该项目的选择；而在窗口的空白处单击鼠标，即可取消对全部文件或文件夹的选择。

2. 打开文件（夹）

如果需要打开文件（夹）或者运行程序，可以直接双击文件对应的图标即可。当然，这要求文件已经与对应的应用程序建立了链接。另外，用户还可以先选中要打开的文件（夹），然后使用“主页”选项卡下“打开”组中的“打开”命令也能够打开该文件（夹）。

用户可以自定义文件夹窗口中文件或子文件夹图标的查看方式，包括“超大图标”“大图标”“中图标”“小图标”“列表”“详细信息”“平铺”“内容”8种方式显示。设置时，可以单击“查看”选项卡下“布局”组中的下拉图标按钮，在弹出的下拉列表中进行选择，如图1-5所示。

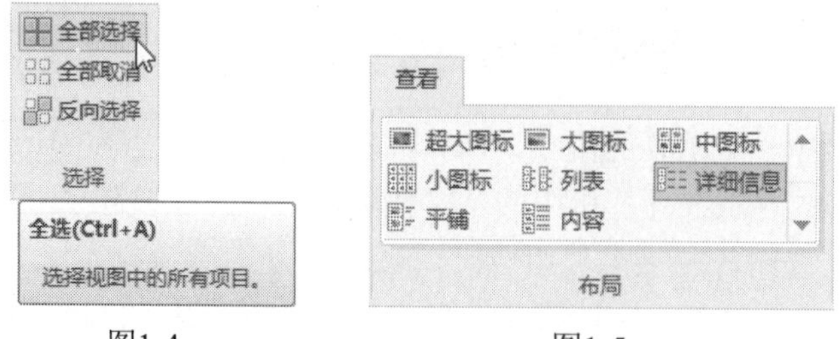

图1-4　　图1-5

- **超大图标：**此方式可以将文件夹所包含的项目以图标的最大显示效果显示在当前文件夹中，因而可以快速识别该文件夹的内容。
- **大图标：**此方式可以将文件夹所包含的项目以图标的较大显示效果显示在当前文件夹中，因而可以快速识别该文件夹的内容。
- **中图标：**此方式可以将文件夹所包含的项目以图标的适中显示效果显示在当前文件夹中，因而可以快速识别该文件夹的内容。
- **小图标：**选择此方式，窗口中的各图标将会缩小，这样虽然不如“平铺”方式美观，但是同一个窗口将显示更多的文件和文件夹。
- **列表：**选择此方式，可以使窗口中的文件以纵向的列表方式显示。
- **详细信息：**选择此方式，可以显示文件和文件夹较为详细的资料。
- **平铺：**选择此方式，可以将窗口中各图标以大图标的方式显示，并在图标后方会显示文件的简单资料。
- **内容：**选择此方式，可以将文件和文件夹以横格的方式显示，并在后方详细列出文档的作者、大小、修改日期等详细信息。

用户可以根据文件的“名称”“大小”“类型”等信息的不同，对文件进行升序或者降序排列。具体操作方法为：单击“查看”选项卡下“当前视图”组中的“排序方式”按钮，在打开的下拉列表中为文件选择排序方式，如图1-6所示。

另外，用户还可以根据需要选择最方便的窗格方式，包括“导航窗格”“预览窗格”“详细信息窗格”3种方式，如图1-7所示。

- **导航窗格：**在“文件资源管理器”最左侧显示的是导航窗格。其使用方法为：打开“文件资源管理器”，在“查看”选项卡下“窗格”组中单击“导航窗格”按钮，如图1-8所示。在打开的下拉列表中可以选择需要显示的内容：选择“展开到打开的文件夹”，可将打开的文件夹显示到“文件资源管理器”左侧的导航窗格中；选择“显示所有文件夹”，可将桌面的所有文件夹显示到“文件资源管理器”左侧的导航窗格中；选择“显示库”，可将“库”文件夹显示到“文件资源管理器”左侧的导航窗格中。
- **预览窗格：**在“文件资源管理器”中间显示的是预览窗格。其使用方法为：打开“文件资源管理器”，在“查看”选项卡下“窗格”组中单击“预览窗格”按钮，选中需要预览的文件，即可在文件夹右侧的“预览窗格”中显示此文件中的内容。

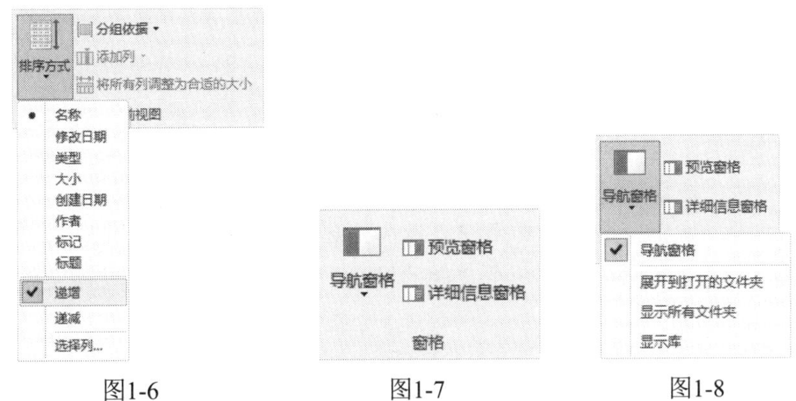

图1-6　　图1-7　　图1-8

- **详细信息窗格：**在“文件资源管理器”最右侧显示的是详细信息窗格。其使用方法为：打开“文件资源管理器”，在“查看”选项卡下“窗格”组中单击“详细信息窗格”按钮，选中需要预览的文件，即可在文件夹最右侧的“详细信息窗格”中显示此文件的属性信息内容，例如，“标题”“作者”“大小”“修改日期”“标记”“类别”“备注”等相关信息。

3. 新建文件（夹）

要建立一个新的文件（夹），应先选择其父文件夹作为当前文件夹，在父文件夹窗口空白处右击，在打开的快捷菜单中执行“新建”选项下的对应命令，如图1-9所示，在窗口中将出现一个新建的文件（夹），为新建的文件（夹）键入名称后，按Enter键或单击鼠标即可。

在“主页”选项卡下“新建”组中单击“新建项目”按钮，在打开的下拉列表中也可选择对应文件指令，如图1-10所示；在“新建”组中单击“新建文件夹”按钮，也可新建一个新的文件夹；按Ctrl+Shift+N组合键，也可直接新建一个文件夹。

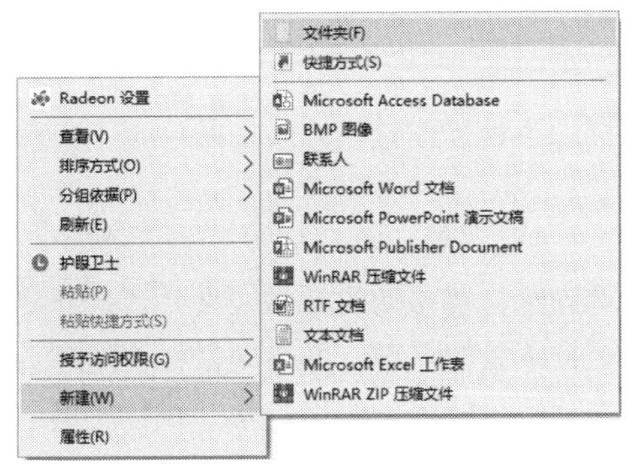

图1-9

图1-10

4. 复制文件（夹）

将一个或一批文件（夹）从源位置备份至目标位置，并在源位置依旧保留该文件（夹）的操作，称为复制文件（夹）。复制文件（夹）是计算机之间交流信息最基本的操作。

（1）使用拖动鼠标的方式复制。

选择要复制的文件（夹），然后打开需要放置的目标驱动器或文件夹窗口。在选择的要复制的文件（夹）上按住鼠标左键并拖动鼠标，这时会出现所选文件图标的阴影随鼠标光标移动。将光标拖动到目标窗口中，松开鼠标左键，即可完成复制操作，如图1-11所示。如果是在同一驱动器中，拖动的过程中还应该按下Ctrl键；如果在不同驱动器之间复制文件，拖动时不必按下Ctrl键。

复制文件时，如果目标文件夹中已经存在同名的文件，系统将会弹出“替换或跳过文件”对话框，用户可通过对比两个文件的信息，来决定替换或跳过该文件，如图1-12所示。

图1-11

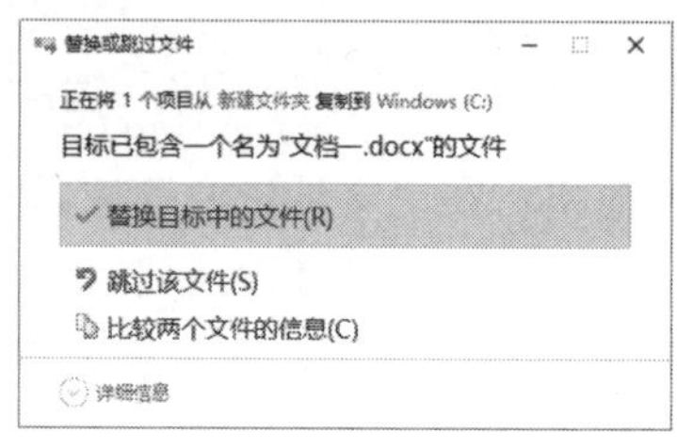

图1-12

（2）使用“复制到”命令。

用户可以选择要复制的文件（夹），在“主页”选项卡下“组织”组中单击“复制到”按钮进行复制操作，在打开的下拉列表中选择要复制到的目标文件夹，即可完成复制操作，如图1-13所示。

（3）使用复制和粘贴命令。

用户可以使用“复制”和“粘贴”命令来复制文件（夹），具体的操作方法为：首先选择要复制的文件（夹），然后单击“主页”选项卡下“剪贴板”组中的“复制”按钮，或者使用快捷键Ctrl+C；然后打开要复制到的目标文件夹窗口，单击“剪贴板”组中的“粘贴”按钮，或者使用快捷键Ctrl+V，即可完成复制操作。

5. 移动文件（夹）

将一个或一批文件（夹）从源位置移动至目标位置，同时在源位置不再保留该文件（夹）的操作，称为移动文件（夹）。

（1）使用拖动鼠标的方式移动。

在同一驱动器中进行移动操作时，首先选择要移动的文件（夹），打开要放置的目标文件夹窗口，在要移动的文件（夹）上按下鼠标左键，并拖动鼠标，这时会出现所选文件图标的阴影随鼠标光标移动，光标拖动到目标窗口中后，松开鼠标左键，即可完成移动操作，如图1-14所示。如果在不同驱动器之间移动文件，拖动时要按下Shift键。

（2）使用“移动到”命令。

用户可以先选择要移动的文件（夹），然后在“主页”选项卡下“组织”组中单击“移动到”按钮进行移动操作，在打开的下拉列表中选择要移动到的目标文件夹，即可完成移动操作，如图1-15所示。

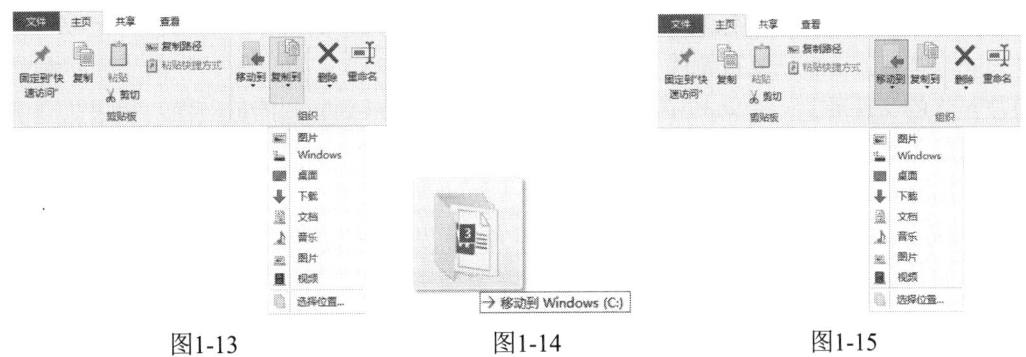

图1-13　　图1-14　　图1-15

（3）使用剪切和粘贴命令。

用户可以使用“剪切”和“粘贴”命令来移动文件（夹）。首先选择要移动的文件（夹），然后单击“主页”选项卡下“剪贴板”组中的“剪切”按钮，或者使用快捷键Ctrl+X；然后打开要移动到的目标文件夹窗口，单击“剪贴板”组中的“粘贴”按钮，或者使用快捷键Ctrl+V，即可完成移动操作。

6. 删除文件（夹）

删除文件（夹）意味着将该文件（夹）的名字撤销，将其所占用的存储空间释放出来，这样，系统就检索不到该文件（夹）了。将不需要的文件删除是使用计算机的过程中不可缺少的文件管理操作。Windows提供了一个叫做“回收站”的工具，用户删除文件时，系统总是将被删除的文件放入回收站中。这样，当进行了错误的删除操作时，可以在回收站找到被误删的文件，并把它恢复回来。

可以使用“删除”命令进行文件的删除操作，其操作步骤如下：首先选择要删除的文件或文件夹，在“主页”选项卡下“组织”组中单击“删除”按钮（如图1-16所示），或者直接按Delete键，系统将弹出确认“删除文件”对话框，如图1-17所示，单击“是”按钮可以确认将文件放入回收站，单击“否”按钮则取消删除操作。

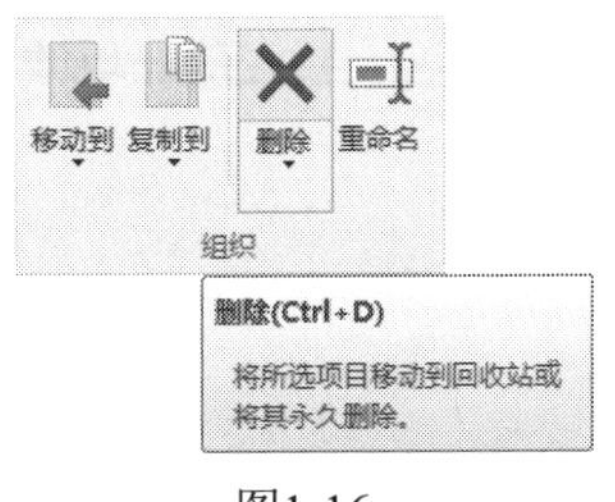

图1-16

图1-17

用户也可以通过直接将选中的文件（夹）图标拖动到回收站的图标上来删除文件或文件夹。

提示：在删除文件（夹）时，按Shift+Delete组合键可将其永久删除，而不会被放到回收站中。

7. 恢复文件（夹）

将已经删除的文件（夹）的名字重新进行登记，将其原来占用的空间重新指派给

该文件（夹）使用，称为恢复文件（夹）。恢复文件（夹）的操作不能确保一定成功。Windows提供了一个恢复被删除文件的工具，即“回收站”。“回收站”的工作机制是将被删除的文件放到一个队列中，并把最近删除的文件放到队列的最前面。如果队列满了，则最先删除的文件将被永久地删除。只要队列足够大，则有机会把几天甚至几周以前删除的文件恢复。

要恢复已被删除的文件，其操作步骤为：首先双击桌面上的“回收站”图标，打开的“回收站”窗口中会列出被删除的文件，选中要恢复的文件，然后在“回收站工具”的“管理”选项卡下“还原”组中单击“还原所有项目”或“还原选定的项目”按钮，即可恢复选中的文件或文件夹，如图1-18所示。

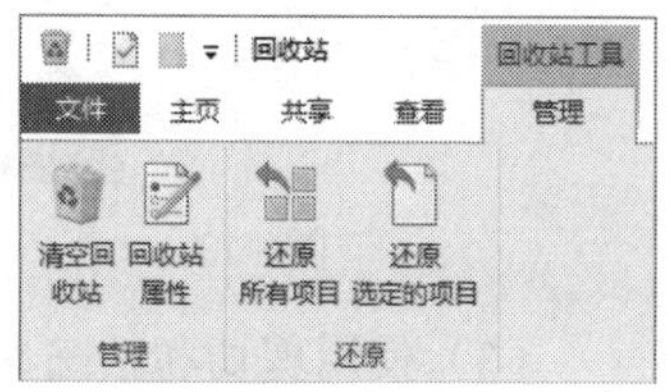

图1-18

用户也可以在选中的文件图标上右击，在打开的快捷菜单中执行“还原”命令即可恢复文件。或者直接从回收站拖动选中的文件到某一驱动器或文件夹窗口中，也可恢复该文件。

8. 重命名文件（夹）

给某个文件（夹）另起一个名字，称为文件（夹）重命名。

选中需要重命名的文件或者文件夹后，执行下列任一操作：

（1）在“主页”选项卡下“组织”组中单击“重命名”按钮。

（2）右击选中的文件（夹），在弹出的快捷菜单中执行“重命名”命令。

（3）在选中文件（夹）的名字上单击鼠标左键。注意是选中的文件（夹）名，而不是选中的文件（夹）图标。

这时在文件（夹）名周围出现一个方框，原文件（夹）名变为蓝色底纹显示，此时键入要更改的文件（夹）名，键入完毕后按Enter键，或在窗口的任意空白处单击鼠标，即可完成重命名的操作。

对文件进行不正确的重命名，可能导致文件打不开，这主要表现在更改了文件的扩展名，而不同的扩展名是与不同的应用程序相关联的。

1.1.3 文件（夹）的属性管理

1. 文件（夹）的属性

文件（夹）一般有4种属性：

（1）只读：该文件（夹）只能够读取，不能被修改或意外删除。

（2）隐藏：表示隐藏该文件（夹），即在默认状态下该文件（夹）的图标将不显示，隐藏后虽然该文件（夹）仍然存在，且具有只读属性，但常规显示状态下无法查看或使用此文件（夹）。

（3）存档：表示文件（夹）被修改或备份过，系统的某些备份程序将根据该属性来确定是否为其建立一个备份。

（4）系统：表示该文件是系统文件，具有只读、隐藏属性，不允许用户设置。

2. 查看文件属性

方法1：选中要查看的文件，单击“主页”选项卡下“打开”组中的“属性”按钮，如图1-19所示，即可打开该文件的属性设置对话框。

方法2：选中要查看的文件，右击该文件，然后从弹出的快捷菜单中执行“属性”命令，如图1-20所示，即可打开该文件的属性设置对话框。

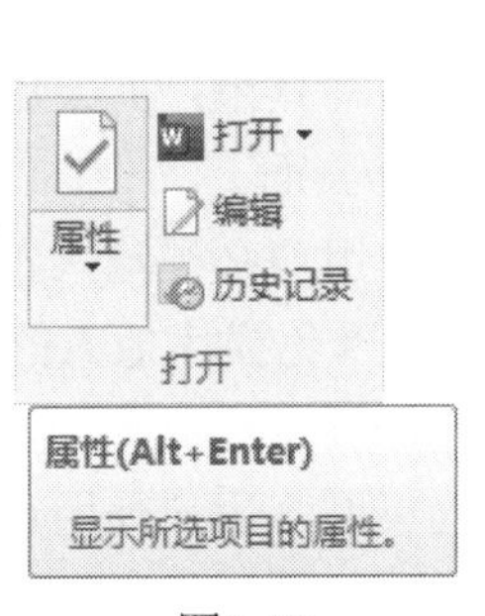

图1-19

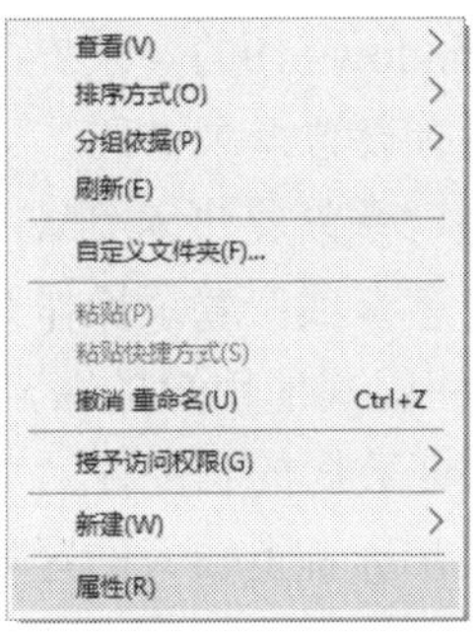

图1-20

在打开的“属性”对话框（如图1-21所示）中，“常规”选项卡下的第1栏显示该文件的名称及图标，用户可以在名称框中改变文件的名称。第2栏显示“文件类型”和“打开方式”，其中，文件类型一般由文件的扩展名决定，它决定了用户能够对该文件进行何种动作；打开方式则决定了系统将默认使用哪个应用程序来打开该文件。在第3栏内显示文件的“位置”“大小”和“占用空间”，其中，位置是文件在磁盘中所在的文件夹；大小表示文件的实际大小；占用空间表示文件在磁盘中实际占用的物理空间大小。第4栏显示的是文件的“创建时间”“修改时间”和“访问时间”等信息。第5栏内列出了文件的属性。

3. 查看文件夹属性

查看文件夹属性的方法与查看文件属性的方法基本相同，只需选中要查看的文件夹，再执行“属性”命令即可。在文件夹属性对话框（如图1-22所示）中各栏所显示的内容与文件属性对话框基本相同。另外，可在其中观察到该文件夹中包含几个文件、几个文件夹。

图1-21

图1-22

1.2 Windows 10操作系统的设置与优化

1.2.1 Windows 10操作系统的启动与关闭

连接好计算机电源，按下主机箱的电源开关，计算机会自动进行自检。自检顺利通过后，系统会进入到Windows 10的登录界面，用户可以在其中通过鼠标单击选择要登录的用户名。如果用户没有设置登录密码，系统会自动登录；如果用户设置了密码，输入正确的密码后按Enter键，系统将进入到Windows 10桌面。

操作系统登录的注意事项：登录操作系统时，用户必须输入正确的密码；多用户共用1台计算机时，不要使用其他用户的账户登录，以免损坏他人的数据；不要把自己账户密码告诉他人，以保证数据的私密性。

登录Windows 10后，屏幕上较大的区域称为桌面，用户使用计算机完成的各种工作都是在桌面上进行的。Windows 10的桌面包括开始按钮、桌面、桌面图标、任务栏、语言栏、通知区域等部分，如图1-23所示。

图1-23

单击“开始”按钮，在打开的菜单中单击“电源”按钮，弹出的子菜单中有3个命令，分别是“睡眠”“关机”和“重启”，如图1-24所示。

关机：在打开计算机后，如果长时间不使用，应将计算机关掉，这样做不仅节省电能，还能延长计算机硬件的寿命。正常关闭计算机，可执行“电源”→“关机”命令；也可使用Windows+X组合键，在打开的快捷菜单中执行“关机或注销”命令，然后在显示的子菜单中执行“关机”命令，如图1-25所示。

图1-24

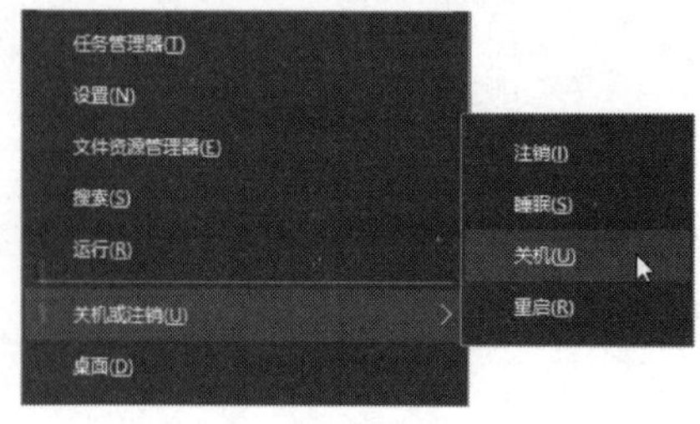

图1-25

在使用计算机时，有时会遇到开启某程序后，鼠标指针无法移动，不能进行任何操

作的情况，这就是常说的“死机”现象，此时无法通过上述关机方法正常关机，只能强制关机，即按下机箱上的电源开关（Power按钮）不放，几秒钟后待主机电源关闭后再松开主机电源开关。如果这种方法也无法关机，可直接关闭电源插座上的电源开关。

重启：即重新启动，是指在计算机使用的过程中遇到某些故障、改动设置、安装更新等情况时，需要重新引导操作系统的方法。重新启动是在开机状态下进行的，重新启动的方法为：单击Windows“开始”菜单的“电源”按钮，在打开的子菜单中执行“重启”命令，计算机会重新引导进入Windows 10操作系统。

睡眠：在计算机进入睡眠状态时，显示器将关闭，通常计算机的风扇也会停转。Windows的睡眠状态将记住并保存正在进行的工作状态，因此，在睡眠前不需要关闭程序和文件。计算机处于睡眠状态时，将切断除内存外其他配件的电源，工作状态的数据都将保存在内存中，所以耗电量极少。若要唤醒计算机，可以通过按计算机电源按钮恢复工作状态。

切换用户：Windows 10全新的视觉感受让人眼前一亮，和Windows 7、Windows 8一样的Windows 10配置要求，让我们可以放心地体验微软最新系统的操作体验。而许多人升级至Windows 10后，会设置几个账户，可是却不知道该怎么去切换，下面介绍切换Windows 10登录用户的几种简便方法。

方法1：进入操作系统后，按Ctrl+Alt+Del组合键，计算机屏幕会显示一个含有“锁定、切换用户、注销、更改密码、任务管理器”多个选项的界面，如图1-26所示，单击“切换用户”选项即可显示切换用户界面。

方法2：Windows 10系统开机后，单击用户登录界面向左的箭头，切换到用户界面，即可切换登录用户。

方法3：在Windows 10系统里使用快捷键Alt+F4，打开“关闭Windows”窗口，单击“希望计算机做什么？”下拉按钮，在弹出的下拉列表中执行“切换用户”命令，如图1-27所示，最后单击“确定”按钮即可。

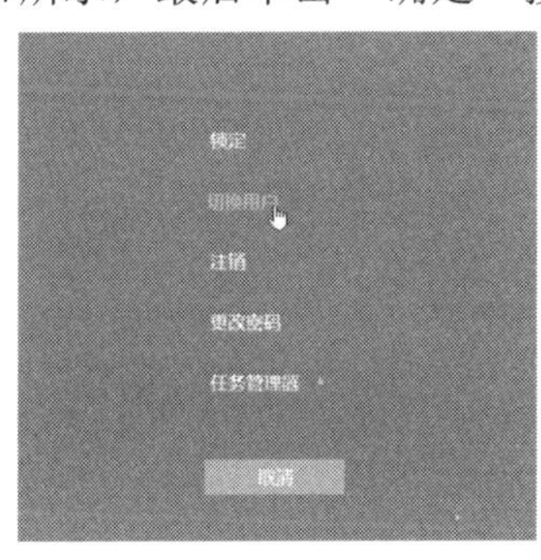

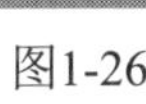
图1-26

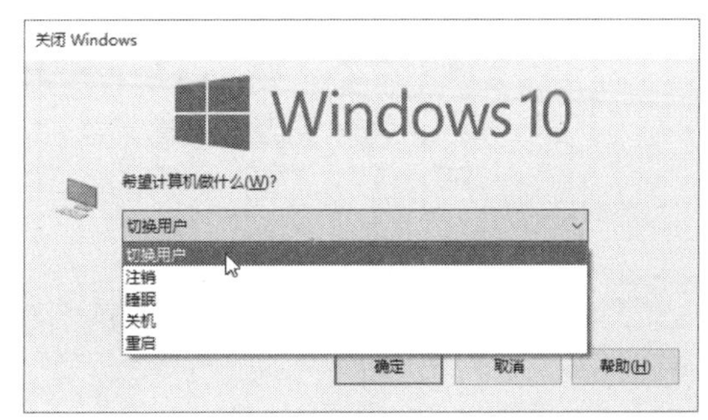

图1-27

1.2.2 Windows 10操作系统的设置

1. 字体的设置

字体又称书体，是指文字的风格式样，体现字符特定的外观特征。Windows 10中已预装了多种字体，用户可以根据需要安装、删除和使用字体。

在“控制面板”中单击“外观和个性化”选项，打开“外观和个性化”设置窗口，在右侧窗格中单击“字体”选项，如图1-28所示。

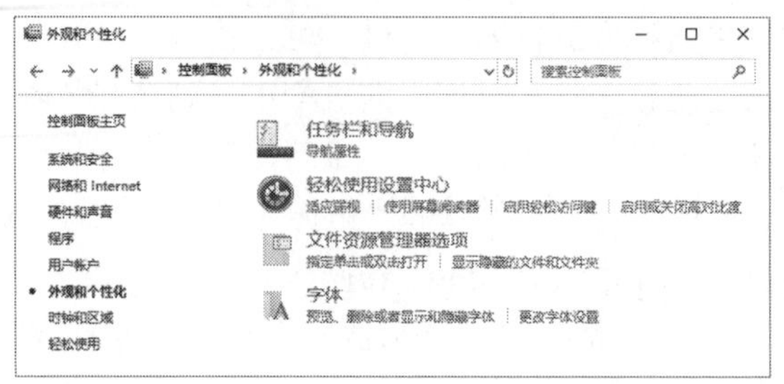

图1-28

在打开的“字体”设置窗口中列出了系统已经安装的字体。在该窗口中，可以通过选定某个字体，在上方工具栏中选择对其进行预览、删除、显示和隐藏等操作，如图1-29所示。

（1）查看字体。

在“字体”窗口中，选择某一字体后单击按钮，或双击该字体的图标，均可打开该字体样例窗口，可以查看该字体的相关信息及显示效果；单击“打印”按钮，可以使用该字体打印一个范本。

（2）删除字体。

在“字体”窗口中，选择某一字体后单击按钮，会弹出“删除字体”确认对话框，如图1-30所示，用户可在此对话框中决定是否删除该字体。删除操作也可以通过按Delete键或执行鼠标右键菜单中的“删除”命令来实现。

图1-29

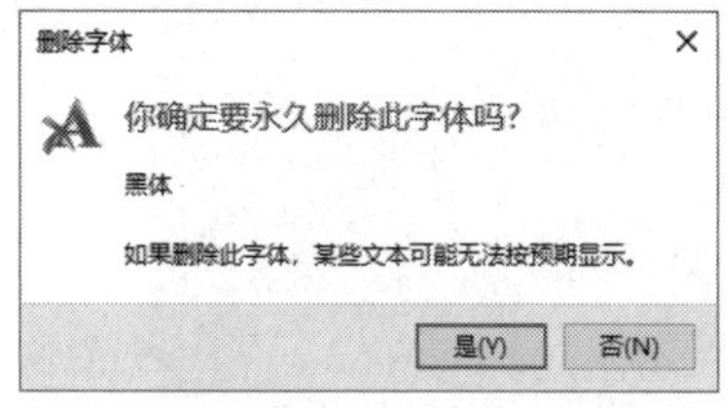

图1-30

（3）隐藏和显示字体。

在“字体”窗口中，选择某一字体后单击按钮，可以在程序中隐藏所选字体；若某字体已被隐藏，选择该字体后，工具栏中出现的则是按钮，单击后被隐藏的字体将会显示出来。同样，以上操作也均可执行鼠标右键菜单中的相应命令来实现。

（4）安装字体。

找到要安装的新字体文件，双击该文件，弹出该字体预览对话框，单击工具栏中的“安装”按钮，即可自动完成该字体的安装操作，如图1-31所示。

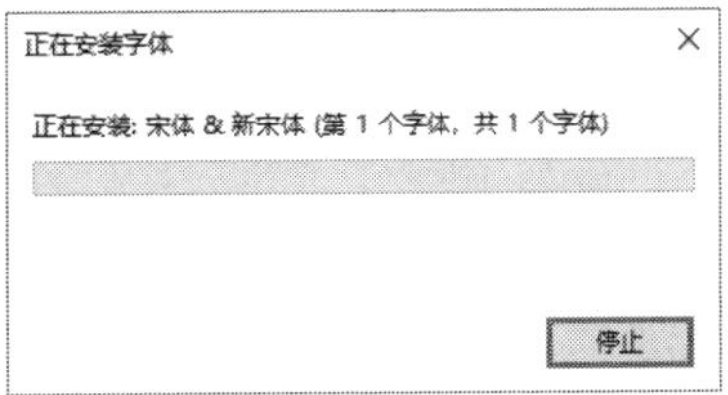

图1-31

2. 日期和时间的设置

如果系统的日期和时间不正确，可以在Windows 10中进行调整。打开“控制面板”窗口，单击“时钟和区域”选项，弹出“时钟和区域”窗口，从中单击“设置时间和日期”选项，如图1-32所示，即可在弹出的对话框中对系统的日期和时间进行设置。

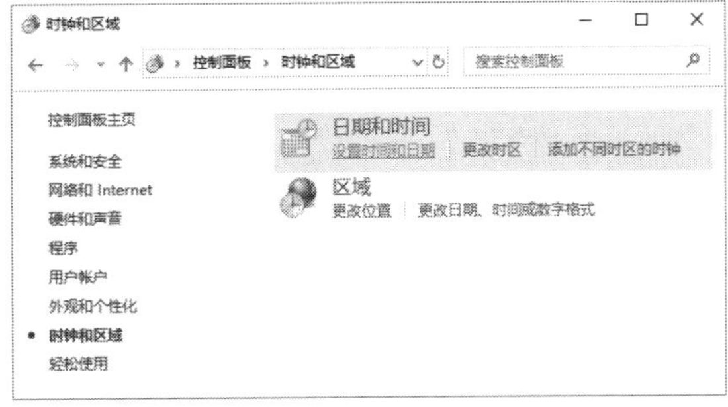

图1-32

在“日期和时间”对话框中单击“更改日期和时间”按钮，弹出“日期和时间设置”对话框，在“日期”列表中可以选择正确的年月日，在“时间”下方的文本框中可以调整或输入正确的时间值，如图1-33所示。在正确设置日期和时间后单击“确定”按钮，新的日期和时间即被应用到系统中了。

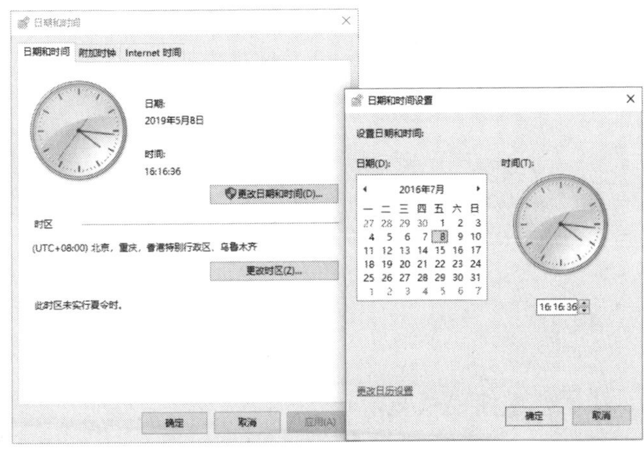

图1-33

3. 输入法的设置

在安装Windows 10操作系统时，已预装了微软五笔、微软拼音、英语等输入法，用户可以添加其他输入法，也可以删除已安装的输入法。

（1）添加输入法。

进入Windows 10操作系统后，打开“开始”菜单，单击左下角的“设置”按钮，打开“设置”窗口，单击“时间和语言”选项，如图1-34所示。

在弹出的“设置”窗口的左侧窗格中选择“区域和语言”选项，在右侧窗格中“首选的语言”下方的列表中单击中文选框中的“选项”按钮，如图1-35所示。

图1-34

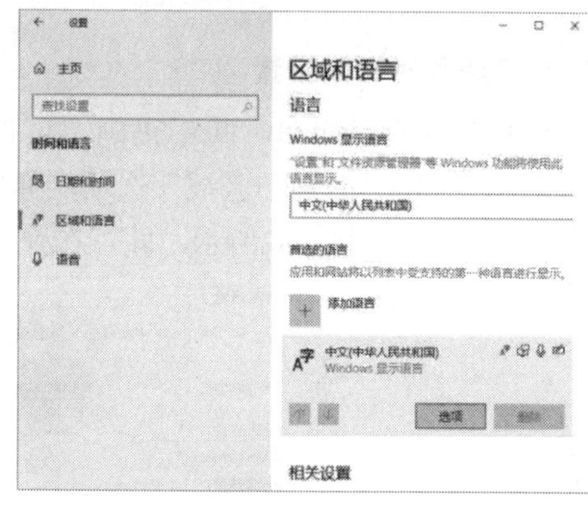

图1-35

在打开的“设置”窗口中单击“键盘”下方列表中的“添加键盘”按钮，从中选择并单击要添加的输入法，如图1-36所示，即可完成添加操作。

（2）删除输入法。

若要删除输入法，只需在下方列表中单击已有输入法，打开含有“删除”按钮的列表，如图1-37所示，单击“删除”按钮，即可完成删除输入法的操作。

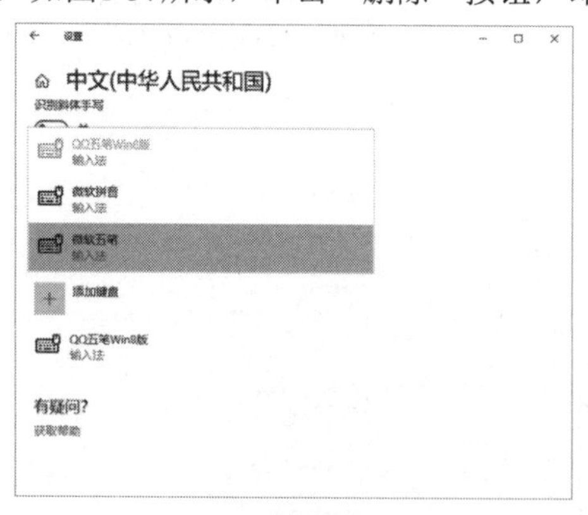

图1-36

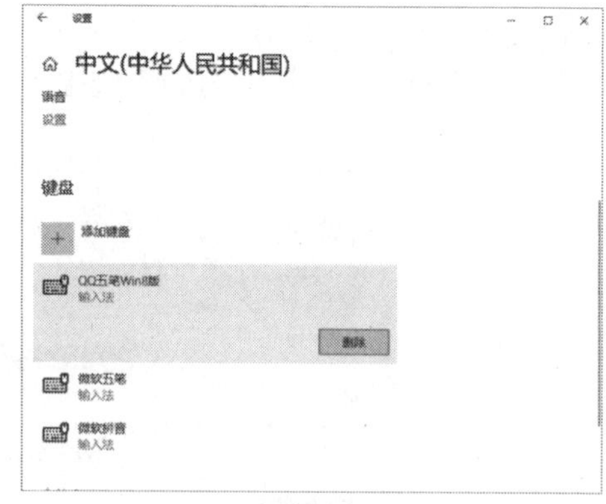

图1-37

1.2.3 Windows 10操作系统的优化

要想使桌面、菜单、窗口等环境具有个性特色，可进行个性化设置，具体包括桌面背景、窗口颜色、声音方案和屏幕保护程序的组合，某些主题也可能包括桌面图标和鼠

标指针。Windows 10在系统外观上有了很大的改观，用户可以根据需要将图标、桌面背景等设置为喜欢的样式，以满足个人的使用习惯和需求。

1. 优化桌面背景

在Windows 10操作系统中打开“个性化”窗口，从中可以设置桌面背景的样式。具体操作步骤为：在桌面空白处右击，在弹出的快捷菜单中执行“个性化”命令，弹出个性化“设置”窗口，在“背景”下拉列表中可选择“图片”“纯色”或“幻灯片放映”，如图1-38所示。

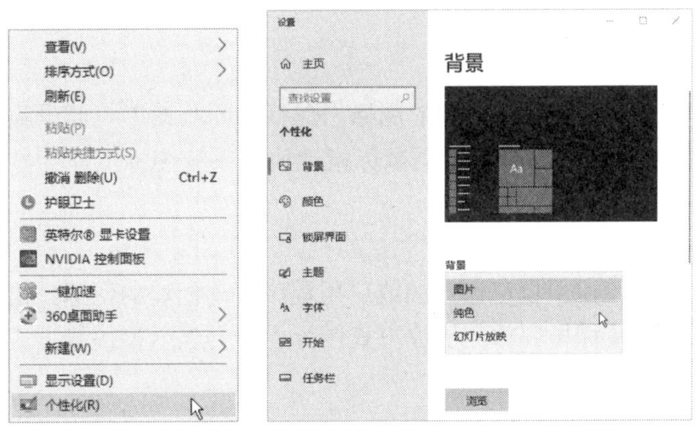

图1-38

（1）默认选择“图片”选项，然后单击“选择图片”下列出的图片，即可把选中的图片设置为桌面背景。此时，在上方的预览窗格中可以看到效果，如图1-39所示。单击“浏览”按钮，可以从计算机中选取其他图片。在“选择契合度”下拉列表中可以选择图片在桌面上的排列方式，可选择的排列方式包括填充、适应、拉伸、平铺、居中、跨区等。

（2）如果选择“纯色”选项，那么选项卡下部显示“背景色”色板，如图1-40所示，根据需要选择用作桌面背景的颜色，关闭“设置”对话框，在返回的桌面上即可查看设置纯色背景后的桌面效果。

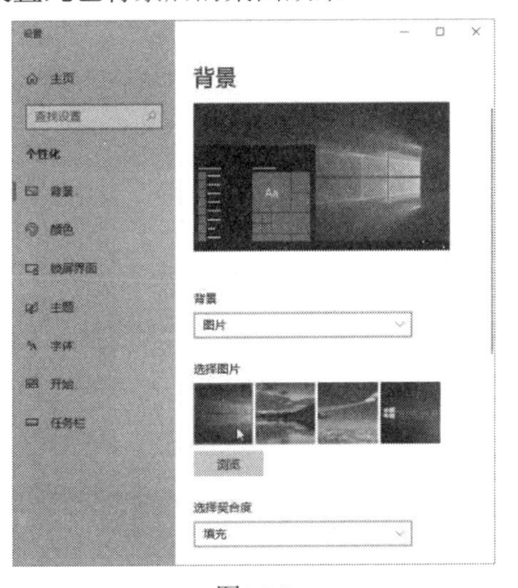

图1-39

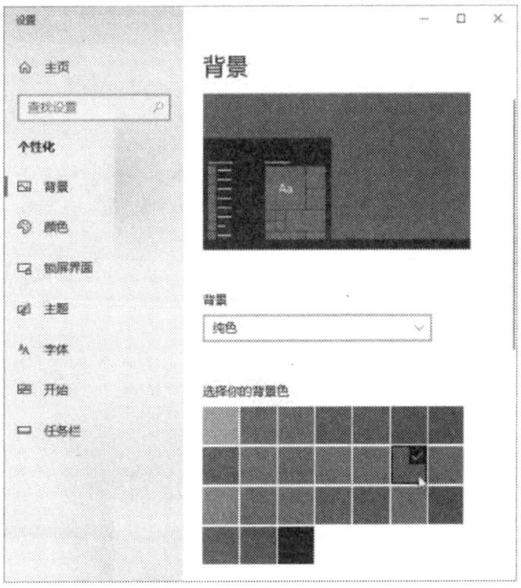

图1-40

（3）如果选择“幻灯片放映”选项，那么选项卡下部将显示“为幻灯片选择相册”，单击“浏览”按钮可选择作为幻灯片放映的图片，并设置幻灯片之间的切换时间等选项。

2. 优化桌面图标

（1）桌面图标。

桌面图标是代表文件、文件夹、程序和其他项目的小图片，由图标和对应的名称组成。桌面图标分为系统图标和快捷方式图标，双击桌面图标可以打开应用程序或功能窗口。

①系统图标。

系统图标是指Windows系统自带的图标，包括“回收站”“此电脑”“网络”“控制面板”和“用户的文件”5个图标。鼠标指针放在系统图标上，会显示该图标的功能说明。

②快捷方式图标。

快捷方式图标是指用户自己创建的或应用程序自动创建的图标。快捷方式图标的左下角有一个箭头。鼠标指针放在快捷方式图标上，会显示该快捷方式图标对应文件的位置。

（2）在桌面上显示更多系统图标。

默认情况下，Windows 10在桌面上只有“回收站”图标，用户可以根据需要添加其他系统图标到桌面上，具体的操作方法如下：

①在桌面的空白处右击，在弹出的快捷菜单中执行“个性化”菜单命令。在弹出的“设置”个性化窗口中，在左侧窗格中单击“主题”选项，然后在右侧窗格中单击“桌面图标设置”选项，如图1-41所示。

②此时将弹出“桌面图标设置”对话框，默认选中的是“回收站”复选框，可以根据需要选中或取消选中其他复选框。这里选中全部复选框，如图1-42所示。单击“确定”按钮后，桌面上将显示所添加的系统图标。

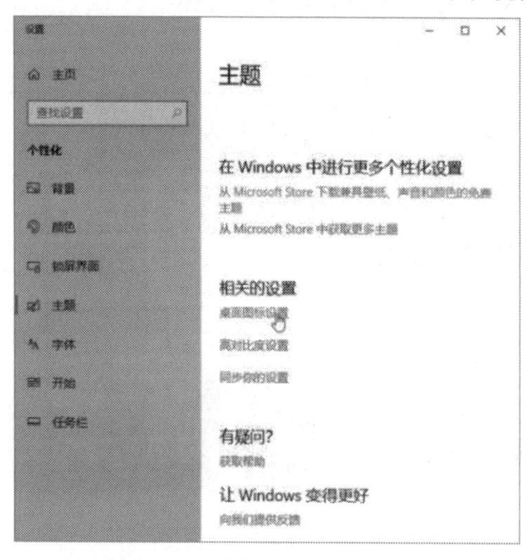

图1-41

图1-42

（3）在桌面上创建快捷方式图标。

快捷方式是一个表示与某个项目链接的图标，而不是项目本身，双击快捷方式便可以打开该项目。在桌面上新建快捷方式的操作步骤如下：

①在桌面上右击，在弹出的快捷菜单中执行“新建”→“快捷方式”命令，如图1-43所示。

②此时将弹出“创建快捷方式”向导对话框，单击“浏览”按钮，在弹出的“浏览文件或文件夹”对话框中选择要创建快捷方式的文件或文件夹后单击“确定”按钮，如图1-44所示，然后单击“下一步”按钮。

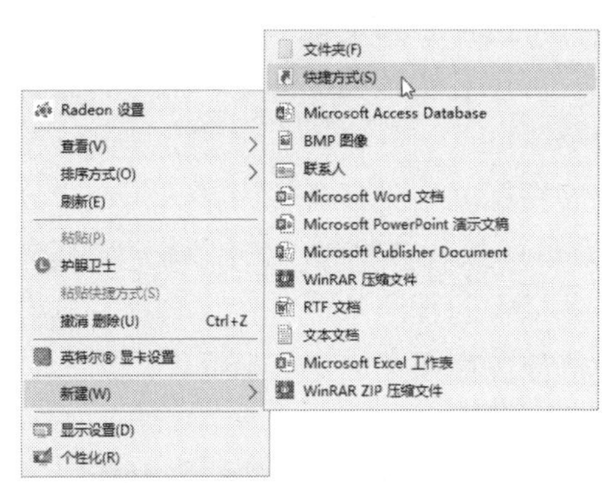

图1-43

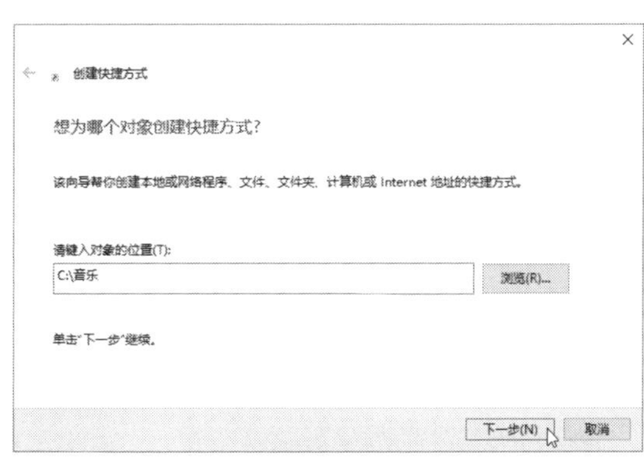

图1-44

③在“创建快捷方式”向导对话框中，在“键入该快捷方式的名称”文本框中输入合适的名称，如图1-45所示，单击“完成”按钮。创建后的快捷方式将显示在桌面上，并且图标的左下角有一个箭头。

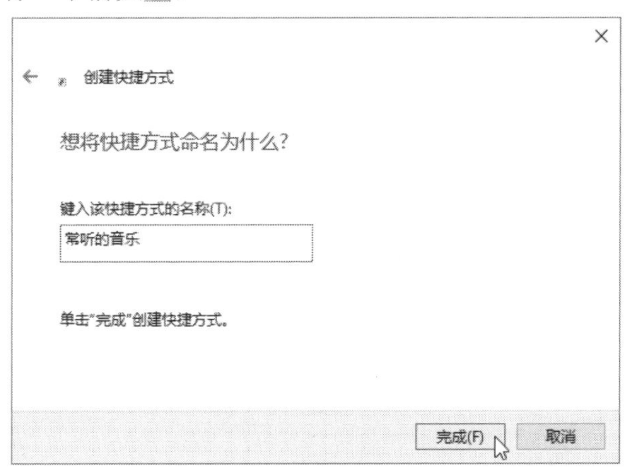

图1-45

3. 优化“开始”菜单

“开始”菜单是计算机程序、文件夹和设置的主要入口，以“开始”一词命名，就在于它通常是用户要启动或打开某项内容的位置。“开始”菜单中包含了Windows的大部分功能，使用“开始”菜单可执行以下操作：启动程序，打开文件夹，搜索文件、文件夹和程序，调整计算机设置，获取Windows操作系统的帮助信息，关闭计算机，切换

用户，注销或锁定等。

Windows 10的“开始”菜单由“开始”菜单和“开始”屏幕组成。“开始”菜单由应用程序列表组成，比较适合PC机桌面环境的鼠标操作；“开始”屏幕由磁贴组成，比较适合触屏操作。微软有意统一桌面端和移动端的操作系统，以减少用户的学习成本。

将应用程序固定到“开始”屏幕：在Windows 10操作系统中，用户可以将常用的应用程序或文档固定到“开始”屏幕中，以方便快速查找和打开。具体操作方法为：首先打开“开始”屏幕，选中需要固定的程序图标，右击该图标，在弹出的快捷菜单中执行“固定到‘开始’屏幕”命令，如图1-46所示，即可将该程序固定到“开始”屏幕中。若想将某个已经固定的程序从“开始”屏幕中删除，可以右击该程序图标，然后在打开的快捷菜单中执行“从‘开始’屏幕取消固定”命令即可。

同样，在“开始”屏幕上也可以选择将应用程序图标固定到任务栏中，只需在“开始”屏幕中，右击应用程序图标，在弹出的快捷菜单中执行“更多”→“固定到任务栏”命令即可，如图1-47所示。如果要把固定到任务栏中的程序从任务栏上去掉，则右击该图标，在弹出的快捷菜单中执行“更多”→“从任务栏取消固定”命令即可。

图1-46

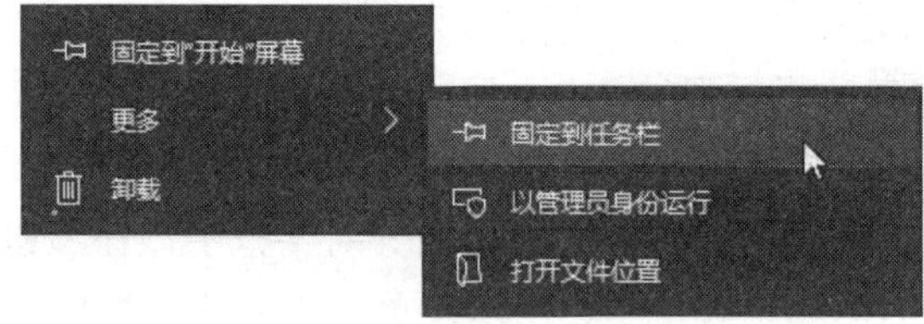

图1-47

Ⅱ. 试题汇编

1.1 第1题

【操作要求】

1. 操作系统的基本操作

● 启动资源管理器：

启动“文件资源管理器”。

● 创建文件夹：

在C盘根目录下建立考生文件夹，文件夹名为“4000001”。

● 复制、重命名文件：

将“C:\2016KSW\DATA1”文件夹中的TF1-1.docx、TF3-1.docx、TF4-1.docx、TF5-1.xlsx、TF6-1.xlsx、TF7-1.docx一次性复制到“C:\4000001”文件夹中，并分别重命名为A1.docx、A3.docx、A4.docx、A5.xlsx、A6.xlsx、A7.docx。

2. 操作系统的设置与优化

● 在语言栏中添加“微软五笔”输入法。

● 将“开始”菜单下“Windows附件”中的“画图”工具固定到“开始”屏幕。

1.2 第2题

【操作要求】

1. 操作系统的基本操作

● 启动资源管理器：

启动“文件资源管理器”。

● 创建文件夹：

在C盘根目录下建立考生文件夹，文件夹名为“4000001”。

● 复制、重命名文件：

将“C:\2016KSW\DATA1”文件夹中的TF1-2.docx、TF3-2.docx、TF4-2.docx、TF5-2.xlsx、TF6-2.xlsx、TF7-2.docx一次性复制到“C:\4000001”文件夹中，并分别重命名为A1.docx、A3.docx、A4.docx、A5.xlsx、A6.xlsx、A7.docx。

2. 操作系统的设置与优化

● 在“Windows设置”面板中将系统的“日期和时间”更改为“2016年5月6日8点10分”。

● 安装字体“C:\2016KSW\DATA2\ZiTi1-2.TTF”。

1.3　第3题

【操作要求】

1. 操作系统的基本操作

● 启动资源管理器：

启动“文件资源管理器”。

● 创建文件夹：

在C盘根目录下建立考生文件夹，文件夹名为“4000001”。

● 复制、重命名文件：

将“C:\2016KSW\DATA1”文件夹中的TF1-3.docx、TF3-3.docx、TF4-3.docx、TF5-3.xlsx、TF6-3.xlsx、TF7-3.docx一次性复制到“C:\4000001”文件夹中，并分别重命名为A1.docx、A3.docx、A4.docx、A5.xlsx、A6.xlsx、A7.docx。

2. 操作系统的设置与优化

● 将桌面背景更改为图片文件“C:\2016KSW\DATA2\TuPian1-3.jpg”。

● 进入操作系统后，进行“重启”操作。

1.4　第4题

【操作要求】

1. 操作系统的基本操作

● 启动资源管理器：

启动“文件资源管理器”。

● 创建文件夹：

在C盘根目录下建立考生文件夹，文件夹名为“4000001”。

● 复制、重命名文件：

将“C:\2016KSW\DATA1”文件夹中的TF1-4.docx、TF3-4.docx、TF4-4.docx、TF5-4.xlsx、TF6-4.xlsx、TF7-4.docx一次性复制到“C:\4000001”文件夹中，并分别重命名为A1.docx、A3.docx、A4.docx、A5.xlsx、A6.xlsx、A7.docx。

2. 操作系统的设置与优化

● 在“文件资源管理器”中打开“本地磁盘（C:）”，设置所有文件及文件夹的查看方式为“中图标”，并显示“详细信息窗格”。

● 在“个性化”中设置隐藏桌面上“计算机”和“回收站”的图标。

1.5　第5题

【操作要求】

1. 操作系统的基本操作

● 启动资源管理器：

启动“文件资源管理器”。

● 创建文件夹：

在C盘根目录下建立考生文件夹，文件夹名为“4000001”。

● 复制、重命名文件：

将“C:\2016KSW\DATA1”文件夹中的TF1-5.docx、TF3-5.docx、TF4-5.docx、TF5-5.xlsx、TF6-5.xlsx、TF7-5.docx一次性复制到“C:\4000001”文件夹中，并分别重命名为A1.docx、A3.docx、A4.docx、A5.xlsx、A6.xlsx、A7.docx。

2. 操作系统的设置与优化

● 将“所有应用”菜单中软件“Excel 2016”的图标固定到任务栏。

● 进入操作系统后，进行“切换用户”操作。

Ⅲ. 试题解答

1.1　第1题解答

1. 操作系统的基本操作

第1步：执行“开始”→“Windows系统”→“文件资源管理器”命令，如图1-48所示，或右击“开始”按钮，在弹出的快捷菜单中执行“文件资源管理器”命令，都可打开“文件资源管理器”窗口。

第2步：在“文件资源管理器”左侧窗格中选择“本地磁盘（C:）”，在右侧窗格的空白位置右击，在弹出的快捷菜单中执行“新建”→“文件夹”命令，如图1-49所示。

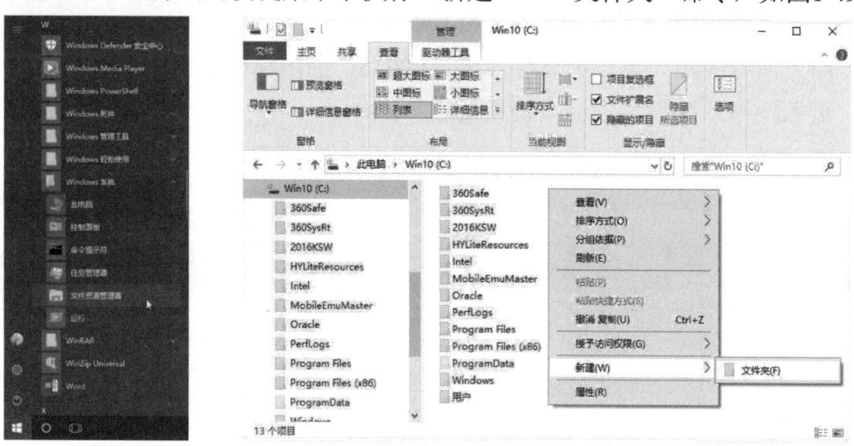

图1-48　　　　图1-49

第3步：在右侧窗格中出现了一个新建的文件夹，并且该文件夹名处于可编辑状态，输入“4000001”作为该文件夹名称，如图1-50所示。

图1-50

第4步：在“文件资源管理器”左侧窗格中打开“C:\2016KSW\DATA1”文件夹，在右侧窗格中同时选中该文件夹内的TF1-1.docx、TF3-1.docx、TF4-1.docx、TF5-1.xlsx、TF6-1.xlsx、TF7-1.docx文件。

第5步：单击“主页”选项卡下“剪贴板”组中的“复制”按钮，将选中的素材文件复制到剪贴板中，如图1-51所示。在“文件资源管理器”左侧文件夹窗口中打开新建的考生文件夹“4000001”，再单击“剪贴板”组中的“粘贴”按钮，则这些素材文件将被复制到考生文件夹中，如图1-52所示。

第6步：依次在考生文件夹中的相应素材上右击，在弹出的快捷菜单中执行“重命名”命令，如图1-53所示。根据题目要求对复制的每个文件进行重命名，重命名时注意不要改变原素材文件的扩展名。

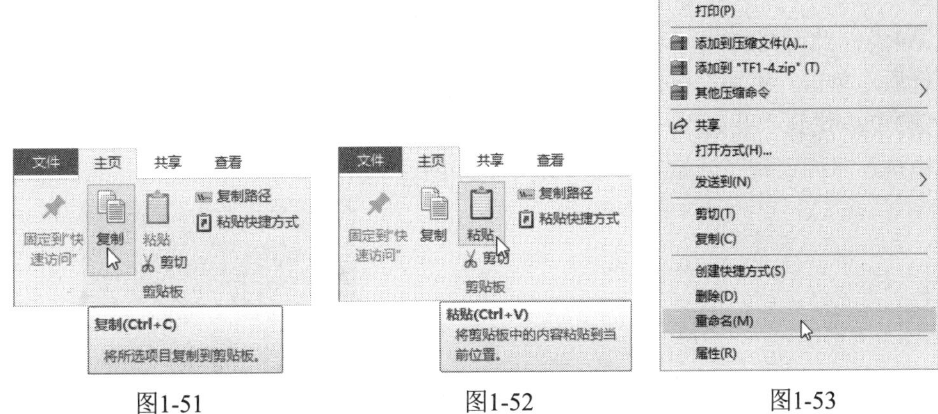

图1-51　　图1-52　　图1-53

2. 操作系统的设置与优化

第1步：执行“开始”→“Windows系统”→“控制面板”命令，在打开的“控制面板”窗口中单击“时钟、语言和区域”选项下的“更换输入法”选项，如图1-54所示。

图1-54

第2步：此时将弹出“语言”设置窗口，在“更改语言首选项”下方的列表中单击

“选项”选项，如图1-55所示。

第3步：在打开的“语言选项”对话框中单击“输入法”下方列表中的“添加输入法”选项，如图1-56所示。

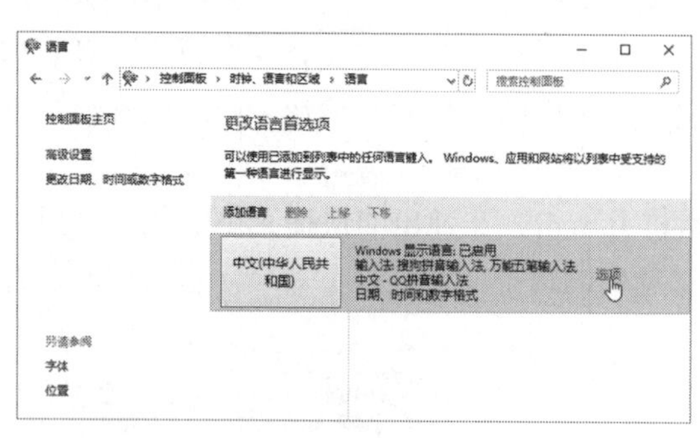

图1-55

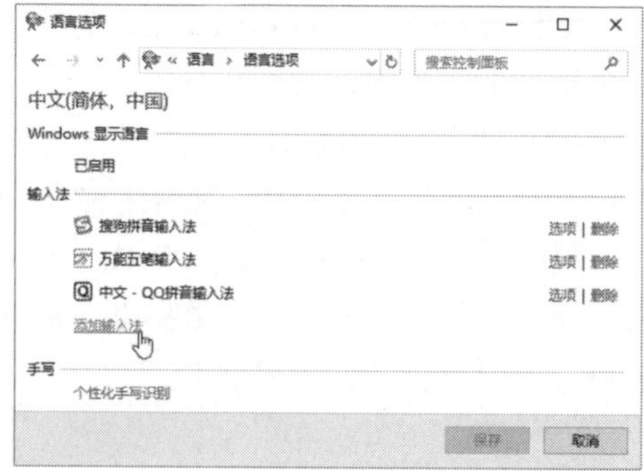

图1-56

第4步：此时将弹出“输入法”对话框，在“添加输入法”列表中选择“微软五笔”选项，单击“添加”按钮，如图1-57所示，即可完成输入法的添加操作。

第5步：找到“开始”→“Windows附件”→“画图”工具，右击，在打开的下拉菜单中执行“固定到‘开始’屏幕”命令，如图1-58所示。

图1-57

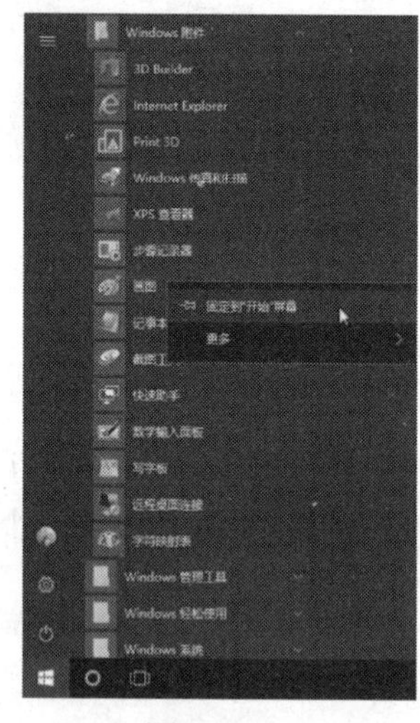

图1-58

1.2　第2题解答

1. 操作系统的基本操作

此部分的操作过程请参考1.1解答，此处略。

2. 操作系统的设置与优化

第1步：进入Windows 10操作系统后，打开“开始”菜单，单击左下角的“设置”按钮，如图1-59所示。

第2步：此时将弹出“Windows 设置”窗口，在下方的列表中单击“时间和语言”选项，如图1-60所示。

图1-59

图1-60

第3步：此时将弹出“设置”窗口，在右侧的“日期和时间”区域中单击“更改日期和时间”下方的“更改”按钮，如图1-61所示。

第4步：此时将弹出“更改日期和时间”对话框，在“日期”下方的年份下拉列表中选择“2016年”，在月份下拉列表中选择“5月”，在日期下拉列表中选择“6日”；在“时间”下方的整点下拉列表中选择“8”，在分钟下拉列表中选择“10”，如图1-62所示，完成后单击“更改”按钮，即可完成“更改日期和时间”的操作。

图1-61

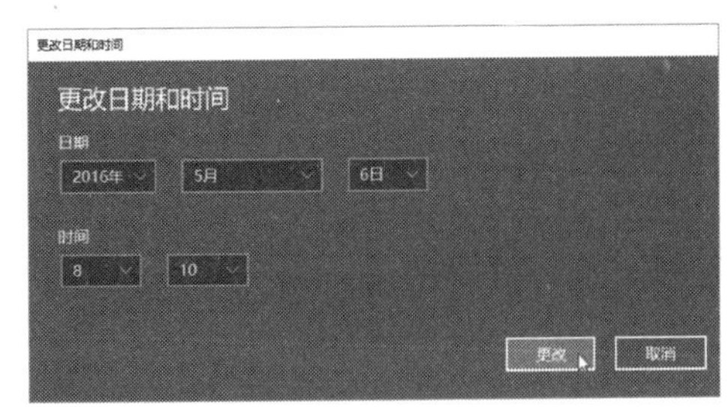

图1-62

第5步：打开“C:\2016KSW\DATA2”文件夹，找到并双击“ZiTi1-2.TTF”文件，弹出字体预览对话框，单击上方的“安装”按钮，如图1-63所示。

第6步：弹出“正在安装字体”对话框，如图1-64所示。不需任何操作，等待字体自动安装完毕即可。

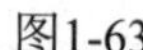
图1-63

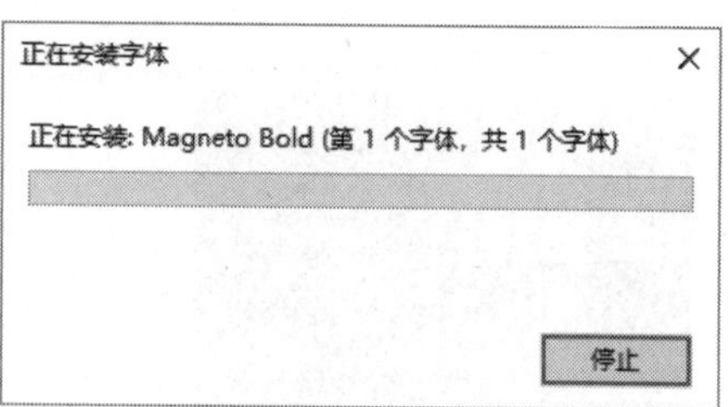

图1-64

1.3 第3题解答

1. 操作系统的基本操作

此部分的操作过程请参考1.1解答，此处略。

2. 操作系统的设置与优化

第1步：进入Windows 10操作系统后，打开“开始”菜单，单击左下角的“设置”按钮，在弹出的“Windows 设置”窗口下方的列表中单击“个性化”选项，如图1-65所示。

第2步：此时将弹出背景“设置”窗口，在右侧“背景”下方的下拉列表中选择“图片”选项，再单击“选择图片”下方的“浏览”按钮，如图1-66所示。

图1-65

图1-66

第3步：在弹出的“打开”对话框左侧选择“C:\2016KSW\DATA2”文件夹，从右侧列表中找到图片文件TuPian1-3.jpg，单击“选择图片”按钮，即可完成桌面背景的更改，如图1-67所示。

第4步：打开“开始”菜单，单击左下角的“电源”按钮，在打开的快捷菜单中

执行“重启”命令，即可完成对操作系统的“重启”操作，如图1-68所示。

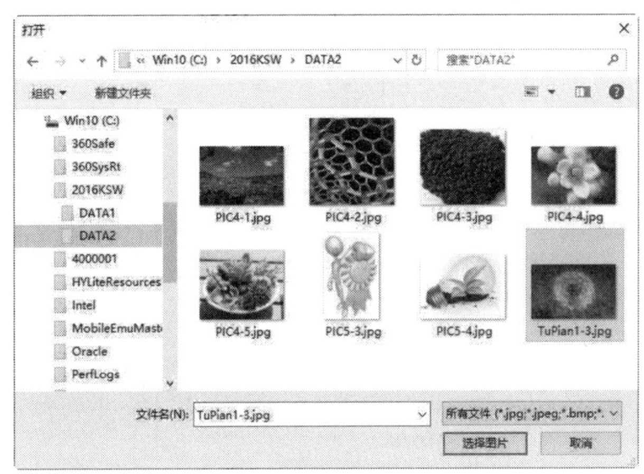

图1-67

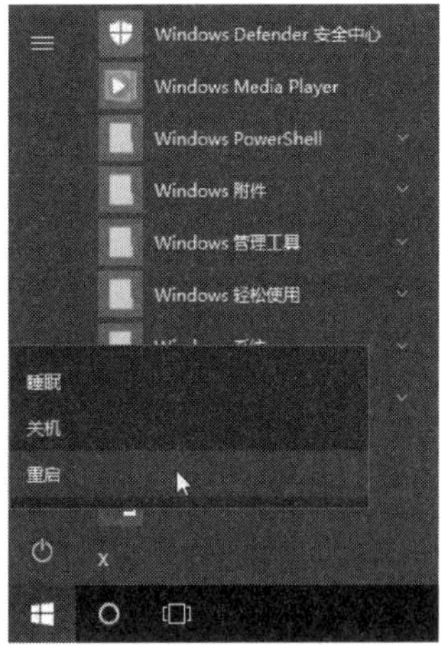

图1-68

1.4　第4题解答

1. 操作系统的基本操作

此部分的操作过程请参考1.1解答，此处略。

2. 操作系统的设置与优化

第1步：执行“开始”→“Windows系统”→“文件资源管理器”命令，在弹出的“文件资源管理器”窗口左侧列表中选择“本地磁盘（C:）”，窗口右侧将会显示该磁盘中的文件及文件夹。在“查看”选项卡下的“布局”组中单击“中图标”按钮，在“窗格”组中单击“详细信息窗格”按钮，如图1-69所示。

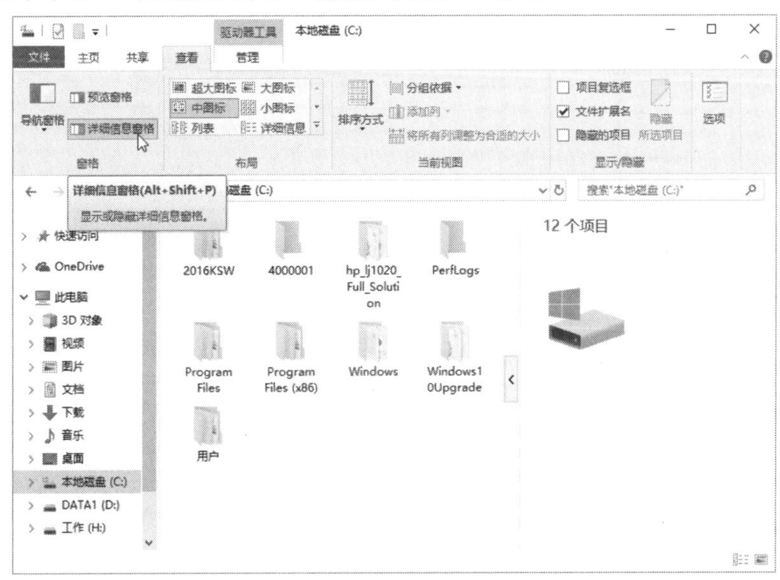

图1-69

第2步：执行“开始”→“Windows系统”→“控制面板”命令，在弹出的“控制面板”窗口中单击“外观与个性化”选项，如图1-70所示。

图1-70

第3步：在弹出的“设置”窗口的左侧单击“主题”选项，再在右侧列表中向下滑动鼠标，找到“相关的设置”中的“桌面图标设置”选项并单击，如图1-71所示。

第4步：此时将弹出“桌面图标设置”对话框，在“桌面图标”选项组中取消“计算机”和“回收站”复选框的选中状态，再单击下方的“确定”按钮即可，如图1-72所示。

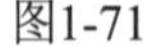

图1-71

图1-72

1.5 第5题解答

1. 操作系统的基本操作

此部分的操作过程请参考1.1解答，此处略。

2. 操作系统的设置与优化

第1步：打开“开始”菜单，在所有应用的列表中找到软件“Excel 2016”，右击该图标，在打开的快捷菜单中将鼠标停放在“更多”选项上会自动打开下一层列表，从中执行“固定到任务栏”命令即可，如图1-73所示。

第2步：按Ctrl+Alt+Del组合键，此时计算机屏幕将会显示一个含有“锁定、切换用户、注销、更改密码、任务管理器”多个选项的界面，单击“切换用户”选项即可显示切换用户界面，如图1-74所示。

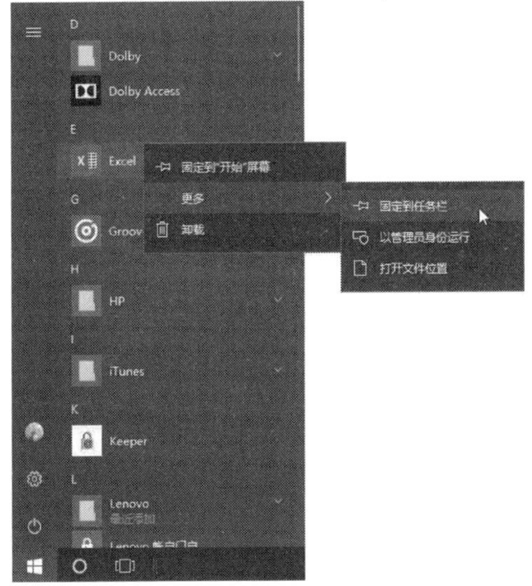

图1-73

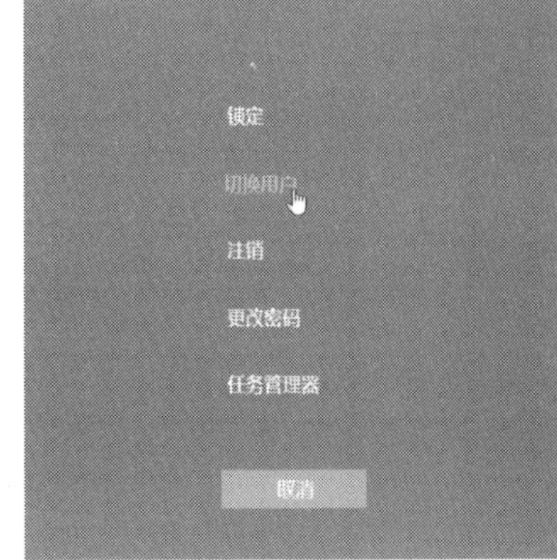

图1-74

第2章　文字录入与编辑

Ⅰ. 知识讲解

知识要点

- Word文档的基本操作。
- 文本的输入与编辑。

评分细则

本章有6个评分点，每题10分。

评分点	分值	得分条件	判分要求
创建新文件	1	在指定文件夹中正确创建A2.docx	内容不作要求
文字、字母录入	1	有汉字和字母	正确与否不作要求
标点符号、特殊符号的录入	1	有中文标点符号，有特殊符号	须使用插入“符号”技能点
录入准确率	4	准确录入样文中的内容	录入错（少、多）均扣1分，最多扣4分
复制/粘贴	1	正确复制、粘贴指定内容	内容、位置均须正确
查找/替换	2	将指定内容全部更改	须使用“查找/替换”技能点，有1处未改不给分

2.1　Word文档的基本操作

在编辑文档之前，应先掌握文档的基本操作，如新建文档、保存文档、打开文档和关闭文档等。只有了解了这些基本的操作，才能更好地使用Word软件。

2.1.1　新建文档

Word文档是文本等对象的载体，要想在文档中进行输入或编辑等操作，首先须创建文档。在Word中新建文档有多种方法，例如，新建空白文档、根据现有内容新建文档、使用模板新建文档等。

1. 新建空白文档

在启动Word 2016应用程序后，单击“空白文本”按钮，系统会自动新建一个名为“文档1”的空白文档。除此之外，用户还可以使用以下3种方法新建空白文档。

方法1：单击“快速访问工具栏”中的“新建”按钮，如图2-1所示，即可新建一个空白文档。

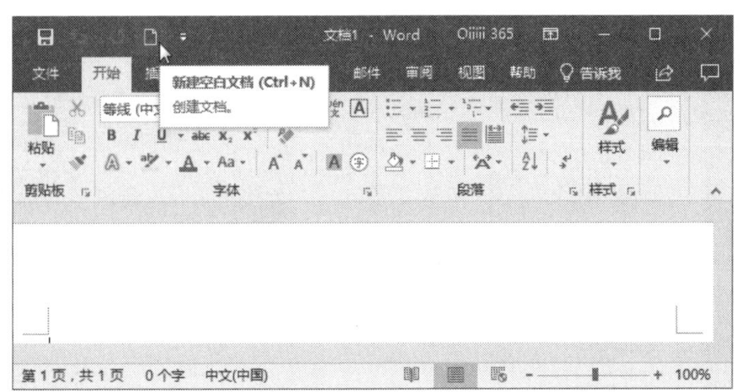

图2-1

方法2：单击“文件”选项卡，在列表中执行“新建”命令，单击右侧的“空白文档”选项，如图2-2所示。

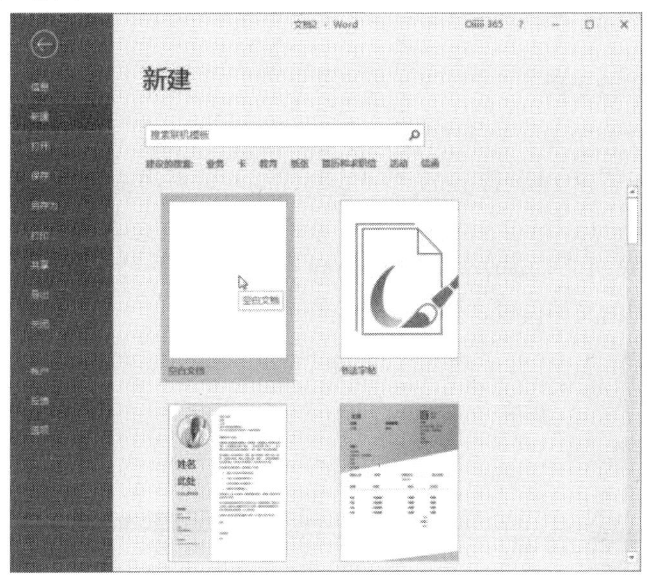

图2-2

方法3：按Ctrl+N组合键，可快速创建新的空白文档。

2. 根据现有内容新建文档

如果用户要建立一个新文档，要求其内容、格式与某个存在的文档完全一样，这时就可以通过在该文档上新建文档的方式来实现。此操作可将选择的文档以副本方式打开并编辑，而不会影响到原有的文档。

方法1：在文档所在的窗口中，右击该文档的图标，在弹出的快捷菜单中执行“新建”命令。

方法2：单击“文件”选项卡，在列表中执行“打开”命令，单击右侧的“浏览”选项，如图2-3所示，将弹出“打开”对话框。

在“打开”对话框中，首先从左侧列表中选择原文件所在文件夹的位置，再从右侧

列表中找到原文件，单击“打开”按钮右侧的下三角按钮，弹出下拉列表，选择“以副本方式打开”选项即可，如图2-4所示。

图2-3

图2-4

3. 使用模板新建文档

模板决定了文档的基本结构和设置，使用模板可以统一文档的风格，加快工作速度。用户使用模板新建文档后，新文档就会自动带有模板中设置的所有内容和格式了。具体的操作方法如下：

（1）单击“文件”选项卡，在左侧的列表中执行“新建”命令，在右侧的预设文档模板中单击所需的文档模板，如图2-5所示。

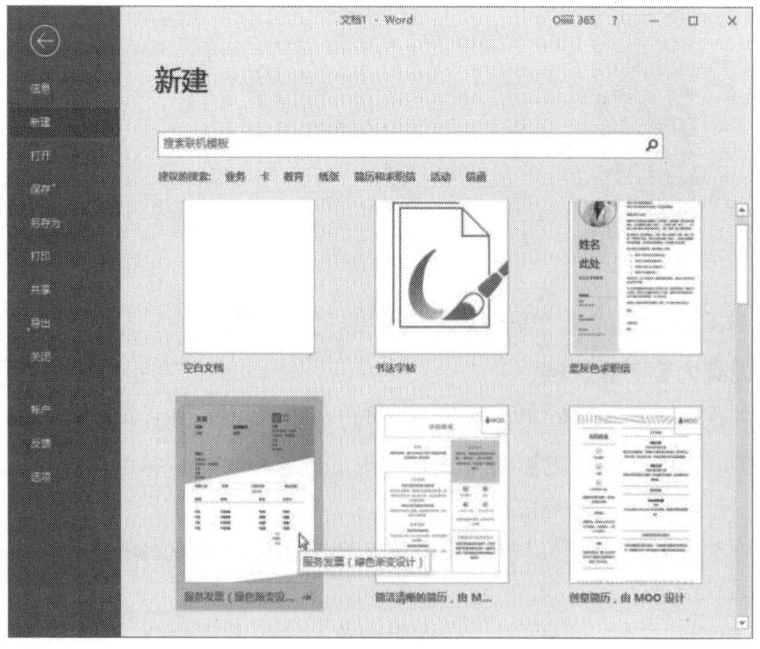

图2-5

（2）在弹出的模板预览创建对话框中单击“创建”按钮，如图2-6所示。

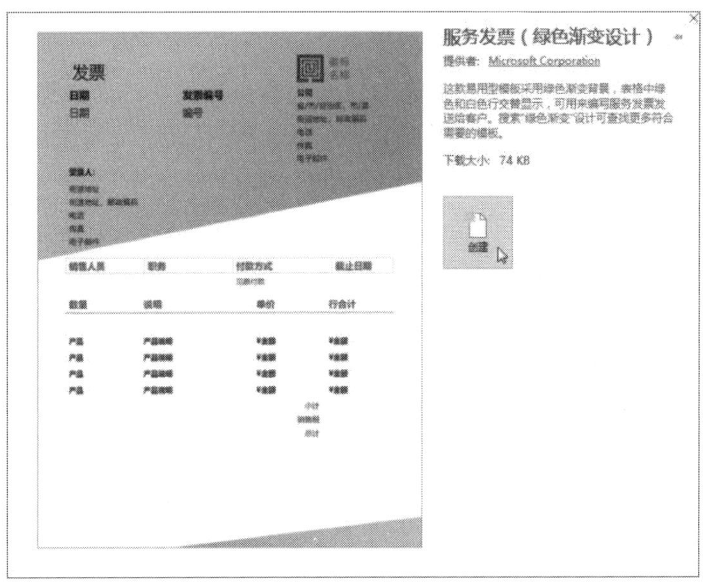

图2-6

提示：在启动Word 2016应用程序后，在右侧的预设文档模板中同样可以创建需要的文档模板。

2.1.2 打开文档

打开文档是Word中一项最基本的操作，如果要对保存的文档进行编辑，首先需要将其打开。要打开一个Word文档，通常是通过双击该文档的方式来打开，实际上还有其他方法可以打开文档，用户可以按照自己的习惯选择打开方式。

方法1：打开文档所在的文件夹，再双击文档的图标，即可将其打开。

方法2：单击“文件”选项卡，在列表中执行“打开”命令，单击右侧的“浏览”选项，在弹出的“打开”对话框中选择目标文件，单击“打开”按钮即可。

方法3：如图2-7所示，单击“快速访问工具栏”中的“打开”按钮，或按Ctrl+O组合键，都可弹出“打开”对话框，然后即可进行目标文件的选择。

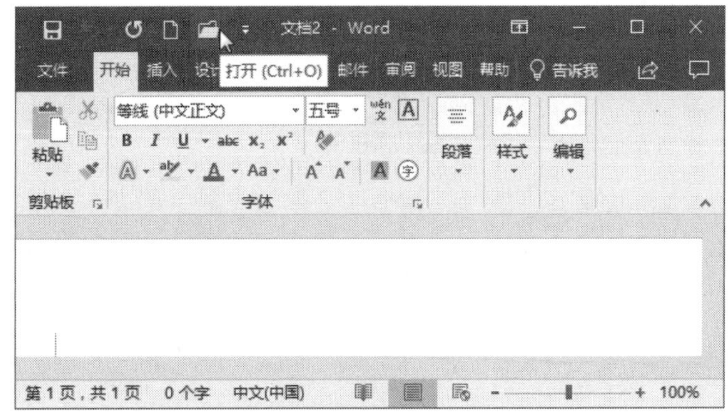

图2-7

2.1.3 保存文档

在编辑文档的过程中，应及时保存对文档内容所做的更改，以避免遇到断电、死机、系统自动关闭等特殊情况造成的文档内容丢失。保存文档分为保存新建文档、保存已有文档、另存为其他文档和自动保存文档。

1. 保存新建文档

新建和编辑一个文档后，需要执行保存操作，下次才能打开或继续编辑该文档。具体操作方法有：

方法1：单击“快速访问工具栏”中的“保存”按钮。

方法2：按Ctrl+S组合键快速保存文档。

方法3：单击“文件”选项卡，在打开的列表中执行“保存”命令。

提示：在执行“保存”命令后会弹出“另存为”对话框，在该对话框中输入文件名并选择保存类型和保存位置，即可保存新建文档。

2. 保存已有文档

对已经保存过的文档进行编辑之后，可以通过以下方法进行保存：

方法1：单击“快速访问工具栏”中的“保存”按钮。

方法2：按Ctrl+S组合键快速保存文档。

方法3：单击“文件”选项卡，在打开的列表中执行“保存”命令，即可按照原有的路径、名称以及格式进行保存。

3. 另存为其他文档

对打开的文档进行编辑后，如果想要将文档保存为其他名称或其他类型的文件，可以对文档进行“另存为”操作。具体的操作方法为：单击“文件”选项卡，在打开的列表中执行“另存为”命令，单击右侧的“浏览”按钮，如图2-8所示，弹出“另存为”对话框。

在“另存为”对话框左侧的列表中选择文档的保存路径，在“保存类型”下拉列表中选择需要保存的格式，如图2-9所示，设置后单击“保存”按钮，即可以以选择的格式保存文档。另外，还可以直接按F12键，快速打开“另存为”对话框进行设置。

图2-8

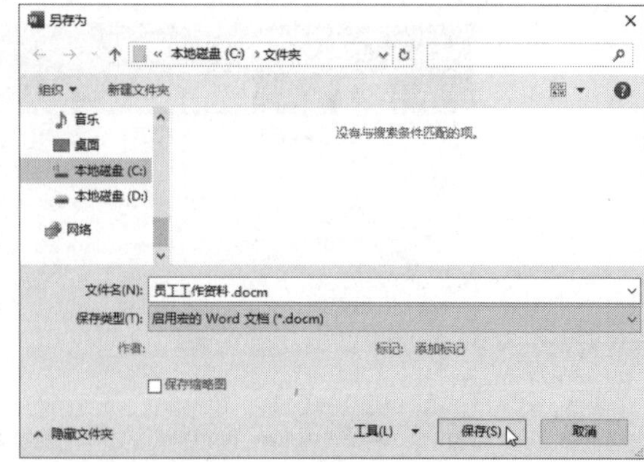

图2-9

提示：如果以相同的格式另存文档，需要更改文档保存的位置或名称；如果要与源文件保存在同一个文件夹中，则必须重命名该文档。

4. 自动保存文档

使用Word的自动保存功能，可以在断电或死机等突发情况下最大限度地减小损失。要想将正在编辑的文档设置为自动保存，只需单击“文件”选项卡，在打开的列表中执行“选项”命令，如图2-10所示。

在弹出的“Word选项”对话框的“保存”选项卡下，可以设置文件保存的格式、每次进行自动保存的时间间隔、自动恢复文件的保存位置及文件保存的默认位置等选项，如图2-11所示。设置完毕后，单击“确定”按钮即可。

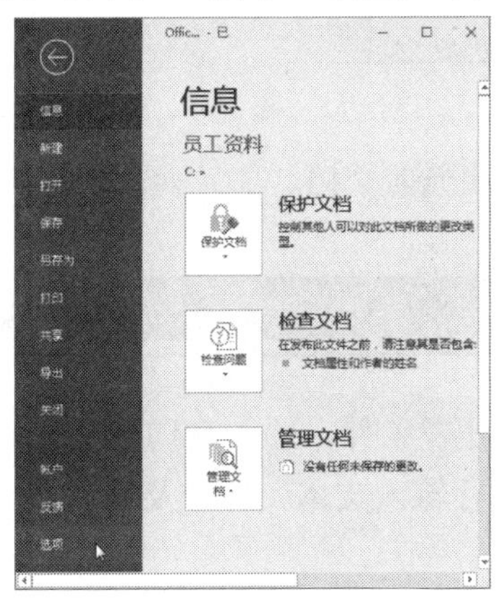

图2-10

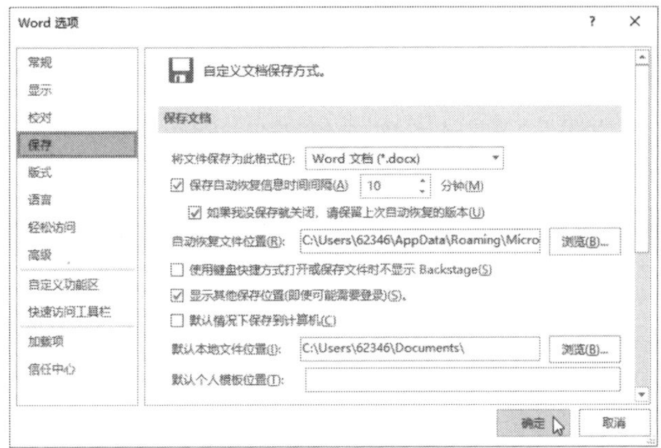

图2-11

2.1.4 关闭文档

对文档完成所有的编辑操作并保存后，需要将该文档关闭，以保证文档的安全。下面介绍关闭文档常用的4种方法。

方法1： 单击“文件”选项卡，在打开的列表中执行“关闭”命令，可关闭当前文档，如图2-12所示。

方法2： 单击标题栏右侧的“关闭”按钮，可关闭当前文档，如图2-13所示。

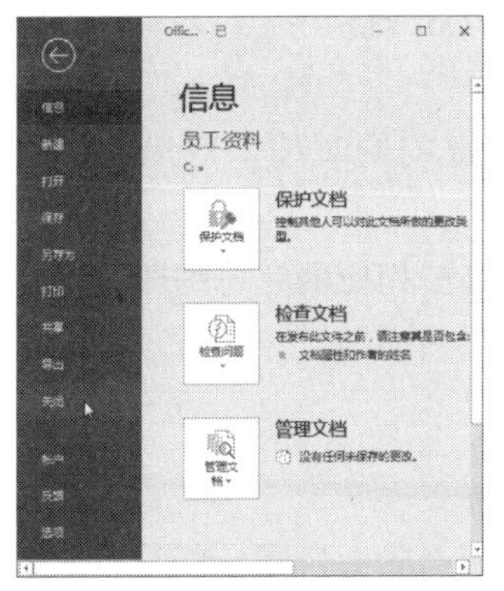

图2-12

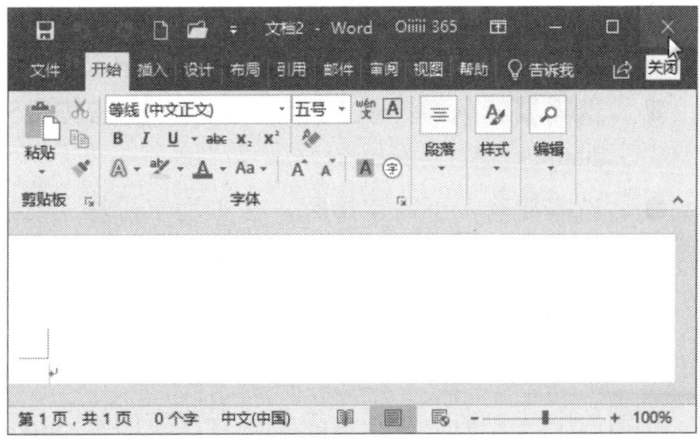

图2-13

方法3：在文档标题栏中右击，在弹出的快捷菜单中执行“关闭”命令，可关闭当前文档，如图2-14所示。

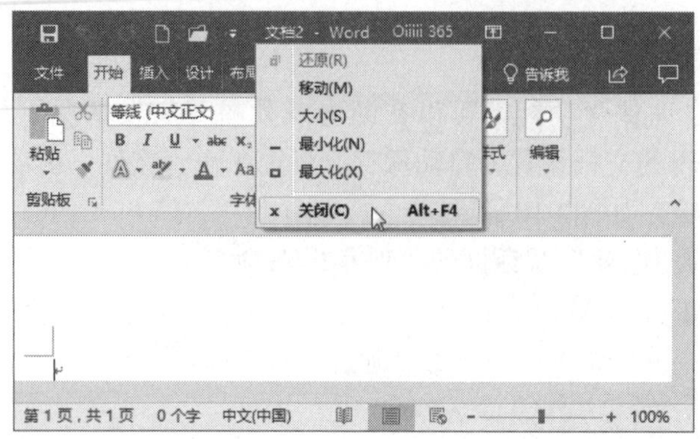

图2-14

方法4：按Ctrl+F4组合键或Alt+F4组合键，都可以关闭当前文档。

2.2 文本的输入与编辑

Word是Office系列办公软件中一款功能强大的文字处理软件，输入和编辑文本是Word文字处理软件最主要的功能之一。在Word中可以进行输入文本、符号及编辑文本等操作，是整个文档编辑过程的基础。

2.2.1 输入文本

输入文本是Word中一项基本操作，在文档中可以输入的内容有英文文本、中文文本、数字文本、标点符号、特殊符号等。输入文本的方法很简单，只需将光标定位在要输入文本的位置，然后在光标闪烁处输入相应内容即可。

1. 输入英文文本

将光标定位至需要输入英文文本的位置，然后将输入法切换到英文状态，就可以通过键盘直接输入英文、数字及标点符号。输入英文文本时需要注意以下几点：

- 当需要连续输入多个大写英文字母时，可按CapsLock键切换到大写字母输入状态。再次按该键，可切换回小写输入状态。
- 当需要输入单个大写字母时，只需在按住Shift键的同时按下对应的字母键即可。
- 当需要输入小写字母时，在小写字母输入状态下敲击相应的字母键即可。
- 按Enter键，插入点自动切换至下一行的行首。
- 按空格键，可在插入点的左侧插入1个空格符号。

2. 输入中文文本

在输入中文文本之前，首先要选择汉字的输入法。系统一般会自带一些基本的、比较常用的输入法，如微软拼音、智能ABC等，也可以自行安装一些输入法，如王码五笔、极品五笔等。按Ctrl+Shift组合键，可切换输入法。在选择好一种中文输入法后，就可以在插入点输入中文文本了。

3. 输入数字文本

数字文本分为西文半角、西文全角、中文小写、中文大写、罗马数字、类似数字符号等几种。通常使用软键盘录入数字符号和类似数字符号，右击输入法提示行中的软键盘按钮，在弹出的菜单中可以选择需要的键盘类型，不同的选择允许输入不同的符号，如图2-15所示。

（1）西文半角与西文全角数字的录入方法如图2-16所示。

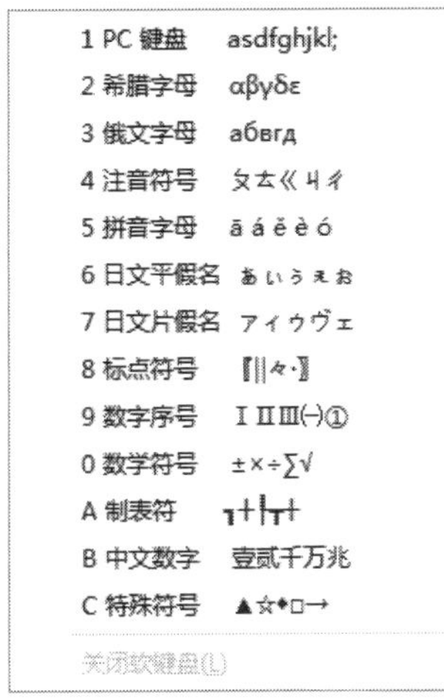

图2-15

种类	输入方法	10以内字符									
西文半角	半角状态下使用英文键盘	0	1	2	3	4	5	6	7	8	9
西文全角	全角状态下使用英文键盘	０	１	２	３	４	５	６	７	８	９

图2-16

（2）中文小写与中文大写数字的录入方法如图2-17所示。

种类	输入方法	10以内字符									
中文小写	软键盘下的单位符号	〇	一	二	三	四	五	六	七	八	九
中文大写	软键盘下的单位符号	零	壹	贰	叁	肆	伍	陆	柒	捌	玖

单位符号软键盘

图2-17

（3）罗马数字的录入方法如图2-18所示。

种类	输入方法	10以内字符								
罗马数字	软键盘下的数字序号	Ⅰ	Ⅱ	Ⅲ	Ⅳ	Ⅴ	Ⅵ	Ⅶ	Ⅷ	Ⅸ

图2-18

（4）类似数字符号主要有西文符号和中文符号两种，其录入方法如图2-19所示。

种类	输入方法	10以内字符										10以上字符
西文符号	软键盘下的数字序号	1.	2.	3.	4.	5.	6.	7.	8.	9.	10.	11.12.13.14.15.16.17.18.19.20.
西文符号		(1)	(2)	(3)	(4)	(5)	(6)	(7)	(8)	(9)	(10)	(11)(12)(13)(14)(15)(16)(17)(18)(19)(20)
西文符号		①	②	③	④	⑤	⑥	⑦	⑧	⑨	⑩	
中文符号		㈠	㈡	㈢	㈣	㈤	㈥	㈦	㈧	㈨	㈩	

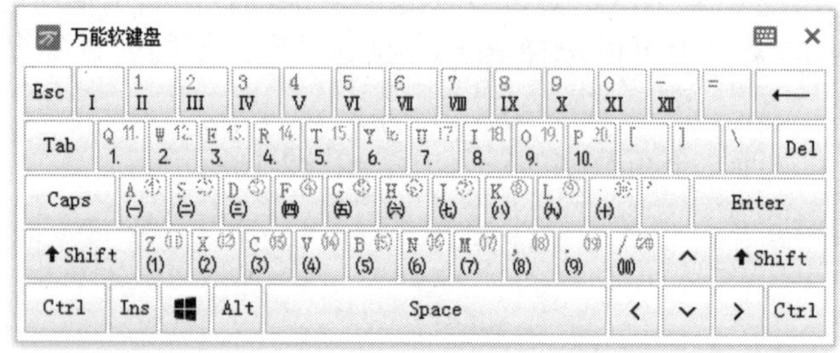

数字序号软键盘

图2-19

4. 输入标点符号

标点符号分为英文标点符号和中文标点符号两种。

（1）英文标点符号。

了解英文标点符号的用法，对于更好地完成英文打字，提高工作效率很有帮助。下面简要介绍英文标点符号的用法。

- **句号**（.）：在句末作为句号用，表示一个句子的结束，其后空两格；用在缩写词后表示缩写，其后空一格；多个缩写字母连写，句点与字母之间不留空格；做小数点用，后面不留空格。
- **问号**（?）：在句子的结尾使用，表示直接疑问句。
- **叹号**（!）：在句子的结尾使用，表示惊讶、兴奋等情绪。
- **逗号**（,）：用于表示句子中的停顿，也用于排列3个或3个以上的名词。
- **单引号**（‘）：可以表示所有格或缩写，也可以表示时间“分”或长度“英尺”。
- **引号**（"）：可以表示直接引出某人说的话，也可以表示时间“秒”或长度“英寸”。
- **冒号**（:）：用于引出一系列名词或较长的引语。
- **分号**（;）：用于将两个相关的句子连接起来。当和逗号一起使用时引出一系列名词。
- **破折号**（—）：表示在一个句子前作为总结，也可表示某人在说话过程中被打断。
- **连字符**（-）：表示连接两个单词、加前缀或在数字中使用。
- **省略号**（...）：又称删节号，用来表示引文中的省略部分或话语中未能说完的部分，也可表示语句中的断续、停顿、犹豫。
- **斜线号**（/）：用于分隔可替换词、可并列词；表示某些缩略语；用于速度、度量衡等单位中和某些单位组合中；用于诗歌分行等。

（2）中文标点符号。

中文标点符号分为点号和标号两类。点号的作用是点断，表示话语的停顿或语气。标号的作用主要用于标明语句、词、字、符号等的性质和作用。

①点号。

- **句号**（。或 .）：用于表示完整句末、舒缓语气祈使句末的停顿。句点“.”用在数理科学著作和科技文献中。
- **问号**（？）：用于表示疑问句末、反问句末的停顿，也用于作为存疑的标号。
- **叹号**（！）：用于表示感叹句末、强烈祈使句和反问句末的停顿。
- **逗号**（，）：用于表示主谓语间、动词与宾语间、句首状语后、后置定（状）语前、复句内各分句间的停顿。
- **顿号**（、）：用于表示句子内部并列字、词语、术语间的停顿。
- **分号**（；）：用于表示复句内并列分句之间的停顿，也表示分行列举的各项之间。
- **冒号**（：）：用在称呼语后边，表示提起下文或总结上文。

②标号。

- **引号**（“”、‘’）：用于标明直接引用的话语、着重论述的对象、特指等。引号内还有引号时，内用单引号。
- **括号**（[ ]、{ }、（））：用于标明说明性或解释性话语，分层标明时按“{、[、（、）、]、}”次序括引。
- **破折号**（——）：用于标明说明或解释的话语，表示转折、话题的突然转变、象声词声音的延长等。
- **省略号**（……）：用于标明引文、举例的省略、说话的断续等。整段、整行的省略单占1行，可用12个点。数学公式、外文中用3个点。
- **斜线号**（/）：分数中作为分数线，对比关系中表示“比”，数学运算式中表示“除号”，组对关系中表示“和”，有分母的组合单位符号中表示“每”。
- **书名号**（《》、<>）：用于书名、刊名、报名、文章名、作品名前后，标明作品、刊物、报纸、剧作等。
- **标注号**（*）：用于行文标题中引出注释或说明文字。
- **着重点**（.）：用于标明作者特别强调的字、词或话语。

5. 输入特殊符号

对于一般的标点符号，用户可以直接通过键盘进行输入。但如果要插入一些键盘上没有的符号，就需要通过插入符号功能来完成了。

要在文档中插入符号，可先将插入点定位在要插入符号的位置，在“插入”选项卡下“符号”组中单击“符号”按钮，在弹出的下拉列表中选择相应的符号即可，如图2-20所示。如果该列表中没有所需要的符号，可以执行“其他符号”命令，打开“符号”对话框，如图2-21所示，在“字体”下拉列表中选择不同的字体，符号区域就会发生不同的变化，在其中选择需要插入的符号后，单击“插入”按钮即可。

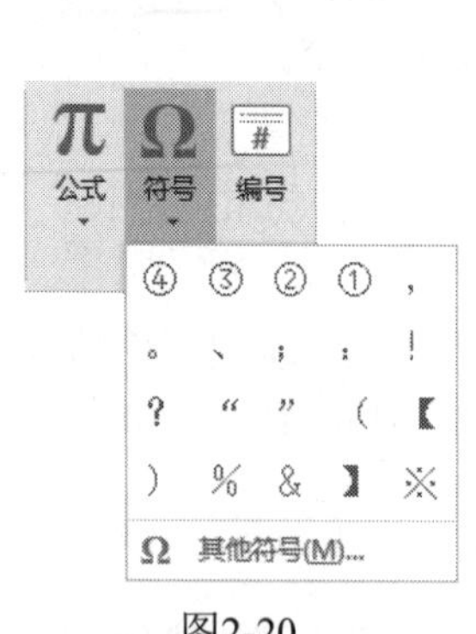

图2-20

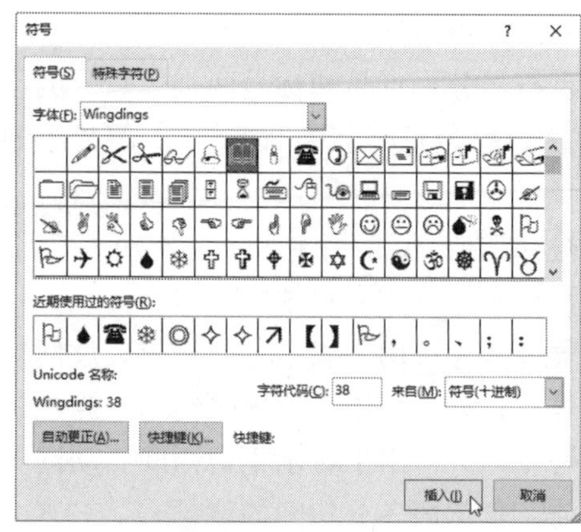

图2-21

2.2.2 编辑文本

在文档中输入文本内容后，经常会发现有需要修改的地方，此时就可以编辑文本，使文档内容准确无误。编辑文本包括复制、移动、删除所选内容，查找和替换指定内容等。

1. 选取文本

对Word文档中的文本进行编辑操作之前需要先选中要编辑的文本。选择文本的方式有很多种，例如，选择1个字/词、选择连续的多个文本、选择不连续的多个文本、快速选择1行文本/多行文本、选择1个段落或整篇文档等。

选择文本可以使用鼠标选取，也可以使用键盘上的组合键选取文本。在使用组合键选择文本前，应该根据需要将光标定位在适当的位置，然后再按下相应的组合键选定文本。Word提供了一整套利用键盘选择文本的方法，主要是通过Shift、Ctrl和方向键来实现的，操作方法详见表2-1。

表2-1

组合键	功能
Ctrl+A	选择整篇文档
Ctrl+Shift+Home	选择光标所在处至文档开始处的文本
Ctrl+Shift+End	选择光标所在处至文档结束处的文本
Alt+Ctrl+Shift+Page Up	选择光标所在处至本页开始处的文本
Alt+Ctrl+Shift+Page Down	选择光标所在处至本页结束处的文本
Shift+ ↑	向上选择1行
Shift+ ↓	向下选择1行
Shift+←	向左选择1行
Shift+→	向右选择1行
Ctrl+Shift+←	选择光标所在处左侧的词语
Ctrl+Shift+→	选择光标所在处右侧的词语

（1）选择单个字/词。

选择单个字：将光标移至所要选择的文字位置处并双击鼠标左键，可以立即选择该单字，如图2-22所示。

选择单个词：将光标移至所要选择的词语位置处并双击鼠标左键，可以快速选择该词语，如图2-23所示。

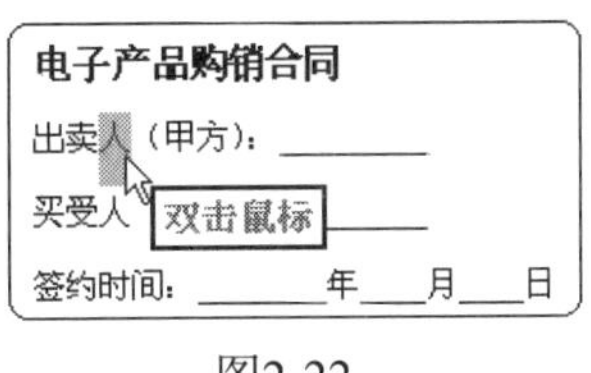

图2-22

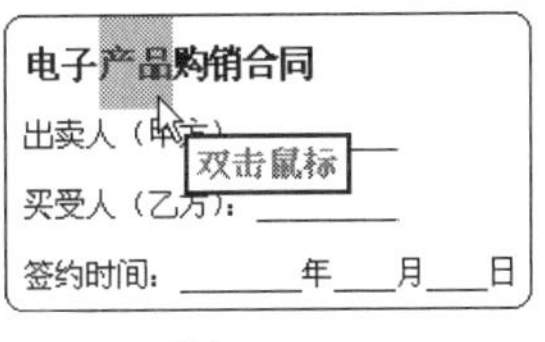

图2-23

（2）选择连续（不连续）的多个文本。

将鼠标定位在起始位置上，并按住鼠标左键进行拖动，拖至目标位置后释放鼠标左键，即可选择连续的多个文本，如图2-24所示。此时，若按住Ctrl键再选择其他文本，就可同时选择多个不连续的文本，如图2-25所示。

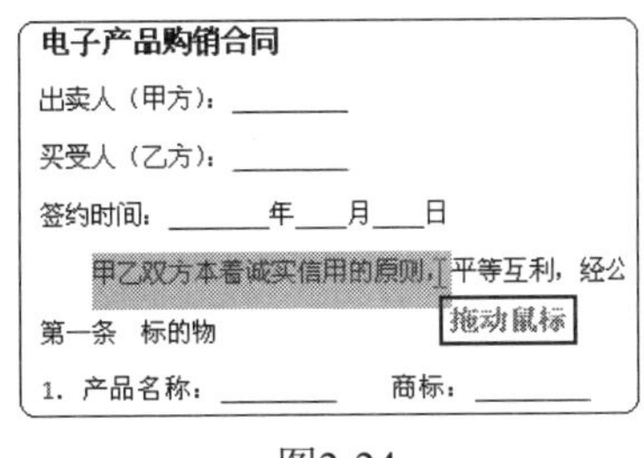

图2-24

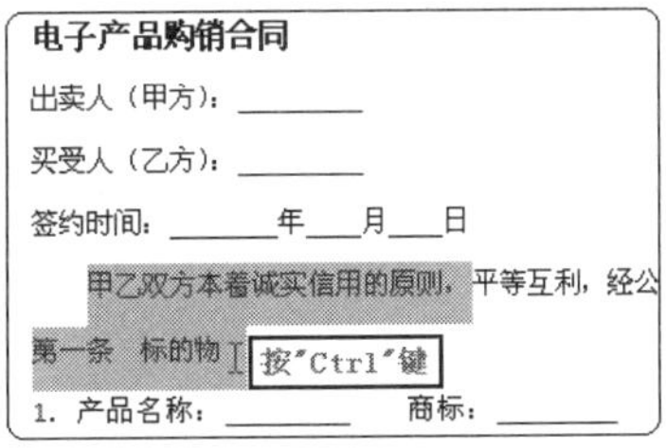

图2-25

（3）选择1行（多行）文本。

将光标移至要选择行的左侧空白处，当光标变成形状时单击鼠标左键即可选取该行文本。当光标变成形状时，按住鼠标左键向下拖动，可选择连续的多行文本。

（4）选择段落文本或整篇文档。

将光标定位在要选取的段落中，连续3次快速单击鼠标左键，或在段落左侧空白处双击鼠标左键，均可快速选择一个段落。将光标移动至文档左侧空白处，当光标变成形状时连续3次快速单击鼠标左键，或按Ctrl+A组合键均可选中文档中的所有内容。

2. 复制和移动文本

当编辑文档内容时，如果需要在文档中输入内容相同的文本，可以对文本进行复制、粘贴操作。如果要移动文本的位置，可对文本进行剪切、粘贴操作。

（1）复制文本。

复制文本是将要复制的文本移动到其他的位置，而原文本仍然保留在原来的位置上。复制文本有以下几种方法：

方法1：选取需要复制的文本，在“开始”选项卡下“剪贴板”组中单击“复制”按钮，将光标移动至目标位置处，单击“粘贴”按钮即可，如图2-26所示。

方法2：选取需要复制的文本，按Ctrl+C组合键，然后将光标移动至目标位置处，再按Ctrl+V组合键，即可完成复制操作。

方法3：选取需要复制的文本，右击，在弹出的快捷菜单中执行“复制”命令，然后将光标移动至目标位置处，再次右击，在弹出的快捷菜单中执行“粘贴”命令即可。

方法4：选取需要复制的文本，按住鼠标右键拖动文本至目标位置，释放鼠标会弹出快捷菜单，从中执行“复制到此位置”命令即可，如图2-27所示。

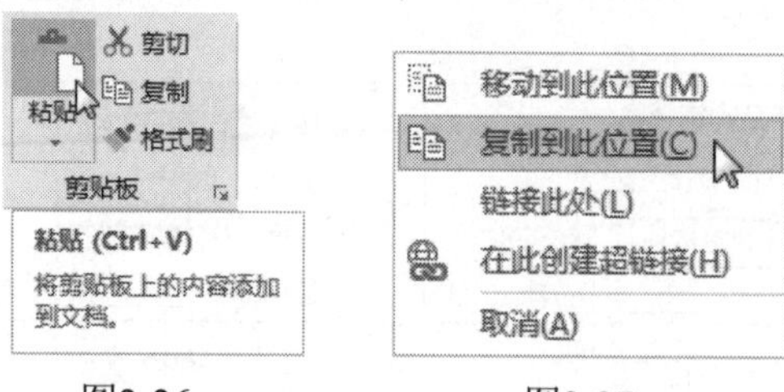

图2-26　　图2-27

方法5：选取需要复制的文本，按住Ctrl键的同时拖动文本，拖至目标位置后释放鼠标，即可看到所选择的文本已经复制到目标位置了。

方法6：选取需要复制的文本，按Shift+F2组合键，在状态栏中将出现“复制到何处？”字样，将光标移动至目标位置处单击鼠标左键，然后按Enter键即可。

（2）移动文本。

移动文本是将当前位置的文本移动到其他位置，在移动文本的同时会删除原来位置上的原始文本。与复制文本的唯一区别在于，移动文本后原位置的文本消失，而复制文本后原位置的文本仍在。移动文本有以下几种方法：

方法1：选取需要移动的文本，在“开始”选项卡下“剪贴板”组中单击“剪切”按钮，将光标移动至目标位置处，单击“粘贴”按钮即可。

方法2：选取需要移动的文本，按Ctrl+X组合键，然后将光标移动至目标位置处，再按Ctrl+V组合键，即可完成移动操作。

方法3：选取需要移动的文本，右击，在弹出的快捷菜单中执行“剪切”命令，然后将光标移动至目标位置处，再次右击，在弹出的快捷菜单中执行“粘贴”命令即可。

方法4：选取需要移动的文本，按住鼠标右键拖动文本至目标位置，释放鼠标会弹出快捷菜单，从中执行“移动到此位置”命令即可。

方法5：选取需要移动的文本后，按住鼠标左键不放，当光标变为形状时拖动文本至目标位置后，释放鼠标即可将选取的文本移动到目标位置。

3. 删除文本

在编辑文本时，如果发现输入了不需要的内容，那么可以对多余或错误的文本进行删除操作。删除文本的方法主要有两种，一种是逐个删除光标前或者光标后的字符，另一种是快速删除选择的多个文本。

（1）逐个删除字符。

将光标定于需要删除字符的位置处，按Backspace键，将删除光标左侧的1个字符；按Delete键，将删除光标右侧的1个字符。

（2）删除选择的多个文本。

方法1：选择需要删除的所有内容，按Backspace键或Delete键均可删除所选文本。

方法2：选择需要删除的文本，在“开始”选项卡下“剪贴板”组中单击“剪切”按钮，即可删除所选文本。

方法3： 选择需要删除的文本，按Ctrl+X组合键，即可删除所选文本。

从文档中删除不需要的文本，还可以使用组合键进行删除，详见表2-2。

表2-2

组合键	功能
Backspace	向左删除1个字符
Delete	向右删除1个字符
Ctrl+Backspace	向左删除1个词语
Ctrl+Delete	向右删除1个词语
Ctrl+Z	撤销上一个操作
Ctrl+Y	恢复上一个操作

4. 查找和替换文本

有时需要将较长文档中的某些内容替换为其他内容，若逐一进行查找和修改，会浪费大量的时间，费时费力而且容易出错。Word提供了文本查找与替换功能，可以轻松快捷地完成文本的查找与替换操作，大大提高工作效率。

（1）查找文本。

方法1： 将光标定于需要开始查找的位置，在“开始”选项卡下“编辑”组中单击“查找”按钮[查找]，弹出“导航”窗格，按Ctrl+F组合键同样可以打开该窗格。然后在查找文本框中输入需要查找的内容，随即将自动在导航空格中查找到该文本所在位置，同时文本在Word文档中以黄色底纹显示，如图2-28所示。

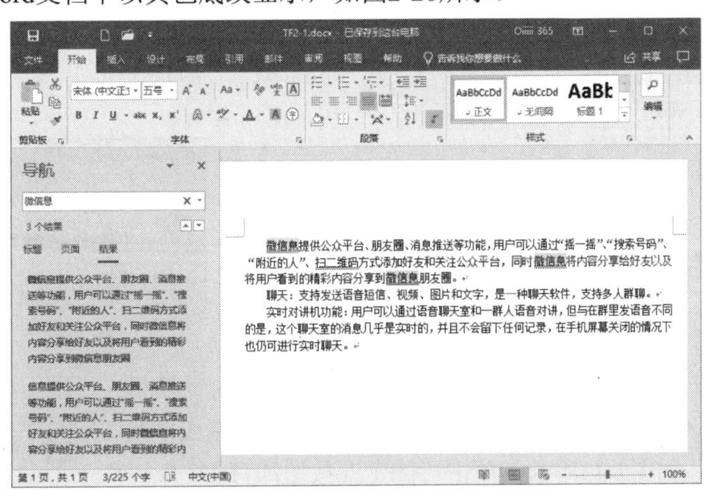

图2-28

方法2： 将光标定于需要开始查找的位置，在“开始”选项卡下“编辑”组中单击“查找”按钮右侧的下三角按钮[查找]，弹出下拉列表，执行“高级查找”命令，如图2-29所示，将弹出“查找和替换”对话框，按Ctrl+H组合键同样可以打开该对话框。

在“查找”选项卡下的“查找内容”文本框中输入需要查找的内容，单击“查找下一处”按钮，如图2-30所示，即可将光标定位在文档中第1个查找目标处。单击若干次“查找下一处”按钮可依次查找出文档中对应的内容。

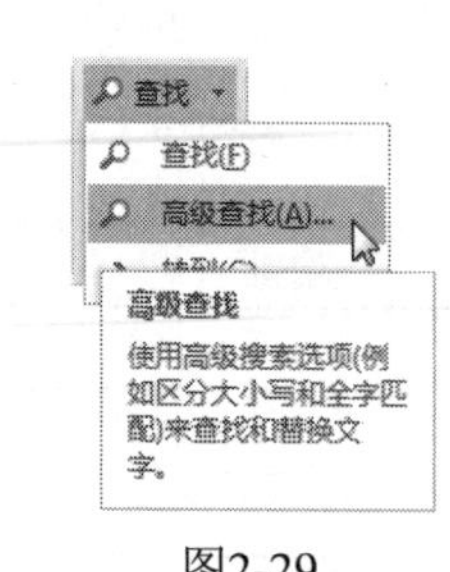

图2-29

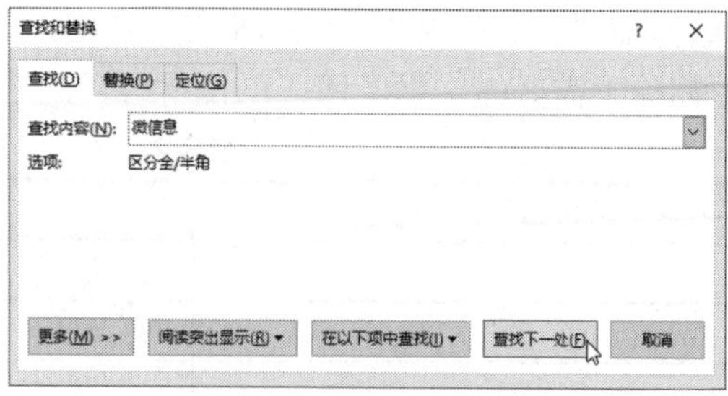

图2-30

（2）替换文本。

替换和查找操作基本类似，不同之处在于：替换不仅要完成查找，而且要用新的文本替换查找出来的原有内容。准确地说，在查找到文档中指定的内容后，才可以对其进行统一替换。在“开始”选项卡下“编辑”组中单击“替换”按钮，将弹出“查找和替换”对话框，按Ctrl+H组合键同样可以打开该对话框。在“替换”选项卡下的“查找内容”文本框中输入需要查找的内容，在“替换为”文本框中输入需要替换为的内容，单击“替换”按钮，如图2-31所示，即可对查找到的内容进行替换，并自动选择到下一处查找到的内容。

也可以先选择文档中需要查找的区域，再单击“全部替换”按钮。此时将弹出“Microsoft Word”对话框，显示已经完成了所选内容的搜索以及替换的数目，提示用户是否搜索文档的其余部分，如图2-32所示。单击“否”按钮，会看到所选择内容中的查找内容已经全部被替换，没选择的部分则没有进行替换。

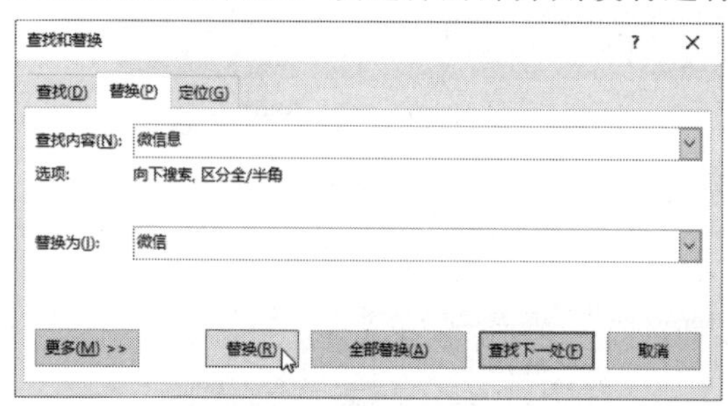

图2-31

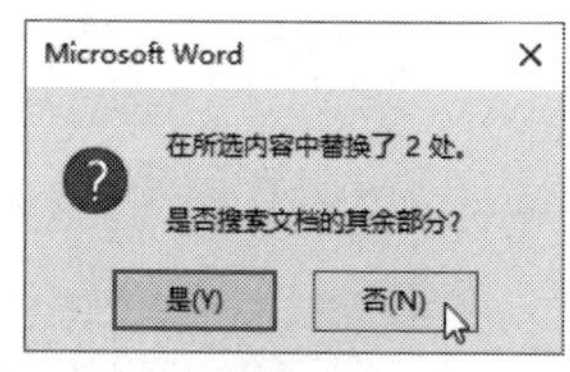

图2-32

单击“是”按钮会继续对文档其余部分进行查找替换操作，并弹出“Microsoft Word”对话框，显示已经全部完成以及替换的总数目，如图2-33所示，单击“确定”按钮即可。

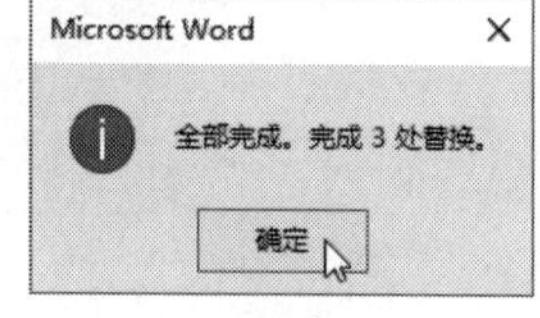

图2-33

5. 改写文本

在改写较少量的文本时，首先选中要替换的文本，然后输入需要的文本，此时新输入的文本会自动替换选中的文本。

改写文本还可以用Insert键进行操作，该键主要用来在插入模式和改写模式之间切换。默认情况下处于插入模式，可以正常输入内容。按Insert键之后变为改写模式，将光标定位于要改写文本的左侧，输入需要改正的文本，则新输入的字符会覆盖它右侧的字符。如要切换为插入模式，则再按Insert键即可。

Ⅱ. 试题汇编

2.1　第1题

【操作要求】

1. **新建文件**：在“Microsoft Word 2016”程序中新建一个文档，以A2.docx为文件名保存至考生文件夹。

2. **录入文本与符号**：按照【样文2-1A】，录入文字、字母、标点符号、特殊符号等。

3. **复制/粘贴**：将C:\2016KSW\DATA2\TF2-1.docx中的全部文字复制到考生录入的文档之后。

4. **查找/替换**：将文档中所有的“微信息”替换为“微信”，结果如【样文2-1B】所示。

【样文2-1A】

➚微信（WeChat）是腾讯公司于2011年1月21日推出的一个为智能终端提供即时通讯服务的免费应用程序。微信支持跨通信运营商、跨操作系统平台，通过网络快速发送免费（需消耗少量网络流量）语音短信、视频、图片和文字。截止到2015年第1季度，微信已经覆盖中国90%以上的智能手机，月活跃用户达到5.49亿，用户覆盖200多个国家、超过20种语言。此外，各品牌的微信公众账号总数已经超过800万个，移动应用对接数量超过85 000个，微信支付用户则达到了4亿左右。➘

【样文2-1B】

➚微信（WeChat）是腾讯公司于2011年1月21日推出的一个为智能终端提供即时通讯服务的免费应用程序。微信支持跨通信运营商、跨操作系统平台，通过网络快速发送免费（需消耗少量网络流量）语音短信、视频、图片和文字。截止到2015年第1季度，微信已经覆盖中国90%以上的智能手机，月活跃用户达到5.49亿，用户覆盖200多个国家、超过20种语言。此外，各品牌的微信公众账号总数已经超过800万个，移动应用对接数量超过85 000个，微信支付用户则达到了4亿左右。➘

微信提供公众平台、朋友圈、消息推送等功能，用户可以通过“摇一摇”“搜索号码”“附近的人”、扫二维码方式添加好友和关注公众平台，同时微信将内容分享给好友以及将用户看到的精彩内容分享到微信朋友圈。

聊天：支持发送语音短信、视频、图片和文字，是一种聊天软件，支持多人群聊。

实时对讲机功能：用户可以通过语音聊天室和一群人语音对讲，但与在群里发语音不同的是，这个聊天室的消息几乎是实时的，并且不会留下任何记录，在手机屏幕关闭的情况下也仍可进行实时聊天。

2.2　第2题

【操作要求】

1. **新建文件**：在“Microsoft Word 2016”程序中新建一个文档，以A2.docx为文件名保存至考生文件夹。

2. **录入文本与符号**：按照【样文2-2A】，录入文字、字母、标点符号、特殊符号等。

3. **复制/粘贴**：将C:\2016KSW\DATA2\TF2-2.docx中的全部文字复制到考生录入的文档之后。

4. **查找/替换**：将文档中所有的“大能猫”替换为“大熊猫”，结果如【样文2-2B】所示。

【样文2-2A】

★大熊猫（学名：*Ailuropoda melanoleuca*，英文名称：Giant panda），属于食肉目、熊科的一种哺乳动物，体色为黑白相间，它有着圆圆的脸颊，大大的黑眼圈，胖嘟嘟的身体，标志性的内八字的行走方式，也有解剖刀般锋利的爪子。是世界上最可爱的动物之一。大熊猫已在地球上生存了至少800万年，被誉为“活化石”和“中国国宝”，是世界自然基金会的形象大使，是世界生物多样性保护的旗舰物种。大熊猫属于中国国家一级保护动物。★

【样文2-2B】

★大熊猫（学名：*Ailuropoda melanoleuca*，英文名称：Giant panda），属于食肉目、熊科的一种哺乳动物，体色为黑白相间，它有着圆圆的脸颊，大大的黑眼圈，胖嘟嘟的身体，标志性的内八字的行走方式，也有解剖刀般锋利的爪子。是世界上最可爱的动物之一。大熊猫已在地球上生存了至少800万年，被誉为“活化石”和“中国国宝”，是世界自然基金会的形象大使，是世界生物多样性保护的旗舰物种。大熊猫属于中国国家一级保护动物。★

大熊猫体型肥硕似熊、丰腴富态、头圆尾短，头躯长1 200～1 800 mm，尾长100～120 mm，体重80～120 kg，最重可达180 kg，饲养的熊猫略重，一般雄性个体稍大于雌性。头部和身体毛色黑白相间分明，但黑非纯黑，白也不是纯白，而是黑中透褐，白中带黄。

黑白相间的外表，有利于隐蔽在密林的树上和积雪的地面而不易被天敌发现。相对锋利的爪和发达有力的前后肢，有利于大熊猫能快速爬上高大的乔木。

大熊猫皮肤厚，最厚处可达10 mm。身体不同部分的皮肤的厚度也不一样，体背部厚于腹侧，体外侧厚于体内侧，皮肤的平均厚度约为5 mm，并且色白而富有弹性和韧性。

2.3　第3题

【操作要求】

1. 新建文件：在“Microsoft Word 2016”程序中新建一个文档，以A2.docx为文件名保存至考生文件夹。

2. 录入文本与符号：按照【样文2-3A】，录入文字、字母、标点符号、特殊符号等。

3. 复制/粘贴：将C:\2016KSW\DATA2\TF2-3.docx中的全部文字复制到考生录入的文档之后。

4. 查找/替换：将文档中所有的“动漫”替换为“动画”，结果如【样文2-3B】所示。

【样文2-3A】

※动画在国内已经发展到了不仅仅是小孩子喜爱的东西，很多80后也把看动画片当作一种休闲娱乐的日常项目。英文有：animation、cartoon、animated cartoon、cameracature。其中，比较正式的“Animation”一词源自于拉丁文字根的anima，意思为灵魂；动词animate是赋予生命，引申为使某物活起来的意思。所以animation可以解释为经由创作者的安排，使原本不具生命的东西像获得生命一般的活动。※

【样文2-3B】

※动画在国内已经发展到了不仅仅是小孩子喜爱的东西，很多80后也把看动画片当做一种休闲娱乐的日常项目。英文有：animation、cartoon、animated cartoon、cameracature。其中，比较正式的“Animation”一词源自于拉丁文字根的anima，意思为灵魂；动词animate是赋予生命，引申为使某物活起来的意思。所以animation可以解释为经由创作者的安排，使原本不具生命的东西像获得生命一般的活动。※

早期，中国将动画称为美术片，现国际通称为动画片。

动画是一门幻想艺术，更容易直观地表现和抒发人们的感情，可以把现实不可能看到的转为现实，扩展了人类的想象力和创造力。

许多人认为，动画片拍摄的对象不是真实存在的，它要么是动画师绘制出来的，要么是通过计算机生成出来的，总之，是一些凭空创造出来的东西。实际上，动画本身与其拍摄对象并无必然联系，而真正区别动画和电影电视技术（特指由连续摄影机和摄像机拍出的活动影像技术）的关键是它的拍摄方式。动画指动画技术，在三维动画出现以前，对动画技术比较规范的定义是：采用逐帧拍摄对象并连续播放而形成运动的影像的技术。不论拍摄对象是什么，只要它的拍摄方式是采用的逐格方式，观看时连续播放形成了活动影像，它就是动画。

2.4 第4题

【操作要求】

1. **新建文件**：在“Microsoft Word 2016”程序中新建一个文档，以A2.docx为文件名保存至考生文件夹。

2. **录入文本与符号**：按照【样文2-4A】，录入文字、字母、标点符号、特殊符号等。

3. **复制/粘贴**：将C:\2016KSW\DATA2\TF2-4.docx中的全部文字复制到考生录入的文档之前。

4. **查找/替换**：将文档中所有的“故宫博物馆”替换为“故宫”，结果如【样文2-4B】所示。

【样文2-4A】

◎一条中轴贯通着整个故宫，这条中轴又在北京城的中轴线上。三大殿、后三宫、御花园都位于这条中轴线上。在中轴宫殿两旁，还对称分布着许多殿宇，也都宏伟华丽。这些宫殿可分为外朝和内廷两大部分。外朝以太和、中和、保和三大殿为中心，文华、武英殿为两翼。内廷以乾清宫、交泰殿、坤宁宫为中心，东西六宫为两翼，布局严谨有序。故宫的四个城角都有精巧玲珑的角楼，建造精巧美观。宫城周围环绕着高10米、长3 400米的宫墙，墙外有52米宽的护城河。◎

【样文2-4B】

故宫位于北京市中心，也称“紫禁城”。这里曾居住过24个皇帝，是明清两代（公元1368～1911年）的皇宫，现为“故宫博物院”。

故宫的整个建筑金碧辉煌，庄严绚丽，被誉为世界五大宫之一（北京故宫、法国凡尔赛宫、英国白金汉宫、美国白宫、俄罗斯克里姆林宫），并被联合国科教文组织列为“世界文化遗产”。

故宫的宫殿建筑是中国现存最大、最完整的古建筑群，总面积达72万多平方米，传说有殿宇宫室9 999间半，被称为“殿宇之海”，气魄宏伟，极为壮观。无论是平面布局，立体效果，还是形式上的雄伟堂皇，都堪称无与伦比的杰作。

◎一条中轴贯通着整个故宫，这条中轴又在北京城的中轴线上。三大殿、后三宫、御花园都位于这条中轴线上。在中轴宫殿两旁，还对称分布着许多殿宇，也都宏伟华丽。这些宫殿可分为外朝和内廷两大部分。外朝以太和、中和、保和三大殿为中心，文华、武英殿为两翼。内廷以乾清宫、交泰殿、坤宁宫为中心，东西六宫为两翼，布局严谨有序。故宫的四个城角都有精巧玲珑的角楼，建造精巧美观。宫城周围环绕着高10米、长3 400米的宫墙，墙外有52米宽的护城河。◎

2.5　第5题

【操作要求】

1. **新建文件：**在“Microsoft Word 2016”程序中新建一个文档，以A2.docx为文件名保存至考生文件夹。

2. **录入文本与符号：**按照【样文2-5A】，录入文字、字母、标点符号、特殊符号等。

3. **复制/粘贴：**将C:\2016KSW\DATA2\TF2-5.docx中的全部文字复制到考生录入的文档之后。

4. **查找/替换：**将文档中所有的“徵派”替换为“徽派”，结果如【样文2-5B】所示。

【样文2-5A】

『徵派版画是明代版画声势最为雄壮的一派，十五世纪中叶兴起于徽州府，十七世纪末发展到高峰。“徵派版画”是画家和木刻艺人通力合作的艺术结晶，是受徵派刻书业的直接影响而迅速崛起的派别。为“徵派”版画作画的著名画家主要有丁云鹏、吴廷羽、蔡冲寰、陈老莲、汪耕、黄应澄、寻庄等；以技艺冠一时的雕刻名工则更多，光虬川黄氏一家便有黄应组、黄一彬、黄晟、黄应泰等近百人。』

【样文2-5B】

『徽派版画是明代版画声势最为雄壮的一派，十五世纪中叶兴起于徽州府，十七世纪末发展到高峰。“徽派版画”是画家和木刻艺人通力合作的艺术结晶，是受徽派刻书业的直接影响而迅速崛起的派别。为“徽派”版画作画的著名画家主要有丁云鹏、吴廷羽、蔡冲寰、陈老莲、汪耕、黄应澄、寻庄等；以技艺冠一时的雕刻名工则更多，光虬川黄氏一家便有黄应组、黄一彬、黄晟、黄应泰等近百人。』

徽派刻书，刻书流派名。明中期以后，徽州商业势力日趋增强，并逐渐进入刻书行业，依靠雄厚资本、徽籍士刊和盐商的强力支持，使“徽派刻书”成为当时最具影响力的一大派别。书商遍及大江南北名地，伴随书商而问世的刻工更是数不胜数。

徽派篆刻，篆刻流派名。开徽派者历来有两种不同的说法。一种认为何震是徽州第一个杰出的印学家，应是这一印派的鼻祖。另一种认为程邃是“歙四家”的领袖，他的篆刻力变文、何旧体，参合钟鼎古文，出以离奇错落的手法，自成一家面目，应推程邃为徽派的祖师。实际上两说均有道理，因为徽派的改进与发展，前后有一百多年的历史，何震与程邃两人先后代表了两个时期的徽派。

Ⅲ. 试题解答

2.1 第1题解答

1. 新建文件

第1步：单击“开始”按钮，在弹出的菜单中执行“Word 2016”命令，在弹出的对话框中单击“空白文档”选项，如图2-34所示，即可打开一个空白的Word文档。

第2步：单击“文件”选项卡，在打开的菜单中执行“另存为”命令，单击右侧的“浏览”选项，如图2-35所示，将弹出“另存为”对话框。

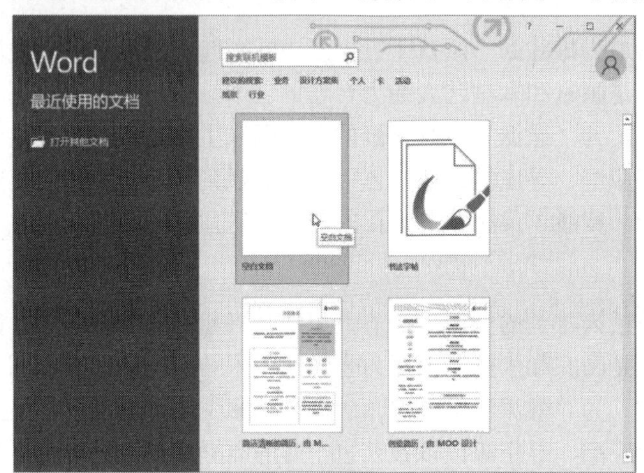

图2-34

图2-35

第3步：在“另存为”对话框中，首先在左侧列表中选择考生文件夹所在的位置，在“文件名”文本框中输入“A2”，如图2-36所示，单击“保存”按钮即可。

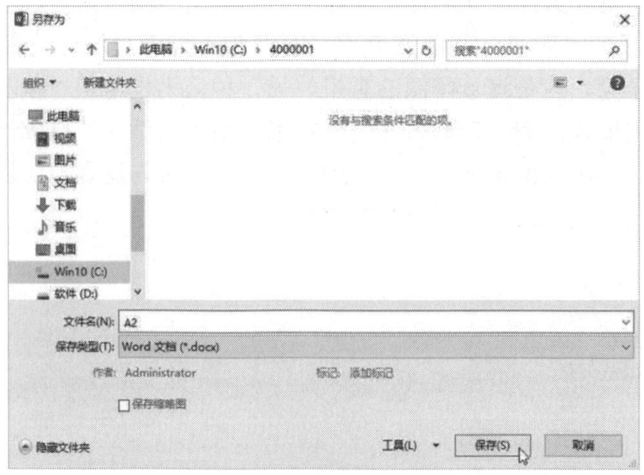

图2-36

2. 录入文本与符号

第1步：选择一种常用的中文输入法，按试题中【样文2-1A】所示录入文字、字母、标点符号，录入时请注意中、英文以及英文大小写之间的转换。

第2步：完成所有文字及标点符号的录入后，接下来进行插入符号操作。先将插入点定位在要插入符号的位置，然后在“插入”选项卡下“符号”组中单击“符号”按钮，在弹出的下拉列表中执行“其他符号”命令，如图2-37所示。

第3步：在弹出“符号”对话框后，在“符号”选项卡下“字体”列表中选择相应的字体，在符号列表框中选择需要插入的特殊符号后，如图2-38所示，单击“插入”按钮，则所需要的符号会被插入到光标所在位置，最后再单击“关闭”按钮完成操作。

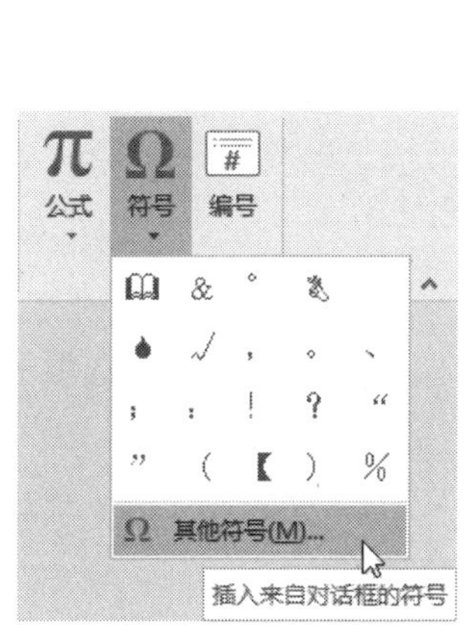

图2-37

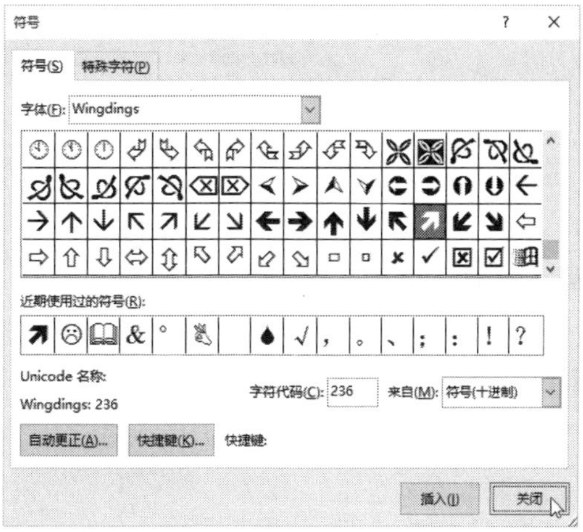

图2-38

3. 复制/粘贴

第1步：单击“文件”选项卡，在打开的菜单中执行“打开”命令，单击右侧区域中的“浏览”按钮，将弹出“打开”对话框。在左侧列表中选择“C:\2016KSW\DATA2”文件夹，在右侧的文件列表框中选择文件TF2-1.docx，如图2-39所示，单击“打开”按钮，即可打开该文档。

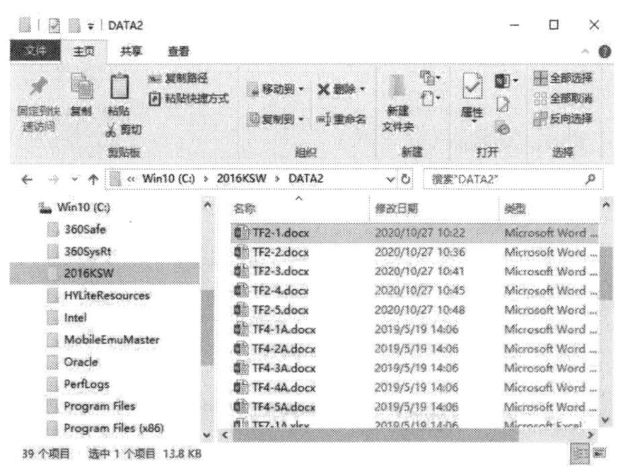

图2-39

第2步：在TF2-1.docx文档中按Ctrl+A组合键，选中文档中的所有文字；执行“开始”选项卡下“剪贴板”组中的“复制”命令，如图2-40所示，将复制的内容暂时存放在剪贴板中。

第3步：切换至考生文档A2.docx中，将光标定位在录入的文档内容之后，执行“开始”选项卡下“剪贴板”组中的“粘贴”命令，如图2-41所示，将复制的内容粘贴至录入的文档内容之后。

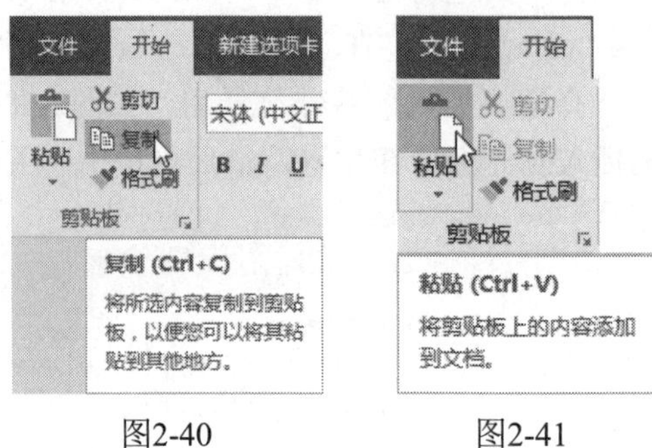

图2-40　　　　图2-41

4. 查找/替换

第1步：在A2.docx文档中，将光标定位在文档的起始处，在“开始”选项卡下“编辑”组中单击“替换”按钮，如图2-42所示。

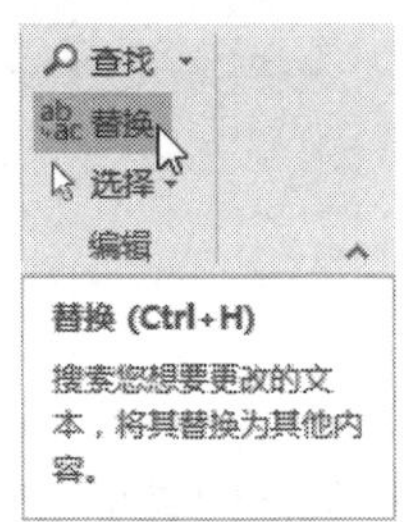

图2-42

第2步：此时将弹出“查找和替换”对话框，在“替换”选项卡下的“查找内容”文本框中输入“微信息”，在“替换为”文本框中输入“微信”，如图2-43所示，单击“全部替换”按钮即可。

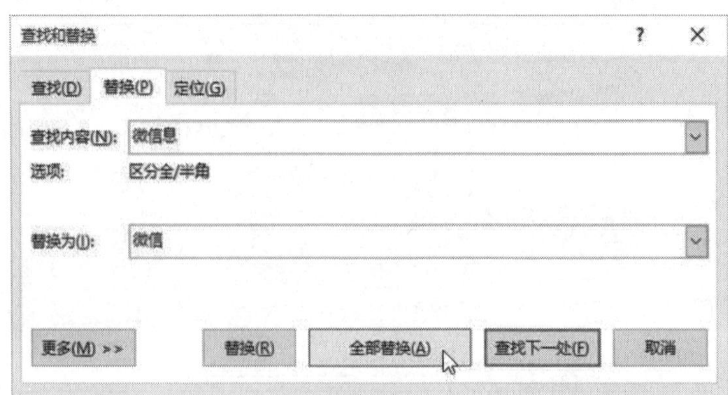

图2-43

第3步：文档中的所有“微信息”文本均被替换为“微信”文本，并弹出确认对话框，如图2-44所示，单击该对话框中的“确定”按钮，然后关闭“查找和替换”对话框即可。

图2-44

第4步：在“文件”选项卡下执行“保存”命令。

2.2　第2题解答

此题的操作过程请参考2.1解答，此处略。

2.3　第3题解答

此题的操作过程请参考2.1解答，此处略。

2.4　第4题解答

此题的操作过程请参考2.1解答，此处略。

2.5　第5题解答

此题的操作过程请参考2.1解答，此处略。

第3章　文档的格式设置与编排

Ⅰ.知识讲解

知识要点

- 字体格式的设置。
- 段落格式的设置。
- 项目符号和编号的设置。
- 自动拼写和语法检查。

评分细则

本章有11个评分点，每题12分。

评分点	分值	得分条件	判分要求
设置字体	1	全部按要求正确设置	错1处则不得分
设置字号	1	全部按要求正确设置	错1处则不得分
设置字形	1	全部按要求正确设置	错1处则不得分
设置颜色	1	全部按要求正确设置	错1处则不得分
设置文本效果	1	全部按要求正确设置	错1处则不得分
设置对齐方式	1	全部按要求正确设置	须使用“对齐”技能点，其他方式对齐不得分
设置段落缩进	1	正确设置缩进方式和缩进值	须使用“缩进”技能点，其他方式缩进不得分
设置行距/段落间距	1	正确设置间距设置方式和间距数值	须使用“行距”或“间距”技能点，其他方式不得分
拼写检查	2	改正文本中全部的错误单词	须使用“拼写”技能点，有1处未改不得分
设置项目符号或编号	1	按照样文正确设置项目符号或编号	样式、字体和位置须全部正确
添加拼音格式	1	按照样文正确添加拼音	须使用“拼音指南”技能点，其他方式不得分

3.1　字体格式的设置

文本的字体格式设置包括设置中文字体、西文字体、字形、字号及字体颜色等。一般情况下，可以通过“字体”组、“字体”对话框、浮动工具栏等方法设置字体格式。

3.1.1 设置字体

字体是表示文字书写风格的一种简称，Word提供了多种可用的字体，输入的文本在默认情况下是五号、宋体。

1. 使用“字体”组

在Word文档中，选中要设置字体格式的文本，在“开始”选项卡下“字体”组的“字体”下拉列表中选择需要设置的字体，如图3-1所示。

2. 使用“字体”对话框

选中要设置字体格式的文本，在“开始”选项卡下“字体”组中单击右下角的“对话框启动器”按钮，打开“字体”对话框，如图3-2所示。或者右击选中的文本，在弹出的快捷菜单中执行“字体”命令，也可以打开该对话框。在“字体”选项卡下的“中文字体”下拉列表中可以选择文档中中文文本的字体格式，在“西文字体”下拉列表中可以选择文档中西文文本的字体格式。

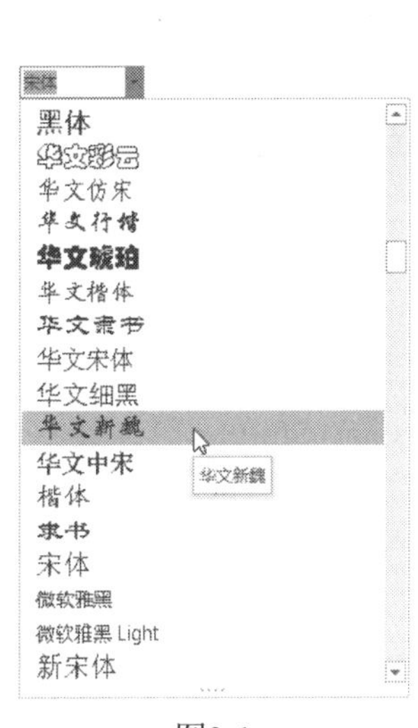

图3-1

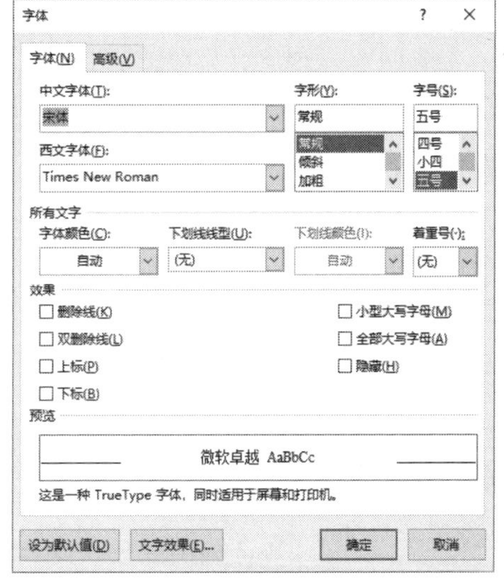

图3-2

提示：按Ctrl+D组合键，可以直接打开“字体”对话框；右击选中的文本，在弹出的快捷菜单中执行“字体”命令，同样可以打开“字体”对话框。

3. 使用浮动工具栏

选中要设置字体格式的文本后，Word会自动弹出“格式”浮动工具栏，或者右击选中的文本，也可以打开该工具栏。浮动工具栏开始时呈半透明状态，当光标接近时，才会正常显示，否则就会自动隐藏。在该浮动栏中单击“字体”下拉按钮，在弹出的列表框中可以选择需要的字体样式，如图3-3所示。

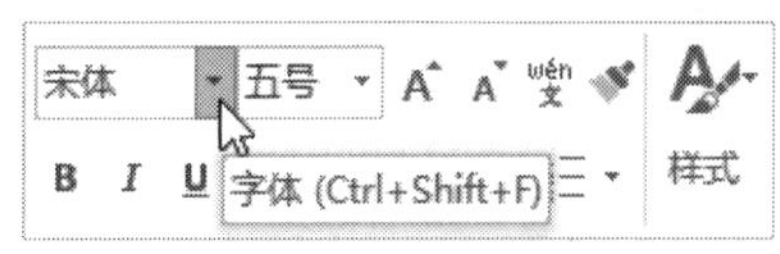

图3-3

3.1.2 设置字号

字号是指字符的大小。Word有两种字号的表示方法，一种是中文标准，以“号”为单位，如初号、一号、二号等；另一种是西文标准，以“磅”为单位，如8磅、9磅、10磅等。

1. 使用“字体”组

方法1： 选中要设置字号的文本，在“开始”选项卡下“字体”组中的“字号”下拉列表中选择需要设置的字号，如图3-4所示。

方法2： 选中要设置字号的文本，在“开始”选项卡下“字体”组中单击“增大字号”按钮，如图3-5所示，即可将所选文本的字号增大1磅；单击“减小字号”按钮，即可将所选文本的字号减小1磅。

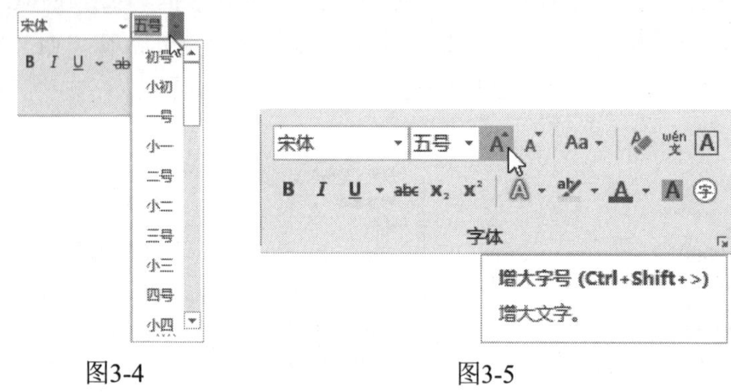

图3-4　　图3-5

提示：按Ctrl+Shift+>组合键可以快速增大字号，按Ctrl+Shift+<组合键可以快速缩小字号。

2. 使用“字体”对话框

选中要设置字号的文本，在“开始”选项卡下“字体”组中单击右下角的“对话框启动器”按钮，打开“字体”设置对话框。在“字体”选项卡下的“字号”列表框中可以选择设置字符的字号。

3. 使用浮动工具栏

选中要设置字号的文本，打开“格式”浮动工具栏，单击“字号”下拉按钮，在弹出的列表框中设置字号；或单击右侧的“增大字号”按钮或“减小字号”按钮，可快速将字号增大或减小1磅。

3.1.3 设置字形

字形是字符的显示方式，包括文字的常规显示、倾斜显示、加粗显示及下划线显示等。

1. 使用“字体”组

选取要设置字形的文本，在“开始”选项卡下“字体”组中单击相应的按钮可以设置字符的格式。单击“加粗”按钮，可以设置字符的加粗格式；单击“倾斜”按钮，可以设置字符的倾斜格式；单击“下划线”按钮，可以为字符添加默认格式的下划线；单击“下划线”按钮右侧的下三角按钮，从下拉列表中选择下划线的线型和颜色，如图3-6所示，可为字符添加相应样式的下划线。

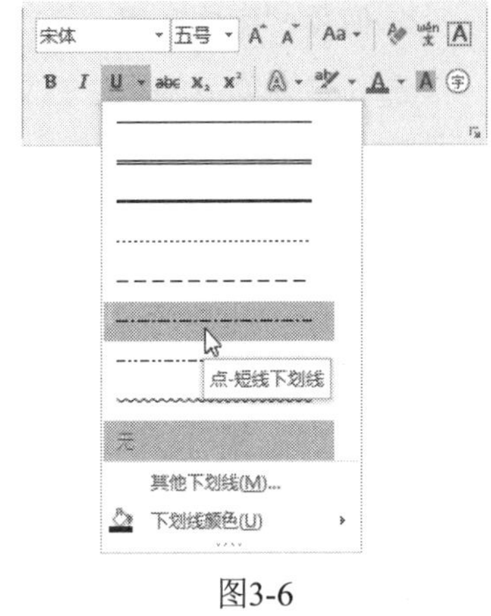

图3-6

2. 使用“字体”对话框

选中要设置字形的文本，在“开始”选项卡下“字体”组中单击右下角的“对话框启动器”按钮，打开“字体”设置对话框。在“字体”选项卡下的“字形”列表框中可以选择设置字形，在“着重号”列表框中可以选择为文本添加着重号。

3. 使用浮动工具栏

选中要设置字形的文本，打开“格式”浮动工具栏，从中可以设置字符的加粗、倾斜、下划线等字形显示效果。

4. 使用组合键

按Ctrl+B组合键，可以设置加粗显示；按Ctrl+I组合键，可以设置倾斜显示；按Ctrl+U组合键，可以设置下划线显示。

3.1.4 设置字体颜色

为字符设置字体颜色，可以使文本看起来更醒目、更美观。

1. 使用“字体”组

选取要设置字体颜色的文本，在“开始”选项卡下“字体”组中单击“字体颜色”按钮右侧的下三角按钮，在弹出的颜色面板中选择需要的颜色即可。

2. 使用“字体”对话框

选中要设置字体颜色的文本，在“开始”选项卡下“字体”组中单击右下角的“对话框启动器”按钮，打开“字体”设置对话框，在“字体”选项卡下的“字体颜色”下拉列表中选择需要的颜色即可。

3. 使用浮动工具栏

选中要设置字体颜色的文本，打开“格式”浮动工具栏，单击“字体颜色”按钮右侧的下三角按钮，同样可以从弹出的颜色面板中选择需要的颜色。

3.1.5 设置文本效果

编辑文本的过程中，可以设置文本的字体效果，例如，为文本内容添加阴影、轮廓、映像、发光以及柔化边缘等，可使文档更加美观、整齐。

1. 使用“字体”组

选取要设置字体颜色的文本，在“开始”选项卡下“字体”组中单击“文本效果”按钮，在弹出的文本效果面板的预设效果中选择需要的文本效果样式即可；如果没有目标文本效果，还可以在该面板下方的自定义效果中自行设置文本的轮廓、阴影、映像、发光等效果方式，如图3-7所示。

图3-7

2. 使用“字体”对话框

选中要设置文字效果的文本，在“开始”选项卡下“字体”组中单击右下角的“对话框启动器”按钮，在打开的“字体”设置对话框中单击“文字效果”按钮，将弹出“设置文本效果格式”对话框。

在“文本填充与轮廓”选项卡下，可对“文本填充”和“文本轮廓”进行设置操作，如图3-8所示；在“文字效果”选项卡下，可对“阴影”“映像”“发光”“柔化边缘”和“三维格式”进行设置操作，如图3-9所示。

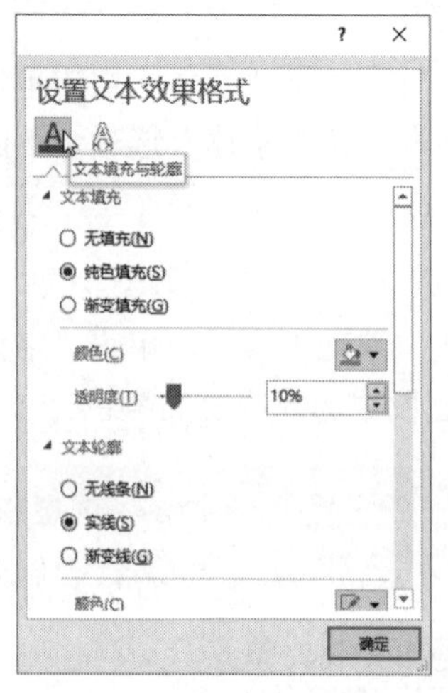

图3-8

图3-9

3.1.6 设置字符间距

通过设置Word文档中的字符间距，可以使文档的页面布局更符合实际需要。设置字符间距的具体步骤为：选中要设置字符间距的文本，在“开始”选项卡下“字体”组中单击右下角的“对话框启动器”按钮，打开“字体”设置对话框，在“高级”选项卡下“字符间距”区域的“间距”下拉列表中选择“加宽”或“紧缩”选项，在“磅值”文本框中输入或微调需要的值，如图3-10所示，单击“确定”按钮即可。

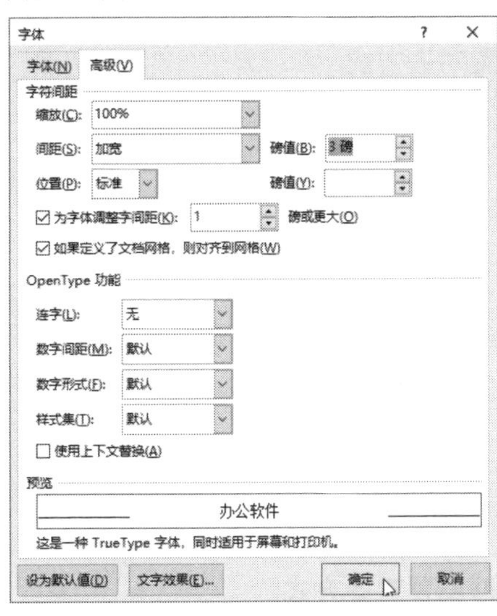

图3-10

3.2 段落格式的设置

段落是构成整个文档的骨架，在编辑文档的同时还需要合理设置文档段落的格式，才能使文档达到层次分明、段落清晰的效果。段落格式包括段落的对齐方式、缩进方式、段落间距与行距、段落边框与底纹、项目符号与编号等。大多数的段落格式都可以在“段落”组中完成设置，如图3-11所示。

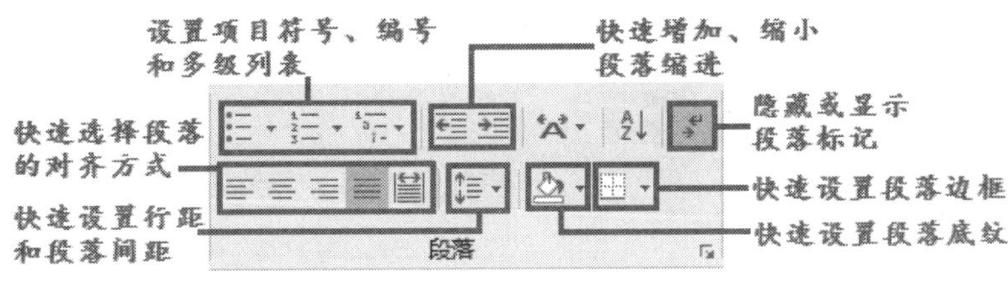

图3-11

3.2.1 设置段落对齐方式

段落对齐是指文档边缘的对齐方式，包括左对齐、居中、右对齐、两端对齐和分散对齐5种方式。

- **左对齐**：快速将选择的段落在页面中靠左侧对齐排列，快捷键为Ctrl+L。左对齐与两端对齐效果相似。
- **居中**：快速将选择的段落在页面中居中对齐排列，快捷键为Ctrl+E。
- **右对齐**：快速将选择的段落在页面中靠右侧对齐排列，快捷键为Ctrl+R。
- **两端对齐**：是Word中默认的对齐方式，可以将文字左右两端同时对齐，并根据页面需要自动增加字符间距以达到左右两端对齐的效果，快捷键为Ctrl+J。
- **分散对齐**：快速将选择的段落在页面中分散对齐排列，快捷键为Ctrl+Shift+J。

1. 使用“段落”组设置对齐方式

选中要设置对齐方式的文本段落，在“开始”选项卡下“段落”组中，有一组快速选择段落对齐方式的按钮，如图3-12所示。单击相应的对齐方式按钮，即可快速为段落选择对齐方式。

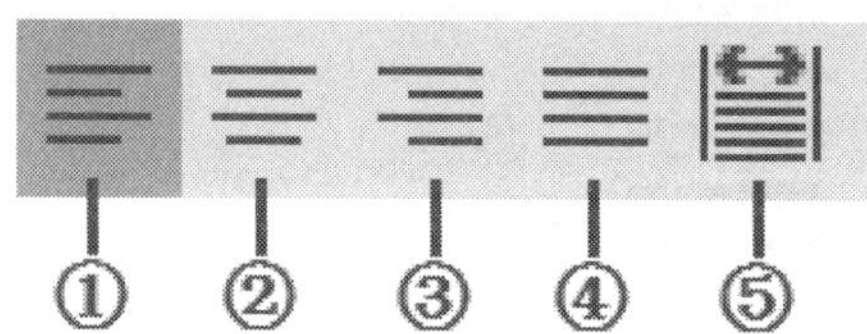

①左对齐　②居中　③右对齐　④两端对齐　⑤分散对齐

图3-12

2. 使用“段落”对话框设置对齐方式

选中要设置对齐方式的文本段落，在“开始”选项卡下“段落”组中单击右下角的“对话框启动器”按钮，打开“段落”设置对话框。在“缩进和间距”选项卡下的“常规”区域中单击“对齐方式”右侧的下三角按钮，在打开的下拉列表中选择相应的对齐方式即可，如图3-13所示。

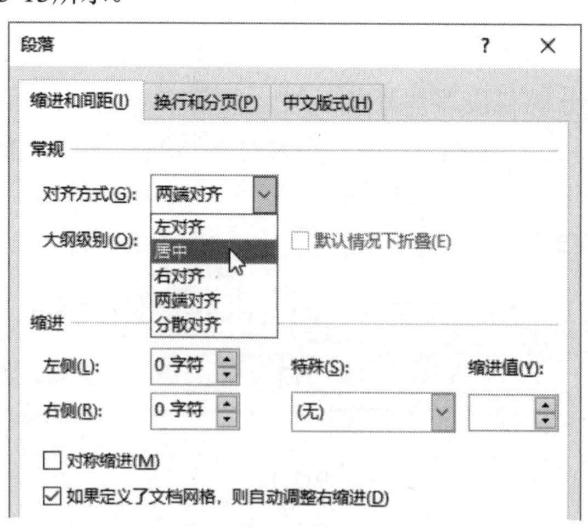

图3-13

提示：右击选中的文本，在弹出的快捷菜单中执行“段落”命令，也可打开“段落”对话框。

3.2.2 设置段落缩进

段落缩进是指段落中的文本与页边距之间的距离，包括左缩进、右缩进、悬挂缩进和首行缩进4种方式。

- **左缩进：** 设置整个段落左边界的缩进位置。
- **右缩进：** 设置整个段落右边界的缩进位置。
- **悬挂缩进：** 设置段落中除首行以外其他行的起始位置。
- **首行缩进：** 设置段落中首行的起始位置。

1. 使用“标尺”设置段落缩进

在Word中，可以通过拖动标尺中的缩进标记（如图3-14所示）来调整段落的缩进，此设置仅对光标所在的段落或所选择的段落发生作用。在“视图”选项卡下“显示/隐藏”组中选中“标尺”复选框，可在页面中显示标尺。

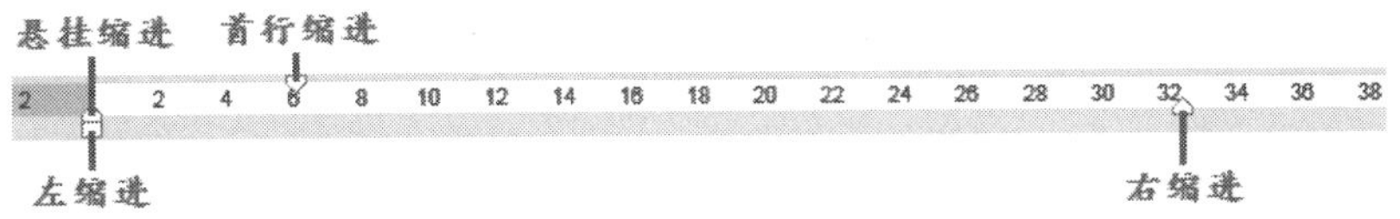

图3-14

2. 使用“段落”对话框设置段落缩进

使用“段落”对话框可以更加准确地设置缩进尺寸。首先选择要进行设置的段落，在“开始”选项卡下“段落”组中单击右下方的“对话框启动器”按钮，弹出“段落”对话框，在“缩进和间距”选项卡中可以进行相关设置，如图3-15所示。

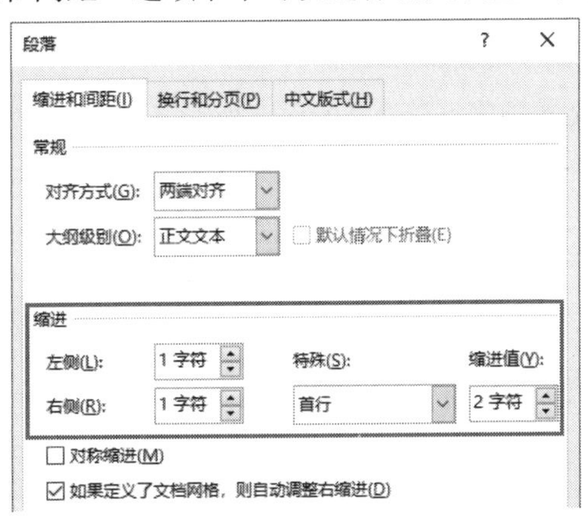

图3-15

在“缩进”区域的“左侧”微调框中输入左缩进的值，则所选行从左边缩进；在“右侧”微调框中输入右缩进的值，则所选行从右边缩进；在“特殊”下拉列表中可以选择段落缩进的方式：首行缩进和悬挂缩进，在其后面的“缩进值”微调框中输入需要缩进的值（首行缩进和悬挂缩进的默认值为“2字符”）。

3. 使用“段落”组中的快捷按钮设置段落缩进

在“开始”选项卡下“段落”组中，单击“减少缩进量”按钮或“增加缩进量”

按钮▣，可以减少或增加缩进量。

4. 使用“布局”选项卡下“段落”组设置段落缩进

选择要进行设置的段落，在“布局”选项卡下“段落”组中，在“缩进”下的“左”微调框中输入左缩进的值，则所选行从左边缩进；在“缩进”下的“右”微调框中输入右缩进的值，则所选行从右边缩进，如图3-16所示。

缩进
间距
左: 2 字符
段前: 0 行
右: 2 字符
段后: 0 行
段落

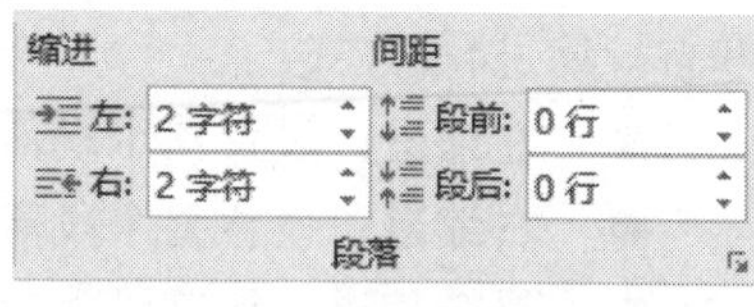

图3-16

提示：在“布局”选项卡下“段落”组中单击右下方的“对话框启动器”按钮▣，也可以打开“段落”对话框。

3.2.3 设置段间距与行间距

间距主要包括段间距和行间距。所谓行间距，是指段落中行与行之间的距离，决定段落中各行文本之间的垂直距离；所谓段间距，是指前后相邻段落之间的距离，决定段落前后空白距离的大小。

1. 使用“段落”组设置段间距与行间距

选中要进行设置的文本段落，在“开始”选项卡下“段落”组中单击“行和段落间距”按钮▣，在弹出的下拉列表（如图3-17所示）中可以选择需要的行间距值；执行“增加段落前的空格”命令，则段前增加12磅；执行“增加段落后的空格”命令，则段后增加12磅。

2. 使用“段落”对话框设置段间距与行间距

选中要进行设置的文本段落，在“开始”选项卡下“段落”组中单击右下方的“对话框启动器”按钮▣，弹出“段落”对话框，在“缩进和间距”选项卡中可以进行相关设置，如图3-18所示。

1.0
1.15
1.5
2.0
2.5
3.0
行距选项...
增加段落前的空格(B)
增加段落后的空格(A)

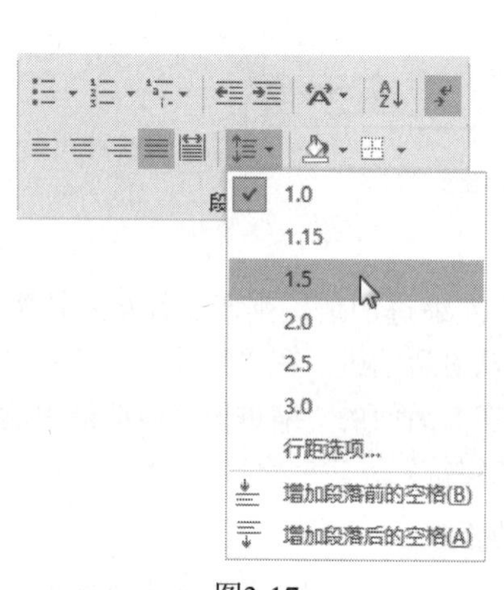

图3-17

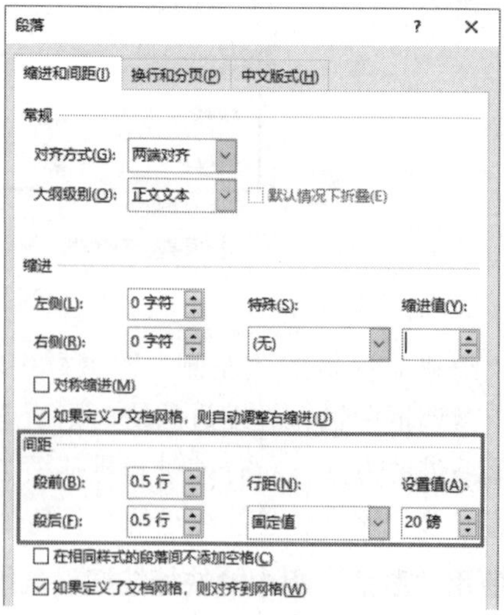

段落
缩进和间距(I)
换行和分页(P)
中文版式(H)
常规
对齐方式(G):
两端对齐
大纲级别(O):
正文文本
默认情况下折叠(E)
缩进
左侧(L):
0 字符
右侧(R):
0 字符
特殊(S):
(无)
缩进值(Y):
对称缩进(M)
如果定义了文档网格，则自动调整右缩进(D)
间距
段前(B):
0.5 行
段后(F):
0.5 行
行距(N):
固定值
设置值(A):
20 磅
在相同样式的段落间不添加空格(C)
如果定义了文档网格，则对齐到网格(W)

图3-18

设置段间距：在“间距”区域的“段前”和“段后”微调框中输入数值，可以设置段落间距。

设置行间距：在“行距”下拉列表中选择符合要求的间距值，如单倍行距、1.5倍行距、2倍行距、固定值等，如果下拉列表中没有需要的行距值，也可以在“设置值”微调框中直接输入行距值。

3. 使用“布局”选项卡下“段落”组设置段间距

选择要进行设置的段落，在“布局”选项卡下“段落”组中，在“间距”下的“段前”和“段后”微调框中输入需要的值，即可设置段落间距。

3.3　项目符号和编号的设置

使用项目符号和编号，可以对文档中并列的项目进行组织，或者将内容的顺序进行编号，以使这些项目的层次结构更加清晰、有条理。Word提供了7种标准编号，并且允许自定义项目符号和编号。

3.3.1　添加项目符号和编号

为了使段落层次分明，结构更加清晰，可以为段落添加项目符号或编号，所以项目符号和编号都是以段落为单位的。

1. 使用“段落”组添加项目符号和编号

选择需要添加项目符号的段落，在“开始”选项卡下“段落”组中单击“项目符号”按钮右侧的下三角按钮，在弹出的面板中可以选择所需要的项目符号样式，如图3-19所示。

选择需要添加编号的段落，在“开始”选项卡下“段落”组中单击“编号”按钮右侧的下三角按钮，在弹出的面板中可以选择所需要的编号样式，如图3-20所示。

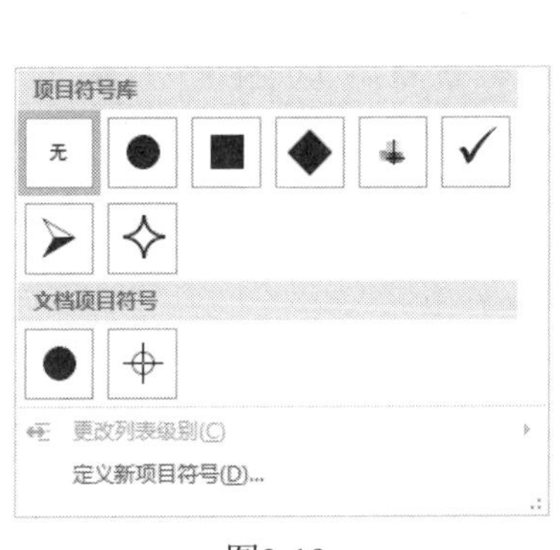

图3-19

图3-20

2. 使用浮动工具栏添加项目符号和编号

选择需要添加项目符号或编号的段落，打开“格式”浮动工具栏，单击“项目符

号”按钮或“编号”按钮右侧的下三角按钮，同样可以从弹出的库中选择需要的项目符号或编号样式，如图3-21所示。

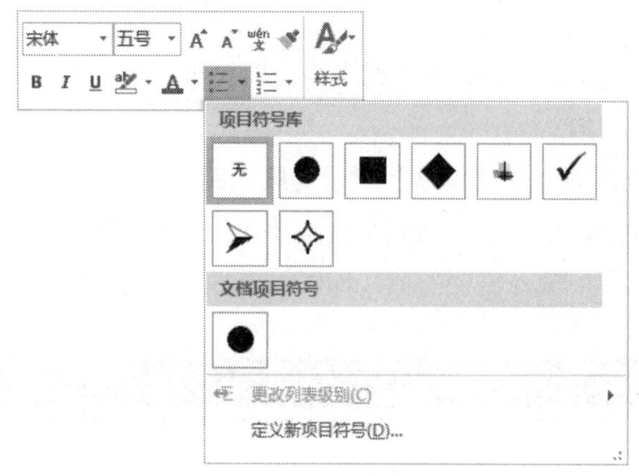

图3-21

3.3.2 自定义项目符号和编号

1. 自定义项目符号

要自定义项目符号，可在“项目符号”下拉列表中执行“定义新项目符号”命令，打开“定义新项目符号”对话框，如图3-22所示。

- **符号：** 单击该按钮，打开“符号”对话框，如图3-23所示，从中可选择合适的符号样式作为项目符号。

图3-22

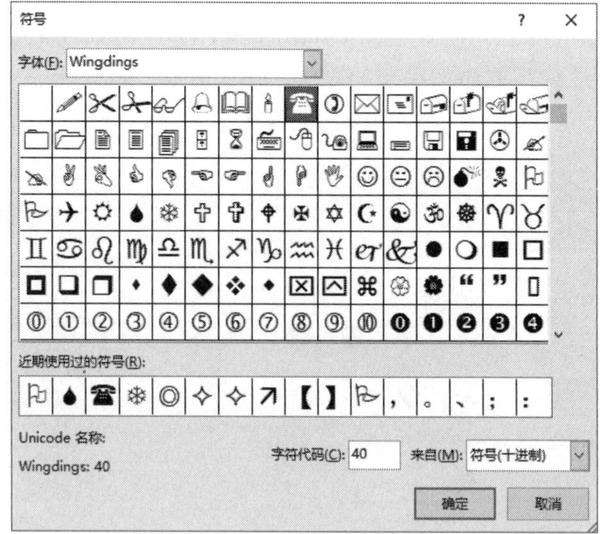

图3-23

- **图片：** 单击该按钮，打开“图片项目符号”对话框，从中可选择合适的图片作为项目符号。
- **字体：** 单击该按钮，打开“字体”对话框，可以设置项目符号的字体格式。

- **对齐方式**：在该下拉列表中列出了项目符号的3种对齐方式，分别为左对齐、居中和右对齐。

2. 自定义编号

要自定义编号，可在“编号”下拉列表中执行“定义新编号格式”命令，打开“定义新编号格式”对话框，如图3-24所示。

- **编号样式**：在该下拉列表中可以选择其他的编号样式。
- **字体**：单击该按钮，打开“字体”对话框，可以设置编号的字体格式。
- **编号格式**：该文本框中显示的是编号的最终样式。在该文本框中可以添加一些特殊的符号，如冒号、逗号、半角句号等。
- **对齐方式**：在该下拉列表中列出了编号的3种对齐方式，分别为左对齐、居中和右对齐。

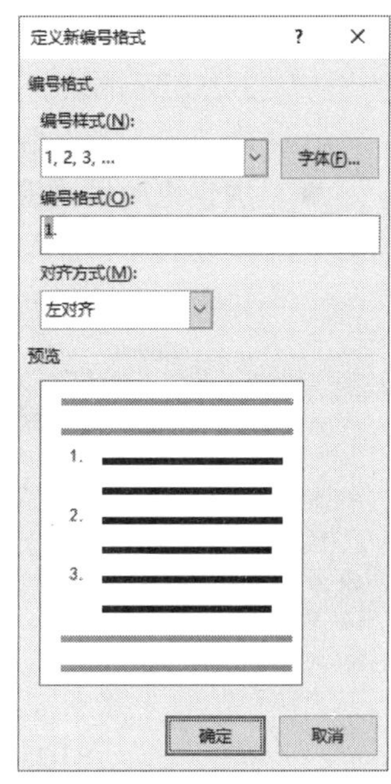

图3-24

提示：在“格式”浮动工具栏中单击“项目符号”按钮或“编号”按钮右侧的下三角按钮，同样可以执行“定义新项目符号”命令或“定义新编号格式”命令。

3.3.3 删除项目符号和编号

对于不再需要的项目符号或编号，可以随时将其删除。操作方法也很简单，只需选中要删除项目符号或编号的文本，然后在“段落”组中单击“项目符号”按钮或“编号”按钮即可。如果要删除单个项目符号或编号，可以选中该项目符号或编号，然后直接按Backspace键即可。

3.4 自动拼写和语法检查

在输入、编辑文档时，若文档中包含与Word自身词典不一致的单词或词语时，会自动在该单词或词语的下方显示一条红色的波浪线或蓝色的双线，表示该单词或词语可能存在拼写或语法错误，提示用户注意。此时就可以使用自动拼写和语法检查功能，更快地帮助修改这些错误。

- **自动更改拼写错误**。例如，如果输入accidant，在输入空格或其他标点符号后，会自动被替换为accident。
- **在行首自动大写**。无论在行首输入什么单词，在输入空格或其他标点符号后，该单词的第1个字母将自动改为大写。
- **自动添加空格**。如果在输入单词时忘记用空格隔开，Word将自动添加空格。
- **提供更改拼写提示**。如果在文档中输入一个错误单词，在输入空格后，该单词

将被加上红色的波浪形下划线。将插入点定位在该单词中，右击，将弹出如图3-25所示的快捷菜单，在“拼写检查”子菜单中可以执行更改后的单词、“全部忽略”或“添加到词典”等命令。

- **提供更改语法提示**。如果在文档中使用了错误的语法，将被加上蓝色的双线下划线。将插入点定位在该单词中，右击，弹出如图3-26所示的快捷菜单，在“语法”子菜单中将显示语法建议等信息。

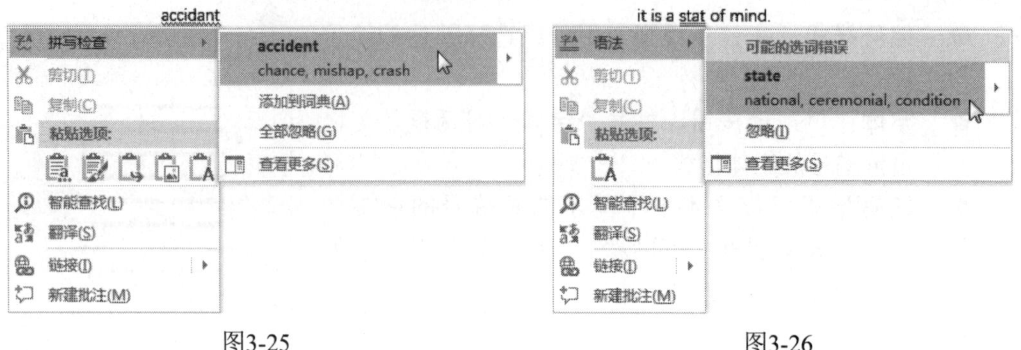

图3-25　　图3-26

提示：如果文档中的英文文本出现多个拼写和语法的错误，逐个右击更改费时又费力，可在“审阅”选项卡下“校对”组中单击“拼写和语法”按钮，如图3-27所示，页面右侧会出现“编辑器”任务窗格，如图3-28所示。在该任务窗格的“建议”区域下只需单击正确的单词，即可对选中的错误单词进行更正，并自动选择到下一处需要更正的单词中，继续单击正确的结果即可。

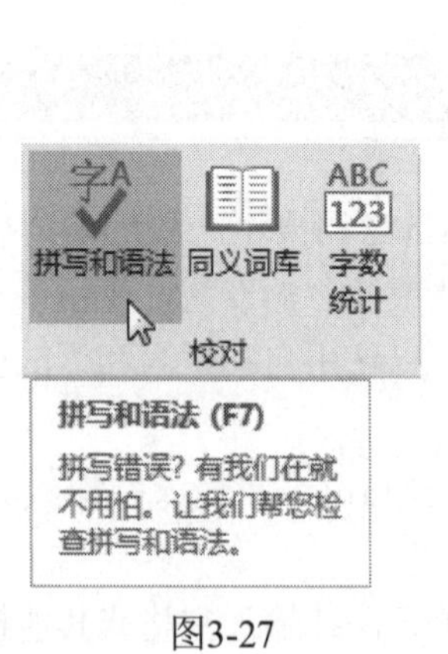

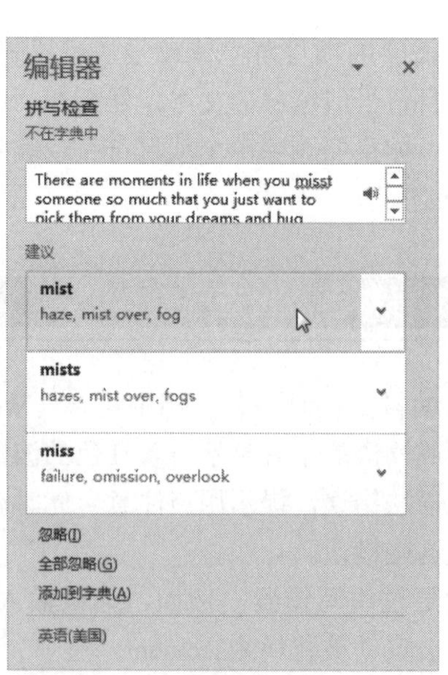

图3-27　　图3-28

Ⅱ. 试题汇编

3.1　第1题

【操作要求】

打开文档A3.docx，按下列要求设置、编排文档格式。

一、设置【文本3-1A】如【样文3-1A】所示

1. 设置字体格式

- 将文档标题的字体设置为华文琥珀、小初，并为其添加“渐变填充：蓝色，主题色5；映像”（第2行第2列）的文本效果。
- 将正文第1段的字体设置为华文楷体、三号、加粗、标准色“浅蓝”。
- 将正文第2、3段的字体设置为微软雅黑、小四，并将文本“细节决定成败，态度掌握未来。”的字体设置为加粗、添加粗线下划线。
- 将文档最后一行的字体设置为黑体、小四、加粗、标准色“深蓝”。

2. 设置段落格式

- 将文档的标题行设置为居中对齐，最后一行文本设置为居中对齐。
- 将正文第1段设置为首行缩进2字符，并设置行距为1.5倍行距。
- 将正文第2、3段设置为首行缩进2字符、段落间距为段前0.5行、行距为固定值20磅。

二、设置【文本3-1B】如【样文3-1B】所示

1. 拼写检查：改正【文本3-1B】中拼写错误的单词。

2. 设置项目符号或编号：按照【样文3-1B】为文档段落添加项目符号。

三、设置【文本3-1C】如【样文3-1C】所示

按照【样文3-1C】所示，为【文本3-1C】中的文本添加拼音，并设置拼音的对齐方式为居中、偏移量为3磅、字体为黑体、字号为12磅。

【样文3-1A】

细节决定一切

鲁迅先生曾经说过这样一句话："失掉了现在，也就没有了未来。"老一辈无产阶级革命家谢觉哉也说过："最好不是在夕阳西下的时候去幻想什么，而要在旭日初升的时候便投入工作。"每当和朋友们谈起理想时，我们总不免会激动。总以为梦想会在远方等着自己，不去奋斗便可以实现。我现在知道了"宝剑锋从磨砺出，梅花香自苦寒来"的道理。也正是因为这样我才能明白，任何成功的取得都不是唾手可得的，而是要付出一定的努力。

细节决定成败，态度掌握未来。这句话说得多么真实啊！一个微不足道的小事便决定了生命的存在与否，一个微不足道的举动决定了一个人梦想能否实现，一个微不足道的动作便决定了一个人的命运。既然我们不能保证注意到每一个细节，那么就用认真的态度做到每一个公民应尽的责任，听从党和国家的领导，遵守法规。从身边的小事做起，不要让那一点小事而悔恨终生！

其实，我们每一个人都是幸运的，至少我们可以为了自己的梦想而奋斗，至少我们的梦想没有早早地夭折。既然如此，我们就更应该好好地把握住眼前的机会，不要让它流失。这样说来，作为学生的我们就更应该遵守校规，做一个守纪律的好学生了。作为共青团员的我们就更应该带头做好模范作用，尽到一个共青团员应尽的责任！让如此幸运的我们继续幸运下去。让我们以负责的态度使自己的梦想变为现实！

请记住少年智则国智，少年强则国强！

【样文3-1B】

- ✧ There are moments in life when you miss someone so much that you just want to pick them from your dreams and hug them for real!
- ✧ Dream what you want to dream; go where you want to go; be what you want to be, because you have only one life and one chance to do all the things you want to do.
- ✧ May you have enough happiness to make you sweet, enough trials to make you strong, enough sorrow to keep your human, enough hope to make you happy?

【样文3-1C】

yǔ jūn gē yì qǔ　qǐng jūn wéi wǒ qīng ěr tīng

与君歌一曲，请君为我倾耳听。

zhōng gǔ zhuàn yù bù zú guì　dàn yuàncháng zuì bú fù xǐng

钟鼓馔玉不足贵，但愿长醉不复醒。

3.2 第2题

【操作要求】

打开文档A3.docx，按下列要求设置、编排文档格式。

一、设置【文本3-2A】如【样文3-2A】所示

1. 设置字体格式

- 将文档第1行的字体设置为华文新魏、小四、标准色“绿色”，并为其添加“发光：11磅；橙色，主题色2”（第3行第2列）的文本效果。
- 将文档标题行的字体设置为华文行楷、小初，并为其添加“填充：金色，主题色4；软棱台”（第1行第5列）的文本效果，更改字体颜色为标准色“紫色”。
- 将正文部分的字体设置为方正姚体、小四，其中第2段字体颜色为标准色“橙色”，并为其添加标准色“浅蓝”的双线下划线。
- 将最后一行的字体设置为隶书、小四、倾斜、标准色“紫色”。

2. 设置段落格式

- 将文档的标题设置为居中对齐，第1行和最后一行均设置为右对齐。
- 将正文中第1、2、3段设置为首行缩进2字符、行距为固定值24磅。
- 将正文第1段设置段落间距为段前1行，第3段段落间距设置为段后1行。

二、设置【文本3-2B】如【样文3-2B】所示

1. 拼写检查：改正【文本3-2B】中拼写错误的单词。

2. 设置项目符号或编号：按照【样文3-2B】为文档段落添加项目符号。

三、设置【文本3-2C】如【样文3-2C】所示

按照【样文3-2C】所示，为【文本3-2C】中的文本添加拼音，并设置拼音的对齐方式为居中、偏移量为2磅、字体为华文新魏、字号为14磅。

【样文3-2A】

科普知识

四月栀子花开

四月的西双版纳热带植物园，绿树成荫枝叶繁茂，各种花木相争艳，栀子花也在绿叶的簇拥下散发出缕缕的清香。步入植物园，你就会感受到空气中飘着一股淡雅似茶的清香，这股清香就是来自茜草科植物栀子花，它是一种多年生常绿灌木，每年四五月份盛花，洁白的花朵为炎炎夏日增添了几分清凉。

栀子花又称黄栀子、栀子，原产于中国，全国大部份地方都有栽培，喜欢阳光充足，土壤疏松肥沃的酸性沙壤土，四季枝叶繁茂，是南方一种重要的庭园观赏植物，不仅具有很高的观赏价值，它的叶和根还可入药，有清热利尿，凉血解毒之功效，花可提取香精；叶具有抗烟尘、抗二氧化硫的能力；在园林中栀子花常适于路旁、池畔或房前屋后，也可作绿篱和盆栽观赏。

栀子花的花语是“永恒的爱”，因此，这种植物很受众人的喜爱，西双版纳地区的傣族妇女，常喜欢把栀子花朵夹在发卡戴在头上，除装饰、闻香外，还别有一番风韵，成了傣家妇女生活中的一种饰品。

——文章来源《西双版纳热带植物园》

【样文3-2B】

- Foreigners are not expected to use chopsticks proficiently, but if they do, they will give a mighty impression.
- Therefore, before you go to China, go to the local Chinese restaurant, if not to find authentic Chinese food, at least you can practice the use of chopsticks.
- If in your first meal in China you don't have to use chopsticks, then if you still can't handle the two sticks to pick up a big shrimp in your tenth meal, you show your incompetence in learning and the willingness to learn.

【样文3-2C】

yí zhōu bó yān zhǔ　　rì mù kè chóu xīn
移舟泊烟渚，日暮客愁新。
yě kuàng tiān dī shù　　jiāng qīng yuè jìn rén
野旷天低树，江清月近人。

3.3　第3题

【操作要求】

打开文档A3.docx，按下列要求设置、编排文档格式。

一、设置【文本3-3A】如【样文3-3A】所示

1. 设置字体格式

- 将文档标题行的字体设置为华文新魏、一号，并为其添加“填充：蓝色，主题色5；边框：白色，背景色1；清晰阴影：蓝色，主题色5”（第3行第3列）的文本效果。
- 将文档副标题的字体设置为楷体、四号、标准色“紫色”。
- 将正文诗词部分的字体设置为微软雅黑、小四、倾斜、标准色“蓝色”，并为其添加“紧密映像：接触”（第1行第1列）的文本效果。
- 将文本“注释译文”的字体设置为华文琥珀、小四、标准色“深蓝”，并为其添加粗波浪线下划线。

2. 设置段落格式

- 将文档的标题和副标题设置为居中对齐。
- 将正文的诗词部分设置为左侧缩进10个字符，段落间距为段前0.5行、段后0.5行，行距为固定值24磅。
- 将正文最后两段设置为首行缩进2个字符，并设置行距为1.5倍行距。

二、设置【文本3-3B】如【样文3-3B】所示

1. 拼写检查：改正【文本3-3B】中拼写错误的单词。

2. 设置项目符号或编号：按照【样文3-3B】为文档段落添加项目符号。

三、设置【文本3-3C】如【样文3-3C】所示

按照【样文3-3C】所示，为【文本3-3C】中的文本添加拼音，并设置拼音的对齐方式为“0-1-0”、偏移量为4磅、字体为华文仿宋、字号为14磅。

【样文3-3A】

《念奴娇·赤壁怀古》

宋代文学家·苏轼

大江东去，浪淘尽，千古风流人物。

故垒西边，人道是，三国周郎赤壁。

乱石穿空，惊涛拍岸，卷起千堆雪。

江山如画，一时多少豪杰。

遥想公瑾当年，小乔初嫁了，雄姿英发。

羽扇纶巾，谈笑间，樯橹灰飞烟灭。

故国神游，多情应笑我，早生华发。

人生如梦，一尊还酹江月。

注释译文

长江向东流去，波浪滚滚，千古的英雄人物都随着长江水逝去。那旧营垒的西边，人们说那就是三国时候周瑜作战的赤壁。陡峭不平的石壁直刺天空，大浪拍击着江岸，激起一堆堆雪白的浪花。江山像一幅奇丽的图画，那个时代汇集了多少英雄豪杰。

遥想当年的周瑜，小乔刚嫁给他，他正年经有为，威武的仪表，英姿奋发。他手握羽扇，头戴纶巾，谈笑之间，就把强敌的战船烧得灰飞烟灭。此时此刻，我怀想三国旧事，凭吊古人，应该笑我自已多情善感，头发早早地都变白了。人生在世就像一场梦一样，我还是倒一杯酒来祭奠江上的明月吧！

【样文3-3B】

- The moon festival is the second most important festival in the traditional Chinese calendar and occurs on the fifteenth day of the eighth month.
- The moon on that night is thought to be brighter, and it is time for the Chinese people to mark their Moon Festival, or the Mid-Autumn Festival.
- The round shape symbolizes family reunion. Therefore, the day is a holiday for family members to get together and enjoy the full moon - an auspicious token of abundance, harmony and luck.

【样文3-3C】

qùniánj ī n r ìc ǐménzhōng rénmiàntáohuāxiāngyìnghóng

去年今日此门中，人面桃花相映红。

rénmiànb ù z h īh é c h ùq ù táohuāy ī j i ùxiàochūnfēng

人面不知何处去，桃花依旧笑春风。

3.4　第4题

【操作要求】

打开文档A3.docx，按下列要求设置、编排文档格式。

一、设置【文本3-4A】如【样文3-4A】所示

1. 设置字体格式

- 将文档第1行的字体设置为隶书、小三、标准色“深红”，并为其添加“半映像：接触”（第1行第2列）的文本效果。
- 将文档标题的字体设置为黑体、小初，并为其添加“渐变填充：金色，主题色4；边框：金色，主题色4”（第2行第3列）和“发光：8磅；蓝色，主题色5”（第2行第5列）的文本效果。
- 将正文部分的字体设置为微软雅黑、小四；将文本“光照：”“淋水：”“风吹：”“温度：”“花谢：”的字体设置为加粗、深绿色（RGB:0,102,0），添加标准色“红色”的粗点式下划线。
- 将文档最后一行的字体设置为华文行楷、四号、标准色“深蓝”。

2. 设置段落格式

- 将文档的标题行设置为居中对齐，最后一行设置为右对齐。
- 将文档第1行设置为分散对齐，且左侧缩进30字符。
- 将正文部分设置为首行缩进2字符、段落间距为段前0.5行、行距为固定值25磅。

二、设置【文本3-4B】如【样文3-4B】所示

1. 拼写检查：改正【文本3-4B】中拼写错误的单词。

2. 设置项目符号或编号：按照【样文3-4B】为文档段落添加项目符号。

三、设置【文本3-4C】如【样文3-4C】所示

按照【样文3-4C】所示，为【文本3-4C】中的文本添加拼音，并设置拼音的对齐方式为居中、偏移量为1磅、字体为华文中宋、字号为11磅。

【样文3-4A】

生活科普

阳台育花五要素

光照：植物具有趋光性，而阳台上的日光由于位置的影响，一定偏向某一方。为了不使阳台的花木生长倾向一侧（阳光照射的方向），最好每 3~5 天将盆栽花木旋转 180 度，如此植物才会长得愈挺拔。

淋水：阳台植物的淋水特别要注意公共卫生，不可使施浇过多的水由阳台上滴到楼下。最好在花盆底垫上一个盛水盆，以便盛集多余的水。

风吹：要观察阳台的风向是否固定及四季的变化。若风向固定，可在迎风面加装防风板；若风向不固定，则整个阳台须加防风设施，或改成简易温室。简易温室可用角钢架覆盖上透明的塑料布，效果极佳。

温度：当阳光照射时，由于阳台水泥的反射，温度增高，特别是西向的阳台最为明显，这种辐射对植物生长不利。因此在夏天黄昏时，可在阳台上洒些水来调节温度。

花谢：草木花卉凋谢之后，往往会失去观赏价值，应从阳台取下放在栽培保养区，依照各花卉的特性进行管理，以待第二年开花。

——摘自《查字典编辑》

【样文3-4B】

- There are many theories about the beginning of drama in ancient Greece.
- The one most widely accepted today is based on the assumption that drama evolved from ritual. In the beginning, human beings viewed the natural forces of the world as unpredictable, and they sought through various means to control these unknown powers.
- Those measures which appeared to bring the desired results were then retained and repeated until they hardened into fixed rituals. Eventually stories arose which explained or veiled the mysteries of the rites.

【样文3-4C】

gōng gài sān fēn guó míngchéng bā zhèn tú
功盖三分国，名成八阵图。
jiāng liú shí bù zhuǎn yí hèn shī tūn wú
江流石不转，遗恨失吞吴。

3.5　第5题

【操作要求】

打开文档A3.docx，按下列要求设置、编排文档格式。

一、设置【文本3-5A】如【样文3-5A】所示

1. 设置字体格式

- 将文档标题行的字体设置为华文琥珀、小一，并为其添加“渐变填充：蓝色，主题色5；映像”（第2行第2列）的文本效果，更改字体颜色为红绿紫射线渐变填充。
- 将文档副标题的字体设置为隶书、小三、蓝色（RGB:0,0,255），并为其添加“发光：11磅；橙色，主题色2”（第3行第2列）的发光文本效果。
- 将正文诗词部分的字体设置为方正舒体、小三、标准色“深蓝”，为诗词部分第1行添加着重号，其他诗词为其添加标准色“红色”双下划线。
- 将正文最后一段的字体设置为华文细黑、小四、深紫色（RGB:102,0,102），并为其添加“偏移：右下”（第1行第1列）的外部阴影文本效果，阴影颜色为标准色“绿色”。

2. 设置段落格式

- 将文档的标题行和副标题行均设置为居中对齐。
- 将正文的诗词部分设置为左侧缩进5个字符、右侧缩进5个字符、行距为2.5倍行距。
- 将正文最后一段的首行缩进2个字符、段落间距为段前0.5行、行距为固定值24磅。

二、设置【文本3-5B】如【样文3-5B】所示

1. 拼写检查：改正【文本3-5B】中拼写错误的单词。

2. 设置项目符号或编号：按照【样文3-5B】为文档段落添加项目符号。

三、设置【文本3-5C】如【样文3-5C】所示

按照【样文3-5C】所示，为【文本3-5C】中的文本添加拼音，并设置拼音的对齐方式为右对齐、偏移量为2磅、字体为新宋体、字号为15磅。

【样文3-5A】

水调歌头·明月几时有

（北宋）苏轼

丙辰中秋，欢饮达旦，大醉，作此篇，兼怀子由。

明月几时有，把酒问青天。不知天上宫阙，今夕是何年。我欲乘风归去，又恐琼楼玉宇，高处不胜寒。起舞弄清影，何似在人间。

转朱阁，低绮户，照无眠。不应有恨，何事长向别时圆？人有悲欢离合，月有阴晴圆缺，此事古难全。但愿人长久，千里共婵娟。

苏轼（1037 年 1 月 8 日～1101 年 8 月 24 日）著名文学家。字子瞻，又字和仲，号东坡居士，北宋中期的文坛领袖、文学巨匠。“唐宋八大家”之一。文中子由是作者的弟弟，名为苏辙，他和苏轼及他们的父亲苏洵并称文坛“三苏”。眉州眉山（今四川眉山）人。许多词作奔放豪迈，慷慨激昂，南宋辛弃疾等人得以继承发展，形成了“苏辛”豪放词派。公元 1057 年（宋仁宗嘉祐二年）与弟苏辙同登进士，授福昌县主簿、大理评事、签书凤翔府节度判官，召直史馆。公元 1079 年（神宗元丰二年）知湖州时，以讪谤系御史台狱，次年贬黄州团练使，筑室于东坡，自号东坡居士。公元 1086 年（哲宗元祐元年）还朝，为中书舍人，翰林学士，知制诰。公元 1094 年（绍圣元年），又被劾奏讥斥先朝，远贬惠州、儋州。公元 1100 年（元符三年），始被召北归，次年卒于常州。

【样文3-5B】

- Scientists at Johns Hopkins have discovered “striking” differences between men and women in a part of the brain linked with ability to estimate time, judge speed, visualize things three-dimensionally and solve mathematical problems.
- The differences may underlie trends that vary by sex, such as the fact that more men than women are architects, mathematicians and race-car drivers.
- In a study reported in the journal Cerebral Cortex, the researchers show that a brain region called the inferior parietal lobule is significantly larger overall in men than in women.

【样文3-5C】

xiàngwǎn yì búshì qūchēdēng gǔyuán
向晚意不适，驱车登古原。

xīyáng wúxiànhǎo zhǐshì jìnhuánghūn
夕阳无限好，只是近黄昏。

Ⅲ. 试题解答

3.1　第1题解答

打开文档：单击“文件”选项卡，在列表中执行“打开”命令，单击右侧的“浏览”选项，如图3-29所示。在弹出的“打开”对话框中，首先从左侧列表中选择考生文件夹所在的位置，然后在右侧列表中选择“A3.docx”文件，单击“打开”按钮，如图3-30所示。

图3-29

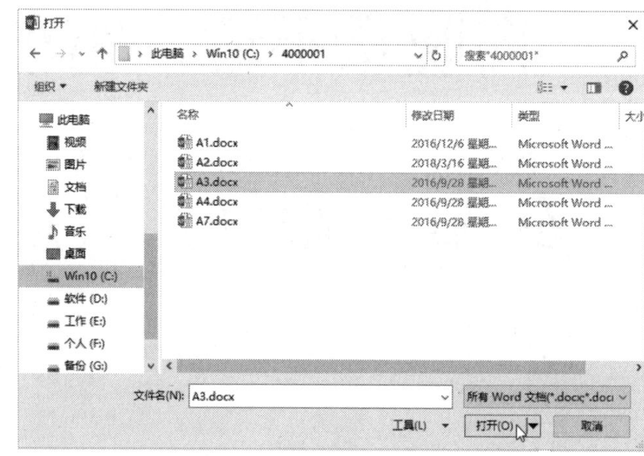

图3-30

1. 设置字体格式

第1步：选中文章标题行“细节决定一切”，在“开始”选项卡下“字体”组“字体”下拉列表中选择“华文琥珀”，“字号”下拉列表中选择“小初”；单击“文本效果”按钮，在打开的样式库中选择“渐变填充：蓝色，主题色5；映像”效果样式（第2行第2列），如图3-31所示。

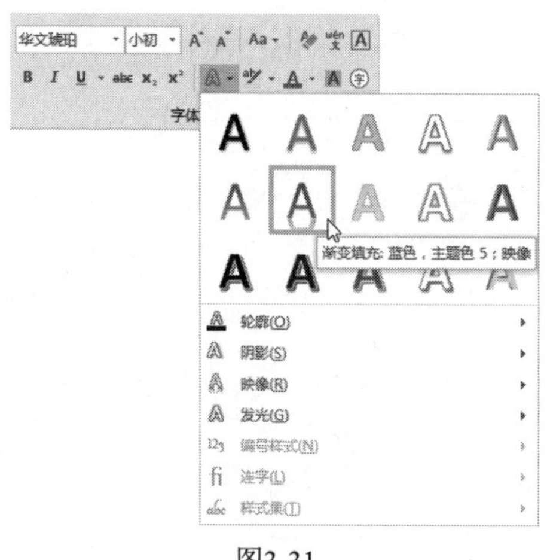

图3-31

第2步：选中正文第1段，在“开始”选项卡下“字体”组“字体”下拉列表中选择“华文楷体”，“字号”下拉列表中选择“三号”，单击“加粗”按钮B，然后在“字体颜色”下拉列表中选择标准色中的“浅蓝”，如图3-32所示。

第3步：选中正文第2、3段，在“开始”选项卡下“字体”组“字体”下拉列表中选择“微软雅黑”，“字号”下拉列表中选择“小四”。选中文本“细节决定成败，态度掌握未来。”，在“开始”选项卡下“字体”组中单击右下角的“对话框启动器”按钮，弹出“字体”设置对话框；在“字形”下拉列表中选择“加粗”，在“下划线线型”下拉列表中选择“粗线”下划线————，单击“确定”按钮，如图3-33所示。

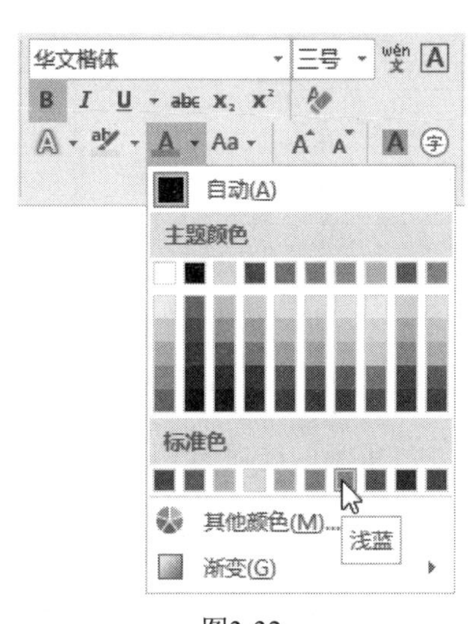

图3-32

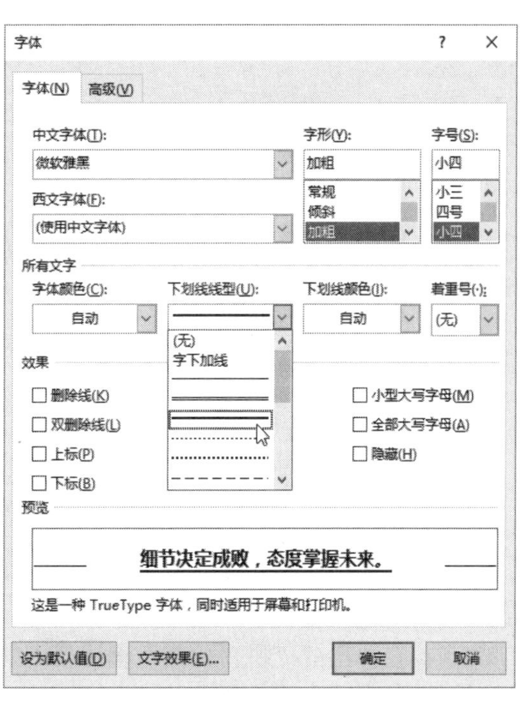

图3-33

第4步：选中正文的最后一行，在“开始”选项卡下“字体”组“字体”下拉列表中选择“黑体”，“字号”下拉列表中选择“小四”，单击“加粗”按钮，然后在“字体颜色”下拉列表中选择标准色中的“深蓝”。

2. 设置段落格式

第1步：选中文档的标题行，在“开始”选项卡下“段落”组中单击“居中”按钮，如图3-34所示。选中文档的最后一行，单击“段落”组中的“居中”按钮。

第2步：选中正文第1段，在“开始”选项卡下“段落”组中单击右下角的“对话框启动器”按钮，弹出“段落”设置对话框；在“缩进和间距”选项卡下“特殊格式”列表中选择“首行缩进”，在“缩进值”文本框中选择或输入“2字符”，在“行距”下拉列表中选择“1.5倍行距”，单击“确定”按钮，如图3-35所示。

第3步：选中正文第2、3段，在“开始”选项卡下“段落”组中单击右下角的“对话框启动器”按钮，弹出“段落”设置对话框；在“缩进和间距”选项卡下“特殊格式”列表中选择“首行缩进”，在“缩进值”文本框中选择或输入“2字符”，在“间距”区域的“段前”文本框中选择或输入“0.5行”，在“行距”下拉列表中选择“固定值”，“设置值”文本框中选择或输入“20磅”，单击“确定”按钮。

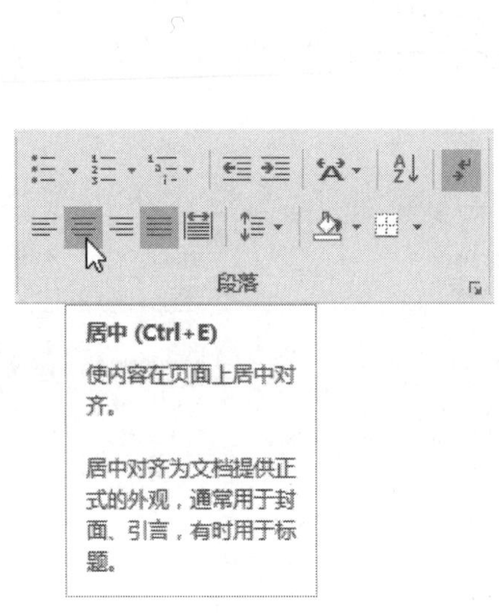

图3-34

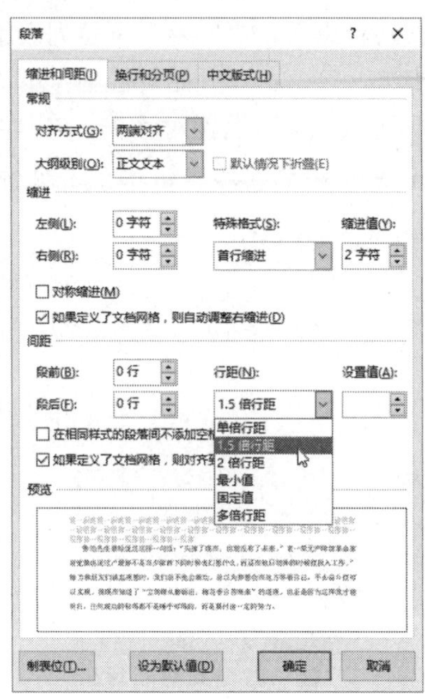

图3-35

3. 拼写检查

第1步：将光标定位在【文本3-1B】的起始处，在“审阅”选项卡下“校对”组中单击“拼写和语法”按钮，如图3-36所示。

第2步：在弹出的“拼写检查”编辑器中的“不在字典中”区域，被红色波浪线标注出的为错误的单词，在“建议”区域选择并单击正确的单词，如图3-37所示。系统会自动在文档中查找下一个拼写错误的单词，并以红色波浪线标注在“不在字典中”区域，在“建议”区域选择正确的单词，直至文本中所有错误的单词更改完毕，最后单击“编辑器”右上角的关闭按钮即可。

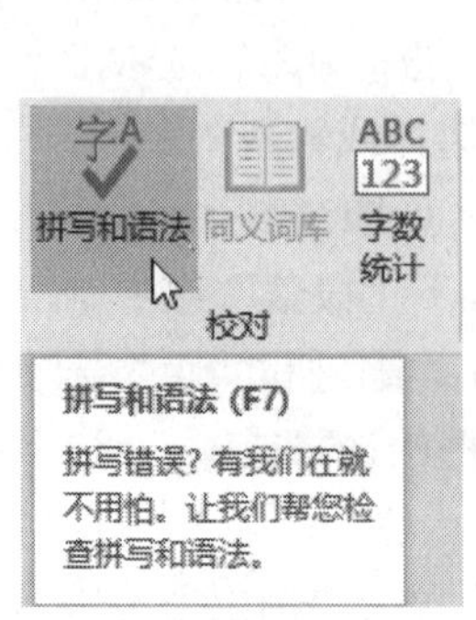

图3-36

图3-37

4. 设置项目符号或编号

第1步：选中【文本3-1B】下的所有英文文本，在“开始”选项卡下“段落”组中单击“项目符号”按钮右侧的下三角按钮，在打开的下拉列表中执行“定义新项目符号”命令，如图3-38所示。

第2步：在弹出的“定义新项目符号”对话框（如图3-39所示）中单击“符号”按钮，打开“符号”对话框（如图3-40所示），从中选择【样文3-1B】所示的符号样式“✧”作为项目符号，单击“确定”按钮。返回至“定义新项目符号”对话框，单击“确定”按钮，即可将选定的符号添加到“项目符号库”中。

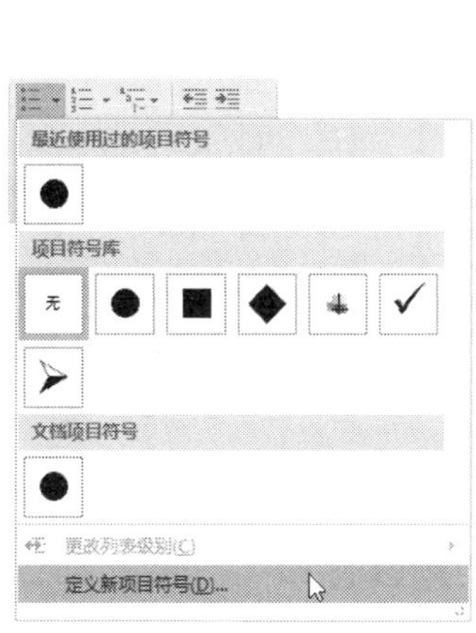

图3-38

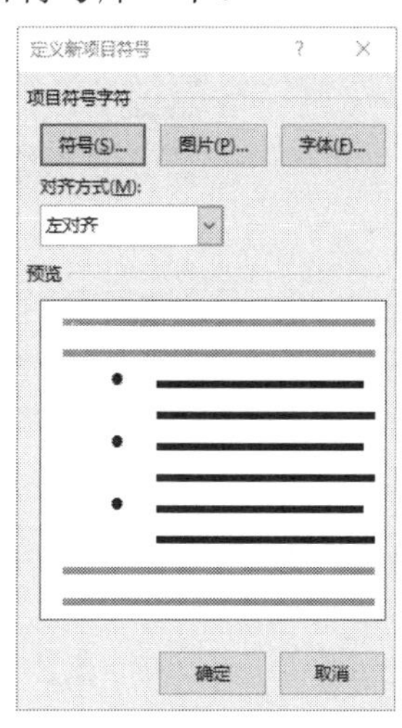

图3-39

第3步：再次单击“项目符号”按钮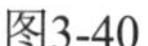右侧的下三角按钮，在下拉列表的“项目符号库”中选择刚刚添加的符号“✧”，即可完成对项目符号的添加操作，如图3-41所示。

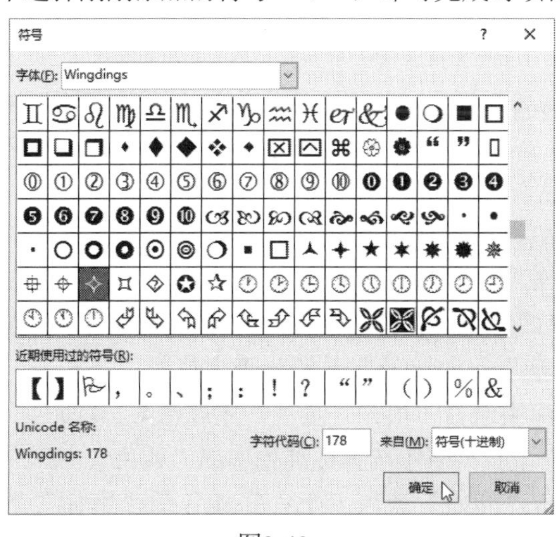

图3-40

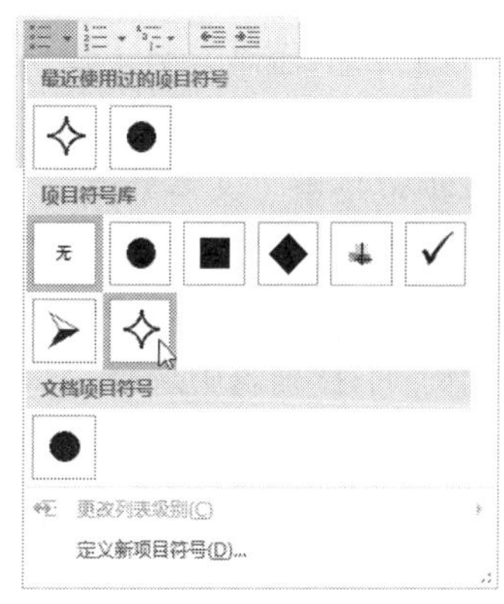

图3-41

5. 拼音指南

第1步：选中【文本3-1C】下面的所有诗句内容，在“开始”选项卡下“字体”组中单击“拼音指南”按钮，如图3-42所示。

第2步：弹出“拼音指南”对话框，在“对齐方式”下拉列表中选择“居中”，在“偏移量”文本框中选择或输入“3”磅，在“字体”下拉列表中选择“黑体”，在“字号”下拉列表中选择或输入“12”磅，单击“确定”按钮，即可完成对文本添加拼音的操作，如图3-43所示。

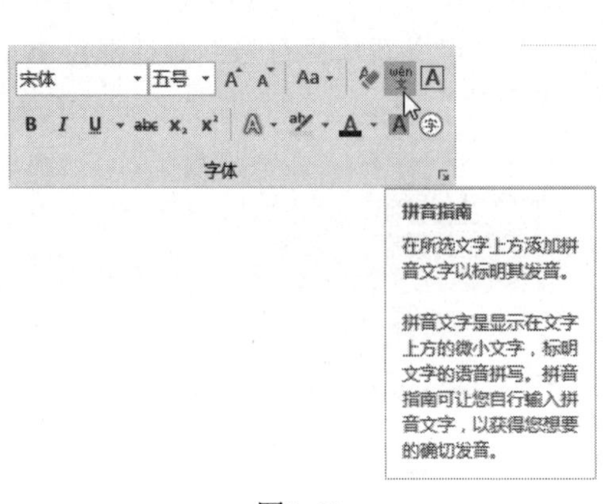

图3-42

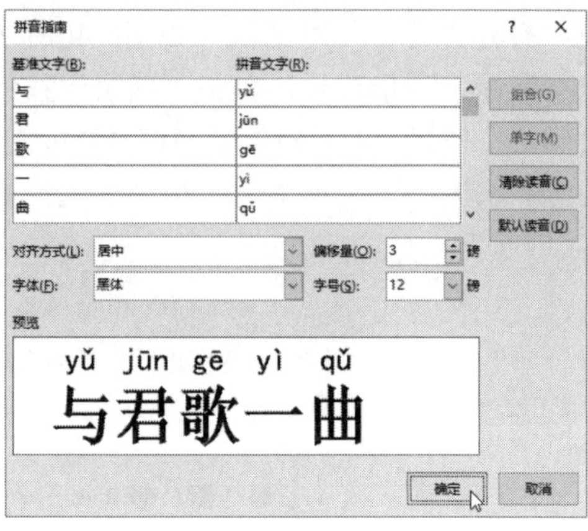

图3-43

第3步：单击“文件”选项卡，执行“保存”命令。

3.2　第2题解答

打开文档：单击“文件”选项卡，在列表中执行“打开”命令，单击右侧的“浏览”选项。在弹出的“打开”对话框中，首先从左侧列表中选择考生文件夹所在的位置，然后在右侧列表中选择“A3.docx”文件，单击“打开”按钮。

1. 设置字体格式

第1步：选中正文的第1行文本“科普知识”，在“开始”选项卡下“字体”组“字体”下拉列表中选择“华文新魏”，“字号”下拉列表中选择“小四”，在“字体颜色”下拉列表中选择标准色中的“绿色”。

第2步：单击“文本效果”按钮，在打开的列表中选择“发光”选项下的“发光：11磅；橙色，主题色2”发光变体效果（第3行第2列）。

第3步：选中文章的标题行文本“四月栀子花开”，在“开始”选项卡下“字体”组“字体”下拉列表中选择“华文行楷”，“字号”下拉列表中选择“小初”；单击“文本效果”按钮，在打开的样式库中选择“填充：金色，主题色4；软棱台”效果样式（第1行第5列）；在“字体颜色”下拉列表中选择标准色中的“紫色”。

第4步：选中正文部分的文本，在“开始”选项卡下“字体”组“字体”下拉列表中选择“方正姚体”，“字号”下拉列表中选择“小四”。选中正文第2段文本，在“字体颜色”下拉列表中选择标准色中的“橙色”；在“开始”选项卡下“字体”组中单击右下角的“对话框启动器”按钮，弹出“字体”设置对话框；在“下划线线型”

下拉列表中选择“双线”下划线 ═══════════，在“下划线颜色”列表中选择标准色中的“浅蓝”，单击“确定”按钮。

第5步：选中正文的最后一行，在“开始”选项卡下“字体”组“字体”下拉列表中选择“隶书”，“字号”下拉列表中选择“小四”，单击“倾斜”按钮，然后在“字体颜色”下拉列表中选择标准色中的“紫色”。

2. 设置段落格式

第1步：选中文档的标题行，在“开始”选项卡下“段落”组中单击“居中”按钮。选中文档的第1行和最后一行，单击“段落”组中的“右对齐”按钮。

第2步：选中正文第1、2、3段，在“开始”选项卡下“段落”组中单击右下角的“对话框启动器”按钮，弹出“段落”设置对话框；在“缩进和间距”选项卡下“特殊格式”列表中选择“首行缩进”，在“缩进值”文本框中选择或输入“2字符”，在“行距”下拉列表中选择“固定值”，在“设置值”文本框中选择或输入“24磅”，单击“确定”按钮。

第3步：选中正文第1段，在“开始”选项卡下“段落”组中单击右下角的“对话框启动器”按钮，弹出“段落”设置对话框；在“缩进和间距”选项卡下“间距”区域的“段前”文本框中选择或输入“1行”。选中正文第3段，在“开始”选项卡下“段落”组中单击右下角的“对话框启动器”按钮，弹出“段落”设置对话框；在“缩进和间距”选项卡下“间距”区域的“段后”文本框中选择或输入“1行”，单击“确定”按钮。

3. 拼写检查

此部分的操作过程请参考3.1解答，此处略。

4. 设置项目符号或编号

此部分的操作过程请参考3.1解答，此处略。

5. 拼音指南

此部分的操作过程请参考3.1解答，此处略。

3.3　第3题解答

打开文档：单击“文件”选项卡，在列表中执行“打开”命令，单击右侧的“浏览”选项。在弹出的“打开”对话框中，首先从左侧列表中选择考生文件夹所在的位置，然后在右侧列表中选择“A3.docx”文件，单击“打开”按钮。

1. 设置字体格式

第1步：选中文章的标题行“《念奴娇·赤壁怀古》”，在“开始”选项卡下“字体”组“字体”下拉列表中选择“华文新魏”，“字号”下拉列表中选择“一号”；单击“文本效果”按钮，在打开的样式库中选择“填充：蓝色，主题色5；边框：白色，背景色1；清晰阴影：蓝色，主题色5”效果样式（第3行第3列）。

第2步：选中文章的副标题行，在“开始”选项卡下“字体”组“字体”下拉列表中选择“楷体”，“字号”下拉列表中选择“四号”，然后在“字体颜色”下拉列表中选择标准色中的“紫色”。

第3步：选中正文的诗词部分文本，在“开始”选项卡下“字体”组“字体”下拉列表中选择“微软雅黑”，“字号”下拉列表中选择“小四”，单击“倾斜”按钮，在“字体颜色”下拉列表中选择标准色中的“蓝色”；单击“文本效果”按钮，在打开的列表中选择“映像”下的“紧密映像：接触”效果样式（第1行第1列）。

第4步：选中文本“注释译文”一词，在“开始”选项卡下“字体”组中单击右下角的“对话框启动器”按钮，弹出“字体”设置对话框；在“字体”选项卡下，在“中文字体”下拉列表中选择“华文琥珀”，在“字号”下拉列表中选择“小四”，在“字体颜色”下拉列表中选择标准色中的“深蓝”，在“下划线线型”下拉列表中选择“粗波浪线”下划线，单击“确定”按钮。

2. 设置段落格式

第1步：同时选中文档的标题和副标题行，在“开始”选项卡下“段落”组中单击“居中”按钮。

第2步：选中正文的诗词部分，在“开始”选项卡下“段落”组中单击右下角的“对话框启动器”按钮，弹出“段落”设置对话框；在“缩进和间距”选项卡下“缩进”区域的“左侧”文本框中选择或输入“10字符”，“间距”区域的“段前”文本框中选择或输入“0.5行”，在“段后”文本框中选择或输入“0.5行”，在“行距”下拉列表中选择“固定值”，在“设置值”文本框中选择或输入“24磅”，单击“确定”按钮。

第3步：选中正文最后两段文本，在“开始”选项卡下“段落”组中单击右下角的“对话框启动器”按钮，弹出“段落”设置对话框；在“缩进和间距”选项卡下“特殊格式”下拉列表中选择“首行缩进”，在“缩进值”文本框中选择或输入“2字符”，“行距”下拉列表中选择“1.5倍行距”，单击“确定”按钮。

3. 拼写检查

此部分的操作过程请参考3.1解答，此处略。

4. 设置项目符号或编号

此部分的操作过程请参考3.1解答，此处略。

5. 拼音指南

此部分的操作过程请参考3.1解答，此处略。

3.4 第4题解答

打开文档： 单击“文件”选项卡，在列表中执行“打开”命令，单击右侧的“浏览”选项。在弹出的“打开”对话框中，首先从左侧列表中选择考生文件夹所在的位置，然后在右侧列表中选择“A3.docx”文件，单击“打开”按钮。

1. 设置字体格式

第1步：选中文章的第1行文本，在“开始”选项卡下“字体”组“字体”下拉列表中选择“隶书”，“字号”下拉列表中选择“小三”，在“字体颜色”下拉列表中选择标准色中的“深红”；单击“文本效果”按钮，在打开的列表中选择“映像”下的“半映像：接触”效果样式（第1行第2列）。

第2步：选中文章的标题行“阳台育花五要素”，在“开始”选项卡下“字体”组“字体”下拉列表中选择“黑体”，“字号”下拉列表中选择“小初”；单击“文本效果”按钮，在打开的样式库中选择“渐变填充：金色，主题色4；边框：金色，主题色4”效果样式（第2行第3列），并在打开的列表中选择“发光”效果下的“发光：8磅；蓝色，主题色5”效果样式（第2行第5列）。

第3步：选中正文部分的文本，在“开始”选项卡下“字体”组“字体”下拉列表中选择“微软雅黑”，“字号”下拉列表中选择“小四”。同时选中文本“光照：”“淋水：”“风吹：”“温度：”“花谢：”，单击“加粗”按钮；在“字体颜色”下拉列表中执行“其他颜色”命令；在弹出的“颜色”对话框中分别在RGB值列表中输入“0”“102”“0”，单击“确定”按钮。

第4步：在“开始”选项卡下“字体”组中单击右下角的“对话框启动器”按钮，弹出“字体”设置对话框；在“字形”下拉列表中选择“加粗”，在“下划线线型”下拉列表中选择“粗点式”下划线……………………，在“下划线颜色”下拉列表中选择标准色中的“红色”，单击“确定”按钮。

第5步：选中正文的最后一行，在“开始”选项卡下“字体”组“字体”下拉列表中选择“华文行楷”，“字号”下拉列表中选择“四号”，在“字体颜色”下拉列表中选择标准色中的“深蓝”。

2. 设置段落格式

第1步：选中文档的标题行，在“开始”选项卡下“段落”组中单击“居中”按钮；再选中文档的最后一行，单击“段落”组中的“右对齐”按钮。

第2步：选中文章的第1行，在“开始”选项卡下“段落”组中单击右下角的“对话框启动器”按钮，弹出“段落”设置对话框；在“缩进和间距”选项卡下“常规”区域的“对齐方式”下拉列表中选择“分散对齐”；在“缩进”区域的“左侧”文本框中选择或输入“30字符”，单击“确定”按钮。

第3步：选中正文部分，在“开始”选项卡下“段落”组中单击右下角的“对话框启动器”按钮，弹出“段落”设置对话框；在“缩进和间距”选项卡下“特殊格式”列表中选择“首行缩进”，在“缩进值”文本框中选择或输入“2字符”，在“间距”区域的“段前”文本框中选择或输入“0.5行”，在“行距”下拉列表中选择“固定值”，“设置值”文本框中选择或输入“25磅”，单击“确定”按钮。

3. 拼写检查

此部分的操作过程请参考3.1解答，此处略。

4. 设置项目符号或编号

此部分的操作过程请参考3.1解答，此处略。

5. 拼音指南

此部分的操作过程请参考3.1解答，此处略。

3.5　第5题解答

打开文档：单击“文件”选项卡，在列表中执行“打开”命令，单击右侧的“浏览”选项。在弹出的“打开”对话框中，首先从左侧列表中选择考生文件夹所在的位置，然后在右侧列表中选择“A3.docx”文件，单击“打开”按钮。

1. 设置字体格式

第1步：选中文章的标题行“水调歌头·明月几时有”，在“开始”选项卡下“字体”组“字体”下拉列表中选择“华文琥珀”，“字号”下拉列表中选择“小一”；单击“文本效果”按钮，在打开的样式库中选择“渐变填充：蓝色，主题色5；映像”效果样式（第2行第2列）。

第2步：在“开始”选项卡下“字体”组“字体颜色”下拉列表中选择“渐变”效果下的“其他渐变”选项。

第3步：文档右侧弹出“设置文本效果格式”设置栏，选中“文本填充”下的“渐变填充”单选按钮，在“类型”下拉列表中选择“线性”，在“方向”下拉列表中选择“线性对角-左下到右上”，在“渐变光圈”下调整为3个停止点，位置分别为：0%、50%、100%。单击“停止点1”，在“颜色”下拉列表中选择标准色中的“紫色”；单击“停止点2”，在“颜色”下拉列表中选择标准色中的“绿色”；单击“停止点3”，在“颜色”下拉列表中选择标准色中的“红色”，如图3-44所示。

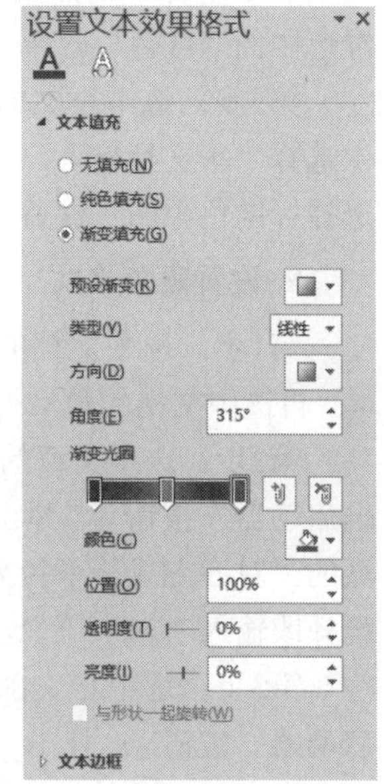

图3-44

第4步：选中文章的副标题行，在“开始”选项卡下“字体”组“字体”下拉列表中选择“隶书”，“字号”下拉列表中选择“小三”；在“字体颜色”下拉列表中单击“其他颜色”按钮，弹出“颜色”对话框，分别在RGB值列表中输入“0”“0”“255”，单击“确定”按钮；单击“文本效果”按钮，在弹出的样式库中选择“发光”下的“发光：11磅；橙色，主题色2”效果样式（第3行第2列）。

第5步：选中正文的诗词部分文本，在“开始”选项卡下“字体”组“字体”下拉列表中选择“方正舒体”，“字号”下拉列表中选择“小三”，在“字体颜色”下拉列表中选择标准色中的“深蓝”。选中诗词部分第1行，在“开始”选项卡下“字体”组中单击右下角的“对话框启动器”按钮，弹出“字体”设置对话框；在“字体”选项卡下，在“着重号”下拉列表中选择“·”，单击“确定”按钮。

第6步：选中正文除第1行以外的其他诗词部分文本，在“开始”选项卡下“字体”组中单击右下角的“对话框启动器”按钮，弹出“字体”设置对话框；在“下划线线型”下拉列表中选择“双线”下划线 ══════，在“下划线颜色”下拉列表中选择标准色中的“红色”，单击“确定”按钮。

第7步：选中正文最后一段文本，在“开始”选项卡下“字体”组“字体”下拉列表中选择“华文细黑”，“字号”下拉列表中选择“小四”；在“字体颜色”下拉列表中执行“其他颜色”命令，弹出“颜色”设置对话框，在“自定义”选项卡下的“颜色模式”下拉列表中选择“RGB”，分别在RGB值列表中输入“102”“0”“102”，单击“确定”按钮；单击“文本效果”按钮，在弹出的样式库中选择“阴影”下的“阴影选项”。

第8步：文档右侧弹出“设置文本效果格式”设置栏，在“预设”下拉列表中选择“偏移：右下”阴影文本效果（第1行第1列），在“颜色”下拉列表中选择标准色中的“绿色”，如图3-45所示。

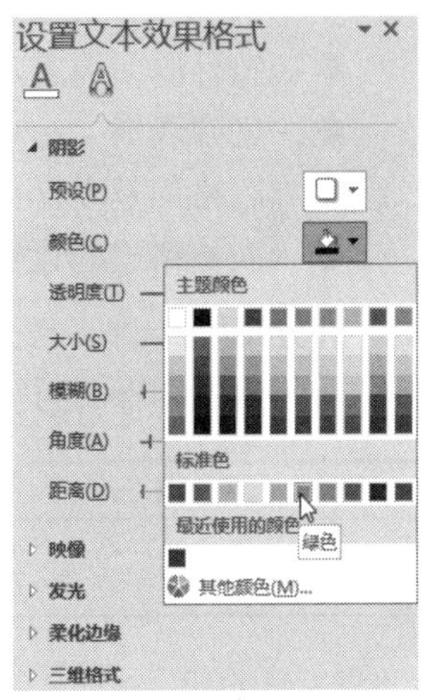

图3-45

2. 设置段落格式

第1步：同时选中文档的标题和副标题行，在“开始”选项卡下“段落”组中单击“居中”按钮。

第2步：选中正文的诗词部分，在“开始”选项卡下“段落”组中单击右下角的“对话框启动器”按钮，弹出“段落”设置对话框；在“缩进和间距”选项卡下“缩进”区域的“左侧”文本框中选择或输入“5字符”，“右侧”文本框中选择或输入“5字符”，在“行距”下拉列表中选择“多倍行距”，在“设置值”文本框中选择或输入“2.5”，单击“确定”按钮。

第3步：选中正文最后一段文本，在“开始”选项卡下“段落”组中单击右下角的“对话框启动器”按钮，弹出“段落”设置对话框；在“缩进和间距”选项卡下“特殊格式”下拉列表中选择“首行缩进”，在“缩进值”文本框中选择或输入“2字符”，在“间距”区域的“段前”文本框中选择或输入“0.5行”，在“行距”下拉列表中选择“固定值”，在“设置值”文本框中选择或输入“24磅”，单击“确定”按钮。

3. 拼写检查

此部分的操作过程请参考3.1解答，此处略。

4. 设置项目符号或编号

此部分的操作过程请参考3.1解答，此处略。

5. 拼音指南

此部分的操作过程请参考3.1解答，此处略。

第4章　文档的版面设置与编排

Ⅰ.知识讲解

知识要点

- 文档的页面设置。
- 文档的版面设置。
- 特殊版面设置。
- 创建表格。
- 表格的基本操作。
- 表格格式的设置。

评分细则

本章有13个评分点，每题22分。

评分点	分值	得分条件	判分要求
设置页面	2	正确设置纸张大小，页面边距数值准确	1处未按要求设置，不给分
设置页眉/页码	2	设置正确，内容完整	页码必须使用“插入页码”技能点，其他方式设置不得分
设置艺术字	2	按要求正确设置艺术字	艺术字样式、大小和位置与样文相符，精确程度不作严格要求
设置分栏、分页格式	2	栏数和分栏效果正确 在指定位置正确插入分页符	有数值要求的须严格掌握
设置边框/底纹	2	位置、范围、数值正确	有颜色要求的须严格掌握
插入图片、设置图片格式	2	图片大小、位置、环绕方式或外观样式正确	精确程度不作严格要求
插入脚注（尾注）	2	设置正确，内容完整	录入内容可有个别错漏
创建表格（快速表格）	1	行列数符合要求	行高、列宽不作要求
自动套用表格样式	1	正确套用表格样式	自动套用类型无误
表格行与列的操作	1	正确插入（删除）行（列）、正确移动行（列）的位置、设置的行高和列宽值正确	位置和数目均须正确
合并或拆分单元格	1	正确合并或拆分单元格	位置和数目均须正确
设置表格中单元格的格式	2	正确设置单元格的对齐方式、正确设置单元格中的字体格式、正确设置单元格底纹	精确程度不作严格要求
设置表格的边框线与底纹	2	边框线的线型、线条粗细、线条颜色、底纹与样文相符	所选边框、底纹样式正确

4.1　文档的页面设置

文档最终是要打印到纸张上，因此，页面的美观显得尤为重要。输出文档之前首先要进行页面的设置，如页边距、纸张的大小、页面版式等。这就要求用户具备一定的排版能力，才能把文档中的正文和图形打印到纸张的正确位置。

4.1.1　设置纸张大小与方向

在进行其他页面设置之前，首先需要确定要打印输出内容的纸张大小和方向，这是最基本的问题。为了适应不同的打印纸张，可以通过以下操作来改变页面大小和方向。

1. 纸张大小

纸张大小是指用于打印文档的纸张幅面，Word提供了多种预定义的纸张，系统默认的是A4纸，用户可根据需要选择预定义的纸张大小，也可以自定义纸张大小。

（1）选择预定义纸张大小。在“布局”选项卡下“页面设置”组中单击“纸张大小”按钮，在弹出的下拉列表中选择适合的纸张大小，如A4、B4等，如图4-1所示。

（2）自定义纸张大小。如果使用的打印纸张较为特殊，可以自定义纸张大小。在“布局”选项卡下“页面设置”组中单击“纸张大小”按钮，在打开的下拉列表中执行“其他纸张大小”命令。在弹出的“页面设置”对话框中选择“纸张”选项卡，在“纸张大小”区域中“宽度”和“高度”后面的文本框中可直接输入需要的宽度值和高度值，如图4-2所示，单击“确定”按钮，即可完成自定义纸张大小的设置。

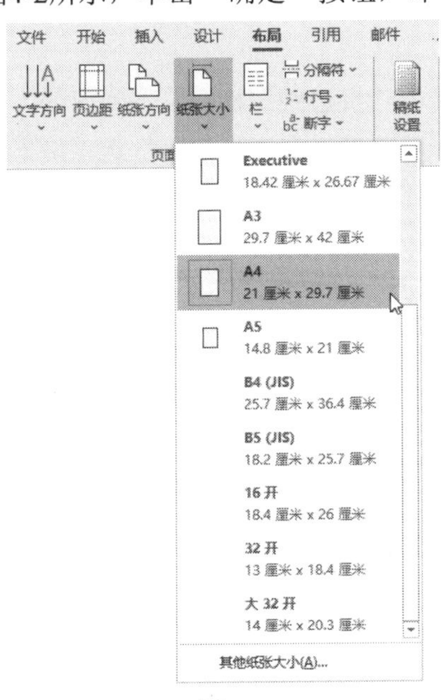

图4-1

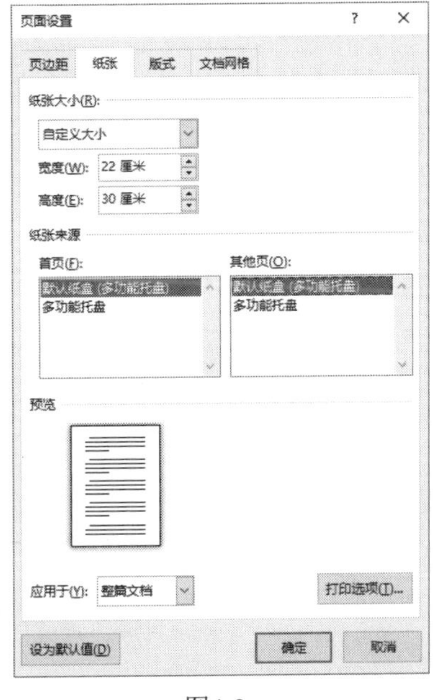

图4-2

提示：在“布局”选项卡下“页面设置”组中单击右下角的“对话框启动器”按钮，也可以打开“页面设置”对话框，或是通过双击标尺打开“页面设置”对话框。

2. 纸张方向

纸张方向一般分为横向和纵向两种，通常打印的文档要求纸张是纵向的，但有时如果文档中有一个很宽的表格，则采用横向打印可以确保表格的所有列完整显示。

在默认情况下，Word编辑区域纸张的方向总是纵向排列的，如果想编辑横幅面的内容，可在“布局”选项卡下“页面设置”组中单击“纸张方向”按钮，在打开的下拉列表中执行“横向”命令即可，如图4-3所示。

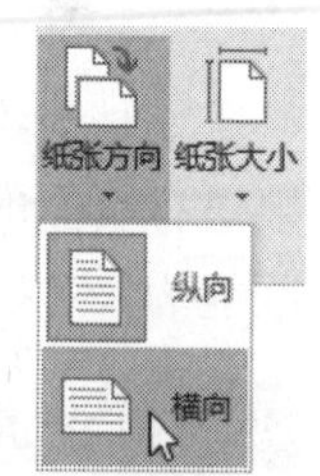

图4-3

还可以在“布局”选项卡下“页面设置”组中单击右下角的“对话框启动器”按钮，打开“页面设置”对话框。选择“页边距”选项卡，在“纸张方向”区域中选择“纵向”或“横向”，从而设置文档页面的方向。

4.1.2 设置页边距

所谓页边距，指的是页面上除打印区域之外的空白区域，可以根据需要进行相应设置。在页边距的可打印区域中可以插入文字和图形，也可以将某些项放在页边距中，如页眉、页脚和页码。为文档设置合适的页边距，可使文档外观显得更加清爽。设置页边距有两种方法，可以在功能区中选择预定义的页边距，也可以在对话框中自定义设置。

1. 内置页边距

在“布局”选项卡下“页面设置”组中单击“页边距”按钮，在打开的下拉列表中选择所需要的预定义页边距，如“常规”“窄”“中等”“宽”“对称”等，如图4-4所示。

2. 自定义页边距

在“布局”选项卡下“页面设置”组中单击“页边距”按钮，在弹出的下拉列表中执行“自定义边距”命令，打开“页面设置”对话框。在“页边距”选项卡下的“页边距”区域下，在“上”“下”“左”“右”文本框中自定义输入或微调出页边距的数值。如果打印后需要装订，可以在“装订线”文本框中自定义输入或微调出装订线的宽度，在“装订线位置”下拉列表中选择“靠左”或“靠上”设置装订位置，如图4-5所示。

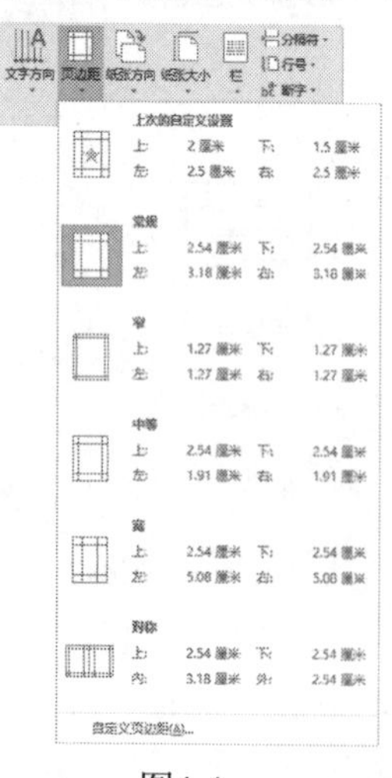

图4-4

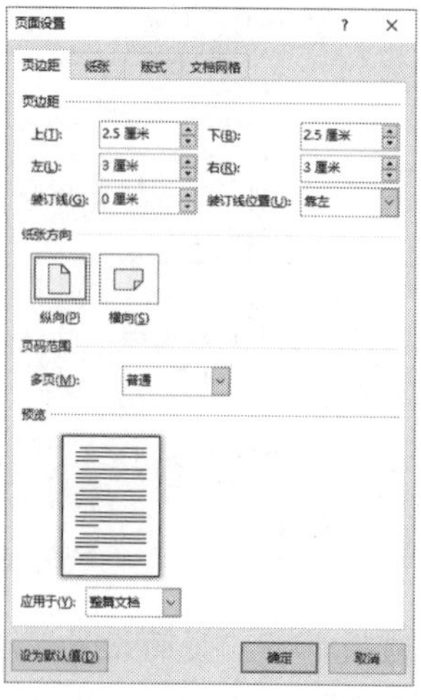

图4-5

4.1.3 设置分栏格式

分栏是文字排版的重要内容之一。所谓分栏排版，是指按实际排版需求，将文本分成并排的若干个条块，从而使文档美观整齐、易于阅读。Word具有分栏排版功能，可以把每一栏都作为一节对待，这样就可以对每一栏单独进行格式化和版面设计。

1. 快速分栏

在“布局”选项卡下“页面设置”组中单击“栏”按钮，在弹出的下拉列表中选择所需要的预定义栏数，如两栏、三栏、偏左、偏右等，如图4-6所示。

2. 手动分栏

如果想要根据需要设置不同的栏数、栏宽等，可在“布局”选项卡下“页面设置”组中单击“栏”按钮，在弹出的下拉列表中执行“更多栏”命令，弹出“栏”对话框。

在“栏”对话框中，如图4-7所示，“预设”区域为Word预定义的栏数；在“栏数”微调框中可以自定义分栏的栏数，最多可以设置11栏；在“宽度和间距”区域可以设置分栏的栏宽和间距；选中“分隔线”复选框，可以在各个栏之间添加分隔线；在“应用于”下拉列表中可以选择将设置应用于“整篇文档”“所选文字”或是“插入点之后”。

另外，也可以在“页面设置”对话框的“文档网格”选项卡下，在“文字排列”区域中的“栏数”微调框中输入需要的栏数，单击“确定”按钮，如图4-8所示，但此处最多只可设置4栏。

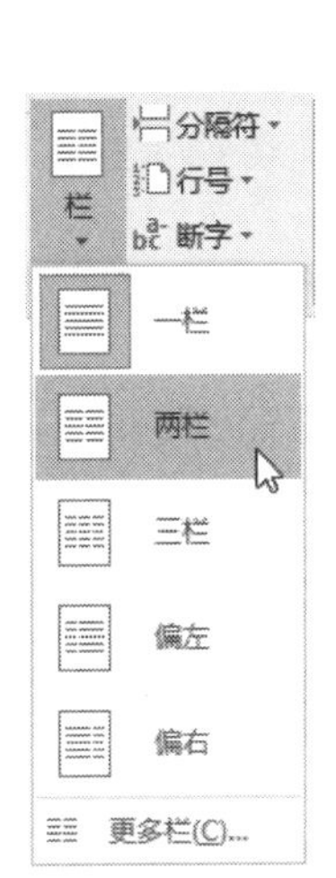

图4-6

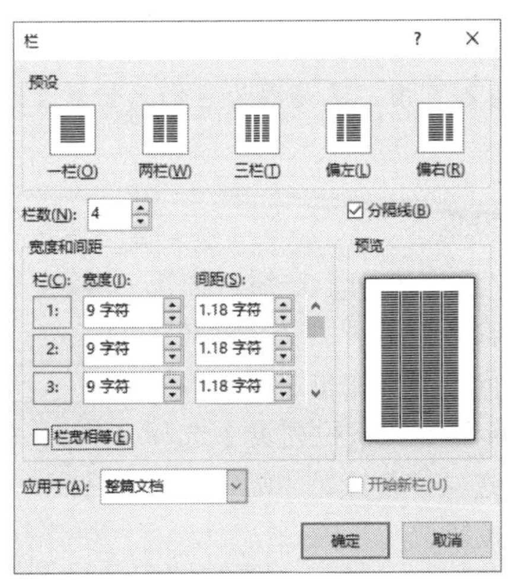

图4-7

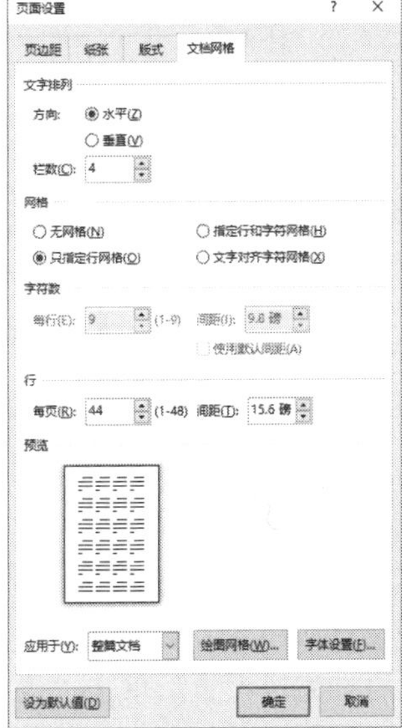

图4-8

4.1.4 设置文字方向

在Word文档中，如果要设置文档的文本方向为垂直，可以使用“文本方向”功能来实现。在Word文档中设置文字竖排有以下3种方法。

1. 通过选项组中的“文字方向”列表设置

将光标定位到文档任意位置。在“布局”选项卡下“页面设置”选项组中单击“文字方向”按钮，展开文字方向列表菜单。可以看到Word提供了两种文字方向：“水平”和“垂直”，如图4-9所示。可以根据需要来选择，例如，选择“垂直”，将文本垂直显示。

设置垂直后的效果如图4-10所示。如果选择“将中文字符旋转270°”，将以旋转270°方向显示，效果如图4-11所示。

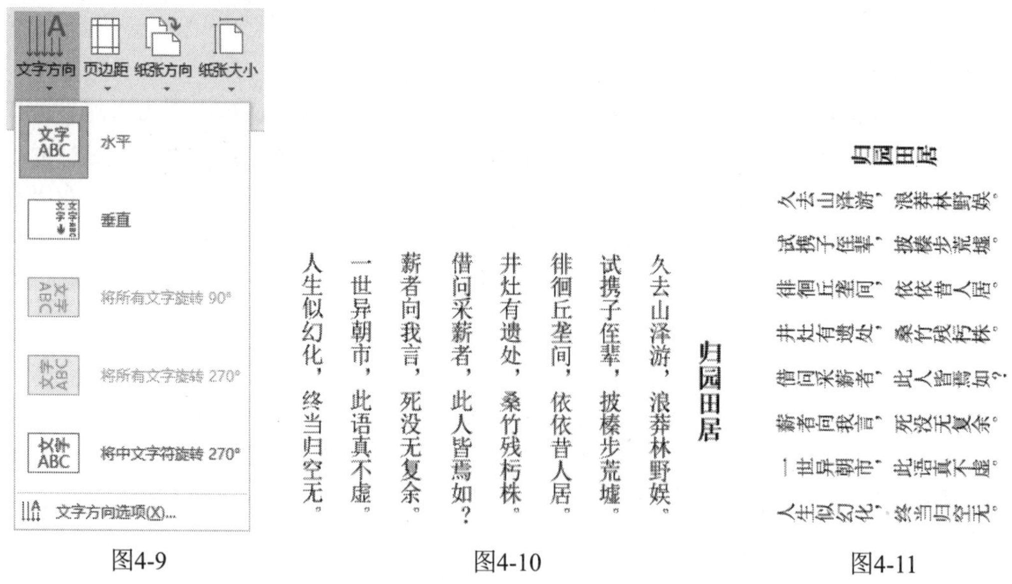

图4-9　　图4-10　　图4-11

提示：对文本进行文字方向设置时，在“文字方向”列表中的“将所有文字旋转90°”和“将所有文字旋转270°”变体不可用，这是因为它们只针对文本框、图形等的文字设置。

2. 通过“文字方向”对话框设置

在“页面设置”组中单击“文字方向”按钮，在下拉列表中执行“文字方向选项”命令，打开“文字方向”对话框，如图4-12所示。在“方向”区域中单击相应的按钮设置文字的排版方向，在“应用于”下拉列表中选择将设置应用于“整篇文档”“所选文字”或是“插入点之后”，完成设置后单击“确定”按钮。

图4-12

3. 通过“页面设置”对话框设置

在“布局”选项卡下“页面设置”组中单击右下角的“对话框启动器”按钮，打开“页面设置”对话框。在“文档网格”选项卡下的“文字排列”区域中，用户可以根据需要在“方向”后面选中“水平”或“垂直”单选按钮，单击“确定”按钮，即可

完成文字方向的设置。

4.1.5 设置分隔符

当文本或图形等内容填满一页时，Word文档会自动插入一个分页符并开始新的一页。另外，用户还可以根据需要强制分页或分节。

1. 插入分页符

分页符是一种符号，显示在上一页结束以及下一页开始的位置。在Word文档中插入分页符的具体操作方法如下：

将光标定位到需要插入分页符的位置处，在“布局”选项卡下“页面设置”组中单击“分隔符”按钮，从弹出的下拉列表中执行“分页符”区域的“分页符”命令，如图4-13所示，即可在文档中插入一个分页符，光标之后的文本自动切换到了下一页。

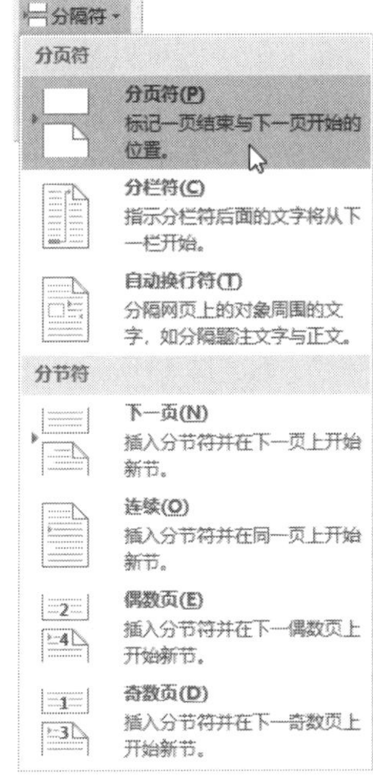

图4-13

2. 插入分节符

分节符是为表示节的结尾而插入的标记，它起着分隔其前面文本格式的作用。如果删除了某个分节符，则它前面的文字会合并到后面的节中，并且采用后者的格式设置。在Word文档中插入分节符的具体操作方法如下：

将光标定位到需要插入分节符的位置处，在“布局”选项卡下“页面设置”组中单击“分隔符”按钮，从弹出的下拉列表中执行“分节符”区域的“下一页”命令，即可在文档中插入一个分节符，光标之后的文本自动切换到了下一页。

提示：如果看不到分页、分节符，可以在“开始”选项卡下“段落”组中单击“显示/隐藏编辑标记”按钮即可。

4.2 文档的版面设置

4.2.1 页眉、页脚与页码的设置

页眉和页脚都是文档的重要组成部分，是文档中每个页面的顶部、底部和两侧页边距中的区域。可以在页眉和页脚中插入或更改文本和图形，也可以添加页码、时间和日期、公司徽标、文档标题、文件名或作者姓名等。这样就可以在阅读时从页眉页脚中知道相应信息，如当前页数、当前阅读的小节、文档名字、编写信息等。

在“插入”选项卡下“页眉和页脚”组中可以执行插入页眉、页脚和页码的操作，如图4-14所示。

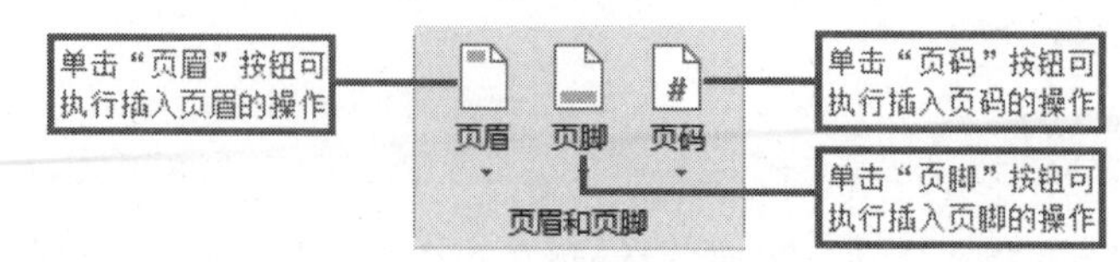

图4-14

1. 创建页眉或页脚

页眉和页脚常用于显示文档的附加信息，在页眉和页脚中既可以插入文本，也可以插入示意图，还可以快速插入设置好的页眉和页脚图片。

插入页眉的具体操作步骤如下：

（1）在“插入”选项卡下“页眉和页脚”组中单击“页眉”按钮。

（2）在弹出的下拉列表中选择所需要的页眉样式，如图4-15所示，页眉即被插入到文档的每一页中。

（3）此时光标在文档顶端的页眉区域闪烁，直接输入所需的页眉内容即可，如图4-16所示。

插入页脚的方法与插入页眉的方法基本相同：在“插入”选项卡下“页眉和页脚”组中单击“页脚”按钮，即可进行插入页脚的操作。如果已插入页眉，还可在“页眉和页脚”选项卡下“导航”组中单击“转至页脚”按钮，如图4-17所示，跳转至页脚输入区域中，再输入所需要的页脚内容即可。

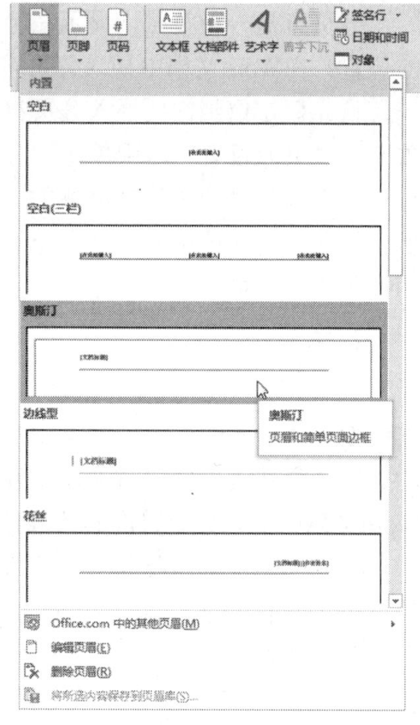

图4-15

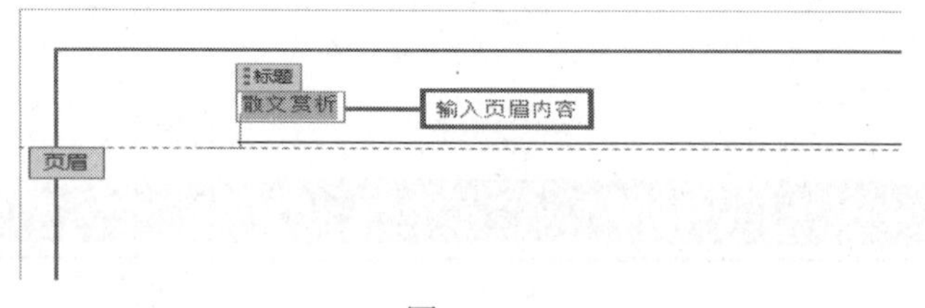

图4-16

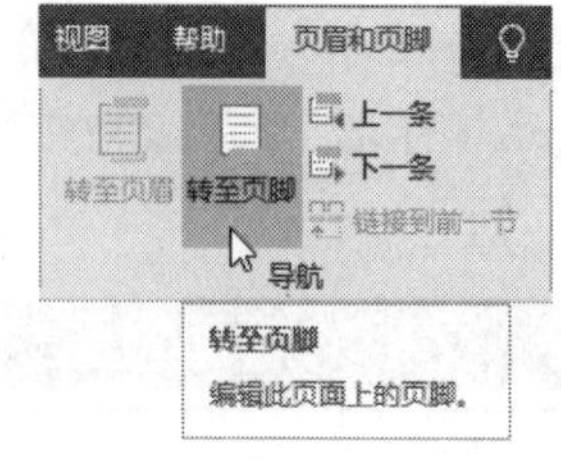

图4-17

2. 设置页眉或页脚格式

在插入页眉和页脚后，为了使其达到更加美观的效果，还可以为其设置格式。设置页眉和页脚格式的方法与设置文档中的普通文本相同：选择页眉或页脚中的文本内容，在“开始”选项卡中设置所需的字体格式或线型格式等，如图4-18所示。

提示：在“插入”选项卡下“页眉和页脚”组中单击“页眉”或“页脚”按钮，在下拉列表中执行“删除页眉”或“删除页脚”命令，页眉或页脚即被从整个文档中删除。

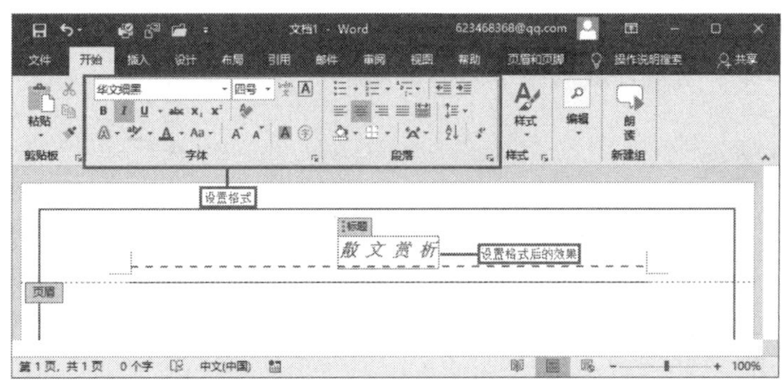

图4-18

3. 设置页码

（1）插入页码。为了方便对文档进行阅读和管理，可以在文档中插入页码。一般情况下，页码显示在文档的底端。可以根据需要选择样式，并确定页码显示的位置。具体操作步骤为：在“插入”选项卡下“页眉和页脚”组中单击“页码”按钮，在弹出的下拉列表中选择插入的位置，然后在弹出的列表中选择所需要的页码样式即可，如图4-19所示。

如果已插入页眉或页脚，可在“页眉和页脚”选项卡下“页眉和页脚”组中单击“页码”按钮，也可进行插入页码操作。

（2）设置页码格式。如果对页码格式不满意，还可以设置页码的格式。具体操作步骤为：在“插入”选项卡下“页眉和页脚”组中单击“页码”按钮，在弹出的下拉列表中执行“设置页码格式”命令，弹出“页码格式”对话框，在“编号格式”列表框中选择所需要的页码格式，如图4-20所示。

图4-19

图4-20

提示：在“插入”选项卡下“页眉和页脚”组中单击“页码”按钮，在下拉列表中执行“删除页码”命令，页码即被从整个文档中删除。

4.2.2 图片的设置

为了使文档更加美观、生动，可以插入图片对象。在Word中，不仅可以插入系统提供的图片，还可以从其他程序和位置导入图片，或者从扫描仪或数码相机中直接获取图片。

1. 插入图片

如果需要使用的图片已经保存在计算机中，那么可以执行插入图片功能，将图片插入到文档中。这些图片文件可以是Windows标准BMP位图，也可以是其他应用程序创建的图片，如CorelDRAW软件的CDR格式图片、JPEG格式图片、TIFF格式图片等。

在“插入”选项卡下“插图”组中单击“图片”按钮，如图4-21所示。在打开的“插入图片”对话框中选择需要插入的图片，单击“插入”按钮，即可将图片插入到文档中。默认情况下，被插入的图片会直接嵌入到文档中，并成为文档的一部分。

提示：如果要链接图形文件，而不是插入图片，可在“插入图片”对话框中选择要链接的图形文件，然后单击“插入”右侧的下拉按钮，在弹出的菜单中执行“链接到文件”命令即可。使用链接方式插入的图片在文档中不能被编辑。

2. 调整图片效果

插入图片后，为了使图片更加美观，可以使用“图片格式”选项卡下的“调整”组中的功能对图片进行亮度/对比度、颜色饱和度、艺术效果等参数的设置，如图4-22所示。

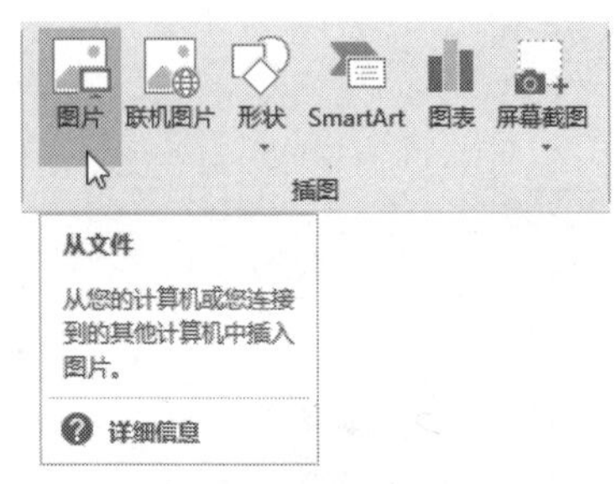

图4-21

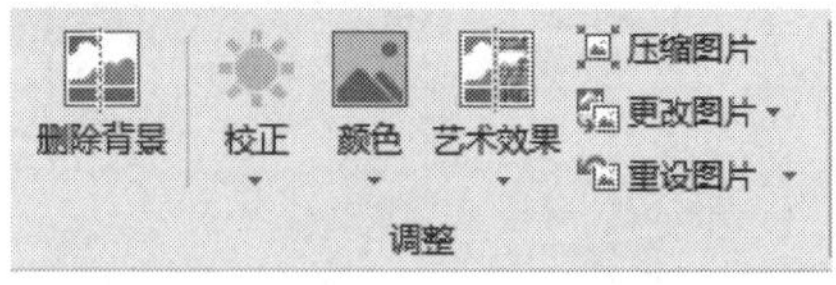

图4-22

设置图片的亮度/对比度：单击“调整”组中的“校正”按钮，在其下拉列表中可以选择一种适合的亮度和对比度，如图4-23所示。

设置图片的颜色饱和度：单击“调整”组中的“颜色”按钮，在其下拉列表中可以选择一种适合的颜色饱和度，如图4-24所示。

设置图片的艺术效果：单击“调整”组中的“艺术效果”按钮，在其下拉列表中可以设置图片的艺术效果，如图4-25所示。

如果设置的图片效果没有达到预期效果，则可以打开“设置图片格式”任务窗格，在其中进行精确调整设置，如图4-26所示。

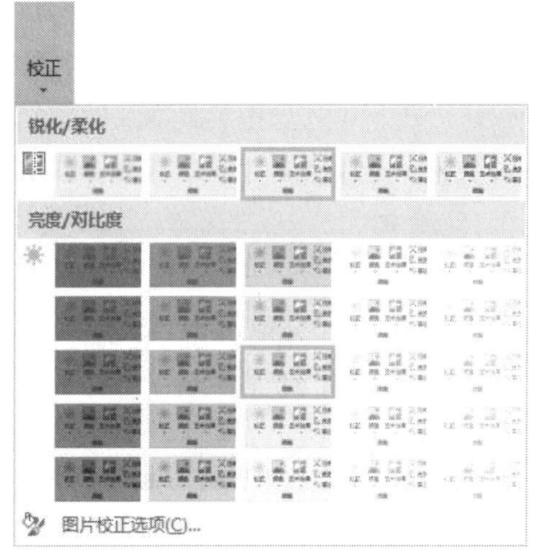

图4-23

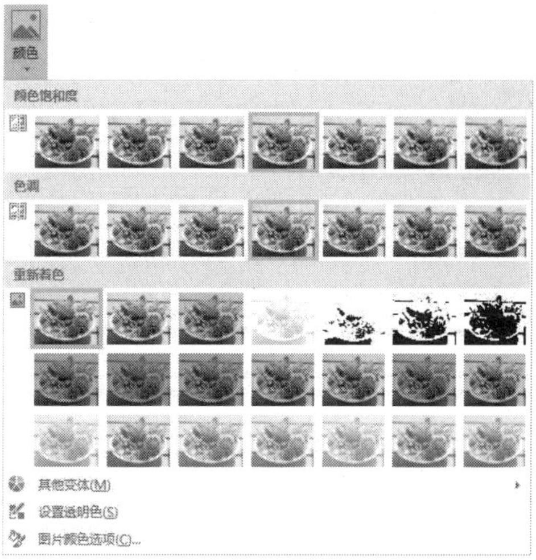

图4-24

图4-25

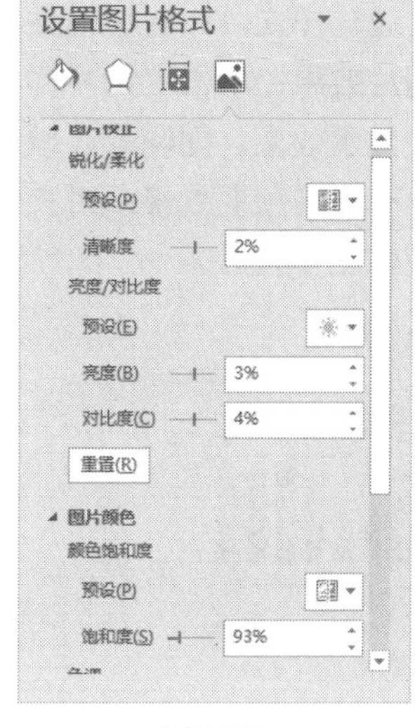

图4-26

如果要将图片的背景删除，可单击“调整”组中的“删除背景”按钮，删除图片背景；如果要将图片还原到初始效果，可单击“调整”组的“重设图片”按钮右侧的下拉三角按钮，在弹出的下拉列表中执行“重设图片”命令。

3. 设置图片样式

用户还可以设置图片样式，如添加图片边框、设置图片效果、增加图片版式等，如图4-27所示。

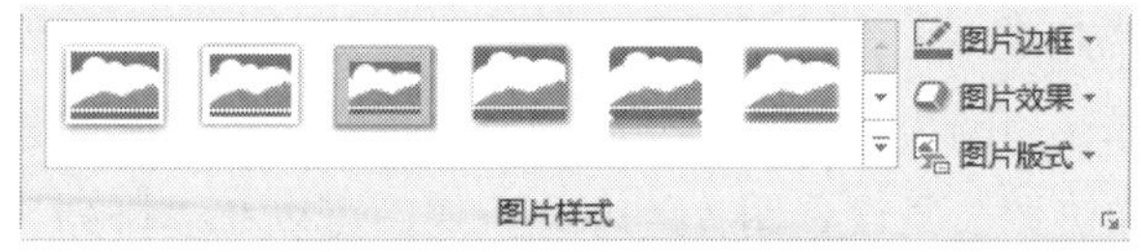

图4-27

设置图片的图片样式：单击“图片样式”组中的“其他”按钮，从打开的图片样式库中选择需要的图片样式，可为图片添加一种预定义的样式，如图4-28所示。也可以右击图片，在弹出的快捷菜单中单击“样式”按钮，在下拉列表中选择需要的图片样式，如图4-29所示。

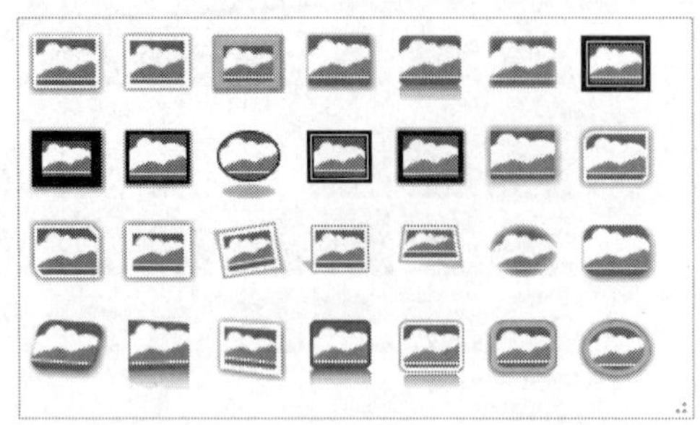

图4-28

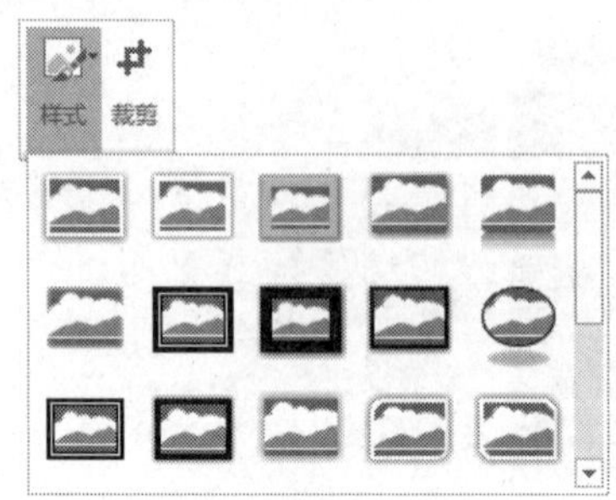

图4-29

设置图片边框：单击“图片样式”组中的“图片边框”按钮，在其下拉列表中可以设置图片的边框样式，如边框的颜色、粗细、线型等，如图4-30所示。

设置图片效果：单击“图片样式”组中的“图片效果”按钮，在其下拉列表中可以设置图片的显示效果，如阴影、映像、发光、棱台等效果，如图4-31所示。如果设置的图片效果没有达到预期效果，可打开“设置图片格式”任务窗格，在其中进行精确调整设置，如图4-32所示。

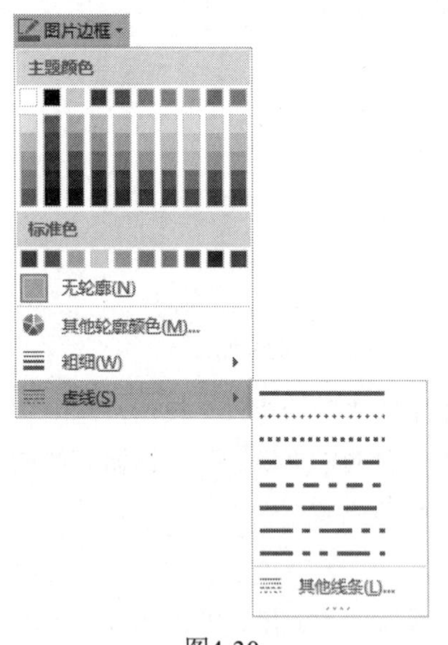

图4-30

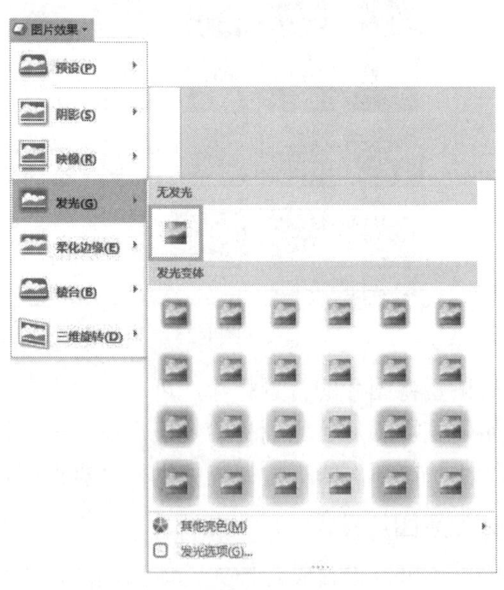

图4-31

4. 设置图片环绕方式

默认情况下，插入的图片是嵌入到文档中的，这时可以设置图片的文字环绕方式，使其与文档显示更加协调。要设置图片的环绕方式，可以在“排列”组中单击“环绕文字”按钮，从弹出的下拉列表中选择一种文字和图片的排列方式。Word提供了7种图片环绕方式，如图4-33所示。也可右击图片，在弹出的快捷菜单中选择“环绕文字”子菜单中的文字环绕方式。

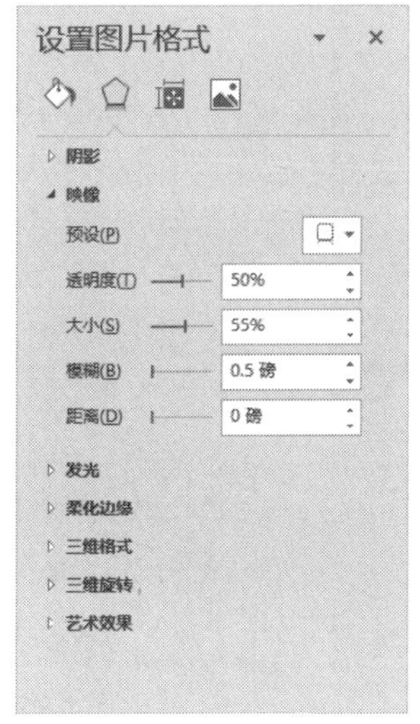

图4-32

图4-33

- **嵌入型**：使图片的周围环绕文字，将图片置于文档中文本行的插入点位置，并且与文字位于相同的层上。
- **四周型**：将文字环绕在所选图片边界框的四周。
- **紧密型环绕**：将文字紧密环绕在图片自身边缘的周围，而不是图片边界框的周围。
- **穿越型环绕**：类似于四周型环绕，但文字可进入到图片空白处。
- **上下型环绕**：将图片置于两行文字中间，图片的两侧无字。
- **衬于文字下方**：将取消文本环绕，并将图片置于文档中文本层之后，图片对象在其单独的图层上浮动。
- **衬于文字上方**：将取消文本环绕，并将图片置于文档中文本层上方，图片对象在其单独的图层上浮动。

如果需要精确设置环绕方式，可在右键快捷菜单中执行“大小和位置”命令，在弹出的“布局”对话框中的“文字环绕”选项卡下，在“环绕方式”区域中选择需要的环绕版式，在“环绕文字”区域中选择文本位于图片的方向位置，在“距正文”区域中设置图片距正文的边距值，如图4-34所示。

5. 调整图片大小和位置

通常在默认情况下插入图片的大小和位置并不符合文档的实际需求，此时需要对其大小和位置进行调整。

（1）调整图片的大小。

选中插入的图片，此时图片四周出现8个控制点，将光标移动到这些控制点时，光标将变成“↕”“⟺”“⤡”“⤢”双向箭头形状，这时按住鼠标左键拖动图片控制点，即可任意调整图片大小。

选中插入的图片，在“图片格式”选项卡下“大小”组的“高度”和“宽度”微调框中可以精确设置图片的大小，如图4-35所示。

图4-34

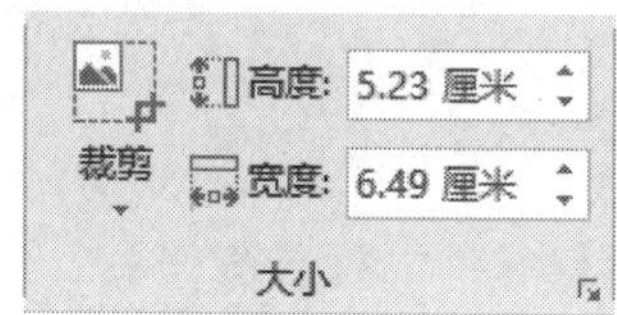

图4-35

选中插入的图片，在“图片格式”选项卡下“大小”组中单击右下角的“对话框启动器”按钮，打开“布局”对话框，如图4-36所示。

在“大小”选项卡下的“高度”和“宽度”区域中，可在“绝对值”或“相对值”后面的微调框中设置需要的数值；在“缩放”区域的“高度”和“宽度”微调框中可输入缩放比例，选中“锁定纵横比”和“相对原始图片大小”复选框，可实现图片的等比例缩放操作。

（2）调整图片的位置。

选中图片并将指针移至图片上方，待光标变成十字箭头形状时，按住鼠标左键进行拖动，这时光标变为形状，移动图片至合适的位置，释放鼠标即可移动图片。移动图片的同时按住Ctrl键，可实现图片的复制操作。

还可以在“图片格式”选项卡下“排列”组中单击“位置”按钮，在其下拉列表中可以设置图片在文档页面中的位置，如顶端居左、中间居中、底端居右等，如图4-37所示。

图4-36

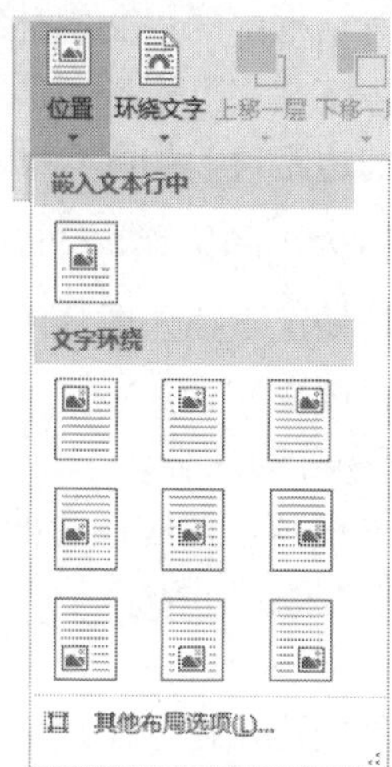

图4-37

6. 旋转和裁剪图片

（1）旋转图片。

当需要图片以一定的角度显示在文档中时，可以旋转图片。使用图片的旋转控制点可以自由旋转图片，也可以设置固定旋转的角度。

自由旋转图片：如果对于图片的旋转角度没有精确要求，可以使用旋转手柄旋转图片。首先选中图片，图片上方将出现一个灰色的旋转手柄。将光标移动到旋转手柄上，当光标呈旋转箭头形状时，按住鼠标左键按顺时针或逆时针方向旋转图片即可。

固定旋转图片：Word预设了4种图片旋转效果，即向右旋转90°、向左旋转90°、垂直翻转和水平翻转。首先选中需要旋转的图片，在“图片格式”选项卡下“排列”组中单击“旋转”按钮，可在打开的下拉列表中选择“向右旋转90°”“向左旋转90°”“垂直翻转”或“水平翻转”效果，如图4-38所示。

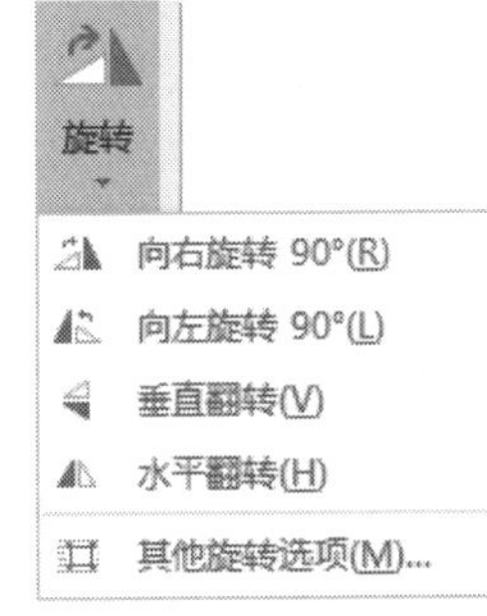

图4-38

按角度值旋转图片：还可以通过指定具体的数值，以便更精确地控制图片的旋转角度。首先选中需要旋转的图片，在“图片格式”选项卡下“排列”组中单击“旋转”按钮，在打开的下拉列表中执行“其他旋转选项”命令。在打开的“布局”对话框中的“大小”选项卡下，在“旋转”区域中调整“旋转”编辑框的数值，单击“确定”按钮，即可按指定角度值旋转图片。

（2）裁剪图片。

裁剪操作是通过删除垂直或水平边缘来减小图片的大小，通常用于隐藏或修剪部分图片，以便进行强调或删除不需要的部分。在Word文档中，可以通过两种方式对图片进行裁剪。一种方式是通过“裁剪”工具进行图片裁剪，另一种方式则是在“设置图片格式”任务窗格中指定图片裁剪的精确尺寸。

裁剪工具：选中要裁剪的图片，在“图片格式”选项卡下“大小”组中单击“裁剪”按钮，这时图片边缘出现了裁剪控制点。将指针移至控制点位置处并按住鼠标进行拖动，拖至合适位置后释放鼠标即可。

注意：要裁剪某一侧，请将该侧的中心裁剪控点向里拖动；要同时均匀地裁剪两侧，请在按住Ctrl键的同时将任一侧的中心裁剪控点向里拖动；要同时均匀地裁剪全部四侧，请在按住Ctrl键的同时将一个角部裁剪控点向里拖动。

还可以单击“裁剪”按钮下方的下三角按钮，在打开的下拉列表中单击“裁剪为形状”选项，在打开的列表中选择需要的形状作为裁剪形状即可，如图4-39所示。

精确裁剪：右击要裁剪的图片，在弹出的快捷菜单中执行“设置图片格式”选项，打开“设置图片格式”任务窗格，在“图片”选项卡下的“裁剪”区域中可精确设置“图片位置”和“裁剪位置”的具体尺寸，如图4-40所示。

注意：如果裁剪后的图片不符合需求，可在“图片格式”选项卡下“调整”组中单击“重设图片”按钮，恢复图片的原始尺寸。在Word中可以使用“裁剪”功能裁剪除动态GIF图片外的其他图片。要裁剪动态图片，请在动态图片编辑程序中修剪图片，然后重新插入该图片。

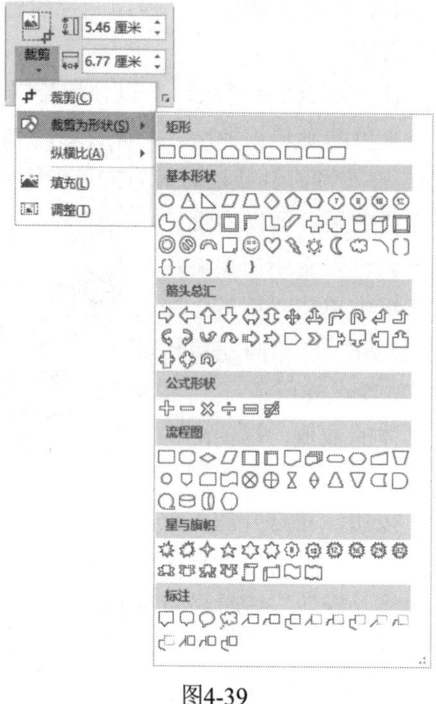

图4-39

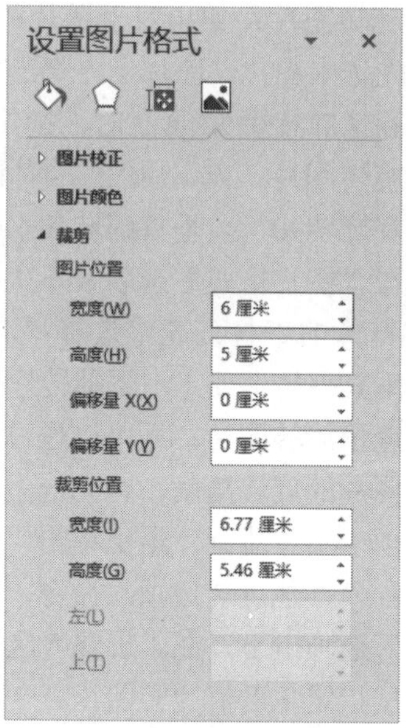

图4-40

4.2.3 艺术字的设置

艺术字是Word自带的具有特殊效果的文字。它和图片一样，是作为对象插入到文档中的。在文档中插入艺术字，设置艺术字格式，可以使文档更加生动活泼，更具有感染力。

1. 插入艺术字

如果想要制作突出、醒目效果的文字，可以选择使用艺术字，按预定义的形状创建文字。

将光标定位于需要插入艺术字的位置，在“插入”选项卡下“文本”组中单击“艺术字”按钮，在弹出的库中选择所需要的艺术字样式，如图4-41所示。

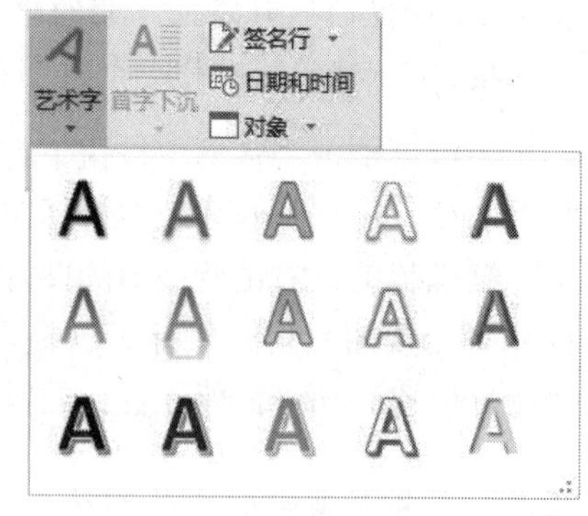

图4-41

在其中选择一种艺术字样式后，文档中会自动插入一个文本框，在文本框中输入所需要的艺术字内容即可。

如已选中艺术字内容，在艺术字库中选择一种样式后，则文档中便自动插入一个已编辑好内容的艺术字。

2. 设置艺术字格式

创建好艺术字后，如果对艺术字的样式不满意，还可以像设置图片一样设置其样式，如编辑艺术字文字、调整字符间距、更改艺术字格式、设置艺术字填充颜色、添加阴影效果、添加三维效果、调整大小和位置等。选择艺术字，即会出现“绘图工具”→“格式”选项卡，在其中就可以对艺术字进行各种设置。

（1）设置艺术字文本样式。

选中插入的艺术字，在“开始”选项卡下“字体”组中可以更改艺术字的字体、字号、字形、字色等格式。

选中插入的艺术字，在“格式”选项卡下“艺术字样式”组中可以对艺术字的预定义样式、文本填充、文本轮廓、文本效果等进行设置，如图4-42所示。

更改艺术字内置样式：单击“艺术字样式”组中的“其他”按钮，从打开的艺术字库下拉列表中选择需要的艺术字样式，可以更改艺术字之前的样式，如图4-43所示。

图4-42

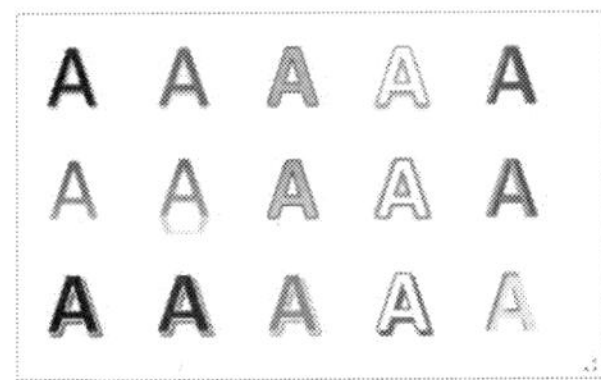

图4-43

如果在艺术字库中没有所需要的样式，还可以自定义艺术字样式。

设置艺术字的填充颜色：单击“艺术字样式”组中的“文本填充”按钮，在其下拉列表中可以设置艺术字的填充颜色，如标准色填充、渐变填充，如图4-44所示。

设置艺术字的轮廓样式：单击“艺术字样式”组中的“文本轮廓”按钮，在其下拉列表中可以设置艺术字的轮廓样式，如轮廓颜色、粗细、线型，如图4-45所示。

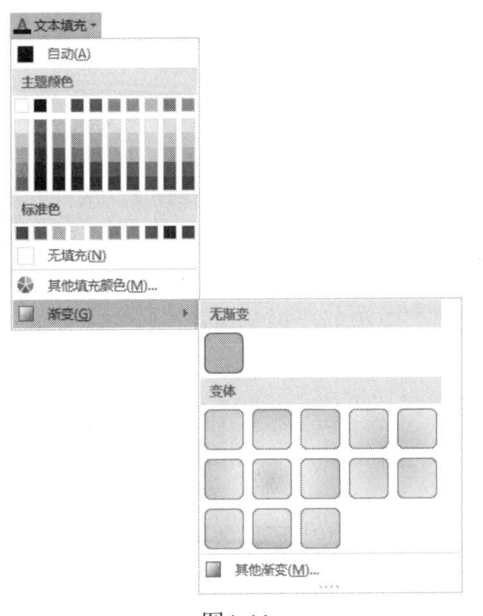

图4-44

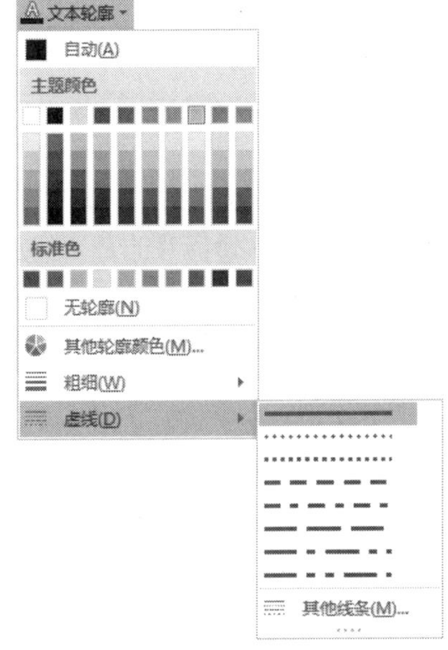

图4-45

设置艺术字的文本效果：单击“艺术字样式”组中的“文本效果”按钮，在其下拉列表中可以设置艺术字的文本显示效果，如阴影、映像、发光、棱台等效果，如图4-46所示。

单击“艺术字样式”组右下角的“对话框启动器”按钮，文档右侧出现“设置形状格式”任务窗格，在“文本选项”选项卡下可以对艺术字的各种文本效果进行精确的数值调整，如图4-47所示。

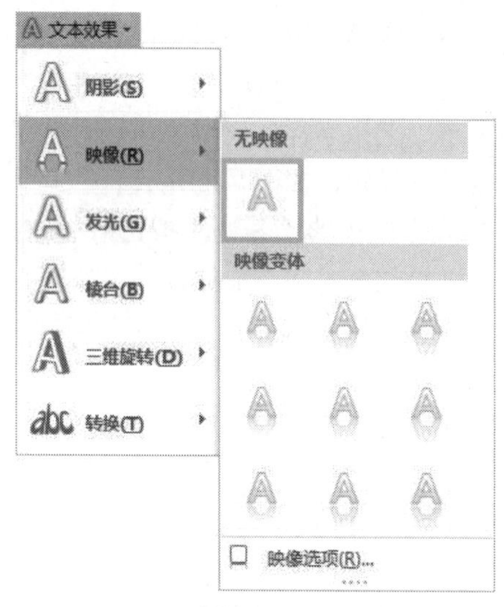

图4-46

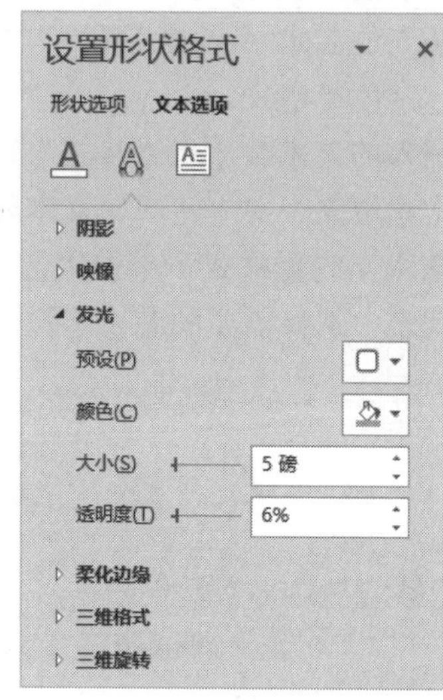

图4-47

（2）设置艺术字形状样式。

选中插入的艺术字，在“形状格式”选项卡下“形状样式”组中可以对艺术字的内置形状样式、形状填充、形状轮廓、形状效果等形状样式进行设置，如图4-48所示。

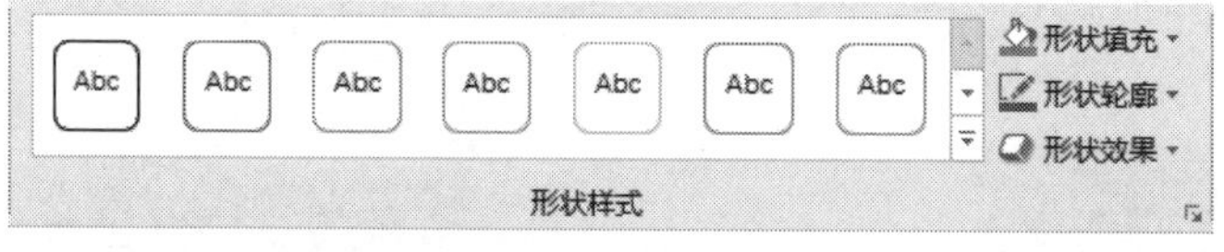

图4-48

设置艺术字的形状样式：单击“形状样式”组中的“其他”按钮，从打开的形状样式库下拉列表中选择需要的艺术字形状样式，可以为艺术字添加一种合适的形状样式，如图4-49所示。

设置艺术字的形状填充：单击“形状样式”组中的“形状填充”按钮，在其下拉列表中可以设置艺术字的形状填充颜色，如标准色填充、图片填充、渐变填充、纹理填充等，如图4-50所示。

设置艺术字的形状轮廓：单击“形状样式”组中的“形状轮廓”按钮，在其下拉列表中可以设置艺术字的形状轮廓样式，如形状轮廓颜色、粗细、线型等，如图4-51所示。

设置艺术字的形状效果：单击“形状样式”组中的“形状效果”按钮，在其下拉列表中可以设置艺术字的形状显示效果，如阴影、映像、发光、柔化边缘、棱台等效果，如图4-52所示。

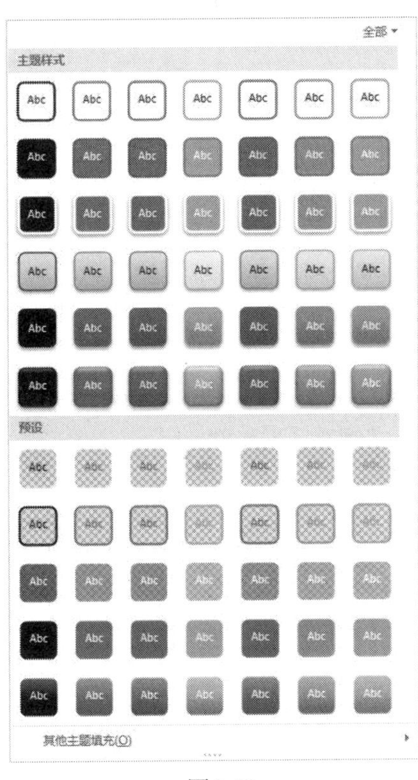

图4-49

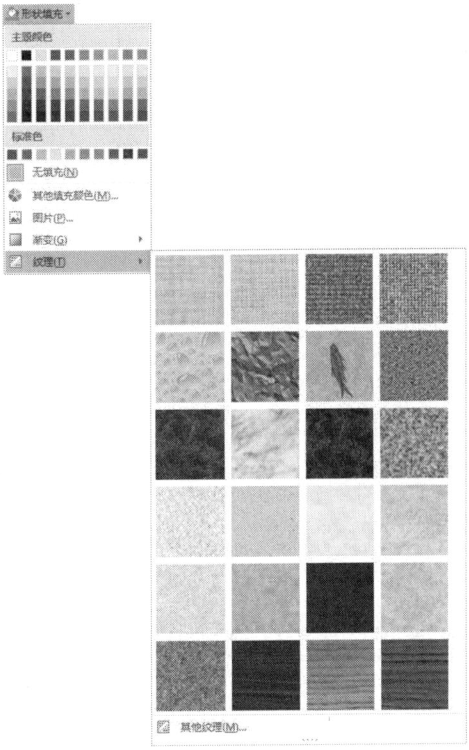

图4-50

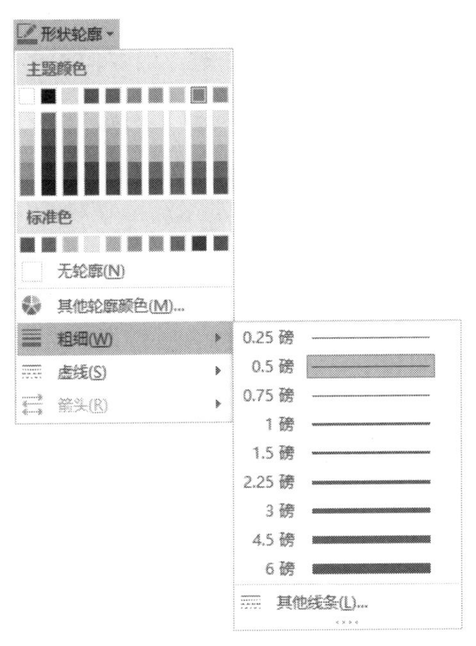

图4-51

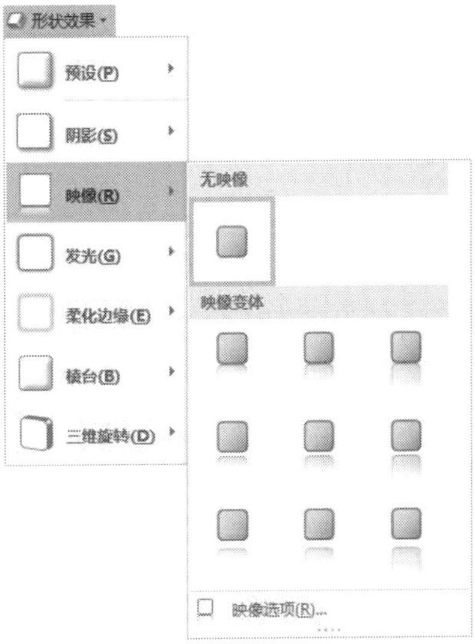

图4-52

单击“形状样式”组右下角的“对话框启动器”按钮，文档右侧出现“设置形状格式”任务窗格，在“形状选项”选项卡下可以对艺术字的形状效果进行精确的数值调整，如图4-53所示。

右击艺术字，在弹出的快捷菜单中可对艺术字的形状样式、形状填充、形状边框进行设置，如图4-54所示。

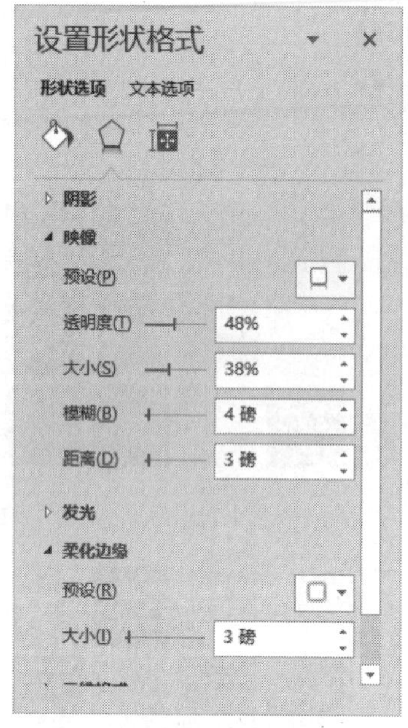

图4-53

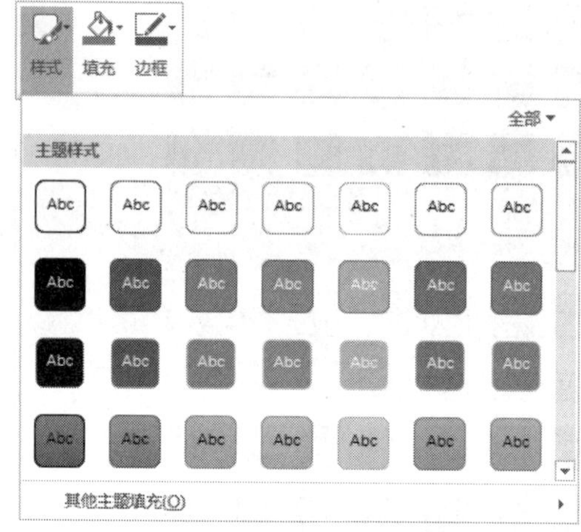

图4-54

（3）艺术字的其他设置。

选中插入的艺术字，在“格式”选项卡下“排列”组中可以对艺术字的位置、环绕文字、对齐等进行设置，在“大小”组中可以设置艺术字的大小等，如图4-55所示。

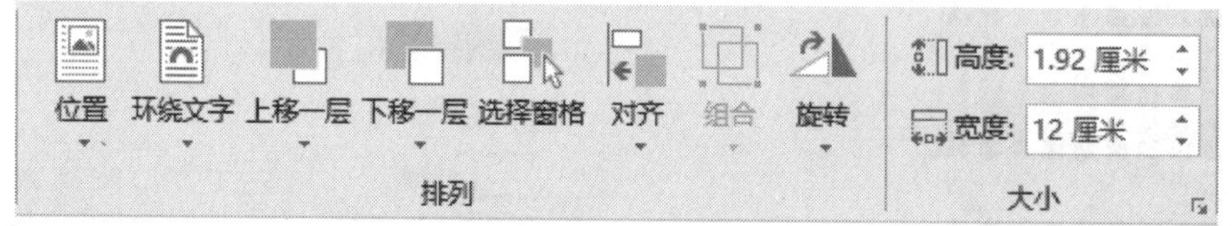

图4-55

设置艺术字的位置：单击“排列”组中的“位置”按钮，在其下拉列表中可以设置艺术字在文档页面中的位置，如顶端居左、中间居中、底端居右等，如图4-56所示。

设置艺术字的环绕方式：默认情况下，插入的艺术字是嵌入到文档中的，可以设置艺术字的文字环绕方式，使其与文档显示得更加协调。要设置艺术字的环绕方式，可以在“排列”组中单击“环绕文字”按钮，从弹出的下拉列表中选择一种文字和艺术字的排列方式。Word提供了7种图片环绕方式，如图4-57所示。

还可以右击艺术字，在弹出的快捷菜单中选择“环绕文字”子菜单中的文字环绕方式，如图4-58所示。

如果要精确设置环绕方式，则执行“其他布局选项”命令，在弹出的“布局”对话框中的“文字环绕”选项卡下，在“环绕方式”区域中选择需要的环绕版式，在“环绕文字”区域中选择文本位于艺术字的方向位置，在“距正文”区域中设置艺术字距正文的边距值，如图4-59所示。

设置艺术字的对齐：单击“排列”组中的“对齐”按钮，在其下拉列表中可以设置艺术字的对齐方式，如左对齐、水平居中、右对齐等，如图4-60所示。

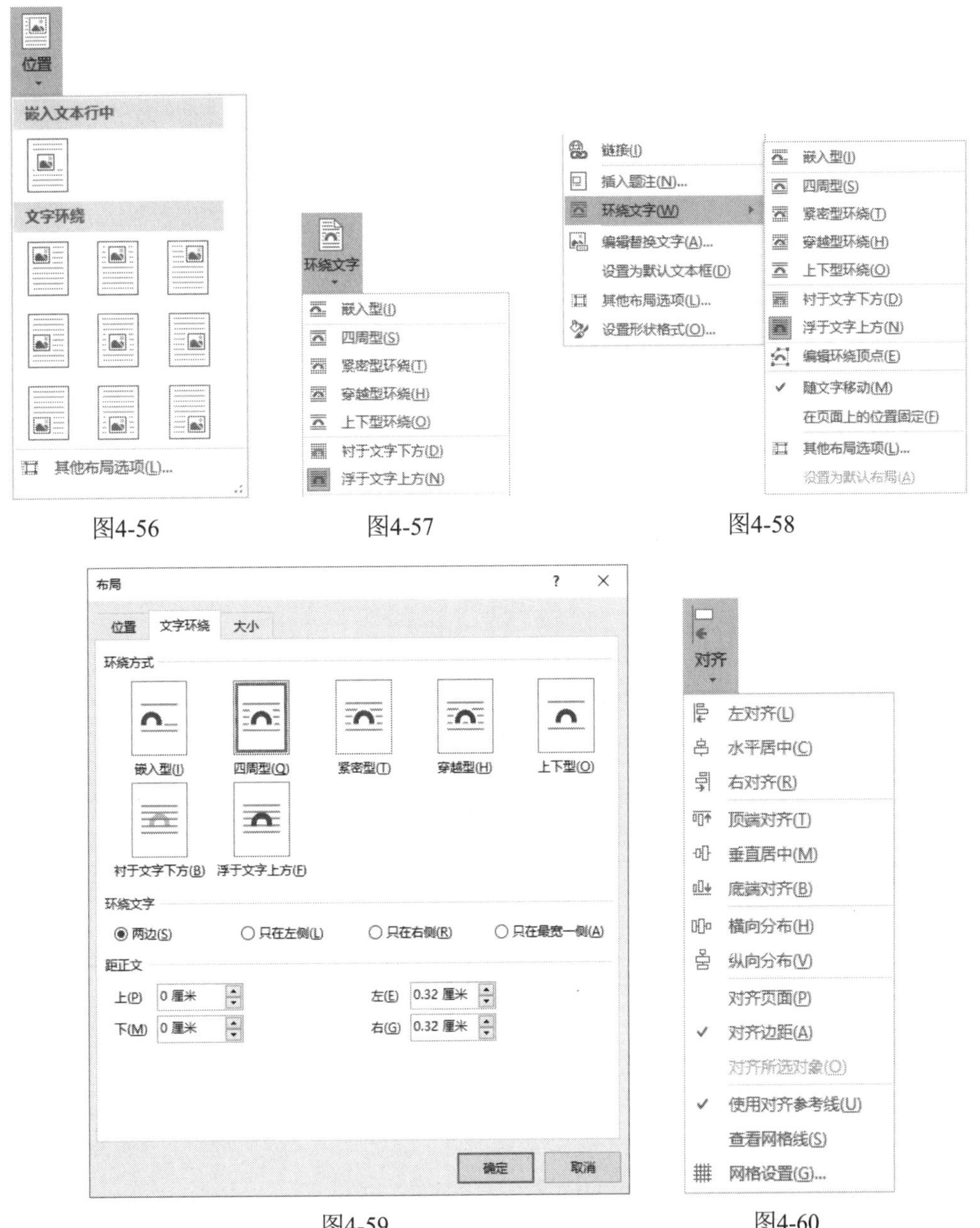

图4-56　图4-57　图4-58

图4-59　图4-60

设置艺术字的大小：在“大小”组的“高度”和“宽度”微调框中可设置艺术字的大小。单击“大小”组右下角的“对话框启动器”按钮，可打开“布局”对话框，如图4-61所示。在“大小”选项卡下的“高度”和“宽度”区域中，可在“绝对值”或“相对值”后面的微调框中设置需要的数值；在“缩放”区域的“高度”和“宽度”微调框中可输入缩放比例，若选中“锁定纵横比”复选框，可实现对艺术字的等比例缩放操作。

图4-61

4.2.4 脚注与尾注的设置

注释是对文档中的个别术语作进一步的说明，以便在不打断文章连续性的前提下把问题描述得更清楚。注释由注释标记和注释正文两部分组成。注释通常分为脚注和尾注，一般情况下，脚注出现在每页的末尾，尾注出现在文档的末尾。

1. 插入脚注与尾注

在“引用”选项卡下“脚注”组中可以执行插入脚注和尾注的操作，如图4-62所示。

插入脚注的具体操作方法为：将插入点定位在要添加脚注文本的后面。在“引用”选项卡下“脚注”组中单击“插入脚注”按钮。此时，在文档的底部将出现一个脚注分隔符，在分隔符下方光标闪烁位置处，直接输入所需要的脚注内容即可，如图4-63所示。

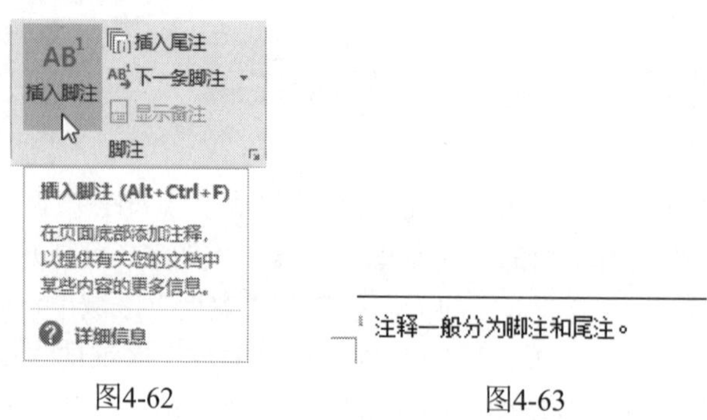

图4-62　　图4-63

插入尾注的方法与插入脚注的方法相同。

提示：将插入点定位在要添加脚注文本的后面，按Alt+Ctrl+F组合键可在页尾处插入一个脚注，按Alt+Ctrl+D组合键可在文档的底部插入一个尾注。

2. 查看和修改脚注或尾注

若要查看脚注或尾注，只要把光标指向要查看的脚注或尾注的注释标记，页面将出现一个文本框显示注释文本的内容，如图4-64所示。或者在“脚注”组中单击“显示备注”命令，即可直接进入脚注区或尾注区。

修改脚注或尾注的注释文本需要在脚注或尾注区进行。如果不小心把脚注或尾注插错了位置，可以使用移动脚注或尾注位置的方法来改变它们的位置。移动脚注或尾注只需选中要移动的脚注或尾注的注释标记，并拖动到所需的位置即可。

删除脚注或尾注只要选中需要删除的脚注或尾注的注释标记，然后按Delete键即可，此时脚注或尾注区域的注释文本同时被删除。进行移动或删除操作后，Word会自动重新调整脚注或尾注的编号。

3. 脚注与尾注之间的相互转换

（1）将一个或多个注释转换成脚注或尾注。

要将脚注更改为尾注，右击所要转换的脚注，在弹出的快捷菜单中执行“转换至尾注”命令，即可将脚注转换为尾注，如图4-65所示。

要将尾注更改为脚注，右击所要转换的尾注，在弹出的快捷菜单中执行“转换为脚注”命令，即可将尾注转换为脚注，如图4-66所示。

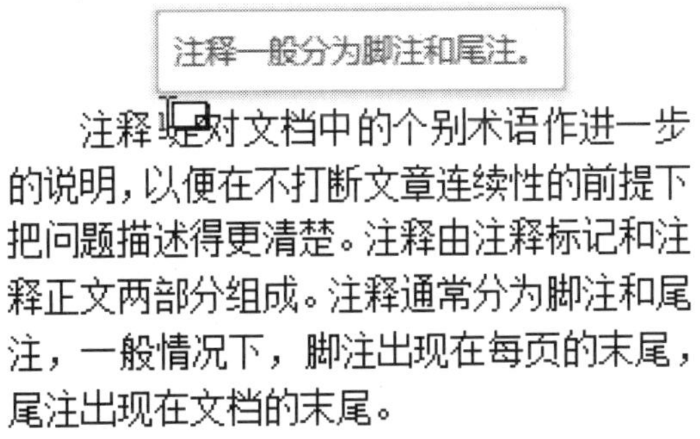

注释一般分为脚注和尾注。

注释是对文档中的个别术语作进一步的说明，以便在不打断文章连续性的前提下把问题描述得更清楚。注释由注释标记和注释正文两部分组成。注释通常分为脚注和尾注，一般情况下，脚注出现在每页的末尾，尾注出现在文档的末尾。

图4-64

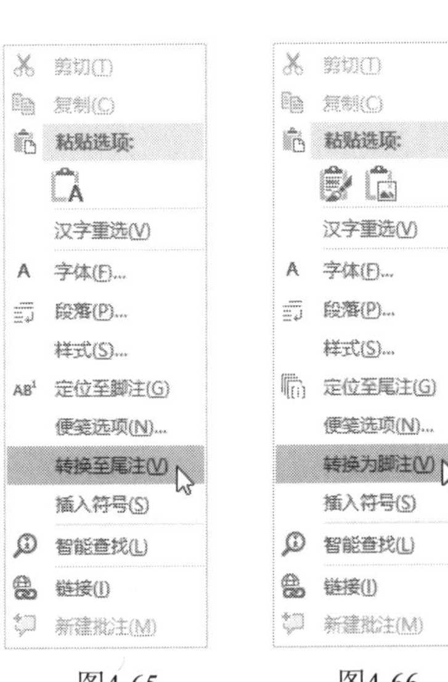

图4-65　　图4-66

提示：如果文档中的脚注或尾注过多，可在“视图”选项卡下“视图”组中单击“草稿”按钮，然后在“引用”选项卡下“脚注”组中单击“显示备注”按钮，此时页面的下方将出现“备注”窗格。在“备注”窗格中，单击“脚注”或“尾注”旁边的列表，选择“所有脚注”或“所有尾注”，然后右击要转换的脚注或尾注，在弹出的快捷菜单中执行“转换至尾注”或“转换为脚注”命令即可。

（2）将文档中所有注释转换成脚注或尾注。

在“引用”选项卡下“脚注”组中单击右下角的“对话框启动器”按钮，打开“脚注和尾注”对话框。在“位置”区域中选中“脚注”或“尾注”单选按钮，然后单击“转换”按钮，如图4-67所示。

此时将弹出“转换注释”对话框，选择所需的选项后单击“确定”按钮，如图4-68所示，将返回到“脚注和尾注”对话框，单击“插入”按钮即可。

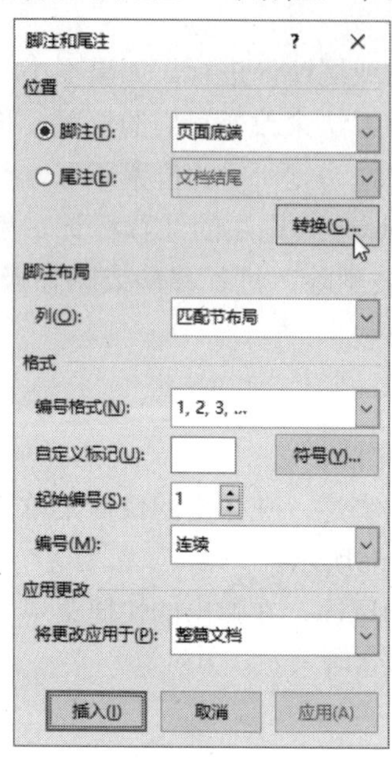

图4-67

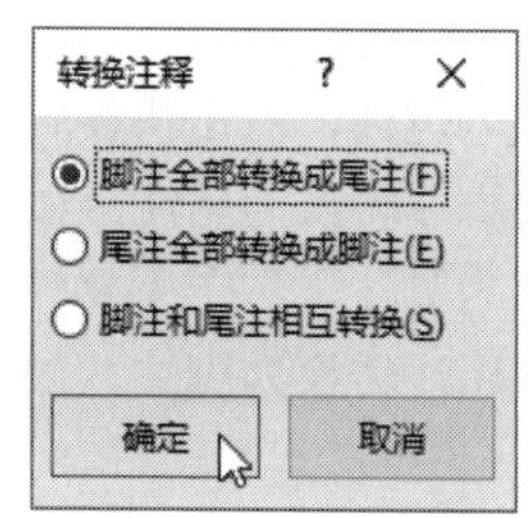

图4-68

在“转换注释”对话框中，如果选择“脚注全部转换成尾注”，则文档中所有脚注全部被转换为尾注，此时文档中没有脚注；如果选择“尾注全部转换成脚注”，则文档中所有尾注全部被转换为脚注，此时文档中没有尾注；如果选择“脚注和尾注相互转换”，则文档中的所有脚注被转换成尾注，所有尾注被转换成脚注了，此时的文档中脚注和尾注被互相转换。

4.2.5 文档边框与底纹的设置

为了使文档中的重要内容突出显示，可以为其设置边框和底纹，也可以使用突出显示文本功能。

1. 字符边框的设置

选择要添加边框的文本或段落，在“开始”选项卡下“段落”组中单击“边框”按钮右侧的下三角按钮，可在弹出的下拉列表中选择所需要的边框选项，如图4-69所示。

也可以在弹出的下拉列表中执行“边框和底纹”命令，打开“边框和底纹”对话框，如图4-70所示，在“边框”选项卡下对各选项进行设置。在左侧的“设置”区域内可以选择边框的效果，如方框、阴影、三维等；在“样式”区域可以选择边框的线型，如直线、虚线、波浪线、双实线等；在“颜色”下拉列表中可以设置边框的颜色；在“宽度”下拉列表中可以设置边框线的粗细，如0.5磅、1磅等；在“应用于”下拉列表中可以选择边框应用的范围，如文字或段落。

图4-69

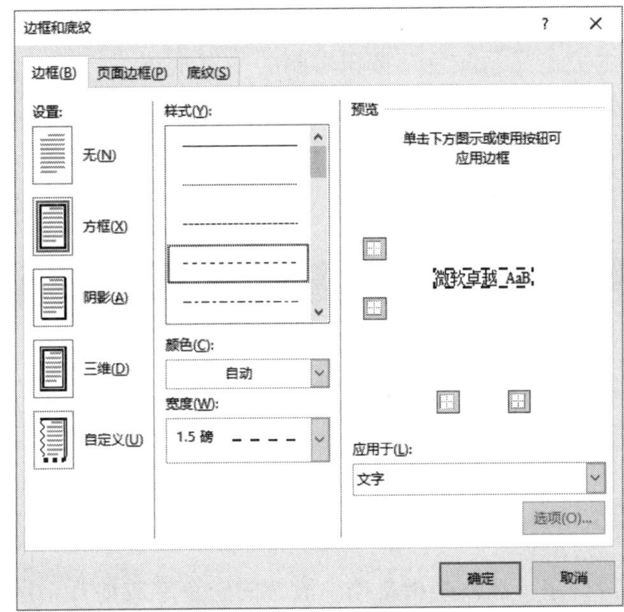

图4-70

2. 字符底纹的设置

要设置底纹，只需在“开始”选项卡下“段落”组中单击“底纹”按钮右侧的下拉三角按钮，在弹出的下拉列表中选择所要填充的颜色，如图4-71所示。

也可以在“边框和底纹”对话框中的“底纹”选项卡下进行设置。在该选项卡中可以对底纹的填充颜色、图案样式、图案颜色及应用范围进行设置，如图4-72所示。

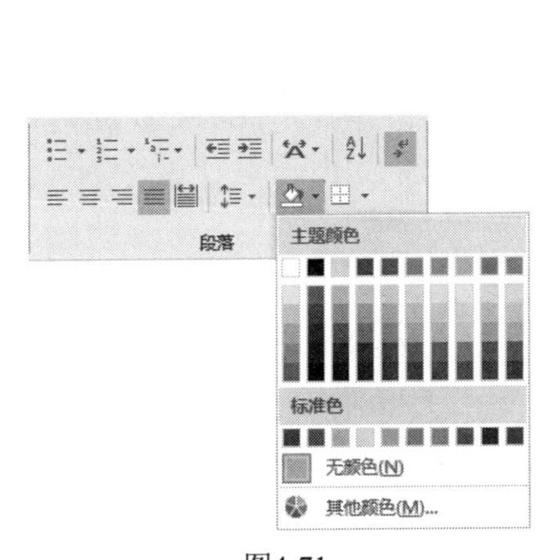

图4-71

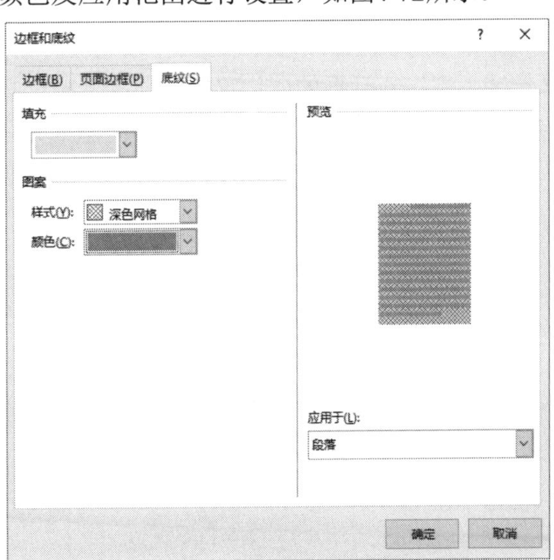

图4-72

Word提供了突出显示文本的功能，可以快速将指定的内容以所需的颜色突出显示出来，常用于审阅文档。首先选择需要设置突出显示的文本，在“开始”选项卡下“字体”组中单击“文本突出显示颜色”按钮右侧的下三角按钮，在弹出的下拉列表中选择所需要的颜色，如图4-73所示，即可使所选择的文本以相应的颜色突出显示出来。

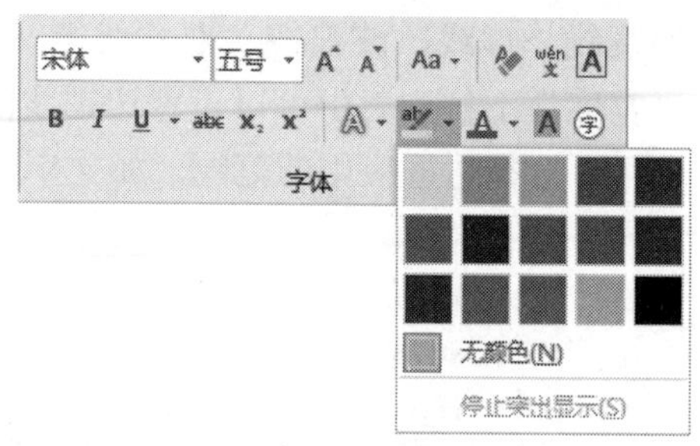

图4-73

4.3 特殊版面设置

为了满足编辑各种特殊版式文档的需要，Word提供了各种特殊的排版方式，可以利用首字下沉、拼音指南、带圈字符等技术来美化文档页面，使整个文档版面看起来更加美观大方。

4.3.1 首字下沉

所谓首字下沉，是指文档中段首的一个字或前几个字被放大，放大的程度可以自行设定，并呈下沉或悬挂的方式显示，其他字符围绕在它的右下方。这种排版方式经常用在一些报刊上。在Word中，首字下沉共有两种不同的方式：下沉和悬挂。其区别在于：“下沉”设置的下沉字符紧靠其他的文字，而“悬挂”设置的字符可以随意地移动其位置。

为文档设置首字下沉的具体操作方法为：将光标定位在要设置的段落，在“插入”选项卡下“文本”组中单击“首字下沉”按钮，在弹出的下拉列表中单击“下沉”或“悬挂”按钮即可，如图4-74所示，首字的下沉行数默认为3行。

如果要对“下沉”方式进行详细设置，可执行“首字下沉选项”命令，在打开的“首字下沉”对话框的“位置”选项区域中选择首字方式，在“选项”区域中设置下沉字符的字体、下沉时所占用的行数以及与正文之间的距离，如图4-75所示。

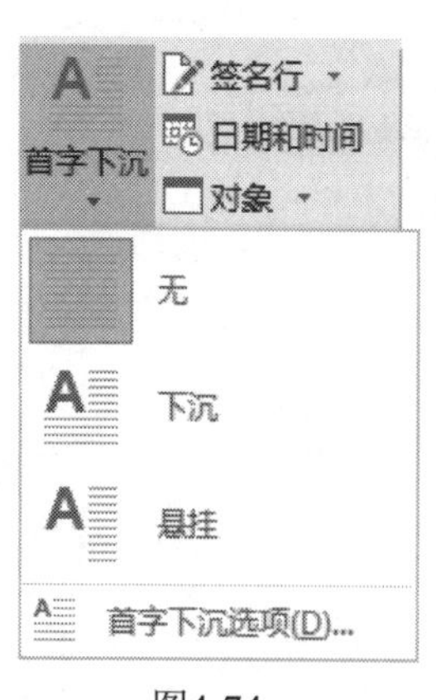

图4-74

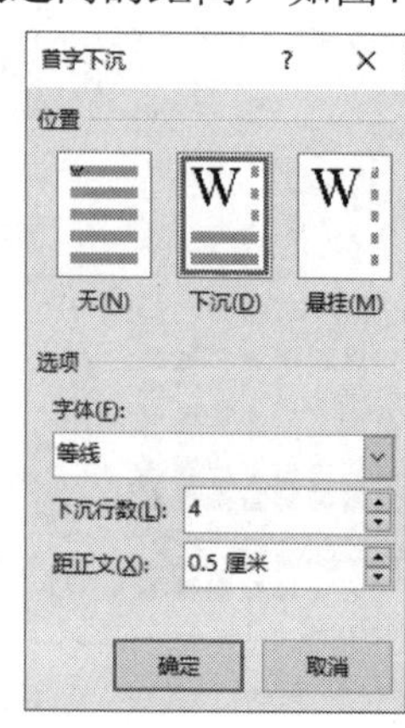

图4-75

4.3.2 为汉字添加拼音

如需为文字标注汉语拼音，可以使用Word的“拼音指南”为文字自动添加汉语拼音。添加拼音可分为两种方式，一种是在文字的上方标注拼音，另一种是在文字的右侧标注拼音。

1. 在文本上方添加拼音格式

选中需要添加拼音的文本，在“开始”选项卡下“字体”组中单击“拼音指南”按钮，弹出“拼音指南”对话框。在“拼音文字”区域会根据“基准文字”区域中的文本自动生成汉语拼音，在“对齐方式”下拉列表中可以选择“居中”“0-1-0”“1-2-1”“左对齐”和“右对齐”5种对齐方式，在“字体”下拉列表中可以设置拼音的字体格式，在“偏移量”微调框中可以输入拼音与文本之间的间距，在“字号”下拉列表中可以设置拼音的字号大小，如图4-76所示，单击“确定”按钮，即可将拼音添加到文本的上方。

在文本上方添加拼音格式效果如图4-77所示。

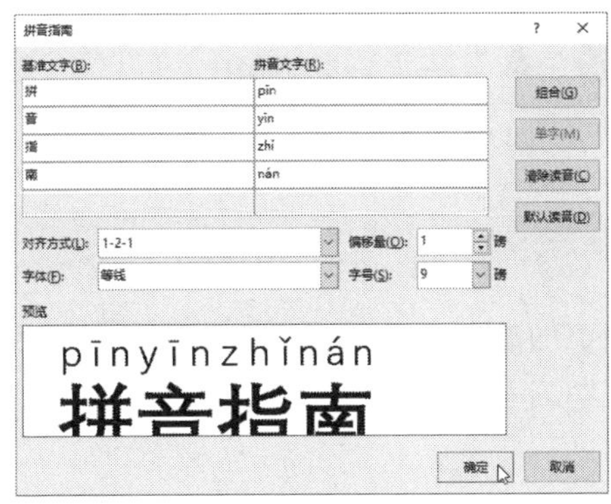

图4-76

pīnyīnzhǐnán
拼音指南

图4-77

2. 在文本右侧添加拼音格式

选中需要添加拼音的文本，打开“拼音指南”对话框，如图4-78所示，单击“组合”按钮，可将“拼音文字”区域中的拼音内容合并到一行上。选中其拼音内容，按Ctrl+C组合键复制该拼音，单击“取消”按钮，将光标定位在文本的右侧，按Ctrl+V组合键粘贴拼音内容即可。

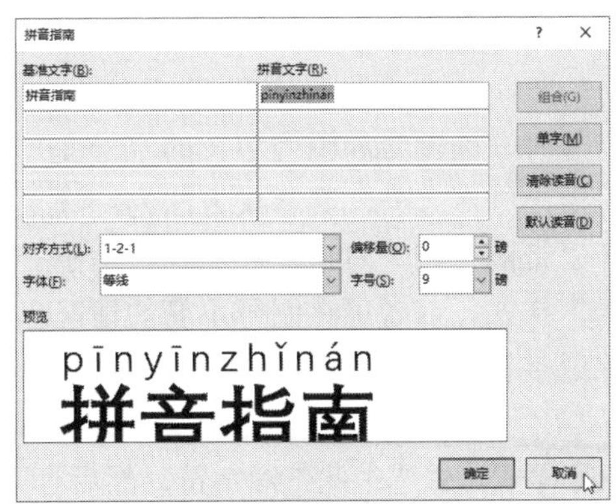

图4-78

在文本右侧添加拼音格式效果如图4-79所示。

拼音指南（pīnyīnzhǐnán）

图4-79

3. 删除文本中的拼音格式

（1）删除文本上方的拼音格式。选中已添加拼音的文本，打开“拼音指南”对话框，单击“清除读音”按钮，再单击“确定”按钮，即可将拼音格式清除。

（2）删除文本右侧的拼音格式。选中文本右侧的拼音内容，按Backspace键或Delete键即可。

提示：在浮动工具栏中单击“拼音指南”按钮，可进行拼音格式的设置，如图4-80所示。

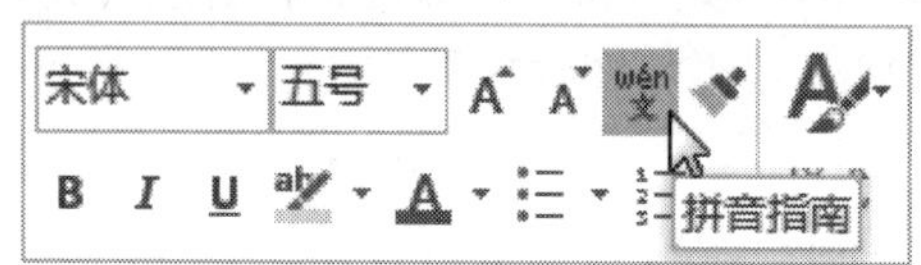

图4-80

4.3.3 设置带圈字符

在编辑文章的时候，为了使条理更加清晰，通常要用到诸如“①、②……⑩”等简单的带圈符号。用户可以在“插入”选项卡下“符号”组中单击“符号”按钮，找到所需的带圈符号，单击“插入”按钮即可。

但有时也会碰到大于10或带有汉字、字母的带圈符号，无法直接输入。在Word中，可以轻松为字符添加圈号，制作出各种各样的带圈字符。具体操作方法为：选中要添加圈号的字符，在“开始”选项卡下“字体”组中单击“带圈字符”按钮，弹出“带圈字符”对话框，如图4-81所示，在“样式”区域下可以选择“缩小文字”或“增大圈号”两种样式，在“圈号”区域下的“文字”文本框中可以重新输入想要设置的字符或在其下方选择一个字符，在“圈号”选项框中选择圈号的样式，单击“确定”按钮即可。

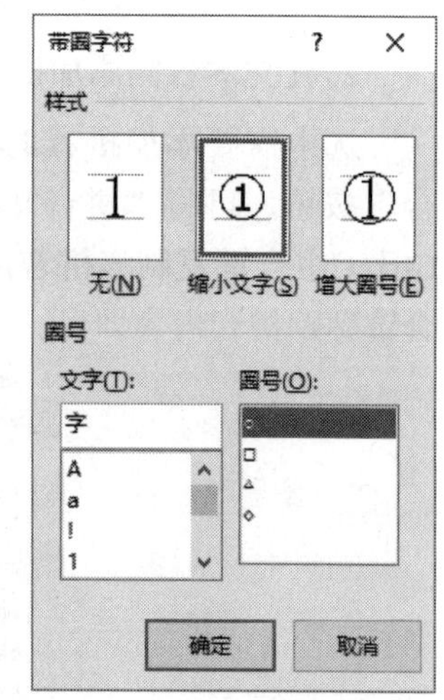

图4-81

当改变带圈字符的字号时，因圈号和圈内字符的字号变为同样大小，会导致字符溢出圆圈之外。其解决方法为：选中此带圈字符，重新打开“带圈字符”对话框，选择“缩小文字”样式或“增大圈号”样式，前者可在圈号不变的情况下将文字缩小，后者则保证字符大小不变而将圈号扩大，最后单击“确定”按钮即可。

如果要删除字符的圈号样式，先选中此带圈字符，然后打开“带圈字符”对话框，选择样式中的“无”，再单击“确定”按钮即可。

这种带圈字符的设计是用域实现的，知道了这一点，就可以随心所欲地创造出有个性的带圈字符了。

提示：选中要添加圈号的字符，如果是汉字或是全角的符号、数字或字母，只能选择一个字符；如果是半角的符号、数字或字母，最多可选择两个，多选的将自动被舍弃。

4.4　创建表格

表格中的每一个格称为单元格，由许多行和列的单元格组成一个表格综合体。创建表格的方法有很多种，用户可以使用快速模板插入尺寸较小的表格、使用对话框快速插入表格、手动自定义绘制表格、将文本转换成表格、快速插入表格等，如图4-82所示。

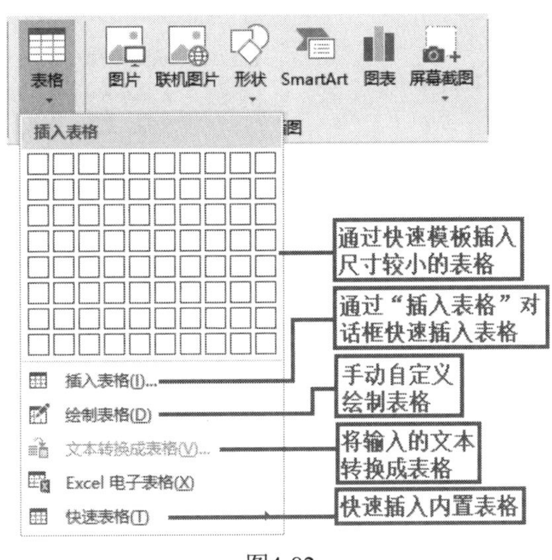

图4-82

4.4.1　使用快速模板插入尺寸较小的表格

使用快速模板区域的网格框可以直接在文档中插入表格，但最多只能插入8行10列的表格。将光标定位在需要插入表格的位置，在“插入”选项卡下“表格”组中单击“表格”按钮。在弹出的下拉列表区域（如图4-83所示）拖动鼠标确定要创建表格的行数和列数，然后单击就可以完成一个规则表格的创建。

4.4.2　使用“插入表格”对话框快速插入表格

使用“插入表格”对话框创建表格时，可以在建立表格的同时精确设置表格的大小。在“插入”选项卡下“表格”组中单击“表格”按钮，在弹出的下拉列表中执行“插入表格”命令，打开“插入表格”对话框，如图4-84所示。在“表格尺寸”区域可以指定表格的行数和列数；在“自动调整”操作区域可以选择表格自动调整的方式；选中“固定列宽”单选按钮，在输入内容时，表格的列宽将固定不变；选中“根据内容调整表格”单选按钮，在输入内容时，将根据输入内容的多少自动调整表格的大小；选中“根据窗口调整表格”单选按钮，将根据窗口的大小自动调整表格的大小。

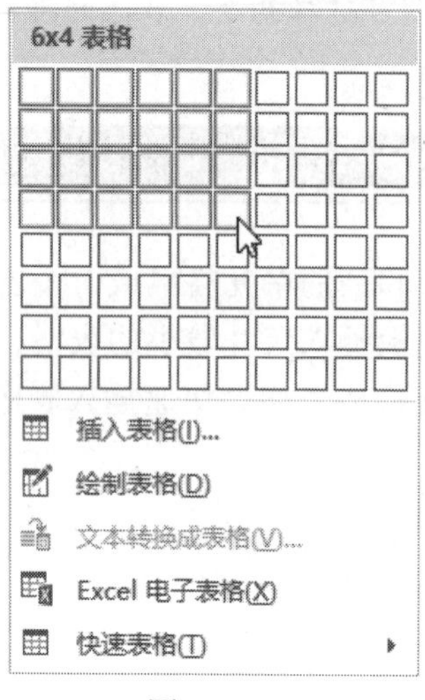

图4-83

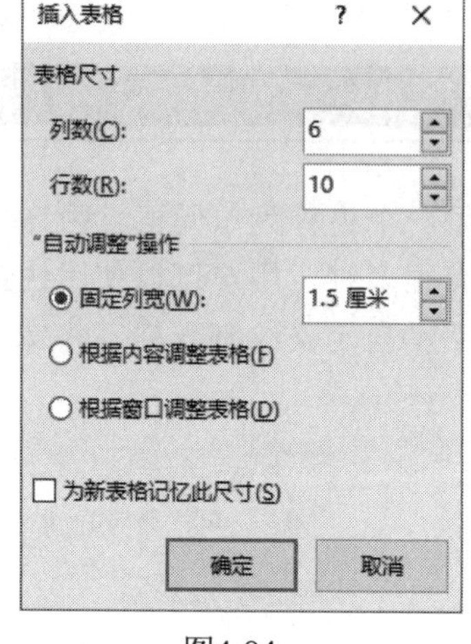

图4-84

4.4.3 手动绘制表格

当需要创建各种栏宽、行高不等的不规则表格时，可使用Word的绘制表格功能来完成。

方法1：在“插入”选项卡下“表格”组中单击“表格”按钮，在弹出下拉列表中执行“绘制表格”命令。这时鼠标指针变为笔的形状，在文档中按住鼠标左键进行拖动，当达到合适大小时，释放鼠标即可生成表格的外部边框。继续在表格边框内部单击并进行拖动，可绘制水平和垂直的内部边框。

方法2：在“开始”选项卡下“段落”组中单击“边框”按钮右侧的下三角按钮，在弹出的下拉列表中执行“绘制表格”命令，也可在文档中绘制需要的表格。

方法3：打开“表格工具”的“布局”选项卡，在“表”组中单击“绘制表格”按钮，可在文档中绘制需要的表格，如图4-85所示。如果绘制表格时进行了错误的操作，还可单击“橡皮擦”按钮进行擦除操作。

4.4.4 将输入的文本转换成表格

如果输入的文本都使用Tab键作为分隔符号，并进行了整齐的排列，那么就可以将文本快速转换为表格形式。选中需要转换为表格且已经排列整齐的文本内容，在“插入”选项卡下“表格”组中单击“表格”按钮，在弹出的下拉列表中执行“文本转换成表格”命令，弹出“将文字转换成表格”对话框，如图4-86所示，在其中可设置表格的尺寸，与“插入表格”对话框的设置方法是相同的。Word会默认将一行中分隔的文本数目作为列数。

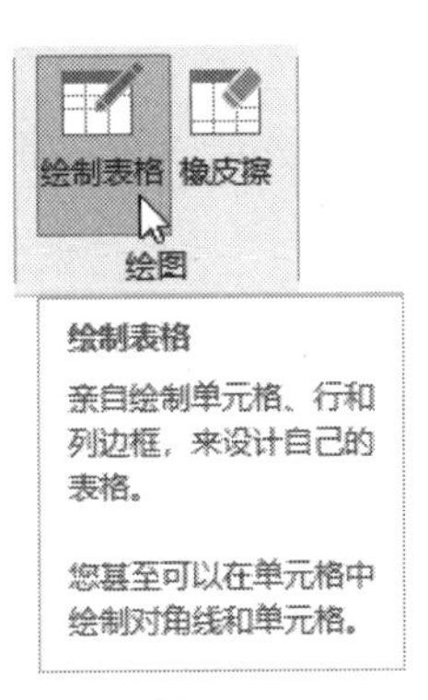

图4-85

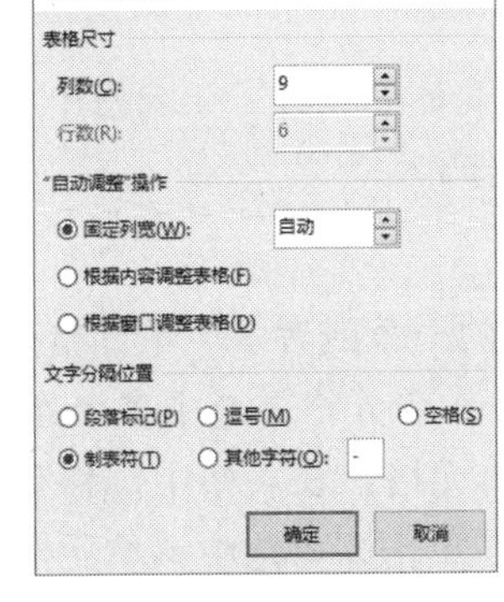

图4-86

4.4.5 快速插入内置表格

Word提供了许多内置表格，可以快速插入指定样式的表格并输入数据。在“插入”选项卡下“表格”组中单击“表格”按钮，在弹出的下拉列表中执行“快速表格”命令，即可在打开的列表中选择需要的内置表格样式，如图4-87所示。

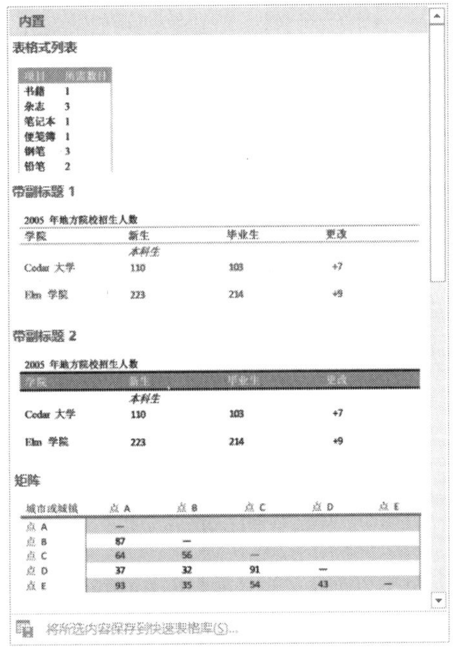

图4-87

4.5 表格的基本操作

表格创建完成后，还需要对其进行编辑操作。例如，在表格中添加文本、插入与删除单元格、插入与删除行或列、合并与拆分单元格、调整行高与列宽等，以满足不同用户的需求。

4.5.1 单元格的基本操作

表格的基本组成就是单元格，在表格中可以很方便地对单元格进行选中、插入、删除、合并或拆分等操作。

1. 选中单元格

当需要对表格中的一个或者多个单元格进行操作时，需要先将其选中。选中单元格的方法有3种：选中一个单元格、选中多个连续的单元格和选中多个不连续的单元格。

（1）选中一个单元格：在表格中，移动光标到所要选中单元格左边的选择区域，当光标变为↗形状时，单击即可选中该单元格，如图4-88所示。

将光标置于要选中的单元格中，在“表格工具”的“布局”选项卡下“表”组中单击“选择”按钮，在弹出的下拉列表中执行“选择单元格”命令，即可选中该单元格，如图4-89所示。在要选中的单元格上连续单击3下，也可选中该单元格。

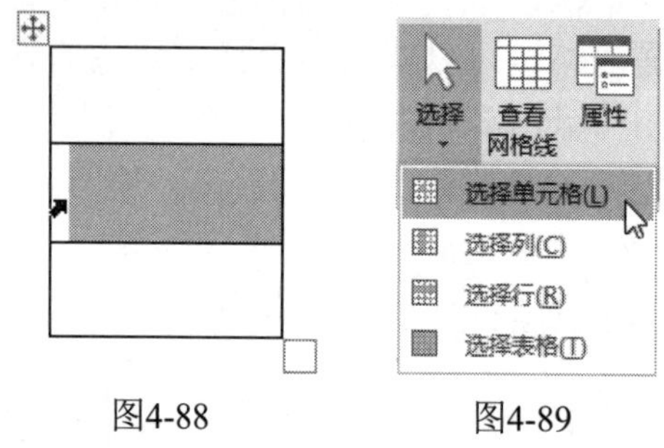

图4-88　　图4-89

（2）选中多个连续的单元格：在需要选中的第1个单元格内按下鼠标左键不放，拖动至最后一个单元格处即可，如图4-90所示。

学号	姓名	性别	语文	数学	英语	科学
2016001	周静	女	80	85	98	85
2016002	杨凡	男	82	89	90	95
2016003	郭佳玲	女	77	92	84	91
2016004	刘会	女	89	87	93	86
2016005	覃波	男	83	90	88	97

图4-90

（3）选中多个不连续的单元格：选中第1个单元格后，按住Ctrl键不放，再继续选中其他单元格即可，如图4-91所示。

学号	姓名	性别	语文	数学	英语	科学
2016001	周静	女	80	85	98	85
2016002	杨凡	男	82	89	90	95
2016003	郭佳玲	女	77	92	84	91
2016004	刘会	女	89	87	93	86
2016005	覃波	男	83	90	88	97

图4-91

2. 在单元格中输入文本

在表格的各单元格中可以输入文本，也可以对各单元格的内容进行剪切和粘贴等操作，这与在正文文本中所做的操作基本相同。单击要输入文本的单元格，此时光标在该单元格中闪烁，输入所需内容即可。在文本的输入过程中，Word会根据文本内容的多少自动调整单元格的大小。

按Tab键，光标可跳至所在单元格右侧的单元格中；按上、下、左、右方向键，可以在各单元格中进行切换。

3. 插入与删除单元格

在编辑表格的过程中，如果要在表格中插入一项数据，就先要插入单元格。当然，也可以将不需要的单元格进行删除。

（1）插入单元格。

方法1：选中需要插入单元格位置处的单元格并右击，在弹出的下拉列表中执行“插入单元格”命令，弹出“插入单元格”对话框，如图4-92所示，在其中选择活动单元格的布局，单击“确定”按钮。

方法2：选中需要插入单元格位置处的单元格，在“表格工具”的“布局”选项卡下“行和列”组中单击右下角的“对话框启动器”按钮，也可打开“插入单元格”对话框，在其中选择活动单元格的布局，单击“确定”按钮。

（2）删除单元格。

方法1：选中需要删除的单元格并右击，在弹出的下拉列表中执行“删除单元格”命令，弹出“删除单元格”对话框，如图4-93所示，直接在其中选择删除单元格后活动单元格的布局，单击“确定”按钮。

方法2：选中需要删除的单元格，或将鼠标放置在该单元格中，在“表格工具”的“布局”选项卡下“行和列”组中单击“删除”按钮，在弹出的下拉列表中执行“删除单元格”命令，如图4-94所示。弹出“删除单元格”对话框，在其中选择删除单元格后活动单元格的布局，单击“确定”按钮。

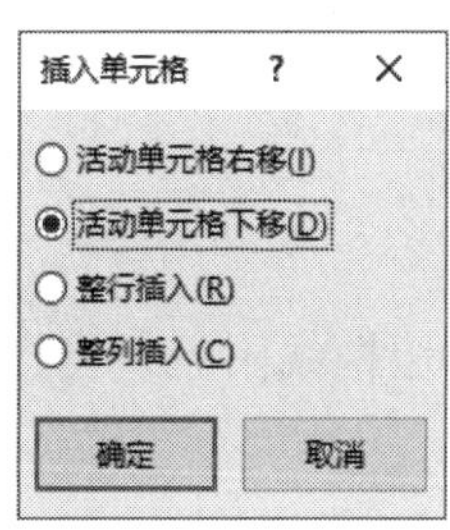

图4-92

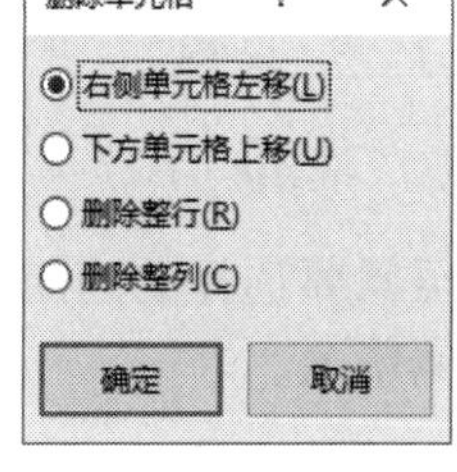

图4-93

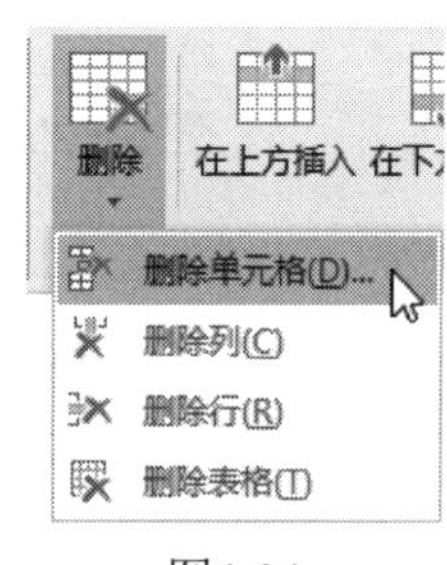

图4-94

方法3：选中需要删除的单元格并右击，在弹出的浮动工具栏中单击“删除”按钮，如图4-95所示，在弹出的列表中选择相应选项即可。

4. 合并与拆分单元格

合并单元格是指将两个或者两个以上的单元格合并成为一个单元格。拆分单元格是指将一个或多个相邻的单元格，重新拆分为指定的列数。

（1）合并单元格。选中需要合并的单元格，在“表格工具”的“布局”选项卡下“合并”组中单击“合并单元格”按钮，或右击选中的单元格，在弹出的快捷菜单中执行“合并单元格”命令，此时所选择的多个单元格区域将合并为一个单元格。

（2）拆分单元格。选中需要拆分的单元格，在“表格工具”的“布局”选项卡下“合并”组中单击“拆分单元格”按钮，或右击选中的单元格，在弹出的快捷菜单中执行“拆分单元格”命令，此时弹出“拆分单元格”对话框，如图4-96所示，在“列数”和“行数”框中分别输入要拆分成的列数和行数，单击“确定”按钮即可。

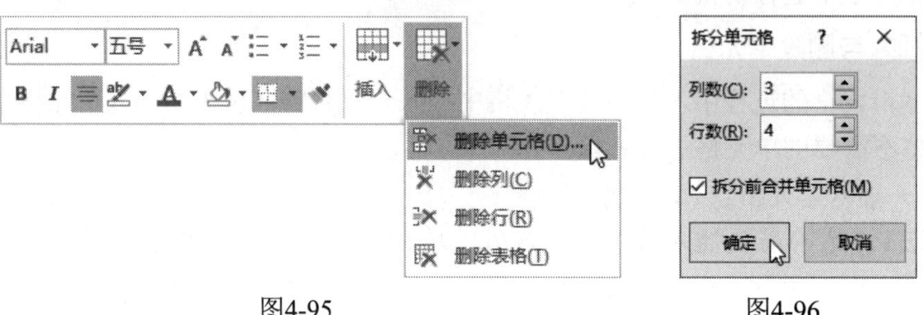

图4-95　　图4-96

4.5.2 行与列的基本操作

1. 选中表格的行或列

对表格进行格式化之前，首先要选中表格编辑对象，然后才能对表格进行操作。除了选择单元格，还可以选中一行或多行、一列或多列、整个表格等。

（1）选中整行。将光标移动至需要选择的行的左侧边框线附近，当指针变为♬形状时，单击即可选中该行，如图4-97所示。

学号	姓名	性别	语文	数学	英语	科学
2016001	周静	女	80	85	98	85
2016002	杨凡	男	82	89	90	95
2016003	郭佳玲	女	77	92	84	91
2016004	刘会	女	89	87	93	86
2016005	覃波	男	83	90	88	97

图4-97

（2）选中整列。将光标移动至需要选择的列的上侧边框线附近，当指针变为⬇形状时，单击即可选中该列，如图4-98所示。

学号	姓名	性别	语文	数学	英语	科学
2016001	周静	女	80	85	98	85
2016002	杨凡	男	82	89	90	95
2016003	郭佳玲	女	77	92	84	91
2016004	刘会	女	89	87	93	86
2016005	覃波	男	83	90	88	97

图4-98

提示：选择一行或者一列单元格后，按住Ctrl键继续进行选择操作，可以同时选择不连续的多行或多列单元格。

（3）选中整个表格。移动光标至表格内的任意位置，表格的左上角会出现表格控制点，当光标指向该控制点时，指针会变成十字箭头形状，此时单击，即可快速选中整个表格，如图4-99所示。或将光标置于任意单元格中，在“表格工具”的“布局”选项卡下“表”组中单击“选择”按钮，在弹出的下拉列表中执行“选择表格”命令，也可选中整个表格。

学号	姓名	性别	语文	数学	英语	科学
2016001	周静	女	80	85	98	85
2016002	杨凡	男	82	89	90	95
2016003	郭佳玲	女	77	92	84	91
2016004	刘会	女	89	87	93	86
2016005	覃波	男	83	90	88	97

图4-99

2. 插入与删除行或列

如果需要在表格中插入一行或一列数据，须先在表格中插入一空白行或空白列。当然，也可以将不需要的行或列删除。

（1）插入行或列。

方法1：在表格中选中与需要插入行位置相邻的行，选中的行数与要插入的行数相同。在“表格工具”的“布局”选项卡下“行和列”组中，单击“在上方插入”或“在下方插入”按钮，即可插入一行；单击“在左侧插入”或“在右侧插入”按钮，即可插入一列，如图4-100所示。

图4-100

方法2：选中需要插入位置的行或列后右击，在弹出的快捷菜单中执行“插入”命令，在弹出的下一级菜单中选择相应选项即可，如图4-101所示。

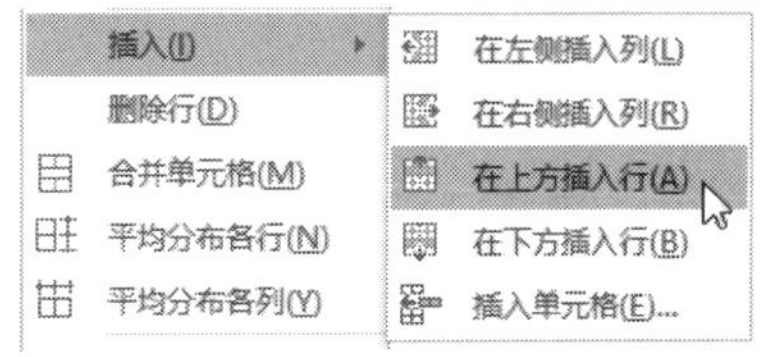

图4-101

方法3：选中需要插入位置的行或列并右击，在弹出的浮动工具栏中单击“插入”按钮，在弹出的下拉列表中选择相应选项即可。

方法4：将光标置于需要插入行（或列）的位置的左侧（或上面）边框线附近，此时该位置会出现⊕形状的按钮，移动光标到该按钮上，当指针变为形状时，单击即可在该位置处的下面（或右侧）插入一行（或一列），如图4-102所示。

学号	姓名	性别	语文	数学	英语	科学
2016001	周静	女	80	85	98	85
2016002	杨凡	男	82	89	90	95
2016003	郭佳玲	女	77	92	84	91
2016004	刘会	女	89	87	93	86
2016005	覃波	男	83	90	88	97

图4-102

（2）复制行或列。

方法1：选中需要复制的行或列，在“开始”选项卡下“剪贴板”组中单击“复制”按钮或按Ctrl+C组合键，将光标移动至目标位置行或列的第1个单元格处，单击“粘贴”按钮或按Ctrl+V组合键，即可将所选行复制到目标行的上一行，或将所选列复制到目标列的前一列。

方法2：选中需要复制的行或列并右击，在弹出的快捷菜单中执行“复制”命令，然后选中目标行或列，再次右击，在弹出的快捷菜单中单击“粘贴选项”下的“保留源格式”按钮（复制列时此处为“插入为新列”按钮），即可将所选行复制到目标行的上一行，或将所选列复制到目标列的前一列，如图4-103所示。

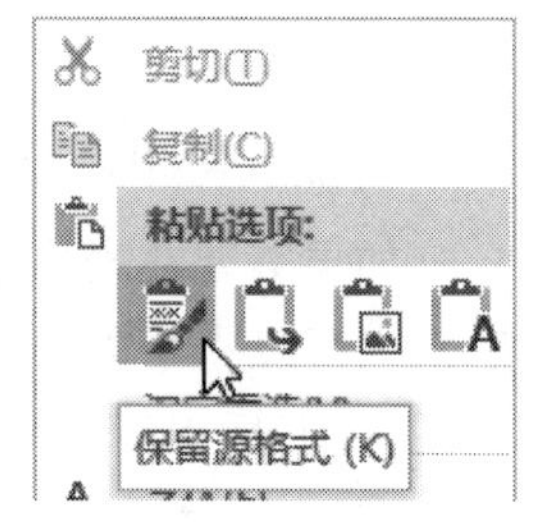

图4-103

方法3：选中需要复制的行或列时，按住Ctrl键的同时拖动所选内容，拖至目标位置后释放鼠标，即可完成复制行或列的操作。

（3）移动行或列。

移动行或列是指将选中的行或列移动到其他位置，在移动文本后会删除原来位置上的原始行或列。

方法1：选中需要移动的行或列，在“开始”选项卡下“剪贴板”组中单击“剪切”按钮或按Ctrl+X组合键，将光标移动至目标位置行或列的第1个单元格处，单击“粘贴”按钮或按Ctrl+V组合键，即可将所选行移动至目标行的上一行，或将所选列移动至目标列的前一列。

方法2：选中需要移动的行或列并右击，在弹出的快捷菜单中执行“剪切”命令，然后选中目标行或列，再次右击，在弹出的快捷菜单中单击“粘贴选项”下的“保留源格式”按钮（移动列时此处为“插入为新列”按钮），即可将所选行移动至目标行的上一行，或将所选列移动至目标列的前一列。

方法3：选中需要移动的行或列时，按住鼠标左键不放，当光标变为形状时拖动所选内容至目标位置后，释放鼠标即可完成移动行或列的操作。

（4）删除行或列。

方法1：选中需要删除的行或列，或将光标放置在该行或列任意单元格中，在“表格工具”的“布局”选项卡下“行和列”组中单击“删除”按钮，在弹出的列表中执行

“删除行”或“删除列”命令即可。

方法2：选择需要删除的行或列并右击，在弹出的快捷菜单中执行“删除行”或“删除列”命令，即可完成删除行或列的操作，也可按Ctrl+X组合键完成删除操作。

方法3：选中需要删除的行或列中的任意单元格后，在弹出的浮动工具栏中单击“删除”按钮，在弹出的下拉列表中执行“删除行”或“删除列”命令，即可完成删除行或列的操作。

3. 调整行高与列宽

根据表格内容的不同，表格的尺寸和外观要求也有所不同，可以根据表格的内容来调整表格的行高和列宽。

（1）自动调整。选中需要调整的表格，在“表格工具”的“布局”选项卡下“单元格大小”组中单击“自动调整”按钮，在弹出的下拉列表中选择是根据内容或根据窗口自动调整表格，也可直接指定固定的列宽，如图4-104所示。右击选中的表格，在弹出的快捷菜单中执行“自动调整”命令，也可以打开“自动调整”下拉列表。

（2）精确调整。在“表格属性”对话框中通过输入数值的方式可以精确地调整行高与列宽。将光标定位在需要设置的行中，在“表格工具”的“布局”选项卡下“单元格大小”组中单击右下角的“对话框启动器”按钮，弹出“表格属性”对话框，在“行”选项卡下“指定高度”后的微调框中可输入精确的数值，如图4-105所示。单击“上一行”或“下一行”按钮，可将光标定位在“上一行”或“下一行”处，再进行相同的设置即可。

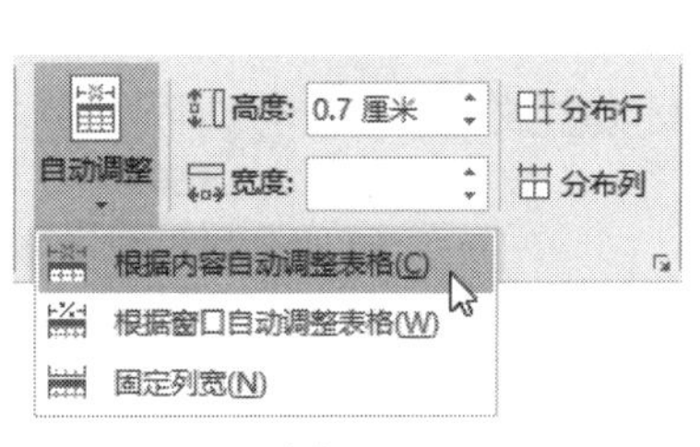

图4-104

图4-105

在“表格属性”对话框的“列”选项卡下，可在“指定宽度”后的微调框中输入精确的数值。单击“前一列”或“后一列”按钮，即可将光标定位在“前一列”或“后一列”处，再进行相同的设置即可。在选中部分单元格或整个表格时右击，在弹出的快捷菜单中执行“表格属性”命令，也可打开“表格属性”对话框。

在“表格工具”的“布局”选项卡下“单元格大小”组中“高度”和“宽度”后的微调框中输入或微调至精确的数值，也可以对所选单元格区域或整个表格的行高与列宽

进行精确设置。

（3）拖动鼠标进行调整。调整行高时，先将光标指向需要调整的行的下边框，当光标指针变为÷形状时拖动鼠标至所需位置即可。调整列宽时，先将光标指向表格中所要调整列的竖边框，当光标指针变为⫲形状时拖动边框至所需要的位置，只是此方法会影响整个表格的大小。在向右拖动鼠标调整列宽时，如果同时按住Shift键，则边框左边一列的宽度发生变化，整个表格的总体宽度也随之改变；若同时按住Ctrl键，则边框左边一列的宽度发生变化，右边各列也发生均匀的变化，而整个表格的总体宽度不变。

（4）快速平均分布。选择多行或多列单元格，在“表格工具”的“布局”选项卡下“单元格大小”组中单击“分布行”或“分布列”按钮，可以快速将所选择的多行或者多列进行平均分布。

选中整个表格并右击，在弹出的快捷菜单中执行“平均分布各行”或“平均分布各列”命令，也可以快速将整个表格进行平均分布。

4.6 表格格式的设置

设置表格格式也叫格式化表格。在表格的基本操作完成后，可以对表格的文本格式、边框和底纹、表格样式等属性进行设置。

4.6.1 设置文本格式

设置表格中的文本格式主要包括设置字体格式和文本对齐方式。其中，文本字体格式的设置方法与设置正文文本所做的操作基本相同。选中需要设置文本格式的单元格后，在“开始”选项卡下“字体”组中可对文本的字体、字形、字号、字体颜色等选项进行设置。

默认情况下，单元格中输入的文本内容为底端左对齐，可以根据需要调整文本的对齐方式。选择需要设置文本对齐方式的单元格区域或整个表格，在“表格工具”的“布局”选项卡下“对齐方式”组中单击相应的按钮，即可设置文本对齐方式，如图4-106所示。

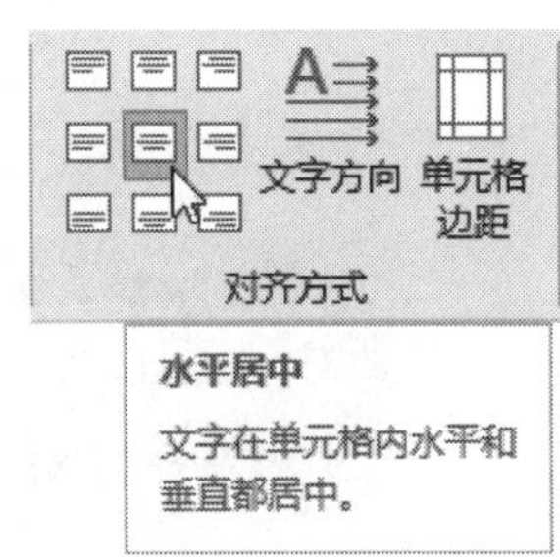

图4-106

表格中文本的对齐方式包括以下几种：

- 靠上两端对齐：文字靠单元格左上角对齐。
- 靠上居中对齐：文字居中并靠单元格顶部对齐。
- 靠上右对齐：文字靠单元格右上角对齐。
- 中部两端对齐：文字垂直居中并靠单元格左侧对齐。
- 水平居中：文字在单元格内水平和垂直都居中。
- 中部右对齐：文字垂直居中并靠单元格右侧对齐。
- 靠下两端对齐：文字靠单元格左下角对齐。
- 靠下居中对齐：文字居中并靠单元格底部对齐。
- 靠下右对齐：文字靠单元格右下角对齐。

4.6.2 设置表格的对齐方式及文字环绕方式

在“表格属性”对话框中可以设置表格的对齐方式、文字环绕方式。具体操作方法是：选择要进行设置的表格，在“表格工具”的“布局”选项卡下“表”组中单击“属性”按钮，打开“表格属性”对话框。在“表格”选项卡的“对齐方式”区域可以设置表格在文档中的对齐方式，主要有左对齐、居中和右对齐；在“文字环绕”区域中选择“环绕”选项，则可以设置文字环绕表格，如图4-107所示。

图4-107

4.6.3 设置表格边框和底纹

默认情况下，Word自动将表格的边框线设置为0.5磅的单实线。为了使表格更加美观，可以为表格设置边框和底纹的样式。

1. 边框的基本设置

选中需要添加边框的单元格，在“表格工具”的“设计”选项卡下“边框”组中单击“边框”按钮，在弹出的下拉列表中可以选择为表格设置边框线的显示效果，如图4-108所示。

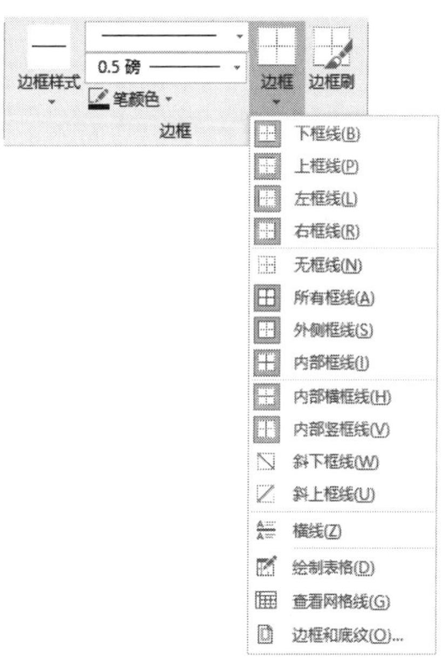

图4-108

若要删除表格的边框，只需选中要设置边框的表格区域或整个表格，在“表格工具”的“设计”选项卡下“边框”组中单击“边框”按钮，在弹出的下拉列表中执行“无框线”命令即可。

（1）使用“边框和底纹”对话框设置边框。

选中需要设置边框的单元格，在“表格工具”的“设计”选项卡下“边框”组中单击右下

角的“对话框启动器”按钮，打开“边框和底纹”对话框，在“边框”选项卡下可以设置边框线条的颜色、样式、粗细等。

在“边框”选项卡下左侧的“设置”区域内可以选择边框的效果，如方框、全部、虚框等；在“样式”区域可以选择边框的线型，如直线、虚线、波浪线、双实线等；在“颜色”区域可以设置边框的颜色；在“宽度”区域可以设置边框线的粗细，如0.5磅、1磅等；在“预览”区域通过使用相应的按钮，可具体对指定位置的边框应用样式并预览其效果，主要设置项目包括上、下、左、右边框，内部横网格线、竖网格线，斜线边框等；在“应用于”区域可以选择边框应用的范围，如表格、单元格等，如图4-109所示。

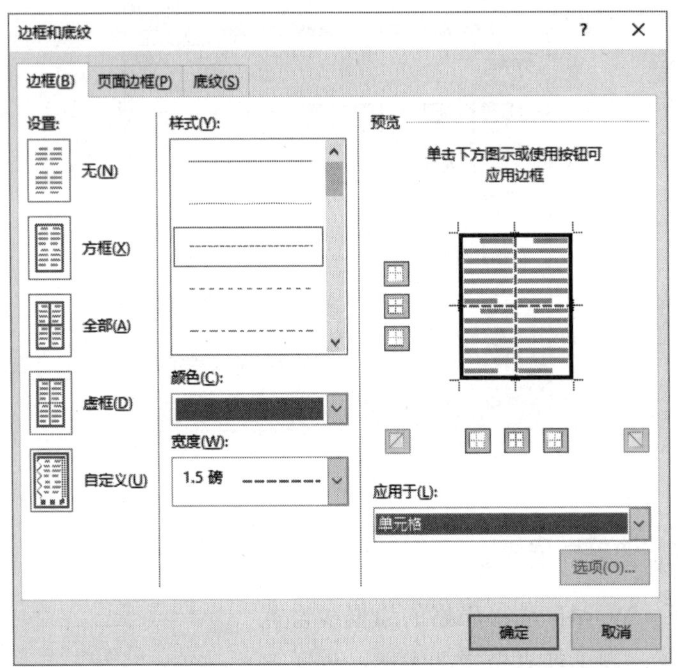

图4-109

（2）使用“边框刷”设置边框。

方法1：在“表格工具”的“设计”选项卡下“边框”组中单击“边框刷”按钮，在“笔样式”下拉列表中选择边框线的样式，在“笔划粗细”下拉列表中选择边框线的粗细，在“笔颜色”下拉列表中选择边框线的颜色，设置完边框样式后将光标移动至需要更改样式的边框线上，此时指针变为形状，单击该边框线即可，再单击下一处边框线进行设置。

方法2：在“表格工具”的“设计”选项卡下“边框”组中单击“边框样式”按钮，在弹出的下拉列表中选择需要设置的边框样式，即可使用“边框刷”设置边框样式，如图4-110所示。

方法3：在表格中的任意位置处右击，在弹出的快捷菜单中执行“边框样式”命令，在弹出的列表中选择需要设置的边框样式，即可使用“边框刷”设置边框样式，如图4-111所示。

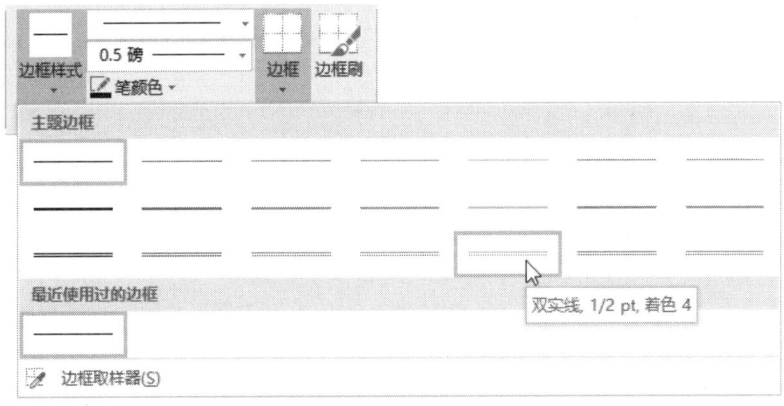

图4-110

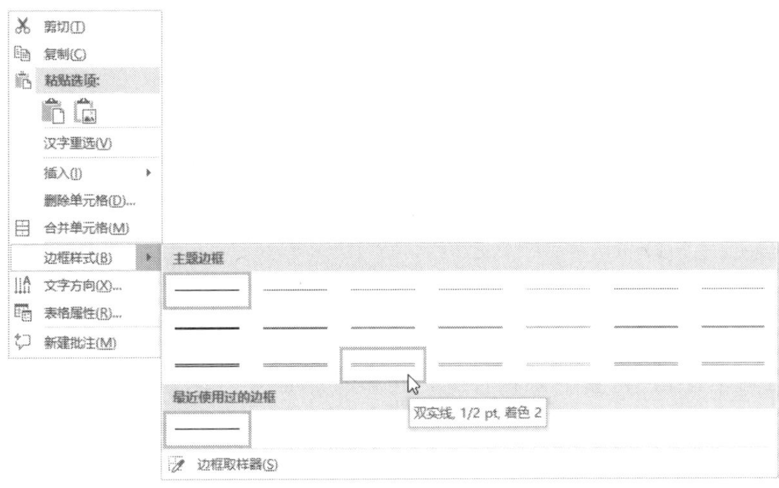

图4-111

2. 底纹的基本设置

（1）使用“底纹”按钮设置底纹。

选中需要添加底纹的单元格，在“表格工具”的“设计”选项卡下“表格样式”组中单击“底纹”按钮，在弹出的下拉列表中可以选择一种底纹颜色。

提示：在“开始”选项卡下“段落”组中单击“底纹”按钮，或在弹出的浮动工具栏中单击“底纹”下拉按钮，均可在弹出的下拉列表中设置底纹的颜色。

（2）使用“边框和底纹”对话框设置底纹。

选中需要添加底纹的单元格，在“表格工具”的“设计”选项卡下“边框”组中单击右下角的“对话框启动器”按钮，打开“边框和底纹”对话框，在“底纹”选项卡下可以设置填充底纹的颜色、填充图案的样式及颜色、应用范围等。

在“底纹”选项卡下的“填充”下拉列表内可以设置底纹的颜色，在“图案”区域可以为单元格添加一种图案样式并设置图案的颜色，在“预览”区域可以预览其效果，在“应用于”下拉列表可以选择边框应用的范围，如表格、单元格等，如图4-112所示。

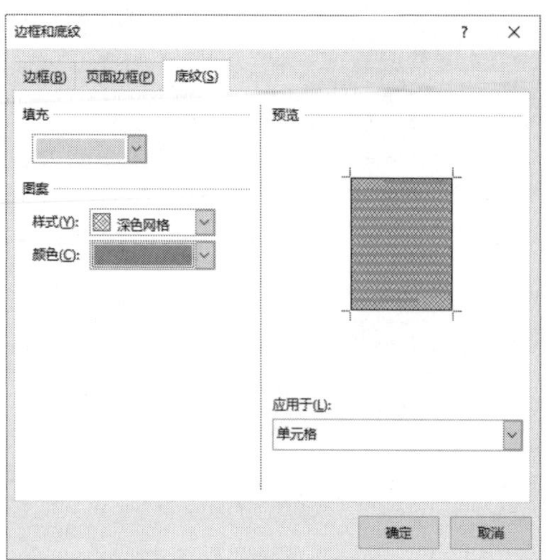

图4-112

（3）删除底纹。

若要删除表格的底纹，只需要选中已设置底纹的单元格区域或整个表格，在“表格工具”的“设计”选项卡下“表格样式”组中单击“底纹”按钮，在弹出的下拉列表中可以选择“无颜色”即可。

4.6.4 套用表格样式

Word自带了105种内置的表格样式，可以根据需要自动套用表格样式。创建表格后，可以使用“表格样式”来设置整个表格的格式。将指针停留在每个预先设置好格式的表格样式上，可以预览表格的外观。

首先要选中整个表格，在“表格工具”的“设计”选项卡下“表格样式”组中单击“其他”按钮，在弹出的库中选择所需的表格样式，即可为表格应用该样式，如图4-113所示。

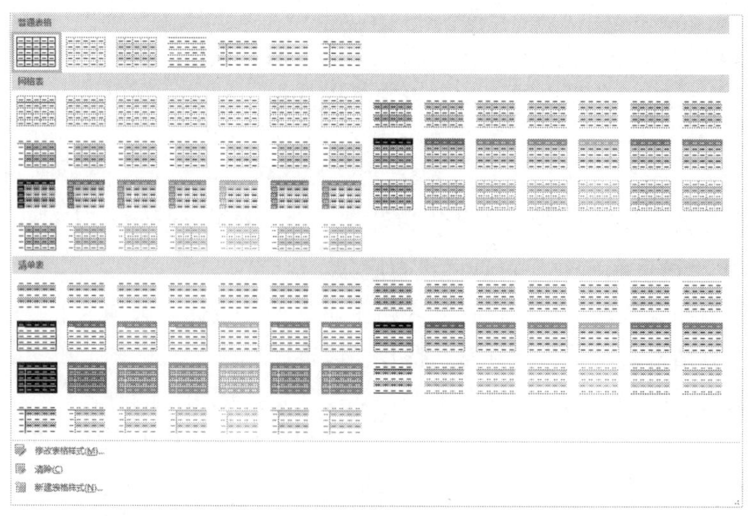

图4-113

如果在下拉菜单中执行“新建表格样式”命令，可打开“根据格式化创建新样式”对话框，如图4-114所示。在该对话框中可以自定义表格的样式：在“属性”选项区域可以设置样式的名称、类型和样式基准；在“格式”选项区域可以设置表格文本的字体、字号、颜色等格式；在“边框和底纹”选项区域可以设置表格的边框线型、粗细和颜色，设置底纹颜色，设置文本对齐方式等。

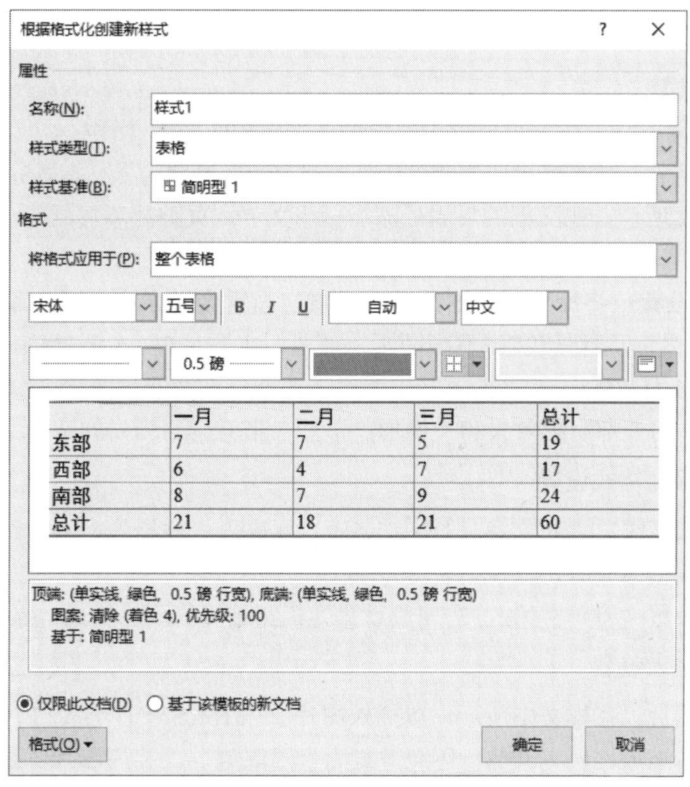

图4-114

如果在下拉菜单中执行“修改表格样式”命令，可打开“修改样式”对话框。在该对话框中可以将表格的样式进行修改：在“属性”选项区域可以修改样式的名称和样式基准；在“格式”选项区域可以修改表格文本的字体、字号、颜色等格式；在“边框和底纹”选项区域可以修改表格的边框线型、粗细和颜色，修改底纹颜色，修改文本对齐方式等。

Ⅱ. 试题汇编

4.1　第1题

【操作要求】

打开文档A4.docx，按下列要求设置、编排文档的版面如【样文4-1A】所示。

1. **页面设置**：设置纸张大小为“信纸”，将页边距设置为上、下各3厘米，左、右各3.7厘米；按样文所示，在文档的页眉处添加页眉文字，页脚处添加页码，并设置相应的格式。

2. **艺术字设置**：将标题“美丽的丽江古城”设置为艺术字样式“填充：蓝色，主题色5；边框：白色，背景色1；清晰阴影：蓝色，主题色5”（第3行第3列）；字体为华文琥珀，字号为48磅，文字环绕方式为“嵌入型”；为艺术字添加“偏移：右下”（第1行第1列）的外部阴影效果和“槽形：下”（第6行第4列）的弯曲文本转换效果。

3. 文档的版面格式设置

- **边框和底纹**：为正文第1段添加1.5磅、标准色“浅绿”、双实线边框，并为其填充浅橙色（RGB:251,212,180）底纹。
- **分栏设置**：将正文第2、3、4段设置为栏宽相等的两栏格式，显示分隔线。

4. 文档的插入设置

- **插入图片**：在样文中所示位置插入图片C:\2016KSW\DATA2\PIC4-1.jpg，设置图片的缩放比例为30%，环绕方式为“四周型”，并为图片添加“圆形对角，白色”的图片样式。
- **插入脚注**：为正文第1段中的“丽江”两个字插入脚注“丽江市，位于云南省西北部云贵高原与青藏高原的衔接地段。”

5. 文档表格的基本操作

- **创建表格**：按【样文4-1B】所示，在Word 2016中打开文件C:\2016KSW\DATA2\TF4-1A.docx，以A4-B.docx为文件名保存至考生文件夹中，在文档的开头处创建一个6行5列的表格。
- **套用表格式**：为新创建的表格自动套用“网格表5 深色 - 着色6”的表格样式，以“网页型1”为样式基准。
- **表格行与列的操作**：按【样文4-1B】所示，在文档的“足球俱乐部VIP客户登记表”表格中，将“联系方式”行下面的空行删除，将表格中“其他信息”一行与“联系方式”一行的位置互换。
- **单元格的合并与拆分**：分别将单元格“基本资料”“联系方式”“其他信息”与其右侧的三个单元格合并为一个单元格。

- **单元格的格式设置**：将表格中第1、4、7行的字体设置为黑体、加粗、居中对齐。
- **表格的边框与底纹**：将表格的外边框线设置为2.25磅、蓝色（RGB:0,0,204）的实线，内部网格线设置为1.5磅、深绿色（RGB:0,102,0）的双实线。

【样文4-1A】

云南旅游

丽江[1]古城，又名大研古城，是一座风景秀丽，历史悠久和文化灿烂的名城，也是中国罕见的保存相当完好的少数民族古镇。丽江古城位于中国云南省丽江市，坐落在丽江坝中部、玉龙雪山下，北倚象山、金虹山、西枕狮子山。

丽江古城是中国历史文化名城中唯一两个没有城墙的古城之一、第二批被批准的中国历史文化名城之一、中国仅有的以整座古城申报世界文化遗产获得成功的两座古县城之一（另一座为山西平遥古城），与四川阆中、山西平遥、安徽歙县并称为“保存最为完好的四大古城”。

有别于中国任何一座王城，丽江古城未受“方九里，旁三门，国中九经九纬，经途九轨”的中原建城影响。城中无规矩的道路网，无森严的城墙，古城布局中的三山为屏、一川相连；水系利用中的三河穿城、家家流水；街道布局中“经络”设置和“曲、幽、窄、达”的风格；建筑物的依山就水、错落有致。

丽江古城是古城风貌整体保存完好的典范。依托三山而建的古城，与大自然产生了有机的统一，古城瓦屋，鳞次栉比，四周苍翠的青山，把紧连成片的古城紧紧环抱。城中民居朴实生动的造型、精美雅致的装饰是纳西族文化与技术的结晶。古城所包涵的艺术来源于纳西人民对生活的深刻理解，体现人民群众的聪明智慧，是地方民族文化技术交流融汇的产物，是中华民族宝贵建筑遗产的重要组成部分。

丽江古城的繁荣已有800多年的历史，已逐渐成为滇西北经济文化中心，为文化的发展提供了良好的环境条件。不论是古城的街道、广场牌坊、水系、桥梁还是民居装饰、庭院小品、槛联匾额、碑刻条石，都渗透地方人的文化修养和审美情趣，充分体现地方宗教、美学、文学等多方面的文化内涵、意境和神韵，展现历史文化的深厚和丰富。

[1]丽江市，位于云南省西北部云贵高原与青藏高原的衔接地段。

第1页

【样文4-1B】

足球俱乐部 VIP 客户登记表

基本资料					
姓名		性别		生日	
公司名称				职务	
联系方式					
办公电话		手机号码			
QQ 号码		E-mail			
其他信息					
您是通过何种方式了解足球俱乐部？□朋友介绍 □网络 □广告 希望俱乐部活动的频率？□每周一次 □每周两次 □一月一次					

4.2　第2题

【操作要求】

打开文档A4.docx，按下列要求设置、编排文档的版面如【样文4-2A】所示。

1. **页面设置**：自定义纸张大小为宽20厘米、高30厘米，设置页边距为预定义页边距“中等”；按样文所示，为文档添加页眉文字和页码，并设置相应的格式。

2. **艺术字设置**：将标题“神奇的纳米材料”设置为艺术字样式“渐变填充：金色，主题色4；边框：金色，主题色4”（第2行第3列）；字体为华文新魏，字号为45磅，文字环绕方式为“嵌入型”；为艺术字添加“紧密映像：接触”（第1行第1列）的文本效果。

3. 文档的版面格式设置

- **边框和底纹**：为正文第4段添加2.25磅、标准色“绿色”、虚线边框，并为其填充“深色网格”底纹样式，颜色为标准色“橙色”。
- **分栏设置**：将正文第2段至结尾设置为偏左的两栏格式，不显示分隔线。

4. 文档的插入设置

- **插入图片**：在样文中所示位置插入图片C:\2016KSW\DATA2\PIC4-2.jpg，设置图片的缩放比例为40%，环绕方式为“四周型”，并为图片添加“棱台透视”的图片样式。
- **插入尾注**：为正文第1段中的“粒子”两个字插入尾注“粒子：也叫超微颗粒。”

5. 文档表格的基本操作

- **创建表格**：按【样文4-2B】所示，在Word 2016中打开文件C:\2016KSW\DATA2\TF4-2A.docx，以A4-B.docx为文件名保存至考生文件夹中，在文档的开头处创建一个5行6列的表格。
- **套用表格式**：为新创建的表格自动套用“网格表4 - 着色4”的表格样式，以“精巧型2”为样式基准。
- **表格行与列的操作**：按【样文4-2B】所示，在文档的“果树种植面积统计表（单位：亩）”表格中，将“樱桃树”行下面的空行删除，将表格中“2014年”一列与“2013年”一列的位置互换。
- **单元格的合并与拆分**：分别将单元格“2012年”“2013年”“2014年”“2015年”与其下面的单元格合并为一个单元格。
- **单元格的格式设置**：将整个表格中的字体设置为楷体、加粗，将表格中第2、3、4、5列文本居中对齐。
- **表格的边框与底纹**：将表格的外边框线设置为3磅、标准色“绿色”、如【样文4-2B】所示线型，内部网格线均设置为3磅、标准色“浅蓝”、如【样文4-2B】所示线型；将表格中第1行和第1列的底纹设置为粉红色（RGB:255,153,204）。

【样文4-2A】

科学前沿

神奇的纳米材料

纳米一般是指尺寸在1～100 nm间的粒子[i]，是处在原子簇和宏观物体交界的过渡区域，从通常的关于微观和宏观的观点看，这样的系统既非典型的微观系统亦非典型的宏观系统，是一种典型的介观系统，它具有表面效应、体积效应、小尺寸效应和宏观量子隧道效应。当人们将宏观物体细分成超微颗粒（纳米级）后，它将显示出许多奇异的特性，即它的光学、热学、电学、磁学、力学以及化学方面的性质与大块固体时相比将会有显著的不同。

那么，是不是所有的达到纳米级的粒子，就是纳米材料呢？答案是否定的。中国古代安徽墨，其颗粒可以是纳米级的，非常细，从烟道里扫出来后一遍遍地筛，研制出来的墨非常均匀、饱满，写字非常好，这实际就是纳米颗粒，但尺寸小并不一定有特殊效应。一定要有纳米尺寸所具有的与宏观物体不一样的量子效应、表面效应和介面效应，这样才能说这是一个纳米的现象。

纳米材料的表面效应是指纳米粒子的表面原子数与总原子数之比随粒径的变小而急剧增大后所引起的性质上的变化，粒径在10 nm以下，将迅速增加表面原子的比例。当粒径降到1 nm时，表面原子数比例达到约90%以上，原子几乎全部集中到纳米粒子的表面。由于纳米粒子表面原子数增多，表面原子配位数不足和高的表面能，使这些原子易与其它原子相结合而稳定下来，故具有很高的化学活性。

由于纳米粒子体积极小，所包含的原子数很少，相应的质量极小。因此，许多现象就不能用通常有无限个原子的块状物质的性质加以说明，这种特殊的现象通常称之为体积效应。著名的久保理论就是体积效应的典型例子。

随着纳米粒子的直径减小，能级间隔增大，电子移动困难，电阻率增大，从而使能隙变宽，金属导体将变为绝缘体。

[i] 粒子：也叫超微颗粒。

【样文4-2B】

果树种植面积统计表（单位：亩）

品种 \ 年份	2012年	2013年	2014年	2015年
桃树	64	48	49	55
苹果树	44	37	40	48
梨树	66	52	55	72
樱桃树	56	53	62	59
山楂树	64	60	73	66
枣树	31	27	25	31
杏树	58	40	53	57

（注：1亩=666.7平方米）

4.3 第3题

【操作要求】

打开文档A4.docx，按下列要求设置、编排文档的版面如【样文4-3A】所示。

1. **页面设置：**设置纸张的方向为“横向”，设置页边距为预定义页边距“窄”；按样文所示，为文档添加页眉文字和页码，并设置相应的格式。

2. **艺术字设置：**将标题“珍贵的针状焦”设置为艺术字样式“填充：白色；边框：橙色，主题色2；清晰阴影：橙色，主题色2”（第3行第4列）；字体为华文彩云，字号为72磅，文字环绕方式为“上下型环绕”，对象水平居中对齐；为艺术字添加转换中“曲线：下”和“发光：5磅；绿色，主题色6”（第1行第6列）的发光文本效果。

3. 文档的版面格式设置

- **边框和底纹：**为正文第1段添加0.5磅、标准色“紫色”、三条细实线边框，并为其填充浅绿色（RGB:204,255,204）底纹。
- **分栏设置：**将正文第2段至结尾设置为栏宽相等的三栏格式，显示分隔线。

4. 文档的插入设置

- **插入图片：**在样文中所示位置插入图片C:\2016KSW\DATA2\PIC4-3.jpg，设置图片的缩放比例为70%，环绕方式为“四周型”，并为图片添加“柔化边缘椭圆”的图片样式。
- **插入脚注：**为正文第1段中的“针状焦”三个字插入脚注“我国针状焦生产技术落后，产量少，进口依赖度较大。”

5. 文档表格的基本操作

- **创建表格：**按【样文4-3B】所示，在Word 2016中打开文件C:\2016KSW\DATA2\TF4-3A.docx，以A4-B.docx为文件名保存至考生文件夹中，在文档的开头处创建一个6行4列的表格。
- **套用表格式：**为新创建的表格自动套用“网格表1 浅色 - 着色4”的表格样式，以“竖列型3”为样式基准。
- **表格行与列的操作：**按【样文4-3B】所示，在文档的“环球公司职员情况登记表”表格中，设置表格第1行的行高为1厘米，其余各行均为0.8厘米。
- **单元格的合并与拆分：**将表格中“部门”单元格下面的空白单元格拆分为1行7列，并依次输入相应的内容。
- **单元格的格式设置：**将表格中第1行的字体设置为华文细黑、四号、加粗，并为其填充“渐变填充：蓝色，主题色5；映像”（第2行第2列）的文本效果。
- **表格的边框与底纹：**将表格的内外边框线均设置为1.5磅、标准色“深蓝”的虚线；并为表格中第1行的底纹设置为浅黄色（RGB:255,255,204），其余各行均设置为淡紫色（RGB:255,153,255）。

【样文4-3A】

珍贵的针状焦

针状焦[1]是 20 世纪 70 年代碳素材料中大力发展的一个优质品种，是人造石墨之一，具有低热膨胀系数、低空隙度、低硫、低灰分、低金属含量、高导电率及易石墨化等一系列优点。其石墨化制品化学稳定性好，耐腐蚀、导热率高、低温和高温时机械强度良好，主要用于生产电炉炼钢用的高功率（HP）和超高功率（UHP）石墨电极和特种碳素制品，也是电刷、电池和炼钢增碳剂、高温优质耐火炉料的新型材料。冶金行业是石墨电极的最大用户，此外黄磷生产等也消耗一定量的石墨电极。采用高功率或超高功率电炉炼钢，可使冶炼时间缩短 30%~50%，节电 10%~20%以上，经济效益十分明显。

根据原料路线的不同，针状焦分为油系和煤系两种，其生产方法有一定差异。油系针状焦生产方法是美国在上世纪 50 年代后期开发的，以热裂化渣油和催化裂化澄清油等石油加工厂重质馏分油为原料，经延迟焦化和煅烧等工艺过程制得成品油系针状焦。Conoco Phillips 目前是全球最大的油系针状焦生产商，2012 年，其针状焦产能达到 37 万吨/年。煤系针状焦生产方法是 1979 年由日本新日铁和三菱化成公司开发的，该法以煤炼焦副产品煤焦油沥青为原料，经原料预处理、延迟焦化和煅烧 3 个工艺过程制得成品煤系针状焦。作为新日铁集团旗下一家专业生产碳素制品的公司，C-Chem 目前也是全球最大的煤系针状焦生产商。

煤系针状焦与油系针状焦生产工艺上的区别主要在于原料预处理。煤焦油沥青主要成分是芳香烃，但其中含有一定量的喹啉不溶物（QI），它不仅是煤焦油蒸馏时某些高分子树脂状物质受热聚合生成的无定形碳，还有从炼焦炉炭化室随煤气带来的煤粉和焦粉。它们附着在中间相周围，阻碍球状晶体的长大、融并，焦化后也不能得到纤维结构良好的针状焦组织。因此，需对煤沥青原料进行预处理。首先除去其中妨碍小球体生长的喹啉不溶物，然后再进行组分调制，以获得满足针状焦生产需要的原料，这是用煤沥青生产针状焦的必要条件。原料预处理主要方法有：蒸馏法、离心法、溶剂法、改质法等。在这 4 种原料预处理工艺中，真正实现工业化生产的有溶剂法和改质法，生产装置运行正常并能生产出优质针状焦，国内这两种方法都有采用。

针状焦在国内外都属于稀缺产品，除了应用在电极方面，还可以在锂离子电池、电化学电容器、核石墨等方面得到应用。国际市场上，针状焦的价格一直在攀高，国内由于生产企业少，产品供不应求。美国、日本、德国等发达国家因为碳素制品的高耗能、高污染等，严格限制其发展，导致针状焦的产量呈逐年下降趋势。这给国内煤系针状焦生产及相关技术研发攻关都带来了新的发展机遇。

[1] 我国针状焦生产技术落后，产量少，进口依赖度较大。

【样文4-3B】

环球公司职员情况登记表

部门	姓名	职务	工龄	出生年月	政治面貌	籍贯
开发部	张冰	经理	5	1974.03.06	党员	河北唐山
开发部	李兵	职员	3	1978.08.15	党员	河南新乡
销售部	王博	经理	5	1976.02.28	党员	云南昆明
人力部	赵大	副经理	3	1976.04.30	党员	山西大同
人力部	刘宁	职员	2	1982.03.15	党员	山东济南
广告部	王维	经理	6	1979.05.04	群众	河北廊坊

4.4　第4题

【操作要求】

打开文档A4.docx，按下列要求设置、编排文档的版面如【样文4-4A】所示。

1. 页面设置：自定义纸张大小为宽20厘米、高28厘米，设置页边距为上、下、左、右均为2厘米；按样文所示，为文档添加页眉文字和页码，并设置相应的格式。

2. 艺术字设置：将标题“版纳三月柚子花开”设置为艺术字样式“填充：橙色，主题色2；边框：橙色，主题色2”（第1行第3列）；字体为华文新魏，字号为36磅，文字环绕方式为“嵌入型”，居中对齐；为艺术字添加转换中“朝鲜鼓”的文本效果，再为其添加“细微效果 - 绿色，强调颜色6”的形状样式和“预设7”的形状效果。

3. 文档的版面格式设置

- **边框和底纹：**为正文最后一段添加3磅、标准色“紫色”、如【样文4-4A】所示线型边框，并为其填充图案样式中“深色下斜线”底纹，颜色为标准色“黄色”。
- **分栏设置：**将正文第2、3、4段设置为偏右的两栏格式，显示分隔线。

4. 文档的插入设置

- **插入图片：**在样文中所示位置插入图片C:\2016KSW\DATA2\PIC4-4.jpg，设置图片的缩放比例为45%，环绕方式为“紧密型环绕”，并为图片添加“柔化边缘椭圆”的图片样式。
- **插入尾注：**为正文最后一段中的“柚子花”三个字插入尾注“柚子花芽为混合芽，春季萌发时抽梢后开花。”

5. 文档表格的基本操作

- **创建表格：**按【样文4-4B】所示，在Word 2016中打开文件C:\2016KSW\DATA2\TF4-4A.docx，以A4-B.docx为文件名保存至考生文件夹中，在文档的开头处创建一个4行7列的表格。
- **套用表格式：**为新创建的表格自动套用“网格表4 - 着色2”的表格样式，以“彩色型1”为样式基准。
- **表格行与列的操作：**按【样文4-4B】所示，在文档的“2016年成都市区在售楼盘部分情况表”表格中，将“蓝光金荷花”单元格下面的空行删除，设置表格第1列列宽为3厘米，第2列列宽为4厘米，其他各列均为2厘米，表格的行高均为0.7厘米。
- **单元格的合并与拆分：**将最后一列的空白单元格拆分为9行1列，并依次输入相应的内容。
- **单元格的格式设置：**将表格中的文本字体均设置为新宋体、五号、水平居中。
- **表格的边框与底纹：**将表格的外边框线均设置为2.25磅、标准色“深蓝”的双点划线，内部网格线为无；并为表格中第1、3、5、7、9行的底纹设置为标准色“浅绿”的“浅色下斜线”图案样式，第2、4、6、8行的底纹设置为标准色“橙色”的“浅色上斜线”图案样式。

【样文4-4A】

版纳三月柚子花开

版纳的春天来得热烈，来得迅速，山川上成片的胶林瞬间被暖暖的春风抚绿，给人一种傣乡的新生的柔美。旱季特有的各种植物也竞相开花，火烧花、芒果、槟榔青、构树以及很多颜色偏暗，看似毫无不起眼的花序也你赶我我赶你，不经意间就开满枝头，好不热闹。

版纳的春天来得太猛，实在记录不过来，唯有把那些最著名、最惹人爱的花儿挑选出来，与众人说说。在西双版纳，最普通、最多样的恐怕就要数柚子花了。在西双版纳，当地人称柚子为“泡果”，意思是成熟的柚子里面是泡的，意为膨大的果实；傣族则称之为“Guo O”，大概意思是“wow，一个大果实”（有待证实）。

柚子和橘子、柠檬、香橼和橙子一样，叶子呈复叶，有特殊香味，同属于芸香科柑橘属果树（演化过程是：柠檬→大翼橙→柚→橙→桔→柑）。中国栽培柚子的历史近3000年，自周秦时代就开始有人工种植。柚子可谓全身都是宝，柚子圆滚滚的，“柚”和庇佑的“佑”谐音，含义吉祥。柚子好吃，口感滑润，产量高，百姓常常种植在房子周围或山地中。柚皮中所含广谱抗菌化合物还能杀菌，可用来除臭。

当然，人们在房前屋后种植泡果本意是为了品尝美味的柚子，而非欣赏柚子花。柚子花形态虽美，但却隐藏在翠绿的叶子中间，低调得很，但却散发出一股浓烈的香味。若要细细体会版纳之春，还得仔细了解一下四处飘香的柚花。柚子花香气袭人，优雅、甜美、清爽、馥郁，有醒脑之功效。据现代化学分析，发现柚子花中含有 30 多种化学物质，十分复杂，因此方能给人非常奇特的感受。其中，柚子花的甜香来自橙花叔醇，清香来自金合欢醇，爽香来自邻苯二甲酸二丁脂和萜烯类。长久以来，柚子花一般很少被使用，总是任其凋零入泥，只是偶尔被用来制花茶。据说，清朝皇宫中曾经专门派人收集炼成化妆品，供妃子们美容之用。

柚子花[i]花期早且比较短。每到二月底的开花时节，西双版纳的柚子便开始大量开花。白色的柚子花一团团集结在枝叶之下，未开的花骨朵洁白如玉，一串一串地藏在绿叶之中。一般是顶端的一朵最先开放，一旦绽放，雪白的花瓣变化逐渐翻卷，吐露出金黄的雄蕊和泛绿的雌蕊，同时散发出阵阵清香，沁人心脾。相信，无论是急行的客人，还是漫步的行人，你一定能从空气中嗅到柚子花的香气，感受到版纳短暂的春天气息，体会到热区傣乡人才有的那份浓浓感情。

[i] 柚子花芽为混合芽，春季萌发时抽梢后开花。

【样文4-4B】

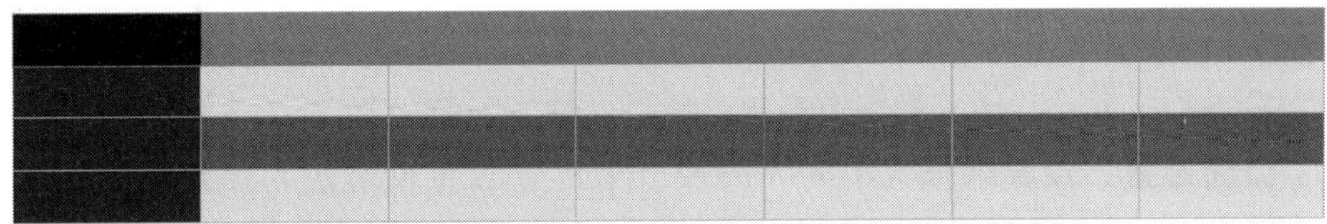

2016年成都市区在售楼盘部分情况表

楼盘名称	地理位置	规模	均价	规划用途	开发商
钱江-铂金时代	青龙街	1.1	4500	住宅	钱江银通
时代广场	锦江区总府路2-4号	10.55	7280	住宅	泰怡实业
世代锦江-华宅	滨江路	10.1	4800	住宅	润兴房产
好望角商业广场	武侯一环路南一段	3.1	5800	商业	长安地产
蓝光金荷花	北站东一路肖二巷	14.16	4500	商业	蓝光集团
万贯五金机电城	金牛区沙西跨线桥处	8.1	13000	商业	万贯集团
金林半岛	草堂路万树园侧	8.1	10000	住宅	浩林实业
丽舍滨江	滨江东路	1.17	4300	住宅	置信实业

4.5 第5题

【操作要求】

打开文档A4.docx，按下列要求设置、编排文档的版面如【样文4-5A】所示。

1. 页面设置：设置纸张大小为“Executive”，设置页边距为预定义页边距“中等”；按样文所示，为文档添加页眉文字和页码，并设置相应的格式。

2. 艺术字设置：将标题“秋季怎么养多肉植物”设置为艺术字样式“填充：蓝色，主题色5；边框：白色，背景色1；清晰阴影：蓝色，主题色5”（第3行第3列）；字体为华文琥珀，字号为36磅，字体颜色为标准色“绿色”，文字环绕方式为“嵌入型”，居中对齐；为艺术字添加转换中“停止”和棱台中“柔圆”的文本效果。

3. 文档的版面格式设置

- **边框和底纹**：为正文最后一段添加3磅、标准色“深蓝”、如【样文4-5A】所示线型边框，并为其填充图案样式中“浅色棚架”底纹，颜色为粉红色（RGB:255,153,204）。
- **分栏设置**：将正文第2～9段设置为栏宽相等的三栏格式，不显示分隔线。

4. 文档的插入设置

- **插入图片**：在样文中所示位置插入图片C:\2016KSW\DATA2\PIC4-5.jpg，设置图片的缩放比例为70%，环绕方式为“四周型”，并为图片添加“棱台矩形”的图片样式。
- **插入脚注**：为正文第1段中的“多肉植物”四个字添加着重号并插入脚注“多肉植物又称肉质植物或多肉花卉，但以多肉植物这个名称最为常用。”

5. 文档表格的基本操作

- **快速表格**：按【样文4-5B】所示，在Word 2016中打开文件C:\2016KSW\DATA2\TF4-5A.docx，以A4-B.docx为文件名保存至考生文件夹中，在文档的开头处插入一个“矩阵”的快速表格。
- **套用表格式**：为新创建的表格自动套用“清单表4 - 着色6”的表格样式，以“彩色型1”为样式基准。
- **表格行与列的操作**：按【样文4-5B】所示，在文档的“公司工序废品率统计”表格中，将“冲压车间”行下方的空行删除，将表格中除表头行以外的所有行平均分配高度。
- **单元格的合并与拆分**：将表格中“实际发生值”单元格与其右侧的单元格合并为一个单元格。
- **单元格的格式设置**：将表格中表头行各单元格对齐方式设置为“水平居中”，其他行单元格对齐方式设置为“中部两端对齐”。
- **表格的边框与底纹**：将表格的外边框线设置为2.25磅、标准色“深红”的双点划线，内部网格线设置为1.5磅、标准色“深蓝”的实线；将表格中所有带文本的单元格的底纹设置为标准色“浅绿”，所有空白单元格的底纹设置为标准色“橙色”。

【样文4-5A】

秋季怎么养多肉植物

秋季天高气爽，阳光充足，对于多肉植物[1]而言，从二十四节气中的“立秋”开始，一直到“寒露”，都是它们生长的好时节。但同时秋季昼夜温差大，到了晚秋还有霜冻、寒流来袭，那么，秋季养殖多肉植物要注意哪些问题呢？下面就给“多肉迷”支些小妙招。

1、了解自己的多肉植物属于哪种类型

根据多肉植物的习性，一般分为冬型、夏型和春秋型。所谓冬型，即夏天休眠，冬天生长。夏型则是冬天休眠，夏天生长。春秋型为夏、冬休眠，春、秋生长。

2、播种、嫁接、扦插皆相宜

九月份无论是播种、嫁接、扦插等都很适宜。在冬季开花的品种，这时可进行翻盆换土。换盆时可对其根系修剪，去掉腐烂、中空的老根，将过长的根系剪短，以促发健壮的新根；新栽的植株不要浇太多的水，可经常向植株喷水，以利于根系的恢复和新根的生长。

3、干透浇透，见干见湿

俗话说浇水三年功。当前，多肉界流行一句话“干透浇透”，其实这话也没错，步入秋天后，无论是夏型种或冬型种的品种，应尽可能地在午前充分浇水，既满足植株生长对水分的需要，又要避免土壤积水，若遇秋雨连绵则要注意排水防涝。

4、避免阳光直射

秋高气爽时，一些“多肉迷”迫不及待地想给“肉肉”好好补补阳光。但如果一下子转入全日照模式，多肉还是比较容易受伤的，建议幼苗最好能放在光线明亮又无直射阳光处养护，逐渐减少遮阴时间，让肉肉有一个缓冲适应期。

总而言之，秋季种植多肉植物并不难，只要好好呵护，它们一定会给你带来不一样的惊喜！

[1] 多肉植物又称肉质植物或多肉花卉，但以多肉植物这个名称最为常用。

【样文4-5B】

城市或城镇	点 A	点 B	点 C	点 D	点 E
点 A	—				
点 B	87	—			
点 C	64	56	—		
点 D	37	32	91	—	
点 E	93	35	54	43	—

公司工序废品率统计

数据统计 车间名称	实际发生值			与上月相比	目标值（%）	与目标值比
	生产总数量	报废数量	报废率			
装配车间						
注塑车间						
冲压车间						
拉丝车间						

Ⅲ. 试题解答

4.1　第1题解答

打开文档：单击“文件”选项卡，在列表中执行“打开”命令，单击右侧的“浏览”选项，在弹出的“打开”对话框中，首先从左侧列表中选择考生文件夹所在的位置，然后从右侧列表中选择“A4.docx”文件，单击“打开”按钮。

1. 页面设置

第1步：将光标定位在文档中的任意位置，在“布局”选项卡下“页面设置”组中单击右下角的“对话框启动器”按钮，弹出“页面设置”对话框，在“纸张”选项卡下“纸张大小”的下拉列表中选择“信纸”选项，如图4-115所示。

第2步：单击“页面设置”对话框中的“页边距”选项卡，在“上”“下”文本框中选择或输入“3厘米”，在“左”“右”文本框中选择或输入“3.7厘米”，单击“确定”按钮，如图4-116所示。

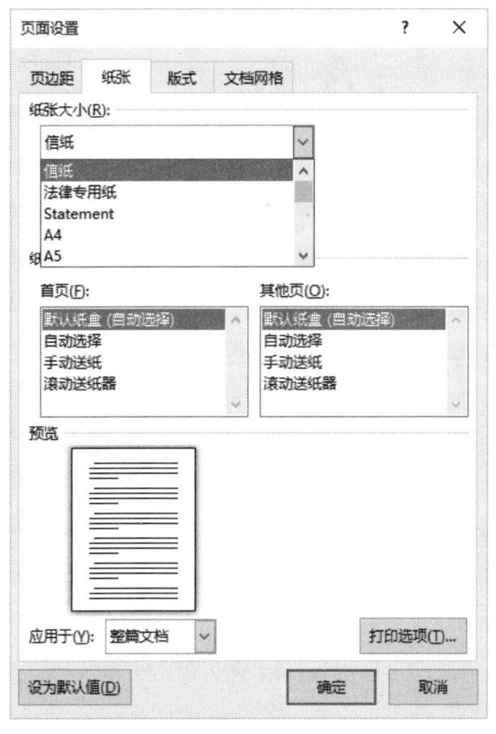

图4-115

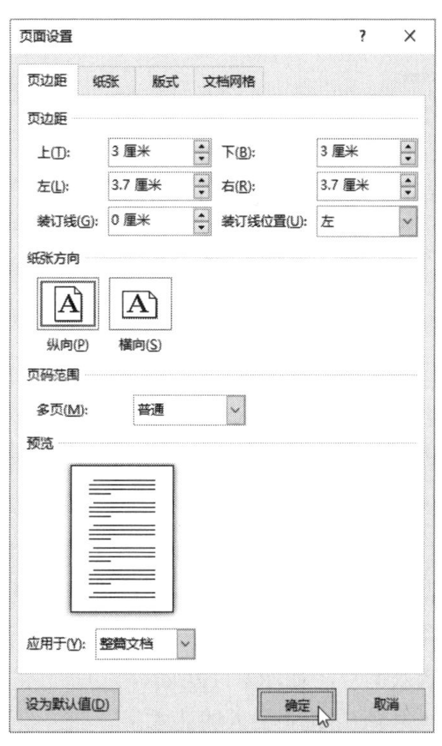

图4-116

第3步：将光标定位在文档中的任意位置，单击“插入”选项卡下“页眉和页脚”组中的“页眉”按钮，在打开的下拉列表中选择“空白”选项，如图4-117所示，进入页眉。在“页眉”处输入文本“云南旅游”。

第4步：将光标定位在文档中的任意位置，单击“插入”选项卡下“页眉和页脚”组中的“页码”按钮，在打开的下拉列表中选择“页面底端”选项下的“普通数字2”，在页码数字前后分别输入“第”和“页”。

2. 艺术字设置

第1步：选中文档的标题“美丽的丽江古城”，单击“插入”选项卡下“文本”组中的“艺术字”按钮。在打开的库中选择“填充：蓝色，主题色5；边框：白色，背景色1；清晰阴影：蓝色，主题色5”（第3行第3列），如图4-118所示。

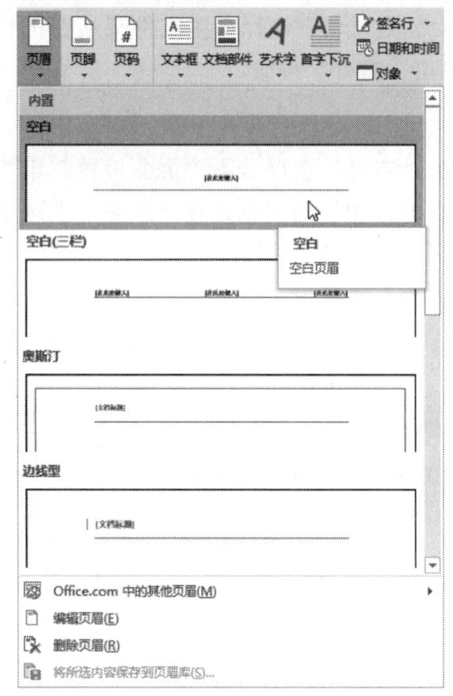

图4-117

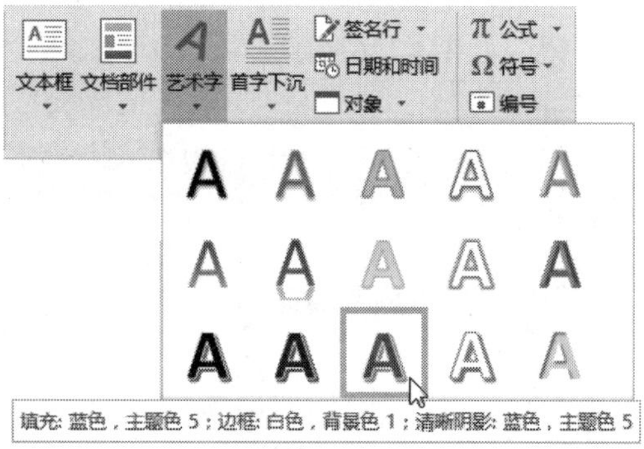

图4-118

第2步：选中插入的艺术字，在“开始”选项卡下“字体”组中，在“字体”下拉列表中选择“华文琥珀”，在“字号”文本框中输入“48”磅。

第3步：选中插入的艺术字，在“绘图工具”的“格式”选项卡下“排列”组中单击“环绕文字”按钮，从打开的下拉列表中选择“嵌入型”，如图4-119所示。

第4步：选中插入的艺术字，在“绘图工具”的“格式”选项卡下“艺术字样式”组中单击“文本效果”按钮，在打开的下拉列表中选择“阴影”选项下的“外部”类别中“偏移：右下”阴影效果（第1行第1列），如图4-120所示。

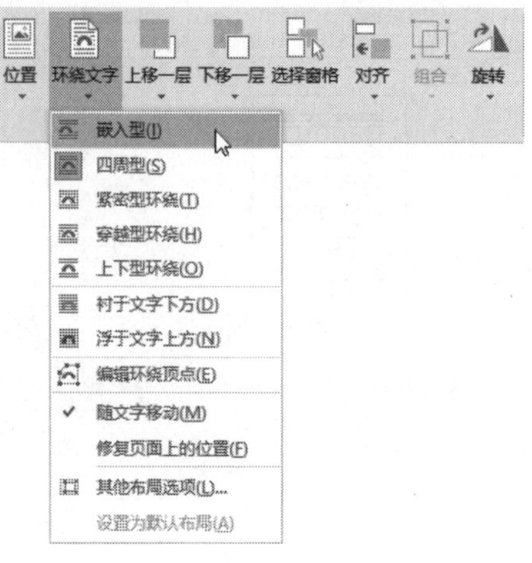

图4-119

第5步：选中插入的艺术字，在“绘图工具”的“格式”选项卡下“艺术字样式”组中单击“文本效果”按钮，在打开的下拉列表中选择“转换”选项下“弯曲”类别中的“槽形：下”文本效果（第6行第4列），如图4-121所示。

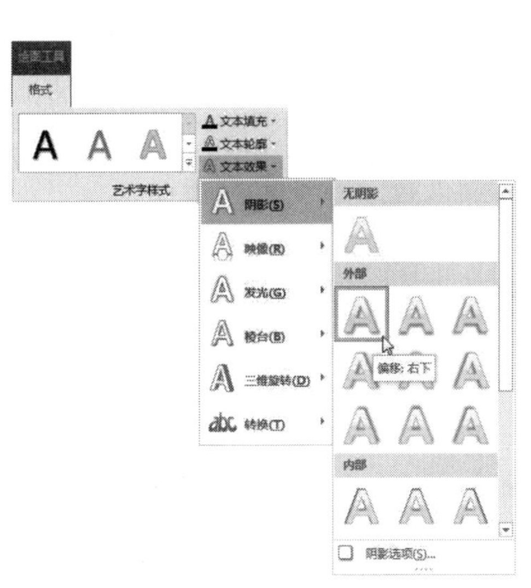

图4-120

图4-121

3. 文档的版面格式设置

（1）设置边框和底纹。

第1步：选中正文第1段，在“开始”选项卡下“段落”组中单击“边框”按钮右侧的下三角按钮，在打开的下拉列表中执行“边框和底纹”命令，如图4-122所示。

第2步：在打开的“边框和底纹”对话框中“边框”选项卡下，在“设置”区域单击“方框”按钮，在“样式”列表中选择“双实线”，在“颜色”下拉列表中选择标准色中的“浅绿”，在“宽度”下拉列表中选择“1.5磅”，在“应用于”下拉列表中选择“段落”选项，如图4-123所示。

图4-122

图4-123

第3步：在“边框和底纹”对话框中切换至“底纹”选项卡下，在“填充”下拉列表中执行“其他颜色”命令，在弹出的“颜色”对话框中分别在“自定义”选项卡下的RGB值列表中输入“251”“212”“180”，如图4-124所示，单击“确定”按钮。

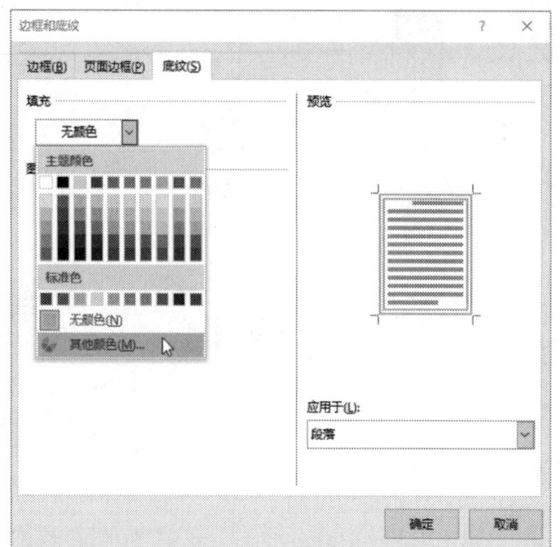

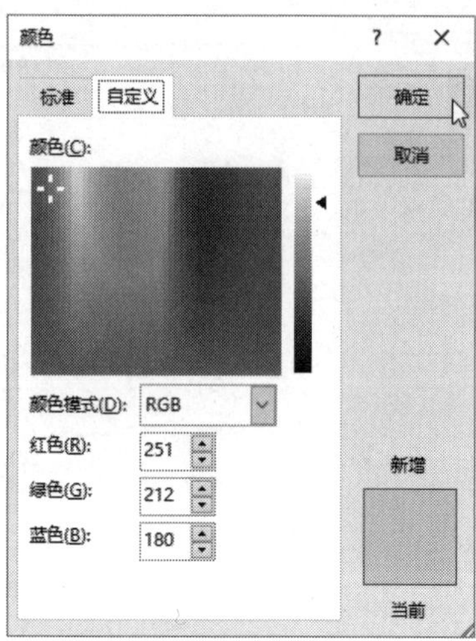

图4-124

第4步：返回至“边框和底纹”对话框，在“应用于”下拉列表中选择“段落”，如图4-125所示，单击“确定”按钮。

（2）分栏设置。

第1步：在文档中选中正文第2、3、4段，单击“布局”选项卡下“页面设置”组中的“栏”按钮，在打开的下拉列表中执行“更多栏”命令，如图4-126所示。

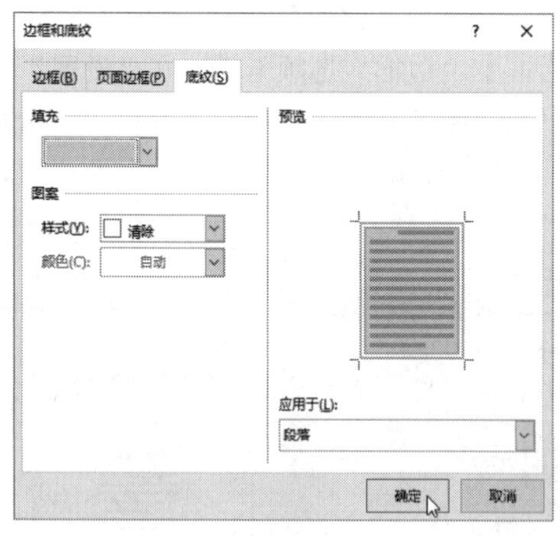

图4-125

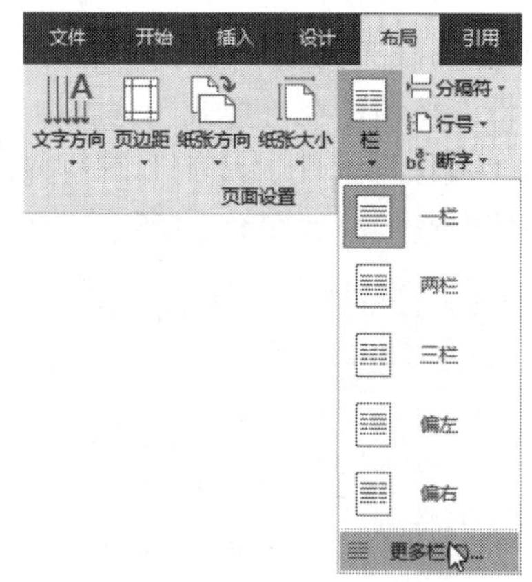

图4-126

第2步：在弹出的“栏”对话框中，在“预设”区域中选择“两栏”，选中“分隔线”复选框，如图4-127所示，单击“确定”按钮。

4. 文档的插入设置

（1）插入图片。

第1步：将光标定位在样文所示的位置，单击“插入”选项卡下的“图片”按钮，如图4-128所示。

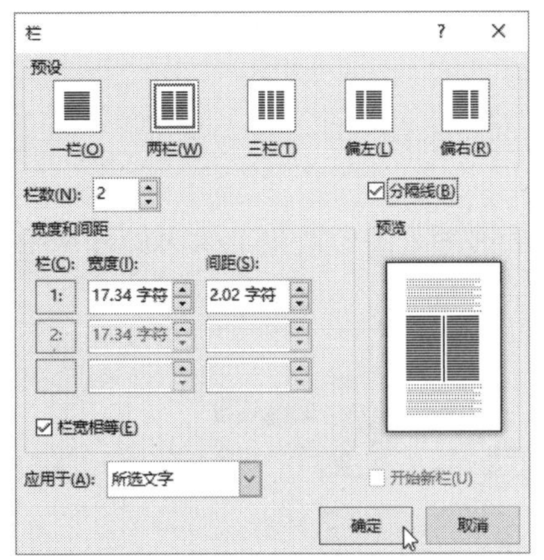

图4-127

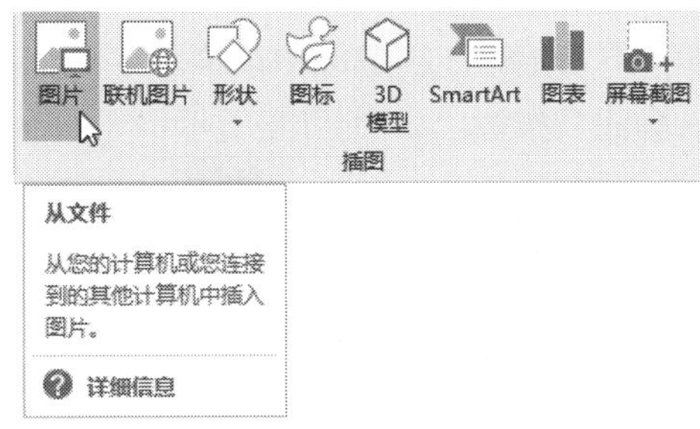

图4-128

第2步：在弹出的“插入图片”对话框中，在指定路径C:\2016KSW\DATA2文件夹中选择“PIC4-1.jpg”，单击“插入”按钮。

第3步：选中插入的图片，在“图片工具”的“格式”选项卡下“大小”组中单击右下角的“对话框启动器”按钮，如图4-129所示。

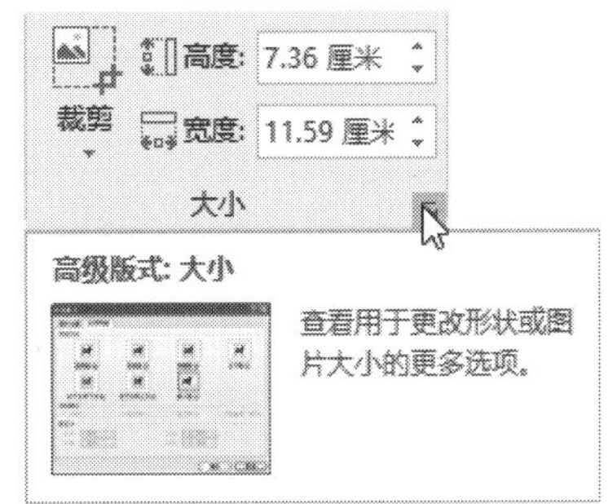

图4-129

第4步：在弹出的“布局”对话框中选择“大小”选项卡，在“缩放”区域中的“高度”和“宽度”文本框中均选择或输入“30%”，如图4-130所示。

第5步：在“布局”对话框中切换至“文字环绕”选项卡下，在“环绕方式”区域选择“四周型”，如图4-131所示，单击“确定”按钮。

图4-130

图4-131

第6步：在“图片工具”的“格式”选项卡下“图片样式”组中单击“快速样式”区域右下角的“其他”按钮，在打开的库中选择“圆形对角，白色”外观样式，如图4-132所示。

第7步：利用鼠标拖动图片移动图片位置，使其位于样文所示的位置。

（2）插入脚注。

第1步：选择正文第1段中的文本“丽江”，单击“引用”选项卡下“脚注”组中的“插入脚注”按钮，如图4-133所示。

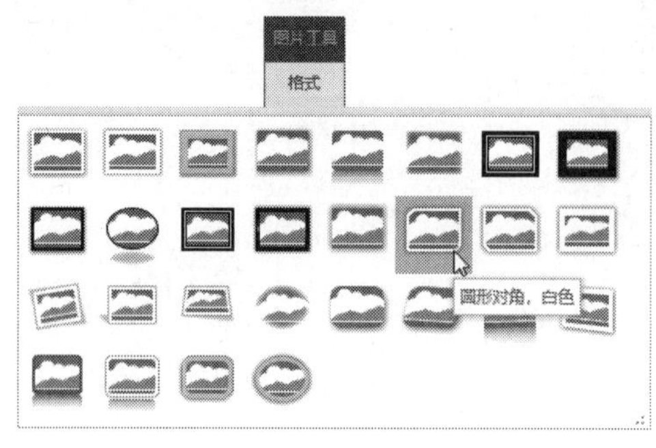

图4-132

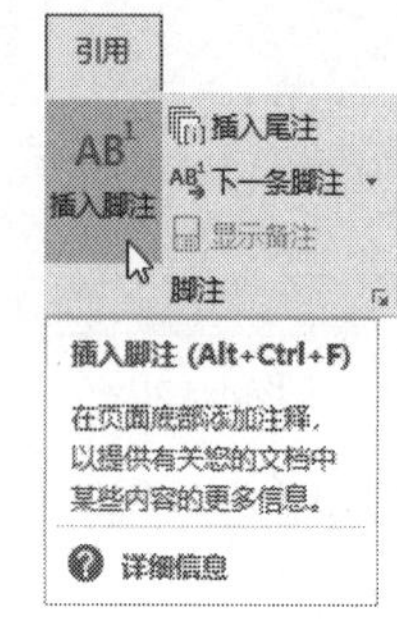

图4-133

第2步：在光标所在区域内输入文本“丽江市，位于云南省西北部云贵高原与青藏高原的衔接地段。”

5. 文档表格的基本操作

（1）打开文档。

第1步：单击“文件”选项卡，在列表中执行“打开”命令，单击右侧的“浏览”选项，在弹出的“打开”对话框中，首先从左侧列表中选择C:\2016KSW\DATA2文件夹，然后从右侧列表中选择“TF4-1A.docx”文件，单击“打开”按钮。

第2步：单击“文件”选项卡，在列表中执行“另存为”命令，单击右侧的“浏览”选项，在弹出的“另存为”对话框的左侧列表中选择考生文件夹所在的位置，在“文件名”文本框中输入“A4-B”，单击“保存”按钮。

（2）创建表格。

第1步：将光标定位在文档开头处，在“插入”选项卡下“表格”组中单击“表格”按钮，在打开的下拉列表中执行“插入表格”命令，如图4-134所示。

第2步：在弹出的“插入表格”对话框中，在“列数”编辑框中输入“5”，在“行数”编辑框中输入“6”，如图4-135所示，单击“确定”按钮。

（3）套用表格样式。

第1步：选中新创建的整个表格，在“表格工具”的“设计”选项卡下“表格样式”组

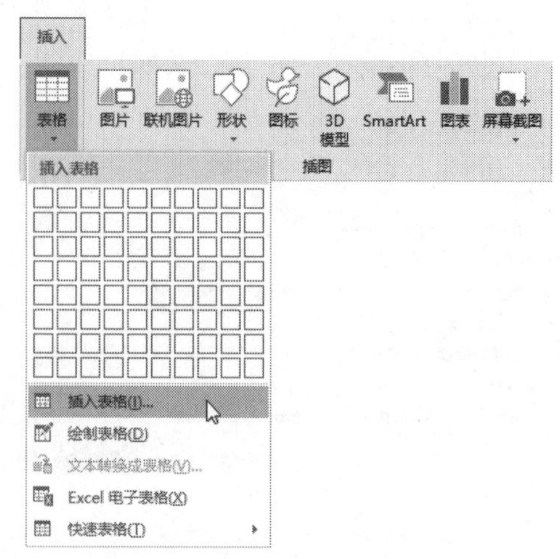

图4-134

中单击“表格样式”右下角的“其他”按钮，在打开的列表中选择“网格表”区域中的“网格表5 深色 - 着色6”的表格样式，如图4-136所示。

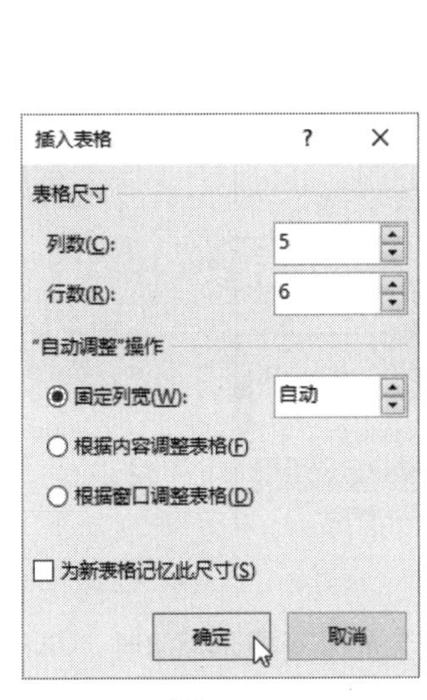

图4-135

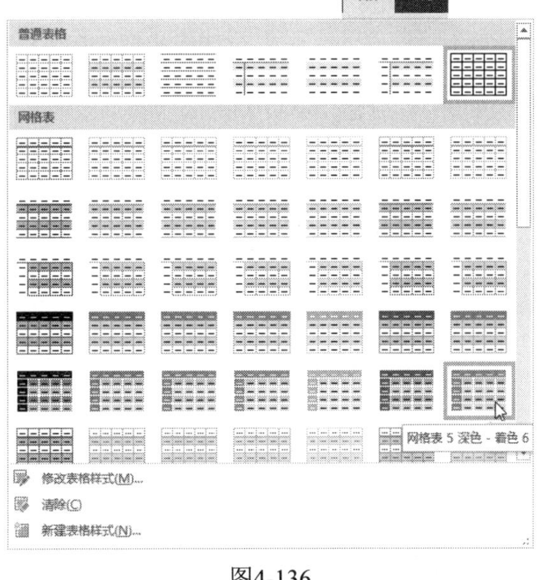

图4-136

第2步：再次单击“表格样式”右下角的“其他”按钮，在打开的列表中执行“修改表格样式”命令，弹出“修改样式”对话框，在“样式基准”下拉列表中选择“网页型1”，如图4-137所示，单击“确定”按钮。

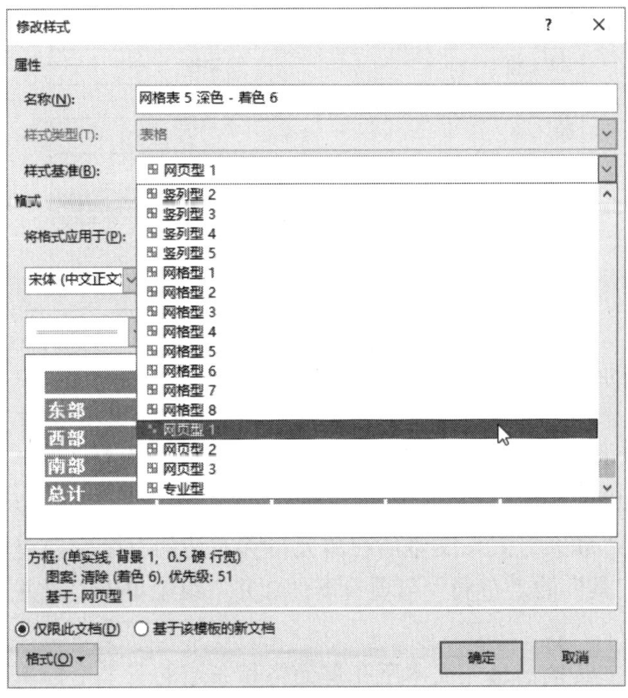

图4-137

（4）表格行与列的操作。

第1步：选中“足球俱乐部VIP客户登记表”表格中“联系方式”行下面的空白行，右击，在弹出的浮动工具栏中单击“删除”按钮，在打开的下拉列表中执行“删除行”命令，如图4-138所示。

足球俱乐部 VIP 客户登记表

基本资料					
姓名		性别		生日	
公司名称				职务	
其他信息					
办公电话			手机号码		
QQ 号码					
联系方式					
您是通过何种方式了解足球俱乐部？□朋友介绍					
希望俱乐部活动的频率？□每周一次　□每周两					

Times New　小四　插入　删除

删除单元格(D)...
删除列(C)
删除行(R)
删除表格(T)

图4-138

第2步：将鼠标移至“其他信息”所在行的左侧，当光标变成形状↗时，单击鼠标左键即可选中该行，按住鼠标左键拖动该行至文本“联系方式”前松开鼠标左键；再同样选择“联系方式”行，用鼠标左键拖动该行至文本“办公电话”前松开鼠标左键，如图4-139所示。

足球俱乐部 VIP 客户登记表

基本资料					
姓名		性别		生日	
公司名称				职务	
办公电话		手机号码			
QQ 号码		E-mail			
其他信息					
联系方式					
您是通过何种方式了解足球俱乐部？□朋友介绍　□网络　□广告					
希望俱乐部活动的频率？□每周一次　□每周两次　□一月一次					

图4-139

（5）单元格的合并与拆分。

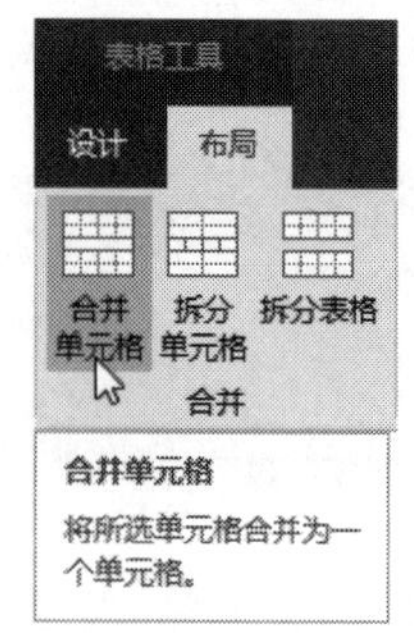

图4-140

第1步：选中“基本资料”文本所在单元格和右边的三个空白单元格，在“表格工具”的“布局”选项卡下“合并”组中单击“合并单元格”按钮，如图4-140所示。

第2步：选中“联系方式”文本所在单元格和右边的三个空白单元格，在“表格工具”的“布局”选项卡下“合并”组中单击“合并单元格”按钮。

第3步：选中“其他信息”文本所在单元格和右边的三个空白单元格，在“表格工具”的“布局”选项卡下“合并”组中单击“合并

单元格”按钮。

（6）单元格的格式设置。

第1步：将鼠标移至第1行的左侧，当光标变成形状时，单击鼠标左键即可选中该行，按住Ctrl键，以同样的方法同时选中第4行和第7行，如图4-141所示。

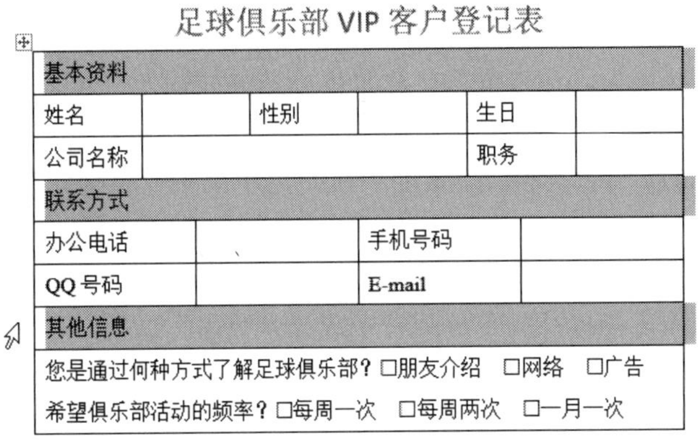

足球俱乐部 VIP 客户登记表

基本资料					
姓名		性别		生日	
公司名称				职务	
联系方式					
办公电话		手机号码			
QQ 号码		E-mail			
其他信息					
您是通过何种方式了解足球俱乐部？□朋友介绍　□网络　□广告					
希望俱乐部活动的频率？□每周一次　□每周两次　□一月一次					

图4-141

第2步：在“开始”选项卡下“字体”组“字体”下拉列表中选择“黑体”，单击“加粗”按钮。

第3步：在“开始”选项卡下“段落”组中单击“居中”按钮。

（7）表格的边框与底纹。

第1步：选中整个表格，在“表格工具”的“设计”选项卡下“边框”组中单击右下角的“对话框启动器”按钮，如图4-142所示。

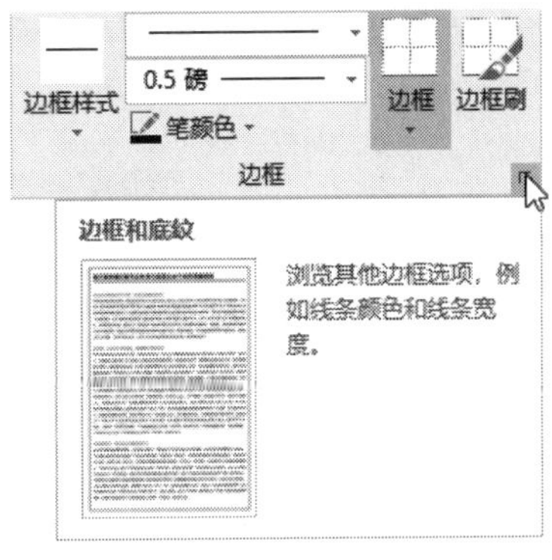

图4-142

第2步：在弹出的“边框和底纹”设置对话框中的“边框”选项卡下，单击“设置”区域的“方框”按钮，在“样式”下拉列表中选择“实线”；在“颜色”下拉列表中执行“其他颜色”命令，弹出“颜色”对话框，分别在“自定义”选项卡下的RGB值列表中输入“0”“0”“204”；在“宽度”下拉列表中选择“2.25磅”。

第3步：单击“设置”区域的“自定义”按钮，在“样式”下拉列表中选择“双实线”线型；在“颜色”下拉列表中执行“其他颜色”命令，弹出“颜色”对话框，分别在“自定义”选项卡下的RGB值列表中输入“0”“102”“0”；在“宽度”下拉列表中选择“1.5磅”。在预览区域中单击“横网格线”按钮和“竖网格线”按钮，最后单击“确定”按钮。

第4步：单击“文件”选项卡下的“保存”按钮。

4.2　第2题解答

打开文档：单击“文件”选项卡，在列表中执行“打开”命令，单击右侧的“浏

览”选项，在弹出的“打开”对话框中，首先从左侧列表中选择考生文件夹所在的位置，然后从右侧列表中选择“A4.docx”文件，单击“打开”按钮。

1. 页面设置

第1步：将光标定位在文档中的任意位置，在“布局”选项卡下“页面设置”组中单击右下角的“对话框启动器”按钮，弹出“页面设置”对话框。在“纸张”选项卡下的“纸张大小”区域中，在“宽度”文本框中选择或输入“20厘米”，在“高度”文本框中选择或输入“30厘米”，单击“确定”按钮。

第2步：在“布局”选项卡下“页面设置”组中单击“页边距”按钮，在打开的下拉列表中选择“中等”。

第3步：将光标定位在文档中的任意位置，单击“插入”选项卡下“页眉和页脚”组中的“页眉”按钮，在打开的下拉列表中选择“空白”选项，进入页眉。在“页眉”处输入文本“科学前沿”，并单击“开始”选项卡下“段落”组中的“右对齐”按钮。

第4步：在“页眉”处的左端双击使光标定位于左端。在“页眉和页脚工具”的“设计”选项卡下“页眉和页脚”组中单击“页码”按钮，在下拉列表中选择“当前位置”选项下的“普通数字”，系统自动插入相应的页码，如图4-143所示。完成以上操作单击“关闭页眉和页脚”按钮。

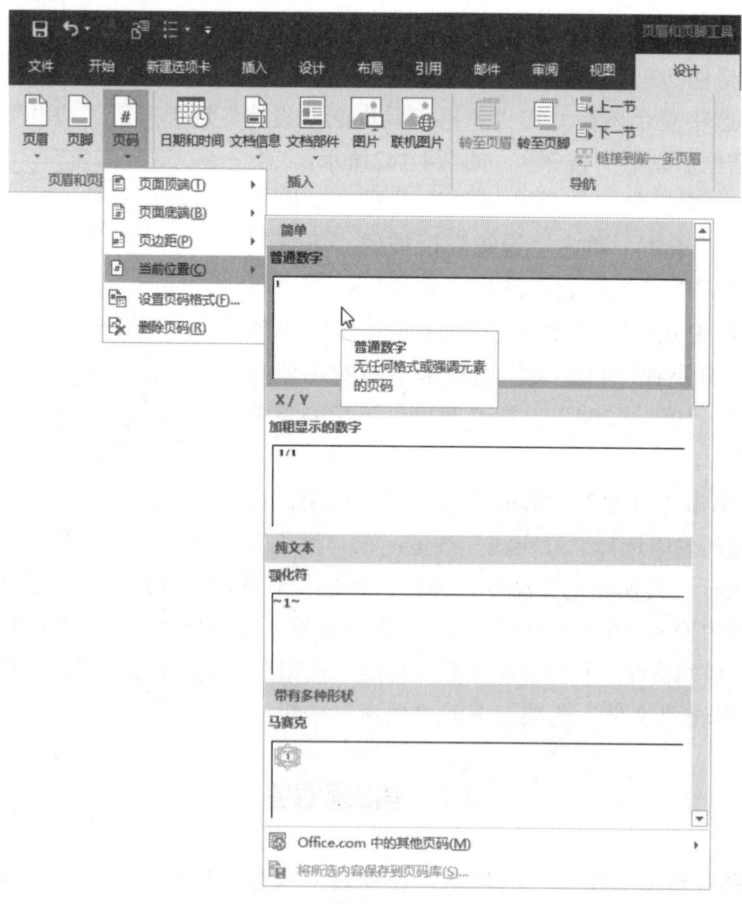

图4-143

2. 艺术字设置

第1步：选中文档的标题“神奇的纳米材料”，单击“插入”选项卡下“文本”组中的“艺术字”按钮。在打开的库中选择“渐变填充：金色，主题色4；边框：金色，主题色4”（第2行第3列）。

第2步：选中插入的艺术字，在“开始”选项卡下“字体”组中，在“字体”下拉列表中选择“华文新魏”，在“字号”文本框中输入“45”磅。

第3步：选中插入的艺术字，在“绘图工具”的“格式”选项卡下“排列”组中单击“环绕文字”按钮，从打开的列表中选择“嵌入型”。

第4步：选中插入的艺术字，在“绘图工具”的“格式”选项卡下“艺术字样式”组中单击“文本效果”按钮，在打开的下拉列表中选择“映像”选项下的“紧密映像：接触”映像效果（第1行第1列）。

3. 文档的版面格式设置

（1）设置边框和底纹。

第1步：在文档中选中正文第4段，在“开始”选项卡下“段落”组中单击“边框”按钮右侧的下三角按钮，在打开的下拉列表中执行“边框和底纹”命令。

第2步：在打开的“边框和底纹”对话框中的“边框”选项卡下，在“设置”区域单击“方框”按钮，在“样式”列表中选择“虚线”，在“颜色”下拉列表中选择标准色中的“绿色”，在“宽度”下拉列表中选择“2.25磅”，在“应用于”下拉列表中选择“段落”。

第3步：在“边框和底纹”对话框中切换至“底纹”选项卡下，在“图案”区域的“样式”下拉列表中选择“深色网格”，在“颜色”下拉列表中选择标准色中的“橙色”，在“应用于”下拉列表中选择“段落”，单击“确定”按钮。

（2）分栏设置。

选中正文第2段至结尾段落，单击“布局”选项卡下“页面设置”组中的“栏”按钮，在打开的下拉列表中执行“偏左”命令。

4. 文档的插入设置

（1）插入图片。

第1步：将光标定位在样文所示的位置，单击“插入”选项卡下的“图片”按钮，弹出“插入图片”对话框，在指定路径C:\2016KSW\DATA2文件夹中选择“PIC4-2.jpg”，单击“插入”按钮。

第2步：选中插入的图片，在“图片工具”的“格式”选项卡下“大小”组中单击右下角的“对话框启动器”按钮。

第3步：弹出“布局”对话框，选择“大小”选项卡，在“缩放”区域中“高度”和“宽度”文本框中均选择或输入“40%”。

第4步：在“布局”对话框中切换至“文字环绕”选项卡下，在“环绕方式”区域选择“四周型”，单击“确定”按钮。

第5步：在“图片工具”的“格式”选项卡下“图片样式”组中单击“快速样式”

右下角的“其他”按钮，在打开的库中选择“棱台透视”外观样式。最后，利用鼠标拖动图片移动图片位置，使其位于样文所示的位置。

（2）插入尾注。

第1步：选择正文第1段中的文本“粒子”，单击“引用”选项卡下“脚注”组中的“插入尾注”按钮。

第2步：在光标所在区域内输入文本“粒子：也叫超微颗粒。”

5. 文档表格的基本操作

（1）打开文档。

第1步：单击“文件”选项卡，在列表中执行“打开”命令，单击右侧的“浏览”选项，在弹出的“打开”对话框中，首先从左侧列表中选择C:\2016KSW\DATA2文件夹，然后从右侧列表中选择“TF4-2A.docx”文件，单击“打开”按钮。

第2步：单击“文件”选项卡，在打开的菜单中执行“另存为”命令，单击右侧的“浏览”选项，在弹出的“另存为”对话框的左侧列表中选择考生文件夹所在的位置，在“文件名”文本框中输入“A4-B”，单击“保存”按钮。

（2）创建表格。

第1步：将光标定位在文档开头处，在“插入”选项卡下“表格”组中单击“表格”按钮，在打开的下拉列表中执行“插入表格”命令。

第2步：在弹出的“插入表格”对话框中，在“列数”编辑框中输入“6”，在“行数”编辑框中输入“5”，单击“确定”按钮。

（3）套用表格样式。

第1步：选中新创建的整个表格，在“表格工具”的“设计”选项卡下“表格样式”组中单击“表格样式”右下角的“其他”按钮，在打开的列表中选择“网格表”区域中的“网格表4 - 着色4”表格样式。

第2步：再次单击“表格样式”右下角的“其他”按钮，在打开的列表中执行“修改表格样式”命令，弹出“修改样式”对话框，在“样式基准”下拉列表中选择“精巧型2”，单击“确定”按钮。

（4）表格行与列的操作。

第1步：选中“果树种植面积统计表（单位：亩）”表格中“樱桃树”行下面的空白行，右击，在弹出的浮动工具栏中单击“删除”按钮，在打开的下拉列表中执行“删除行”命令。

第2步：将鼠标移至“2014年”所在列上方，当光标变成形状⬇时，单击鼠标左键即可选中该行，按住鼠标左键拖动该行至文本“2013年”后松开鼠标左键，如图4-144所示。

（5）单元格的合并与拆分。

第1步：选中“2012年”文本所在单元格和下边的空白单元格，在“表格工具”的“布局”选项卡下“合并”组中单击“合并单元格”按钮。

第2步：选中“2013年”文本所在单元格和下边的空白单元格，在“表格工具”的“布局”选项卡下“合并”组中单击“合并单元格”按钮。

果树种植面积统计表（单位：亩）

年份 品种	2012 年	2014 年	2013 年	2015 年
桃树	64	49	48	55
苹果树	44	40	37	48
梨树	66	55	52	72
樱桃树	56	62	53	59
山楂树	64	73	60	66
枣树	31	25	27	31
杏树	58	53	40	57

图4-144

第3步：选中“2014年”文本所在单元格和下边的空白单元格，在“表格工具”的“布局”选项卡下“合并”组中单击“合并单元格”按钮。

第4步：选中“2015年”文本所在单元格和下边的空白单元格，在“表格工具”的“布局”选项卡下“合并”组中单击“合并单元格”按钮。

（6）单元格的格式设置。

第1步：选中整个表格，在“开始”选项卡下“字体”组中的“字体”下拉列表中选择“楷体”，单击“加粗”按钮。

第2步：同时选中表格中第2、3、4、5列的文本，在“开始”选项卡下“段落”组中单击“居中”按钮。

（7）表格的边框与底纹。

第1步：选中整个表格，在“表格工具”的“设计”选项卡下“边框”组中单击右下角的“对话框启动器”按钮。在弹出的“边框和底纹”设置对话框中的“边框”选项卡下，单击“设置”区域的“方框”按钮，在“样式”下拉列表中选择如【样文4-2B】所示线型，在“颜色”下拉列表中选择标准色中的“绿色”，在“宽度”下拉列表中选择“3磅”。

第2步：单击“设置”区域的“自定义”按钮，在“样式”下拉列表中选择如【样文4-2B】所示线型，在“颜色”下拉列表中选择标准色中的“浅蓝”，在“宽度”下拉列表中选择“3磅”。在预览区域中单击“横网格线”按钮和“竖网格线”按钮，最后单击“确定”按钮。

第3步：选中表格第1行，在“表格工具”的“设计”选项卡下“表格样式”组中单击“底纹”按钮，在打开的下拉列表中执行“其他颜色”命令。在弹出的“颜色”设置对话框中，分别在“自定义”选项卡下的RGB值列表中输入“255”“153”“204”，单击“确定”按钮。

第4步：选中表格第1列，在“表格工具”的“设计”选项卡下“表格样式”组中单击“底纹”按钮，在打开的下拉列表中执行“其他颜色”命令，弹出“颜色”设置对话框中，分别在“自定义”选项卡下的RGB值列表中输入“255”“153”“204”，单击“确定”按钮。

第5步：单击“文件”选项卡下的“保存”按钮。

4.3 第3题解答

打开文档：单击“文件”选项卡，在列表中执行“打开”命令，单击右侧的“浏览”选项，在弹出的“打开”对话框中，首先从左侧列表中选择考生文件夹所在的位置，然后从右侧列表中选择“A4.docx”文件，单击“打开”按钮。

1. 页面设置

第1步：将光标定位在文档中的任意位置，单击“布局”选项卡下“页面设置”组中的“纸张方向”按钮，在打开的下拉列表中选择“横向”，如图4-145所示。

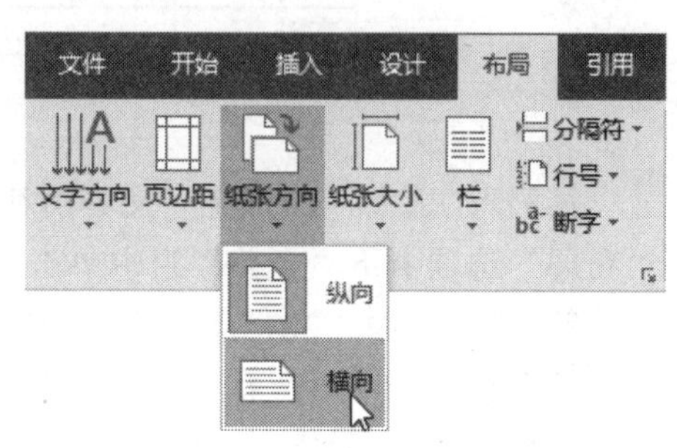

图4-145

第2步：在“布局”选项卡下“页面设置”组中单击“页边距”按钮，在打开的下拉列表中选择“窄”选项。

第3步：将光标定位在文档中的任意位置，单击“插入”选项卡下的“页眉和页脚”组中的“页眉”按钮，在打开的下拉列表中选择“空白”，进入页眉。在“页眉”处输入文本“针状焦简介”，并单击“开始”选项卡下“段落”组中的“左对齐”按钮。

第4步：选中页眉文字，在“开始”选项卡下“段落”组中单击“边框线”按钮右侧的下三角按钮，在打开的下拉列表中执行“边框和底纹”命令。

第5步：在打开的“边框和底纹”对话框的“边框”选项卡下，在“设置”区域选择“自定义”，在“样式”列表中选择“双波浪线”线型，在“颜色”下拉列表中选择标准色中的“浅蓝”，在“预览”区域单击“下框线”按钮，在“应用于”下拉列表中选择“段落”，单击“确定”按钮，单击“关闭页眉和页脚”按钮。

第6步：将光标定位在文档中的任意位置，单击“插入”选项卡下“页眉和页脚”组中的“页码”按钮，在打开的下拉列表中选择“页面底端”选项下的“普通数字3”。在页码数字的前后分别输入“第”和“页”。

第7步：在插入的页码数字前输入“第”，在插入的页码数字后输入“页”。选中页码文字，在“开始”选项卡下“段落”组中单击“边框线”按钮右侧的下三角按钮，在打开的下拉列表中执行“边框和底纹”命令。在打开的“边框和底纹”对话框的“边框”选项卡下，在“设置”区域中选择“自定义”，在“样式”列表中选择“双波浪线”线型，在“颜色”下拉列表中选择标准色中的“浅蓝”，在“预览”区域单击“上框线”按钮，在“应用于”下拉列表中选择“段落”，单击“确定”按钮，单击“关闭页眉和页脚”按钮。

2. 艺术字设置

第1步：选中文档的标题“珍贵的针状焦”，单击“插入”选项卡下“文本”组中

的“艺术字”按钮，在打开的库中选择“填充：白色；边框：橙色，主题色2；清晰阴影：橙色，主题色2”（第3行第4列）。

第2步：选中插入的艺术字，在“开始”选项卡下“字体”组中，在“字体”下拉列表中选择“华文彩云”，在“字号”文本框中输入“72”磅。

第3步：选中插入的艺术字，在“绘图工具”的“格式”选项卡下“排列”组中单击“环绕文字”按钮，在打开的列表中选择“上下型环绕”；单击“对齐”按钮，从打开的列表中选择“水平居中”。

第4步：选中插入的艺术字，在“绘图工具”的“格式”选项卡下“艺术字样式”组中单击“文本效果”按钮，在打开的下拉列表中选择“转换”选项下“曲线：下”弯曲效果。

第5步：再次单击“艺术字样式”组中的“文本效果”按钮，在打开的下拉列表中选择“发光”选项下的“发光：5磅；绿色，主题色6”发光效果（第1行第6列）。

3. 文档的版面格式设置

（1）设置边框和底纹。

第1步：在文档中选中正文第1段，在“开始”选项卡下“段落”组中单击“边框”按钮右侧的下三角按钮，在打开的下拉列表中执行“边框和底纹”命令。

第2步：在打开的“边框和底纹”对话框的“边框”选项卡，在“设置”区域单击“方框”按钮，在“样式”列表中选择“三条细实线”，在“颜色”下拉列表中选择标准色中的“紫色”，在“宽度”下拉列表中选择“0.5磅”，在“应用于”下拉列表中选择“段落”。

第3步：在“边框和底纹”对话框中切换至“底纹”选项卡下，在“填充”下拉列表中执行“其他颜色”命令，弹出“颜色”对话框，分别在“自定义”选项卡下的RGB值列表中输入“204”“255”“204”，单击“确定”按钮。

第4步：返回至“边框和底纹”对话框，在“应用于”下拉列表中选择“段落”，单击“确定”按钮。

（2）分栏设置。

在文档中选中正文第2段至结尾段落，单击“布局”选项卡下“页面设置”组中的“栏”按钮，在打开的下拉列表中执行“更多栏”命令。弹出“栏”对话框，在“预设”区域中选择“三栏”，选中“分隔线”复选框，单击“确定”按钮。

4. 文档的插入设置

（1）插入图片。

第1步：将光标定位在样文所示的位置，单击“插入”选项卡下的“图片”按钮，弹出“插入图片”对话框，在指定路径C:\2016KSW\DATA2文件夹中选择“PIC4-3.jpg”，单击“插入”按钮。

第2步：选中插入的图片，在“图片工具”的“格式”选项卡下“大小”组中单击右下角的“对话框启动器”按钮。弹出“布局”对话框，选择“大小”选项卡，在“缩放”区域中“高度”和“宽度”文本框中均选择或输入“70%”。

第3步：在“布局”对话框中切换至“文字环绕”选项卡下，在“环绕方式”区域选择“四周型”，单击“确定”按钮。

第4步：在“图片工具”的“格式”选项卡下“图片样式”组中单击“快速样式”右下角的“其他”按钮，在打开的库中选择“柔化边缘椭圆”外观样式。

第5步：利用鼠标拖动图片移动图片位置，使其位于样文所示的位置。

（2）插入脚注。

第1步：选择正文第1段中的文本“针状焦”，单击“引用”选项卡下“脚注”组中的“插入脚注”按钮。

第2步：在光标所在区域内输入文本“我国针状焦生产技术落后，产量少，进口依赖度较大。”

5. 文档表格的基本操作

（1）打开文档。

第1步：单击“文件”选项卡，在列表中执行“打开”命令，单击右侧的“浏览”选项，在弹出的“打开”对话框中，首先从左侧列表中选择C:\2016KSW\DATA2文件夹，然后从右侧列表中选择“TF4-3A.docx”文件，单击“打开”按钮。

第2步：单击“文件”选项卡，在列表中执行“另存为”命令，单击右侧的“浏览”选项，在弹出的“另存为”对话框的左侧列表中选择考生文件夹所在的位置，在“文件名”文本框中输入“A4-B”，单击“保存”按钮。

（2）创建表格。

第1步：将光标定位在文档开头处，在“插入”选项卡下“表格”组中单击“表格”按钮，在打开的下拉列表中执行“插入表格”命令。

第2步：在弹出的“插入表格”对话框中，在“列数”编辑框中输入“4”，在“行数”编辑框中输入“6”，单击“确定”按钮。

（3）套用表格样式。

第1步：选中新创建的整个表格，在“表格工具”的“设计”选项卡下“表格样式”组中单击“表格样式”右下角的“其他”按钮，在打开的列表中“网格表”区域选择“网格表1 浅色 - 着色4”表格样式。

第2步：再次单击“表格样式”右下角的“其他”按钮，在打开的列表框中执行“修改表格样式”命令，弹出“修改样式”对话框，在“样式基准”下拉列表中选择“竖列型3”，单击“确定”按钮。

（4）表格行与列的操作。

第1步：选中“环球公司职员情况登记表”表格中的第1行，右击，在打开的快捷菜单中执行“表格属性”命令。

第2步：弹出“表格属性”对话框，在“行”选项卡下的“尺寸”区域中选中“指定高度”复选框，在后面的微调框中选择或输入“1厘米”，在“行高值是”下拉列表中选择“固定值”，单击“确定”按钮。

第3步：选中“环球公司职员情况登记表”表格中除第1行以外的其余行，右击，在打开的快捷菜单中执行“表格属性”命令。弹出“表格属性”对话框，在“行”选项卡

下的“尺寸”区域中选中“指定高度”复选框，在后面的微调框中选择或输入“0.8厘米”，在“行高值是”下拉列表中选择“固定值”，单击“确定”按钮。

（5）单元格的合并与拆分。

第1步：选中“部门”单元格下面的空白单元格，在“表格工具”的“布局”选项卡下“合并”组中单击“拆分单元格”按钮。

第2步：在弹出的“拆分单元格”对话框中，在“列数”编辑框中输入“7”，在“行数”编辑框中输入“1”，单击“确定”按钮。在该行单元格中依次输入如【样文4-3B】所示的文本内容。

（6）单元格的格式设置。

第1步：选中表格第1行文本，在“开始”选项卡下“字体”组中的“字体”下拉列表中选择“华文细黑”，在“字号”下拉列表中选择“四号”，单击“加粗”按钮。

第2步：在“开始”选项卡下“字体”组中单击“文本效果”按钮，在打开的样式库中选择“渐变填充：蓝色，主题色5；映像”效果样式（第2行第2列）。

（7）表格的边框与底纹。

第1步：选中整个表格，在“表格工具”的“设计”选项卡下“边框”组中单击右下角的“对话框启动器”按钮。在弹出的“边框和底纹”设置对话框中的“边框”选项卡下，单击“设置”区域的“全部”按钮，在“样式”下拉列表中选择“虚线”线型，在“颜色”下拉列表中选择标准色中的“深蓝”色，在“宽度”下拉列表中选择“1.5磅”，单击“确定”按钮。

第2步：选中表格第1行，在“表格工具”的“设计”选项卡下“表格样式”组中单击“底纹”按钮，在打开的下拉列表中执行“其他颜色”命令。在弹出的“颜色”设置对话框中，分别在“自定义”选项卡下的RGB值列表中输入“255”“255”“204”，单击“确定”按钮。

第3步：选中表格除第1行以外的其余各行，在“表格工具”的“设计”选项卡下“表格样式”组中单击“底纹”按钮，在打开的下拉列表中执行“其他颜色”命令。在弹出的“颜色”设置对话框中，分别在“自定义”选项卡下的RGB值列表中输入“255”“153”“255”，单击“确定”按钮。

第4步：单击“文件”选项卡下的“保存”按钮。

4.4　第4题解答

打开文档：单击“文件”选项卡，在列表中执行“打开”命令，单击右侧的“浏览”选项，在弹出的“打开”对话框中，首先从左侧列表中选择考生文件夹所在的位置，然后从右侧列表中选择“A4.docx”文件，单击“打开”按钮。

1. 页面设置

第1步：将光标定位在文档中的任意位置，单击“布局”选项卡下“页面设置”组右下角的“对话框启动器”按钮，弹出“页面设置”对话框。在“纸张”选项卡下的“纸张大小”区域中，在“宽度”文本框中选择或输入“20厘米”，在“高度”文本框

中选择或输入“28厘米”。

第2步：在“页面设置”对话框中切换至“页边距”选项卡，在“上”“下”“左”“右”文本框中选择或输入“2厘米”，单击“确定”按钮。

第3步：将光标定位在文档中的任意位置，单击“插入”选项卡下“页眉和页脚”组中的“页眉”按钮，在打开的下拉列表中选择“空白”，进入页眉。在“页眉”处输入文本“柚子花开”，并单击“开始”选项卡下“段落”组中的“左对齐”按钮。

第4步：在“页眉”处的右端双击使光标定位于右端。在“页眉和页脚工具”的“设计”选项卡下“页眉和页脚”组中单击“页码”按钮，在弹出的下拉列表中选择“当前位置”选项下的“普通数字”，系统自动插入相应的页码。在页码数字前后分别输入“第”和“页”。

第5步：选中页眉和页码文字，在“开始”选项卡下“段落”组中单击“边框线”按钮右侧的下三角按钮，在打开的下拉列表中执行“边框和底纹”命令。

第6步：在打开的“边框和底纹”对话框的“边框”选项卡，在“设置”区域选择“自定义”，在“样式”列表中选择“双线”线型，在“颜色”下拉列表中选择标准色中的“蓝色”，在“预览”区域单击“下框线”按钮，在“应用于”下拉列表中选择“段落”，单击“确定”按钮，单击“关闭页眉和页脚”按钮。

2. 艺术字设置

第1步：选中文档的标题“版纳三月柚子花开”，单击“插入”选项卡下“文本”组中的“艺术字”按钮，在打开的库中选择“填充：橙色，主题色2；边框：橙色，主题色2”（第1行第3列）。

第2步：选中插入的艺术字，在“开始”选项卡下的“字体”组中，在“字体”下拉列表中选择“华文新魏”，在“字号”文本框中输入“36”磅。

第3步：选中插入的艺术字，在“绘图工具”的“格式”选项卡下“排列”组中单击“环绕文字”按钮，从打开的下拉列表中选择“嵌入型”。

第4步：选中插入的艺术字，在“开始”选项卡下“段落”组中单击“居中”按钮。

第5步：选中插入的艺术字，在“绘图工具”的“格式”选项卡下“艺术字样式”组中单击“文本效果”按钮，在打开的下拉列表中选择“转换”选项下的“朝鲜鼓”弯曲效果。

第6步：选中插入的艺术字，在“绘图工具”下的“格式”选项卡下“形状样式”组中单击“快速样式”右下角的“其他”按钮，在打开的库中选择“主题样式”下的“细微效果 - 绿色，强调颜色6”形状样式。

第7步：在“绘图工具”的“格式”选项卡下“形状样式”组中单击“形状效果”按钮，在打开的库中选择“预设”选项下的“预设7”形状效果。

3. 文档的版面格式设置

（1）设置边框和底纹。

第1步：在文档中选中正文最后一段，在“开始”选项卡下“段落”组中单击“边框”按钮右侧的下三角按钮，在打开的下拉列表中执行“边框和底纹”命令。

第2步：在打开的“边框和底纹”对话框的“边框”选项卡，在“设置”区域单击“方框”按钮，在“样式”列表中选择如【样文4-4A】所示线型，在“颜色”下拉列表中选择标准色中的“紫色”，在“宽度”下拉列表中选择“3磅”，在“应用于”下拉列表中选择“段落”。

第3步：在“边框和底纹”对话框中切换至“底纹”选项卡下，在“图案”区域的“样式”下拉列表中选择“深色下斜线”，在“颜色”下拉列表中选择标准色中的“黄色”，在“应用于”下拉列表中选择“段落”，单击“确定”按钮。

（2）分栏设置。

在文档中选中正文第2、3、4段，单击“布局”选项卡下“页面设置”组中的“栏”按钮，在打开的下拉列表中执行“更多栏”命令。弹出“栏”对话框，在“预设”区域中选择“偏右”，选中“分隔线”复选框，单击“确定”按钮。

4. 文档的插入设置

（1）插入图片。

第1步：将光标定位在样文所示位置，单击“插入”选项卡下的“图片”按钮，弹出“插入图片”对话框，在指定路径C:\2016KSW\DATA2文件夹中选择“PIC4-4.jpg”，单击“插入”按钮。

第2步：选中插入的图片，在“图片工具”的“格式”选项卡下“大小”组中单击右下角的“对话框启动器”按钮。弹出“布局”对话框，选择“大小”选项卡，在“缩放”区域中“高度”和“宽度”文本框中均选择或输入“45%”。

第3步：在“布局”对话框中切换至“文字环绕”选项卡下，在“环绕方式”区域选择“紧密型环绕”，单击“确定”按钮。

第4步：在“图片工具”的“格式”选项卡下“图片样式”组中单击“快速样式”右下角的“其他”按钮，在打开的库中选择“柔化边缘椭圆”外观样式。

第5步：利用鼠标拖动图片移动图片位置，使其位于样文所示位置。

（2）插入尾注。

第1步：选择正文最后一段中的文本“柚子花”，单击“引用”选项卡下“脚注”组中的“插入尾注”按钮。

第2步：在光标所在区域内输入文本“柚子花芽为混合芽，春季萌发时抽梢后开花。”

5. 文档表格的基本操作

（1）打开文档。

第1步：单击“文件”选项卡，在列表中执行“打开”命令，单击右侧的“浏览”选项，在弹出的“打开”对话框中，首先从左侧列表中选择C:\2016KSW\DATA2文件夹，然后从右侧列表中选择“TF4-4A.docx”文件，单击“打开”按钮。

第2步：单击“文件”选项卡，在打开的菜单中执行“另存为”命令，单击右侧的“浏览”选项，在弹出的“另存为”对话框的左侧列表中选择考生文件夹所在的位置，在“文件名”文本框中输入“A4-B”，单击“保存”按钮。

（2）创建表格。

将光标定位在文档开头处，在“插入”选项卡下“表格”组中单击“表格”按钮，在打开的下拉列表中执行“插入表格”命令。在弹出的“插入表格”对话框中，在“列数”编辑框中输入“7”，在“行数”编辑框中输入“4”，单击“确定”按钮。

（3）套用表格样式。

第1步：选中新创建的整个表格，在“表格工具”的“设计”选项卡下“表格样式”组中单击“表格样式”右下角的“其他”按钮，在打开的列表中选择“网格表”区域中的“网格表4 - 着色2”的表格样式。

第2步：再次单击“表格样式”右下角的“其他”按钮，在打开的列表中执行“修改表格样式”命令，弹出“修改样式”对话框，在“样式基准”下拉列表中选择“彩色型1”，单击“确定”按钮。

（4）表格行与列的操作。

第1步：选中“2016年成都市区在售楼盘部分情况表”表格中“蓝光金荷花”行下面的空白行，右击，在弹出的浮动工具栏中单击“删除”按钮，在打开的下拉列表中执行“删除行”命令。

第2步：选中“2016年成都市区在售楼盘部分情况表”表格的第1列，在“表格工具”的“布局”选项卡下“单元格大小”组中，在“宽度”编辑框中选择或输入“3厘米”。

第3步：选中表格的第2列，在“表格工具”的“布局”选项卡下“单元格大小”组中，在“宽度”编辑框中选择或输入“4厘米”。

第4步：同时选中表格的其他各列，在“表格工具”的“布局”选项卡下“单元格大小”组中，在“宽度”编辑框中选择或输入“2厘米”。

第5步：选中整个表格，在“表格工具”的“布局”选项卡下“单元格大小”组中，在“高度”编辑框中选择或输入“0.7厘米”。

（5）单元格的合并与拆分。

第1步：选中表格最后一列的空白单元格，在“表格工具”的“布局”选项卡下“合并”组中单击“拆分单元格”按钮。

第2步：在弹出的“拆分单元格”对话框中，在“列数”编辑框中输入“1”，在“行数”编辑框中输入“9”，单击“确定”按钮。在该行单元格中依次输入如【样文4-4B】所示的文本内容。

（6）单元格的格式设置。

第1步：选中整个表格，在“开始”选项卡下“字体”组中的“字体”下拉列表中选择“新宋体”，在“字号”下拉列表中选择“五号”。

第2步：在“表格工具”的“布局”选项卡下“对齐方式”组中单击“水平居中”按钮。

（7）表格的边框与底纹。

第1步：同时选中表格的1、3、5、7、9行，在“表格工具”的“设计”选项卡下“边框”组中单击右下角的“对话框启动器”按钮。

第2步：弹出“边框和底纹”设置对话框，在“底纹”选项卡下的“图案”区域，在“样式”下拉列表中选择“浅色下斜线”，在“颜色”下拉列表中选择标准色中的“浅绿”，单击“确定”按钮。

第3步：同时选中表格的2、4、6、8行，在“表格工具”的“设计”选项卡下“边框”组中单击右下角的“对话框启动器”按钮。弹出“边框和底纹”设置对话框，在“底纹”选项卡下的“图案”区域，在“样式”下拉列表中选择“浅色上斜线”，在“颜色”下拉列表中选择标准色中的“橙色”，单击“确定”按钮。

第4步：选中整个表格，在“表格工具”的“设计”选项卡下“边框”组中单击右下角的“对话框启动器”按钮。在弹出的“边框和底纹”设置对话框中的“边框”选项卡下，单击“设置”区域的“方框”按钮，在“样式”下拉列表中选择“双点划线”线型，在“颜色”下拉列表中选择标准色中的“深蓝”，在“宽度”下拉列表中选择“2.25磅”，单击“确定”按钮。

第5步：单击“文件”选项卡下的“保存”按钮。

4.5 第5题解答

打开文档：单击“文件”选项卡，在列表中执行“打开”命令，单击右侧的“浏览”选项，在弹出的“打开”对话框中，首先从左侧列表中选择考生文件夹所在的位置，然后从右侧列表中选择“A4.docx”文件，单击“打开”按钮。

1. 页面设置

第1步：将光标定位在文档中的任意位置，单击“布局”选项卡下“页面设置”组中“纸张大小”按钮，在打开的下拉列表中选择“Executive”选项。

第2步：在“布局”选项卡下“页面设置”组中单击“页边距”按钮，在打开的下拉列表中选择“中等”选项。

第3步：将光标定位在文档中的任意位置，单击“插入”选项卡下“页眉和页脚”组中的“页眉”按钮，在打开的下拉列表中选择“空白”，进入页眉。在“页眉”处输入文本“多肉植物”。

第4步：选中页眉文字，在“开始”选项卡下“段落”组中单击“边框线”按钮右侧的下三角按钮，在打开的下拉列表中执行“边框和底纹”命令。

第5步：在打开的“边框和底纹”对话框的“边框”选项卡下，在“设置”区域选择“自定义”，在“样式”列表中选择与【样文4-5A】相同的线型，在“颜色”下拉列表中选择标准色中的“深红”，在“宽度”下拉列表中选择“1.5磅”，在“预览”区域单击“下框线”按钮，在“应用于”下拉列表中选择“段落”，单击“确定”按钮，单击“关闭页眉和页脚”按钮。

第6步：将光标定位在文档中的任意位置，在“插入”选项卡下“页眉和页脚”组中单击“页码”按钮，在打开的下拉列表中选择“页面底端”选项下的“普通数字2”。

第7步：选中页码文字，在“开始”选项卡下“段落”组中单击“边框线”按钮

右侧的下三角按钮，在打开的下拉列表中执行“边框和底纹”命令。在打开的“边框和底纹”对话框的“边框”选项卡下，在“设置”区域选择“自定义”，在“样式”列表中选择与【样文4-5A】相同的线型，在“颜色”下拉列表中选择标准色中的“深红”，在“宽度”下拉列表中选择“1.5磅”，在“预览”区域单击“上框线”按钮，在“应用于”下拉列表中选择“段落”，单击“确定”按钮，单击“关闭页眉和页脚”按钮。

2. 艺术字设置

第1步：选中文档的标题“秋季怎么养多肉植物”，单击“插入”选项卡下“文本”组中的“艺术字”按钮。在打开的库中选择“填充：蓝色，主题色5；边框：白色，背景色1；清晰阴影：蓝色，主题色5”（第3行第3列）。

第2步：选中插入的艺术字，在“开始”选项卡下“字体”组中，在“字体”下拉列表中选择“华文琥珀”，在“字号”文本框中输入“36”磅，在“字体颜色”下拉列表中选择标准色中的“绿色”。

第3步：选中插入的艺术字，在“绘图工具”的“格式”选项卡下“排列”组中单击“环绕文字”按钮，从打开的下拉列表中选择“嵌入型”。

第4步：选中插入的艺术字，在“开始”选项卡下“段落”组中单击“居中”按钮。

第5步：选中插入的艺术字，在“绘图工具”的“格式”选项卡下“艺术字样式”组中单击“文本效果”按钮，在打开的下拉列表中选择“转换”选项下“停止”弯曲效果。

第6步：再次单击“艺术字样式”组中的“文本效果”按钮，在打开的下拉列表中选择“棱台”选项下的“柔圆”文本效果。

3. 文档的版面格式设置

（1）设置边框和底纹。

第1步：在文档中选中正文最后一段，在“开始”选项卡下“段落”组中单击“边框”按钮右侧的下三角按钮，在打开的下拉列表中执行“边框和底纹”命令。

第2步：在打开的“边框和底纹”对话框的“边框”选项卡下，在“设置”区域单击“方框”按钮，在“样式”列表中选择如【样文4-5A】所示线型，在“颜色”下拉列表中选择标准色中的“深蓝”，在“宽度”下拉列表中选择“3磅”，在“应用于”下拉列表中选择“段落”。

第3步：在“边框和底纹”对话框中切换至“底纹”选项卡下，在“图案”区域的“样式”下拉列表中选择“浅色棚架”，在“颜色”下拉列表中执行“其他颜色”命令，弹出“颜色”对话框，分别在“自定义”选项卡下的RGB值列表中输入“255”“153”“204”，单击“确定”按钮。

第4步：返回至“边框和底纹”对话框，在“应用于”下拉列表中选择“段落”，单击“确定”按钮。

（2）分栏设置。

在文档中选中正文第2~9段，单击“布局”选项卡下“页面设置”组中的“栏”按钮，在打开的下拉列表中选择“三栏”。

4. 文档的插入设置

（1）插入图片。

第1步：将光标定位在样文所示位置，单击“插入”选项卡下的“图片”按钮，弹出“插入图片”对话框，在指定路径C:\2016KSW\DATA2文件夹中选择“PIC4-5.jpg”，单击“插入”按钮。

第2步：选中插入的图片，在“图片工具”的“格式”选项卡下“大小”组中单击右下角的“对话框启动器”按钮。弹出“布局”对话框，选择“大小”选项卡，在“缩放”区域中“高度”和“宽度”文本框中均选择或输入“70%”。

第3步：在“布局”对话框中切换至“文字环绕”选项卡下，在“环绕方式”区域选择“四周型”，单击“确定”按钮。

第4步：在“图片工具”的“格式”选项卡下“图片样式”组中单击“快速样式”右下角的“其他”按钮，在打开的库中选择“棱台矩形”外观样式。

第5步：利用鼠标拖动图片移动图片位置，使其位于样文所示位置。

（2）插入脚注。

第1步：选择正文第1段中的文本“多肉植物”，在“开始”选项卡下“字体”组中单击右下角的“对话框启动器”按钮，弹出“字体”设置对话框，在“字体”选项卡下，在“着重号”下拉列表中选择“·”选项，单击“确定”按钮。

第2步：单击“引用”选项卡下“脚注”组中的“插入脚注”按钮，在光标所在区域内输入文本“多肉植物又称肉质植物或多肉花卉，但以多肉植物这个名称最为常用。”

5. 文档表格的基本操作

（1）打开文档。

第1步：单击“文件”选项卡，在列表中执行“打开”命令，单击右侧的“浏览”选项，在弹出的“打开”对话框中，首先从左侧列表中选择C:\2016KSW\DATA2文件夹，然后从右侧列表中选择“TF4-5A.docx”文件，单击“打开”按钮。

第2步：单击“文件”选项卡，在打开的菜单中执行“另存为”命令，单击右侧的“浏览”选项，在弹出的“另存为”对话框的左侧列表中选择考生文件夹所在的位置，在“文件名”文本框中输入“A4-B”，单击“保存”按钮。

（2）创建表格。

将光标定位在文档开头处，在“插入”选项卡下“表格”组中单击“表格”按钮，在打开的下拉列表中选择“快速表格”下的“矩阵”。

（3）套用表格样式。

第1步：选中新创建的整个表格，在“表格工具”的“设计”选项卡下“表格样式”组中单击“表格样式”右下角的“其他”按钮，在打开的列表中选择“清单表”区域中的“清单表4 - 着色6”表格样式。

第2步：再次单击“表格样式”右下角的“其他”按钮，在打开的列表框中执行

“修改表格样式”命令，弹出“修改样式”对话框，在“样式基准”下拉列表中选择“彩色型1”，单击“确定”按钮。

（4）表格行与列的操作。

第1步：选中“公司工序废品率统计”表格中“冲压车间”行下面的空白行，右击，在弹出的浮动工具栏中单击“删除”按钮，在打开的下拉列表中执行“删除行”命令。

第2步：选中除表头行以外的所有行，在“表格工具”的“布局”选项卡下“单元格大小”组中单击“分布行”按钮。

（5）单元格的合并与拆分。

选中“实际发生值”文本所在单元格和右边的空白单元格，在“表格工具”的“布局”选项卡下“合并”组中单击“合并单元格”按钮。

（6）单元格的格式设置。

第1步：选中表格中表头行各单元格文本，在“表格工具”的“布局”选项卡下“对齐方式”组中单击“水平居中”按钮。

第2步：选中除表头行以外的其他单元格文本，在“表格工具”的“布局”选项卡下“对齐方式”组中单击“中部两端对齐”按钮。

（7）表格的边框与底纹。

第1步：选中整个表格，在“表格工具”的“设计”选项卡下“边框”组中单击右下角的“对话框启动器”按钮。

第2步：在弹出的“边框和底纹”设置对话框中的“边框”选项卡下，单击“设置”区域的“方框”按钮，在“样式”下拉列表中选择“双点划线”线型，在“颜色”下拉列表中选择标准色中的“深红”，在“宽度”下拉列表中选择“2.25磅”。

第3步：在“边框和底纹”设置对话框中的“边框”选项卡下，单击“设置”区域的“自定义”按钮，在“样式”下拉列表中选择“实线”线型，在“颜色”下拉列表中选择标准色中的“深蓝”，在“宽度”下拉列表中选择“1.5磅”，在预览区域中单击“横网格线”按钮和“竖网格线”按钮，最后单击“确定”按钮。

第4步：同时选中表格中所有带文本的单元格，在“表格工具”的“设计”选项卡下“表格样式”组中单击“底纹”按钮，在打开的下拉列表中选择标准色中的“浅绿”。

第5步：同时选中表格中所有空白单元格，在“表格工具”的“设计”选项卡下“表格样式”组中单击“底纹”按钮，在打开的下拉列表中选择标准色中的“橙色”。

第6步：单击“文件”选项卡下的“保存”按钮。

第5章　电子表格的基本操作

Ⅰ.知识讲解

知识要点

- 工作表的基本操作。
- 工作表的格式设置。
- 图表的简单操作。
- 工作表的打印设置。

评分细则

本章有9个评分点，每题16分。

评分点	分值	得分条件	判分要求
设置工作表行、列	2	正确插入、删除、移动行（列），正确设置行高列宽	录入内容可有个别错漏
重命名、复制、删除、移动工作表	2	按要求正确进行操作	每错1处扣1分，直至扣完为止
设置工作表标签颜色	1	正确设置工作表标签颜色	颜色错误不得分
设置单元格格式	2	正确设置单元格格式	必须全部符合要求，有1处错漏不得分
设置表格边框和底纹	2	正确设置表格边框线和底纹	与样文相符，不做严格要求
插入批注	1	批注准确、完整	录入内容可有个别错漏
插入公式、SmartArt图形或图片	2	符号、字母准确、完整 SmartArt图形或图片的大小、位置、外观样式正确	大小、间距和级次不要求 精确程度不作严格要求
建立图表	2	引用数据、图表样式正确	图表细节不作严格要求
打印设置	2	插入分页符的位置正确，设置的打印标题区域正确	可在打印预览中判别

5.1　工作表的基本操作

5.1.1　认识Excel 2016

1. Excel 2016文档的格式

Excel 2016文档新的文件扩展名是在老版本文件扩展名后添加“x”或“m”，

“x”表示不含宏的Excel文件，而“m”表示含有宏的Excel文件，详见表5-1。

表5-1

文件类型	扩展名
Excel 2016工作簿	.xlsx
Excel 2016启用宏的工作簿	.xlsm
Excel 2016模板	.xltx
Excel 2016启用宏的模板	.xltm

2. 工作簿、工作表和单元格之间的关系

工作簿与工作表之间的关系类似于一本书和书中每一页之间的关系。一本书由不同的页数组成，各种文字和图片都出现在每一页上，而工作簿由工作表组成，所有数据包括数字、符号、图片、图表等都输入到工作表中。

工作簿是Excel用来处理和存储数据的文件，其扩展名为.xlsx。一个工作簿中可以含有一个或多个工作表，实质上，工作簿就是工作表的容器。启动Excel并选择“空白工作簿”后，会打开一个名为“工作簿1”的空白工作簿。当然，也可以在保存工作簿时，重新为其定义一个自己喜欢的名字。

工作表是工作簿的重要组成部分，又称为电子表格。在Excel中，每个工作簿就像一个大的活页夹，工作表就像其中的一张张活页纸。用户可以在一个工作簿文件中管理各种类型的相关信息。

单元格是Excel进行工作的基本单位。作为电子表格软件，其数据操作都是在组成表格的单元格中完成。一张工作表由行和列构成，每一列的列标由A、B、C等字母表示，每一行的行号由1、2、3等数字表示。行与列的交叉处形成一个单元格，所以单元格是按照其所在行和列的位置来命名的。例如，单元格F8就是指位于第F列第8行交叉点上的单元格。要表示一个连续的单元格区域，可以用该区域左上角和右下角单元格表示，中间用冒号分隔，例如，D4:E13表示从单元格D4到E13的区域。

5.1.2 工作簿的基本操作

由于操作与处理Excel数据都是在工作簿和工作表中进行的，因此有必要先了解工作簿的基本操作，包括新建、打开、保存及关闭工作簿等。

1. 新建工作簿

启动Excel后，单击“文件”选项卡，在左侧窗格中执行“新建”命令，从右侧窗格中单击“空白工作簿”图标，系统会自动创建一个空白的工作簿，如图5-1所示。用户也可以根据实际需要使用Excel提供的联机模板来创建新的工作簿。

2. 打开工作簿

如果要对已经保存的工作簿进行编辑，就必须先打开该工作簿。具体的操作方法为：单击“文件”选项卡，在左侧窗格中执行“打开”命令，Excel会在右侧窗格中显示出最近使用过的工作簿，用户可以快速打开。

如果要用的工作簿最近没有打开过，可以单击右侧的“浏览”按钮，如图5-2所示。在弹出的“打开”对话框中，定位到要打开的工作簿路径下，选择要打开的工作簿并单击“打开”按钮，即可在Excel中打开选择的工作簿。

图5-1

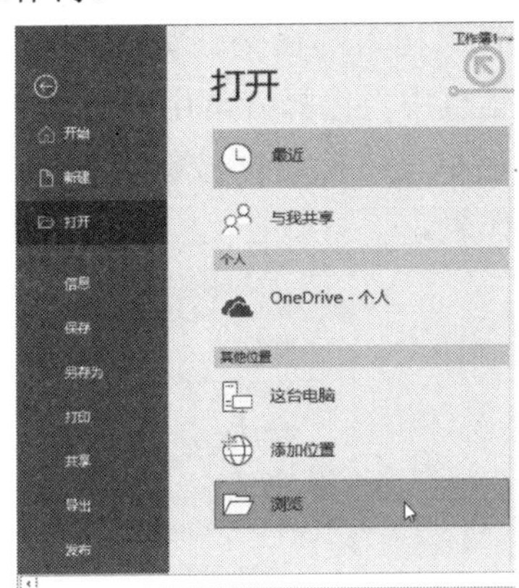

图5-2

3. 保存工作簿

为了便于日后查看或编辑，需要将工作簿保存起来。对于新建的工作簿，需要单击“文件”选项卡，在左侧窗格中执行“保存”命令，或单击“快速访问工具栏”上的“保存”按钮，弹出“另存为”对话框，先在“文件名”文本框中输入保存后的工作簿名称，在“保存类型”下拉列表框中选择工作簿的保存类型，指定要保存的位置后，单击“保存”按钮即可。

对于已经存在的工作簿，可单击“快速启动工具栏”上的“保存”按钮，或者单击“文件”选项卡，在左侧窗格中执行“保存”命令，Excel不再出现“另存为”对话框，而是直接保存该工作簿。

4. 关闭工作簿

对于暂时不再进行编辑的工作簿，可以将其关闭，以释放该工作簿所占用的内存空间。具体的操作方法为：单击“文件”选项卡，在左侧窗格中执行“关闭”命令即可。如果不再使用Excel编辑任何工作簿，单击Excel标题栏最右侧的关闭按钮☒，可以关闭所有已打开的工作簿。

关闭工作簿时，如果没有进行保存操作，弹出确认对话框，如图5-3所示，单击“是”按钮，可保存并关闭当前文档；单击“否”按钮，则不保存并闭关当前文档；单击“取消”按钮将返回到当前文档。

图5-3

5.1.3 工作表的常用操作

1. 插入、切换工作表

（1）插入工作表。

在工作簿中可以随时根据需要来添加新的工作表，插入工作表的方法有：

方法1：在工作簿中直接单击工作表标签旁的“新工作表”按钮⊕，即可插入新的工作表，如图5-4所示。

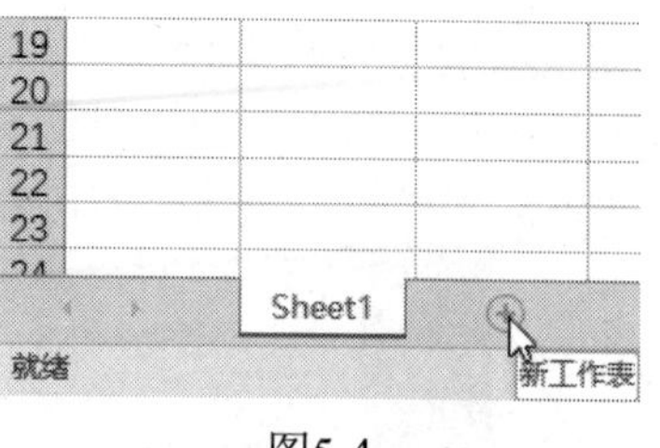

图5-4

方法2：右击已有的工作表标签，在打开的快捷菜单中执行“插入”命令，如图5-5所示。在弹出的“插入”对话框中，选择“常用”选项卡下的“工作表”选项，然后单击“确定”按钮，如图5-6所示，即可插入新的工作表。

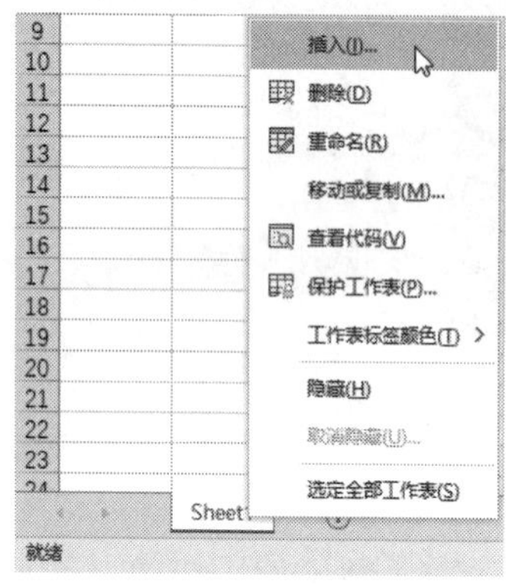

图5-5

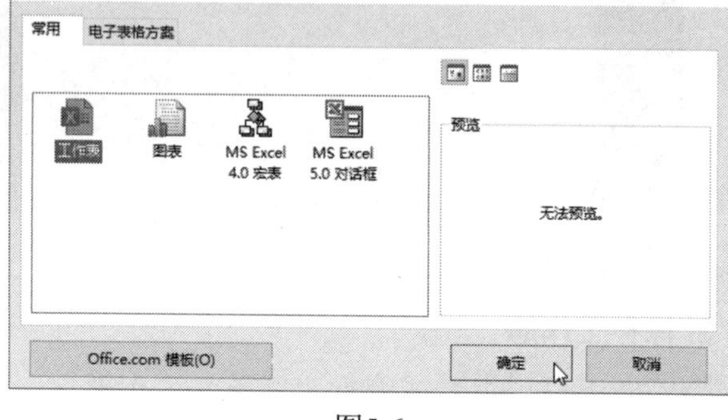

图5-6

方法3：在“开始”选项卡下“单元格”组中单击“插入”按钮右侧的向下箭头，在打开的下拉列表中执行“插入工作表”命令，如图5-7所示，即可插入新的工作表。

方法4：按Shift+F11组合键，快速插入新的工作表。

（2）切换工作表。

插入工作表后，工作簿中会同时存在多个工作表。一般最先看到的是Sheet1工作表，要切换到其他工作表的方法有：

方法1：单击要切换到的工作表标签，可以在工作表之间快速切换。

方法2：按Ctrl+PageUp组合键，可切换到上一个工作表；按Ctrl+PageDown组合键，可切换到下一个工作表。

方法3：如果工作簿中插入了太多的工作表，所需标签无法全部显示在当前窗格中，可以通过工作表标签前面的两个滚动按钮来滚动标签。也可以右击滚动按钮，在弹出的对话框中选择要切换的工作表，如图5-8所示。

图5-7

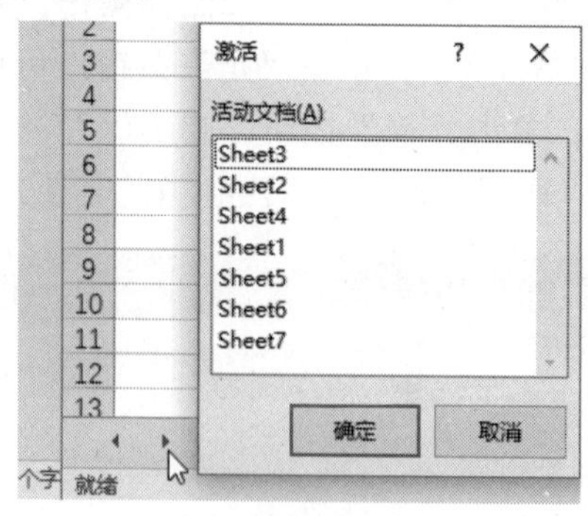

图5-8

2. 移动、复制工作表

利用工作表的移动和复制功能，可以实现两个工作簿间或工作簿内工作表的移动和复制。

（1）在工作簿内移动或复制工作表。

在同一个工作簿内移动工作表，即改变工作表的排列顺序，其操作方法很简单：只需要使用鼠标左键单击并拖动要移动的工作表标签，到达新位置后，释放鼠标左键即可。

在同一个工作簿内复制工作表，可在按住Ctrl键的同时拖动工作表标签，到达新位置后先释放鼠标左键，再松开Ctrl键，即可复制工作表。复制工作表后，在新位置出现一个完全相同的工作表，只是在复制的工作表名称后附上一个带括号的编号，例如，Sheet3的复制工作表名称为Sheet3(2)。

图5-9

（2）在工作簿之间移动或复制工作表。

要将一个工作表移动或复制到另一个工作簿中，其操作方法如下：

第1步：打开用于接收工作表的工作簿，然后切换到包含要移动或复制工作表的工作簿中，右击要移动或复制的工作表标签，在弹出的快捷菜单中执行“移动或复制”命令，如图5-9所示。

第2步：弹出“移动或复制工作表”对话框，如图5-10所示，在“工作簿”下拉列表框中选择用于接收工作表的工作簿名。如果选择“（新工作簿）”，则可以将选定的工作表移动或复制到新的工作簿中。

第3步：在“下列选定工作表之前”列表框中，选择要移动或复制的工作表放在选定工作簿中的哪个工作表之前。要复制工作表，可以选中“建立副本”复选框，否则只是移动工作表，单击“确定”按钮即可，如图5-11所示。

图5-10

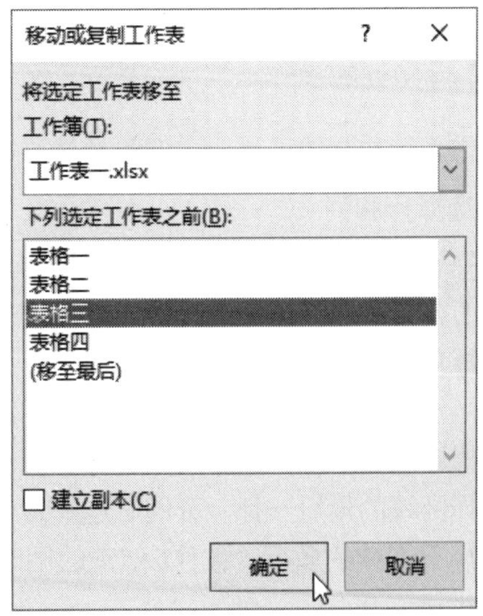

图5-11

3. 删除、重命名工作表

如果已经不再需要某个工作表，可以将该工作表删除。删除工作表的方法有：

方法1：右击要删除的工作表标签，在弹出的快捷菜单中执行“删除”命令，可删除工作表。

方法2：单击要删除的工作表标签，在“开始”选项卡下“单元格”组中单击“删除”按钮右侧的向下箭头，在弹出的快捷菜单中执行“删除工作表”命令，如图5-12所示。

如果要删除的工作表包含数据，会弹出确认对话框，如图5-13所示，单击“删除”按钮即可。

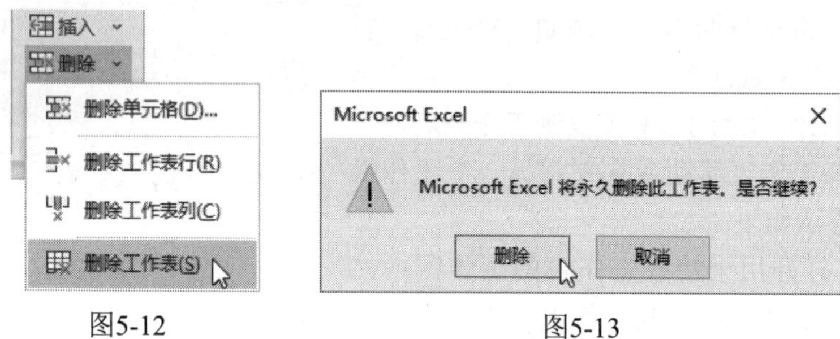

图5-12　　图5-13

对于一个新建的工作簿，其中默认的工作表名为Sheet1、Sheet2等。从这些名称中不容易知道工作表中存放的内容，使用起来很不方便，可以为工作表设定一个有意义的名称。重命名工作表的方法有：

方法1：双击要重命名的工作表标签，进入可编辑状态，输入新名称并按Enter键即可。

方法2：右击要重命名的工作表标签，在弹出的快捷菜单中执行“重命名”命令，进入可编辑状态，输入新名称后按Enter键，或是使用鼠标左键单击工作表其他任意位置均可。

5.1.4 行和列的操作

工作表行与列的操作，主要包括选择、插入、删除、隐藏或显示行与列。

1. 选择行和列

选择表格中的行和列是对其进行操作的前提。选择表格中的行主要有选择单行、选择连续的多行和选择不连续的多行3种情况。

选择单行：将光标移动到要选择行的行号上，当光标变为➡形状时单击，可选择该行。

选择连续的多行：单击要选择的多行中最上面一行的行号，按住鼠标左键并向下拖动至选择区域的最后一行，可同时选择该区域中的所有行。

选择不连续的多行：按住Ctrl键的同时，分别单击要选择的多个行的行号，可同时选择这些行。

同样，选择表格中的列也主要有选择单列、选择连续的多列及选择不连续的多列3

种情况。

选择单列：将光标移动到要选择列的列标上，当光标变为⬇形状时单击，可选择该列。

选择连续的多列：单击要选择的多列中最左面一列的列标，按住鼠标左键并向右拖动至选择区域的最后一列，可同时选择该区域的所有列。

选择不连续的多列：按住Ctrl键的同时，分别单击要选择的多个列的列标，可同时选择这些列。

2. 插入与删除行和列

Excel是电子表格软件，它允许用户在建立最初的表格后，还能根据需要补充单元格、行或列，而表格中已有数据将按照命令自动迁移，以腾出插入的空间。

（1）插入行或列。

方法1：首先选择要插入行或列的位置，在“开始”选项卡下“单元格”组中单击“插入”按钮右侧的向下箭头，在打开的下拉菜单中执行“插入工作表行”或“插入工作表列”命令，此时新行会出现在选择行的上方，而新列会出现在选择列的左侧。

方法2：右击要插入行的行号，在弹出的快捷菜单中执行“插入”命令，将在该行的上方插入一个新行；右击要插入列的列标，在弹出的快捷菜单中执行“插入”命令，将在该列的左侧插入一个新列。

（2）删除行或列。

方法1：选择要删除的行或列，在“开始”选项卡下“单元格”组中单击“删除”按钮，在打开的下拉菜单中执行“删除工作表行”或“删除工作表列”命令即可。删除行或列时，它们将从工作表中消失，其他的单元格将自动移到删除的位置，以填补留下的空隙。

方法2：右击要删除行的行号，在弹出的快捷菜单中执行“删除”命令，可删除当前选择的行。右击要删除列的列标，在弹出的快捷菜单中执行“删除”命令，可删除当前选择的列。

3. 移动或复制行和列

移动或复制行和列时，Excel将移动或复制其所包含的所有数据，包括公式及其结果值、批注、单元格格式和隐藏的单元格等。可以使用“剪切”命令或“复制”命令移动或复制所选的行和列，也可以使用鼠标移动或复制它们。

移动行或列：首先选中要移动的行或列，在“开始”选项卡下“剪贴板”组中单击“剪切”按钮（快捷键为Ctrl+X），右击要移动至位置下方的一行或右侧的一列，然后在弹出的快捷菜单中执行“插入剪切的单元格”命令即可。

快速移动行和列的方法：首先选中要移动的行或列，然后按住Shift键，将鼠标移至选中单元格区域的外边框处，当鼠标显示为双十字箭头✥时，用鼠标拖动选中的行或列，到指定位置时松开鼠标，即可完成移动。

复制行或列：首先选中要复制的行或列，在“开始”选项卡下“剪贴板”组中单击“复制”按钮（快捷键为Ctrl+C），右击要插入至位置下方的一行或右侧的一列，然后

在弹出的快捷菜单中执行“插入复制的单元格”命令即可。

提示：如果在“开始”选项卡下单击“剪贴板”组中的“粘贴”按钮或按Ctrl+V组合键，复制的行或列将替换目标单元格中的现有内容。

快速复制行和列的方法：和快速移动行和列的方法一样，先选中要复制的行或列，然后按住Shift+Ctrl键，将鼠标移至选中单元格区域的外边框处，当鼠标显示为复制指针时，用鼠标将选中的行或列进行移动，移动到指定位置时松开鼠标，即可完成复制。需要注意的是，不能使用鼠标移动或复制不相邻的行和列。

4. 调整行高和列宽

新建工作簿文件时，工作表中每列的宽度与每行的高度都是相同的。如果所在列的宽度不够，而单元格数据过长时，则部分数据将不能完全显示出来。这时应该对列宽进行调整，使得单元格数据完整显示。行的高度一般会随着显示字体的大小变化而自动调整，用户也可根据需要调整行高。

使用鼠标调整列宽：将鼠标指针移到目标列的右边框线上，待鼠标指针呈左右双向箭头显示时，拖动鼠标即可改变列宽。到达目标位置后，释放鼠标左键，即可改变该列的列宽。

使用鼠标调整行高：将鼠标指针移到目标行的下边框线上，待鼠标指针呈上下双向箭头显示时，拖动鼠标即可改变行高。到达目标位置后，释放鼠标左键，即可改变该行的行高。

使用命令精确设置列宽与行高：选择要调整的列或行，在“开始”选项卡下“单元格”组中单击“格式”按钮，在打开的下拉菜单中执行“列宽”或“行高”命令。在弹出的“列宽”对话框或“行高”对话框中输入具体的“列宽”值或“行高”值即可，如图5-14所示。

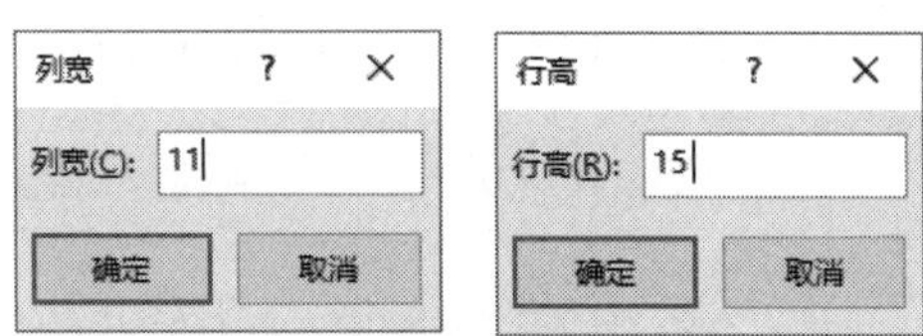

图5-14

5.1.5 单元格的操作

在工作表中输入数据后，经常需要对单元格进行操作，例如，选择、插入、删除、合并或拆分单元格等。

1. 选择单元格

选择单元格是对单元格进行操作的前提，选择单元格主要包括选择一个单元格、选择单元格区域和选择全部单元格3种情况。

（1）选择一个单元格。

方法1：单击要选择的单元格，即可将其选中。这时该单元格的周围出现选择框，

表明它是活动单元格。

方法2：在名称框中输入单元格引用，例如：输入C17，按Enter键，即可快速选择单元格C17。

方法3：在“开始”选项卡下“编辑”组中单击“查找和选择”按钮，在打开的下拉菜单中执行“转到”命令，弹出“定位”对话框，在“引用位置”文本框中输入单元格引用，然后单击“确定”按钮即可，如图5-15所示。

（2）选择多个单元格。

同时选择的多个单元格可称为单元格区域。选择多个单元格又可分为选择连续的多个单元格和选择不连续的多个单元格，具体选择方法为：

选择连续的多个单元格：单击要选择单元格区域内的第1个单元格，拖动鼠标至选择区域内的最后一个单元格，释放鼠标左键后即可选中单元格区域。

选择不连续的多个单元格：在按住Ctrl键的同时依次单击要选择的单元格，即可选中不连续的多个单元格。

（3）选择全部单元格。

选择工作表中的全部单元格有两种方法：一种是单击行号和列标的左上角交叉处的“全选”按钮◢即可。另一种是先单击包含数据区域中有数据内容的任意一个单元格，然后按Ctrl+A组合键，即可选择连续的数据区域；而先单击数据区域中的空白单元格，再按Ctrl+A组合键，可以选择工作表中的全部单元格。

2. 插入与删除单元格

如果工作表中输入的数据有遗漏或者需要添加新数据，可以通过插入单元格操作轻松完成。具体的操作方法为：选中要插入位置的单元格并右击，在弹出的快捷菜单中执行“插入”命令，打开“插入”对话框，从中选择适当的插入方式，单击“确定”按钮即可，如图5-16所示。

对于表格中多余的单元格，可以将其删除。删除单元格不仅可以删除单元格中的数据，同时还可以将选中的单元格本身删除。具体的操作方法为：右击要删除的单元格，在弹出的快捷菜单中执行“删除”命令，打开“删除”对话框，根据需要选择适当的选项，单击“确定”按钮即可，如图5-17所示。

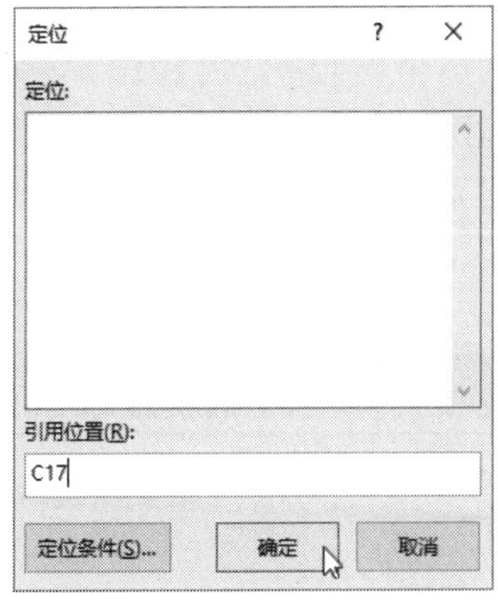

图5-15

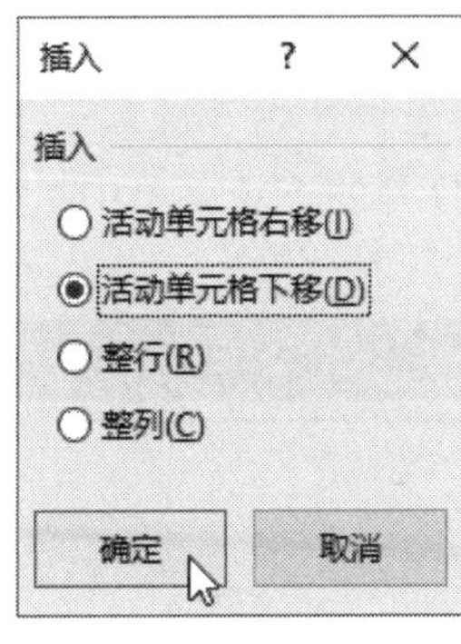

图5-16

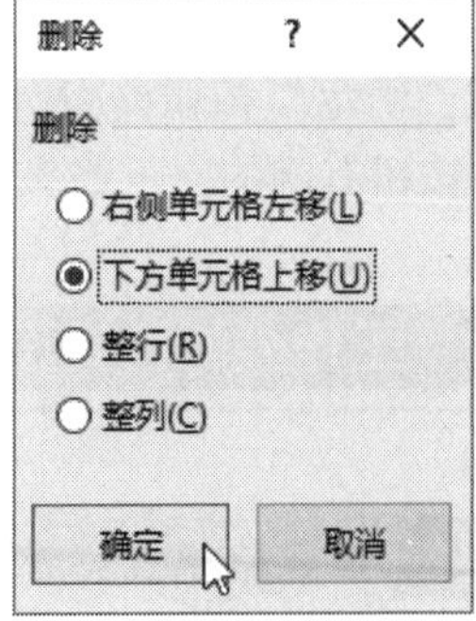

图5-17

还可以选中要插入或删除的单元格区域，在“开始”选项卡下“单元格”组中单击“插入”或“删除”按钮，直接插入新单元格或删除选定单元格。

3. 合并与拆分单元格

如果希望将两个或两个以上的单元格合并为一个单元格，可以通过合并单元格的操作来完成。首先选择要合并的单元格区域，在“开始”选项卡下“对齐方式”组中单击右下角的“对话框启动器”按钮，弹出“设置单元格格式”对话框，如图5-18所示。在“对齐”选项卡下，选中“合并单元格”复选框，单击“确定”按钮，即可合并选中的单元格区域。

如果想要将合并后单元格中的内容居中显示，可以使用“合并后居中”功能来解决。选中要合并的单元格区域后，在“开始”选项卡下“对齐方式”组中单击“合并后居中”按钮右侧的向下箭头，在打开的下拉菜单中可以选择合并的方式，如图5-19所示。

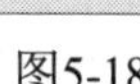
图5-18

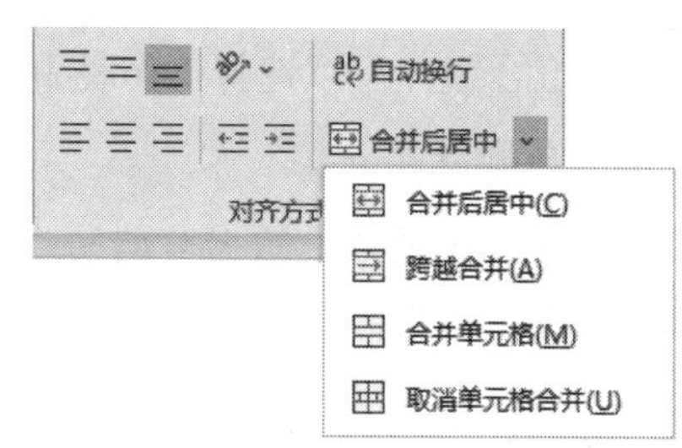

图5-19

“合并后居中”表示把选中的多个单元格合并为一个较大的单元格，并将新单元格中的内容水平垂直居中；“跨越合并”表示将相同行中的所选单元格合并为一个大单元格；“合并单元格”表示将所选单元格合并为一个单元格；“取消单元格合并”表示将已合并的当前单元格拆分为多个单元格。

对于已经合并的单元格，需要时可以再将其拆分为多个单元格。其操作方法是在“设置单元格格式”对话框中的“对齐”选项卡下，取消选中“合并单元格”复选框，单击“确定”按钮即可。也可在“开始”选项卡下“对齐方式”组中单击“合并后居中”按钮右侧的向下箭头，在打开的下拉菜单中执行“取消单元格合并”命令。

5.2 工作表的格式设置

5.2.1 单元格格式设置

为了使制作的表格更加美观，还需要对工作表进行格式设置，包括设置字体格式

（字体、字号、字形、颜色等）、设置对齐方式、设置数字格式、设置表格的边框和底纹等。

1. 字体格式的设置

设置字体格式包括对文字的字体、字号、字形、颜色等进行设置，具体的操作方法有：

方法1：选中要设置字体格式的单元格，在“开始”选项卡下“字体”组中单击右下角的“对话框启动器”按钮，弹出“设置单元格格式”对话框。在该对话框的“字体”选项卡下，如图5-20所示，在“字体”列表中可选择需要设置的新字体，在“字形”列表中可选择“倾斜”或“加粗”等字形，在“字号”列表中可选择文字的大小，在“下划线”下拉列表中可选择为文字添加的不同样式的下划线，在“颜色”下拉列表中可选择文字显示的颜色等。设置完成后，单击“确定”按钮即可。

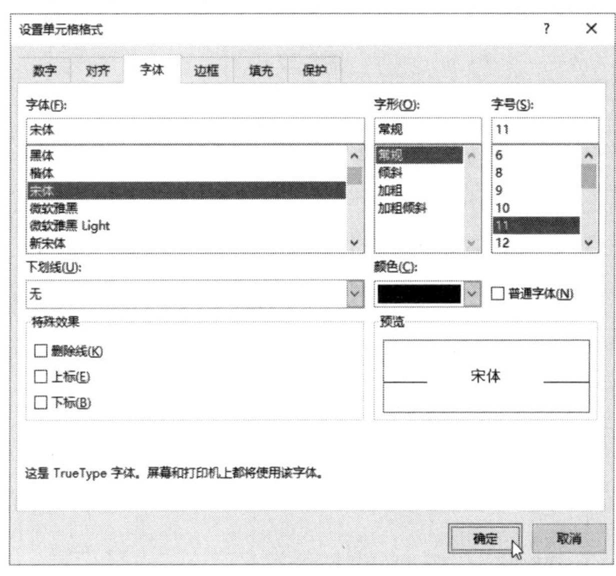

图5-20

方法2：选中要设置字体格式的单元格，单击“开始”选项卡下“字体”组中的各按钮，可直接对单元格的各项格式进行设置，如图5-21所示。

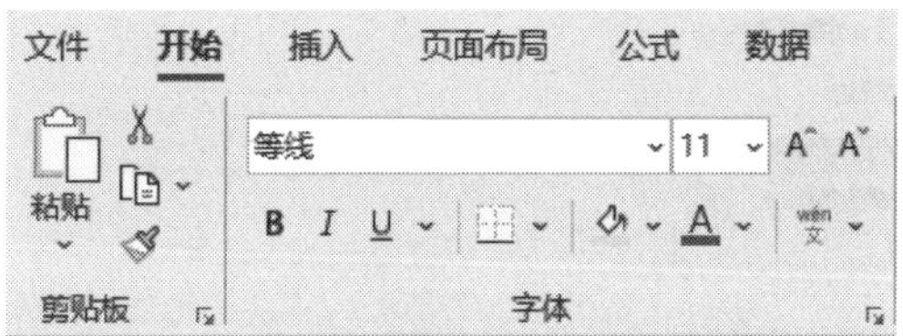

图5-21

方法3：选中要设置字体格式的单元格后右击，在弹出的快捷菜单中执行“设置单元格格式”命令，在弹出的“设置单元格格式”对话框中进行设置即可。

2. 对齐方式的设置

默认情况下，在输入数据时，文本是靠左对齐，数字、日期和时间是靠右对齐。为了使表格看起来更加美观，可以改变单元格中数据的对齐方式。

字体对齐方式有水平对齐和垂直对齐两种，其中，水平对齐包括靠左、居中和靠右等，垂直对齐方式包括靠上、居中和靠下等。

在“开始”选项卡下“对齐方式”选项组中提供了几个设置对齐方式的按钮，如图5-22所示。

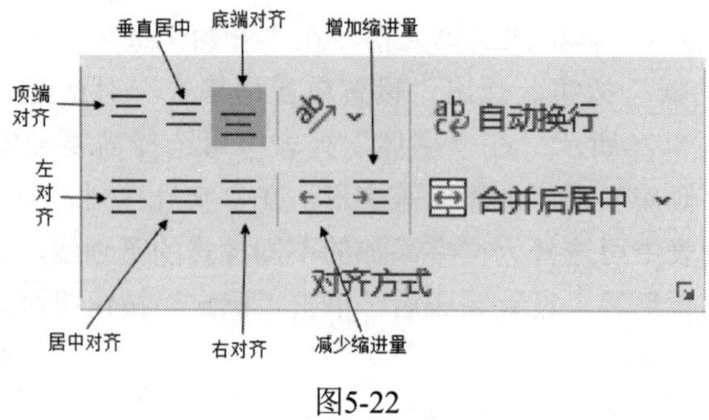

图5-22

如果要详细设置字体的对齐方式，可以先选中单元格，单击“开始”选项卡下“对齐方式”组中右下角的“对话框启动器”按钮，弹出“设置单元格格式”对话框。在“对齐”选项卡下，如图5-23所示，可分别在“水平对齐”和“垂直对齐”下拉列表框中选择所需的对齐方式。例如，在“水平对齐”下拉列表框中选择“两端对齐”，可使单元格中的内容在边距之间均匀分布文本；选择“填充”，可使单元格中的内容重复复制直至填满单元格。

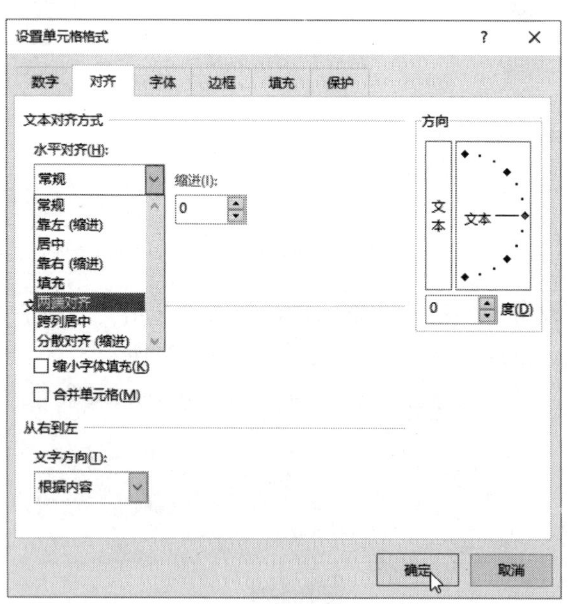

图5-23

3. 数字格式的设置

在工作表的单元格中输入的数字，通常将以常规格式显示，但是这种格式可能无法满足用户的要求，例如，财务报表中的数据常用的是货币格式。

Excel提供了多种数字格式，并且进行了分类，如常规、数字、货币、特殊、自定义等。通过应用不同的数字格式，可以更改数字的外观，而数字格式的更改并不会影响Excel用于执行计算的实际单元格数值。选中单元格后，实际值将显示在编辑栏中。在“开始”选项卡下“数字”组中提供了几个快速设置数字格式的按钮，如图5-24所示。

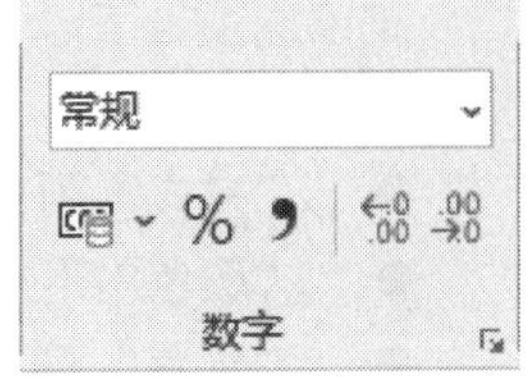

图5-24

- “会计数字格式”按钮：将在原数字前添加货币符号，并且保留小数点后两位。
- “百分比样式”按钮%：将原数字乘以100，然后在数字后加上百分号。
- “千位分隔样式”按钮：将在数字中加入千位符。
- “增加小数位数”按钮：使数字的小数位数增加一位。
- “减少小数位数”按钮：使数字的小数位数减少一位。

另外，在“开始”选项卡下“数字”组中单击右下角的“对话框启动器”按钮，弹出“设置单元格格式”对话框。在“数字”选项卡下的“分类”列表中可对数字进行更多种类、更详细的格式设置，如图5-25所示。

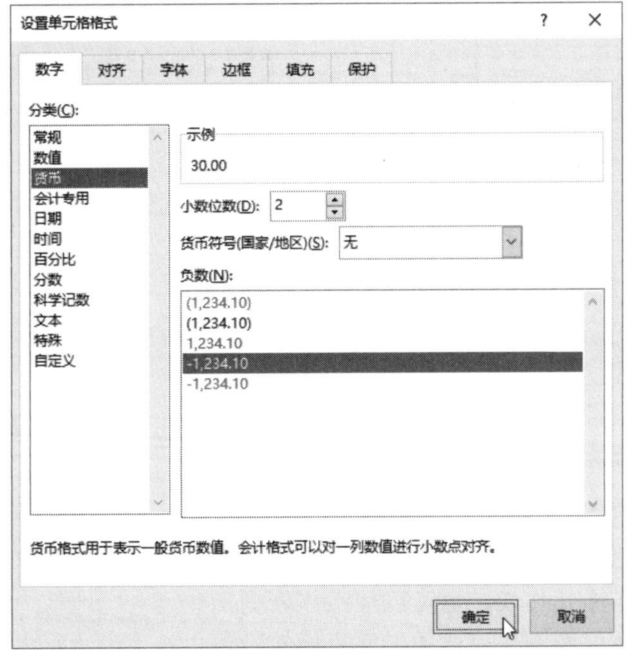

图5-25

4. 边框与底纹的设置

Excel默认的单元格是没有边框的，单元格颜色为白色，并且没有图案。为了打印出有边框线的表格，可以为表格添加不同线型的边框；为了使表格中的重要信息更加醒目，可以为单元格添加填充效果。具体的操作方法为：选中要添加边框和底纹的单元格区域，在“开始”选项卡下“字体”组中单击右下角的“对话框启动器”按钮，弹出“设置单元格格式”对话框，切换到“边框”选项卡下，如图5-26所示。

在该选项卡下进行设置后单击“确定”按钮，返回至Excel窗口后，即可看到设置效果。

- **“样式”列表框**：选择边框的线条样式，即线条形状。
- **“颜色”下拉列表**：选择边框线条的颜色。
- **“预置”列表**：单击“无”按钮将清除表格线，单击“外边框”按钮将为选中的单元格区域添加外边框，单击“内部”按钮为选中的单元格区域添加内部边框。
- **“边框”区域**：通过单击该列表中的8个按钮可以自定义表格的边框位置。

在“设置单元格格式”对话框中切换到“填充”选项卡下，可以设置背景色、填充效果、图案颜色和图案样式等，如图5-27所示。

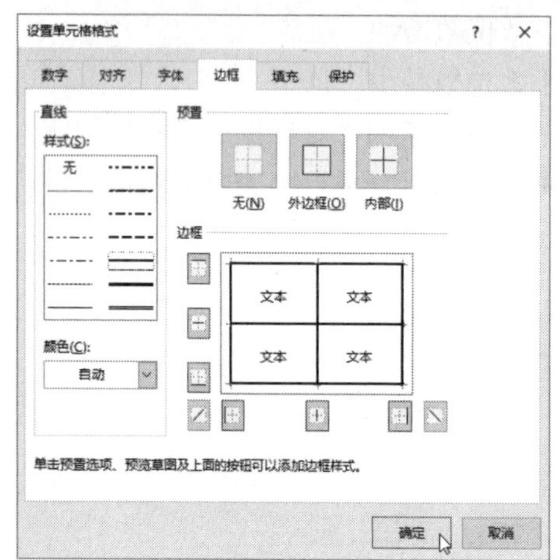

图5-26

图5-27

5.2.2 工作表格式设置

Excel提供了许多用于美化工作表外观的功能，包括设置工作表标签颜色，在工作表中插入图片、SmartArt图形、批注、公式、艺术字等。

1. 设置工作表标签颜色

Excel允许为工作表标签添加颜色，这样做不但可以轻松地区分各个工作表，也可以使工作表更加美观。例如，想将已经制作完成的工作表标签设置为蓝色，尚未制作完成的工作表标签设置为红色，具体的操作方法是：右击需要添加颜色的工作表标签，在弹出的快捷菜单中执行“工作表标签颜色”命令，在其子菜单中选择所需的工作表标签的颜色即可，如图5-28所示。

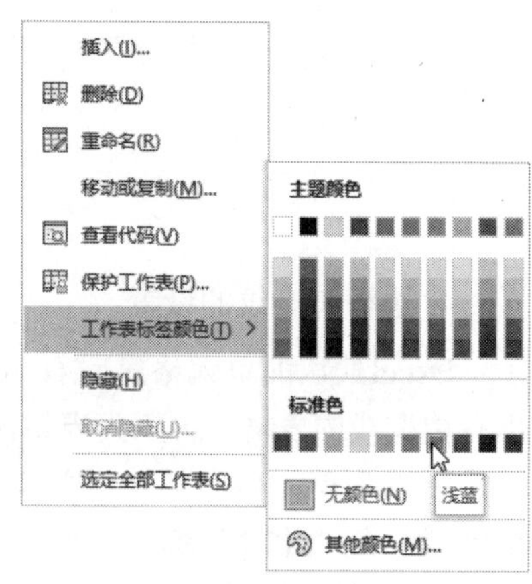

图5-28

2. 插入与设置图片

Excel提供了插入图片的功能，可以将喜欢的图

片应用到表格中，并对图片进行编辑设置，使表格更加美观，制作出图文并茂、内容丰富的表格文档。

（1）插入图片。

Excel提供了联机图片库，其中包含Web元素、背景、标志、地点、符号等，可以直接插入到表格中。如果对图片有更高的要求，可以插入计算机中的图片文件。具体的操作方法为：选择要插入图片的起始位置，然后在“插入”选项卡下“插图”组中单击“图片”按钮，在打开的“插入图片”对话框中选择要插入的图片文件，然后单击“插入”按钮即可，如图5-29所示。

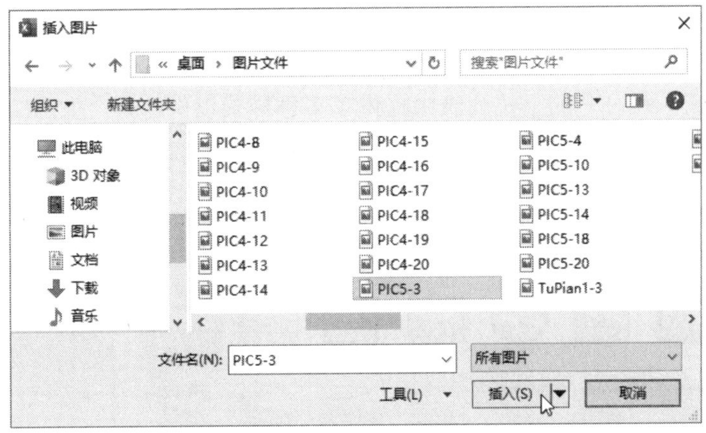

图5-29

（2）设置图片。

缩放：选择要缩放的图片，使其四周出现8个控制点。如果要横向或纵向缩放图片，可将鼠标指针指向图片四边的任意一个控制点上进行操作；如果要沿对角线方向缩放图片，可将鼠标指针指向图片四角的任意一个控制点上进行操作。按住鼠标左键，沿缩放方向拖动鼠标，Excel会用虚化框表示缩放的大小。

大小：选择要设置的图片后，在“图片格式”选项卡下“大小”组中，在“高度”或“宽度”文本框中可输入或调节至需要的尺寸，如图5-30所示。默认情况下，图片的纵横比是锁定的。

旋转：选中图片后，用鼠标拖动图片上方的旋转按钮，可以按任意角度旋转图片。如果想按指定角度旋转图片，可在“图片格式”选项卡下“排列”组中单击“旋转”按钮，在打开的下拉列表中选择旋转的方向和方式，如图5-31所示。

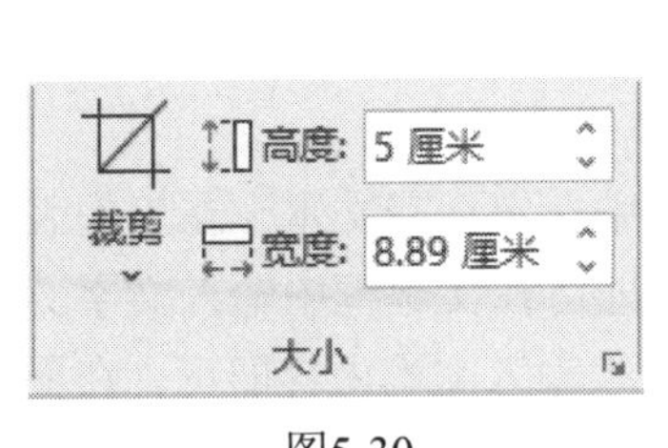

图5-30

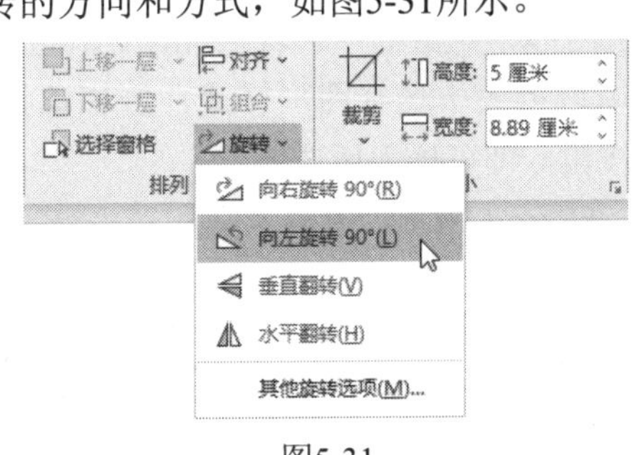

图5-31

裁剪：对图片按需要进行裁剪而只保留图片中需要的部分，只需先选中图片，然后在“图片格式”选项卡下“大小”组中单击“裁剪”按钮，如图5-32所示。图片的四周会出现黑色的控点，当鼠标指向图片上方的控点时，指针会变成黑色倒立的T形状，向下拖动鼠标，可将图片上方鼠标经过的部分裁剪掉。使用同样的方法，可对图片的其他边进行裁剪。裁剪完毕后，单击表格中的任意位置，即可完成图片的裁剪操作。

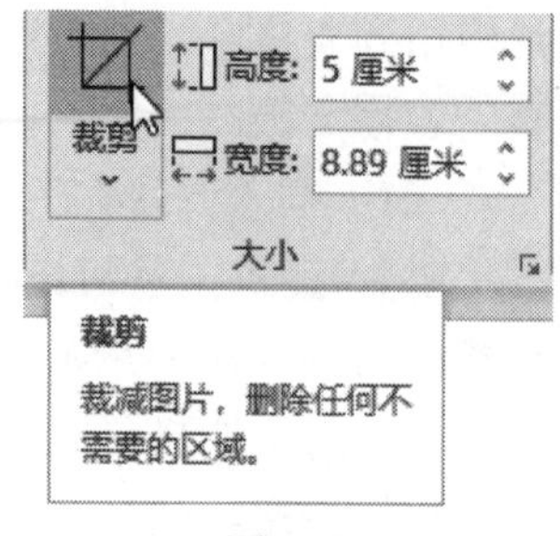

图5-32

图片样式：Excel提供了多种图片样式，可以快速应用到图片上。选中要应用样式的图片后，在“图片格式”选项卡下“图片样式”组中单击“图片样式”列表框右下角的“其他”按钮，在打开的下拉列表中提供了多种样式以供选择，如图5-33所示。

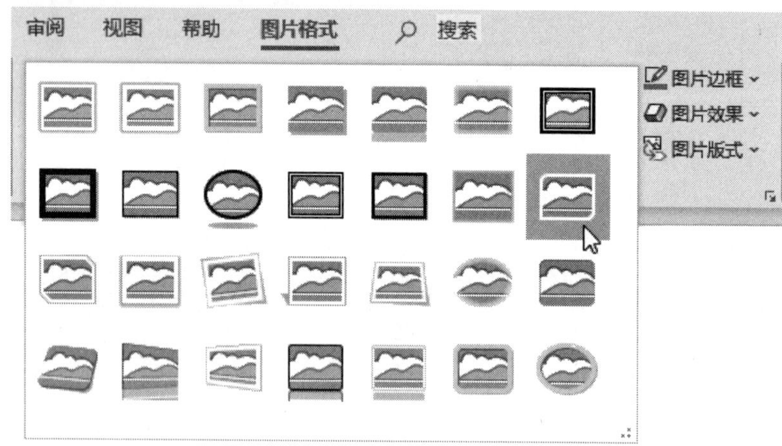

图5-33

3. 插入与编辑SmartArt图形

流程图是日常工作常用到的功能，也是办公软件中一个举足轻重的功能，SmartArt图形可以将信息和观点以视觉化的形式表现出来，在工作表中使用的SmartArt图形主要用于演示流程、层次、结构、循环或关系等。熟练使用流程图，将给工作带来极大的便利，事半功倍。

（1）插入SmartArt图形。

在“插入”选项卡下“插图”组中单击“插入SmartArt图形”按钮，在弹出的“选择SmartArt图形”对话框中将看到SmartArt图形。可以根据需要在左侧列表中选择好类型，再在右侧列表中选择图形样式，例如选择“基本循环”图，如图5-34所示，单击“确定”按钮，即可插入所选图形。

（2）在SmartArt图形中输入文本。

SmartArt图形是形状与文本框的结合，所以其中一定会有文本。在工作表中选中插入的SmartArt图形后，单击其中一个图形的图框，即可在文本框中输入文字。如果要向其他图框中输入文本，只需要单击该图框，然后继续输入文本内容即可。在图框中输入文本的效果如图5-35所示。

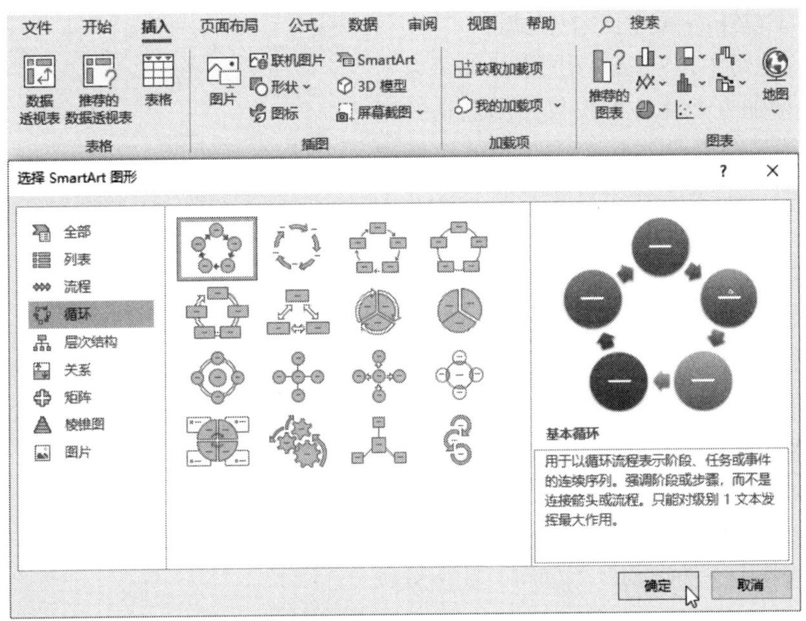

图5-34

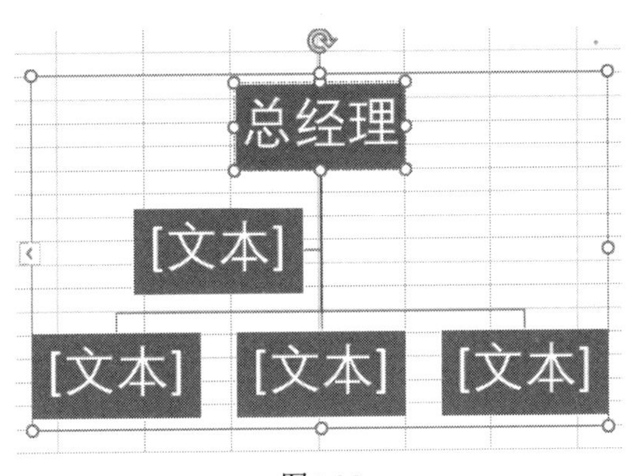

图5-35

另外，还可以在“文本窗格”中输入所需的文本，具体的操作方法为：在“设计”选项卡下“创建图形”组中单击“文本窗格”按钮，将显示或隐藏“文本窗格”，在该窗格中可以给所有的图框加入文本，如图5-36所示。

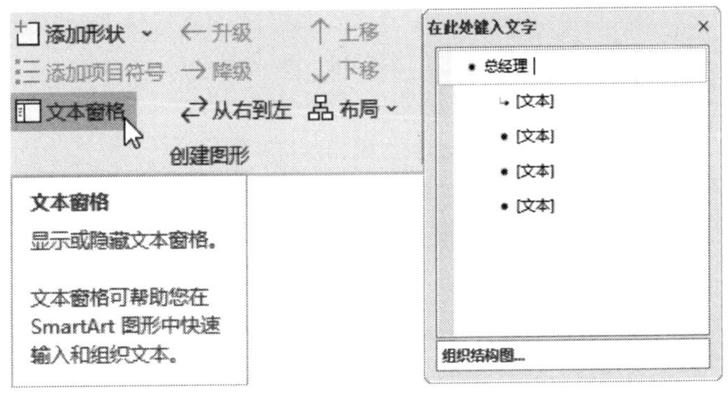

图5-36

（3）设置SmartArt图形的样式。

在实际应用中，SmartArt图形虽然可以给Excel表格增加专业化，但仅仅使用默认的组织结构图是无法满足实际工作要求的。修改SmartArt图形的样式，还可以美化整个Excel工作簿。

更改版式：如果要修改已插入的SmartArt图形的布局，只需要在“SmartArt设计”选项卡下“版式”组中单击“其他”按钮，在打开的下拉列表中选择需要更改的布局版式即可。

设置颜色：选中已插入的SmartArt图形，在“SmartArt设计”选项卡下“SmartArt样式”组中单击“更改颜色”按钮，在打开的下拉列表中选择一个需要的色系即可，如图5-37所示。

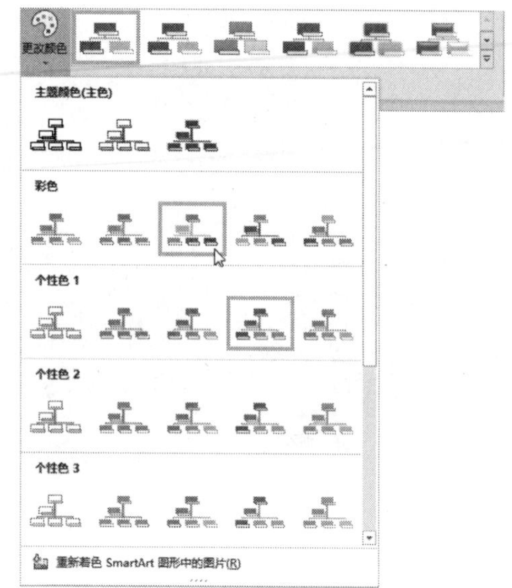

图5-37

设置样式：选中已插入的SmartArt图形，在“SmartArt设计”选项卡下“SmartArt样式”组中单击“外观样式”按钮，在打开的下拉列表中可以按照效果需要选择样式，如图5-38所示。

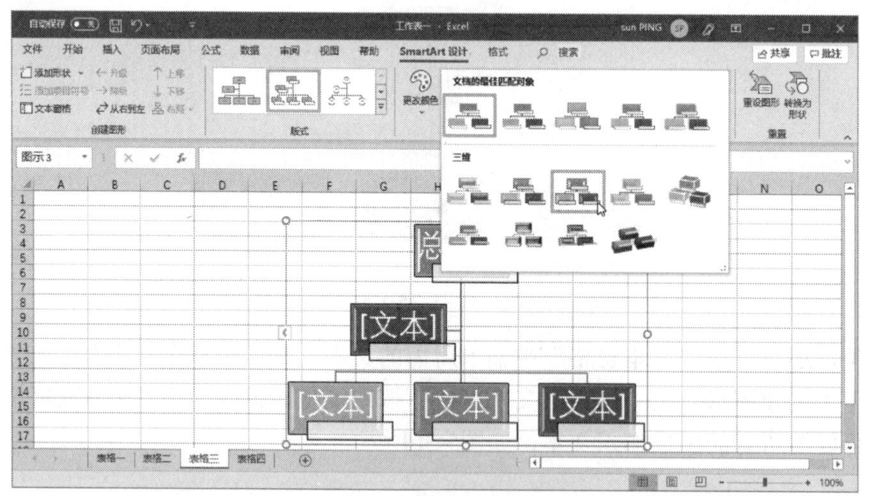

图5-38

4. 添加批注

不仅可以在单元格中输入数据，还可以为单元格添加批注。添加批注就是加入注释或说明，以便日后了解创建时的想法，或是供其他用户参考。批注的操作主要包括新建、编辑、显示、删除批注等。

（1）新建批注。

方法1：选中要添加批注的单元格，右击，在弹出的快捷菜单中执行“新建批注”命令。系统会在选中单元格的右上角出现一个红色三角图案并弹出一个批注框，在批注框中输入批注内容即可。

方法2：选中要添加批注的单元格，在“审阅”选项卡下“批注”组中单击“新建批注”按钮，如图5-39所示，然后在批注框中输入批注内容即可。

方法3：选中要添加批注的单元格，按Shift+F2组合键，也可在打开的批注框中输入批注内容。

（2）编辑、删除批注。

如果想要对批注进行修改，先选中要编辑批注的单元格，然后右击，在弹出的快捷菜单中执行“编辑批注”命令，批注框中的内容即可转变为可编辑状态，在此输入需要添加或更改的内容即可；执行“删除批注”命令，单元格中的批注内容会被删除。

（3）显示/隐藏批注。

将鼠标指向带有红色小三角的单元格时，会显示相关联的批注内容；当鼠标移到工作表的其他位置时，批注会自动隐藏。若要显示批注，可在“审阅”选项卡下“批注”组中单击“显示/隐藏批注”按钮。选中的批注单元格被设置为显示批注内容状态，其他单元格仅显示标识符，悬停时才显示批注内容。如果单击“显示所有批注”按钮，就能将所有批注同时显示出来。

5. 输入公式

在Excel中，有时需要插入二项式、勾股定理、三角函数等计算公式，那么该如何操作呢？首先在“插入”选项卡下“符号”组中单击“公式”按钮后面的下拉箭头，在打开的列表中选择各种公式，如二次公式、勾股定理等，如图5-40所示。

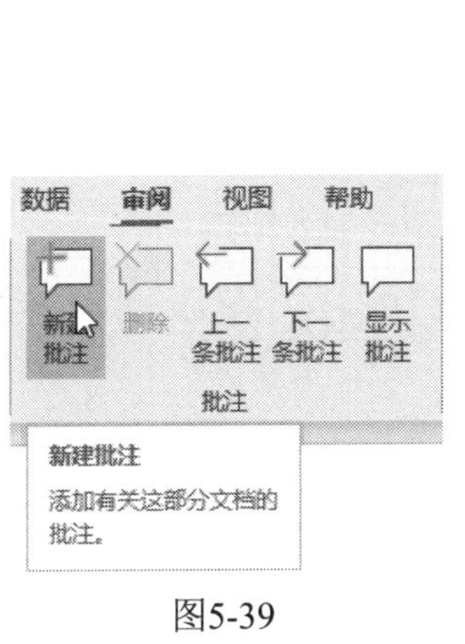

图5-39

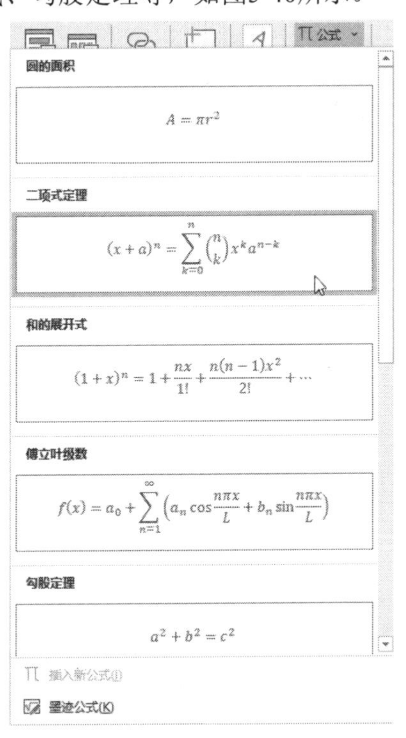

图5-40

以上是Excel内置公式的插入方法。如果想要自行编辑插入公式，可以单击“插入”选项卡下“符号”组中的“公式”按钮，选项卡会变为“公式”编辑选项卡，如图5-41所示。在该选项卡下包含了编辑公式的所有组成元素，在“结构”组中可以选择需要的公式结构，在“符号”组中可以选择为公式添加需要的符号。

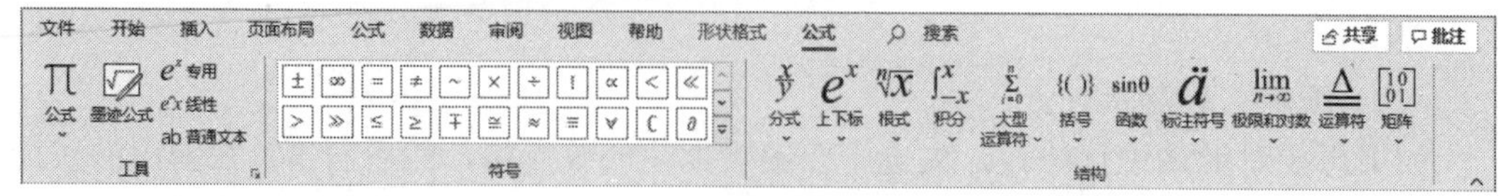

图5-41

以插入图5-42所示的公式为例，来了解一下具体的操作方法：

$$x=\frac{-b\pm\sqrt{b^2-4ac}}{2a}$$

图5-42

第1步：单击“插入”选项卡下“符号”组中的“公式”按钮，在工作表中会出现一个虚框，将光标定位在虚框中，如图5-43所示。

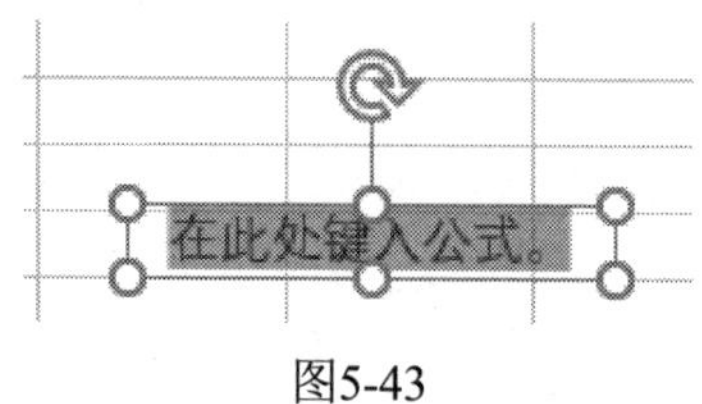

图5-43

第2步：在“公式”选项卡下“符号”组中单击右下角的“其他”按钮，在打开的下拉列表中选择“希腊字母”下的小写字母χ，如图5-44所示，再将“希腊字母”改选为“运算符”，从列表中选择常用关系运算符中的等号=。

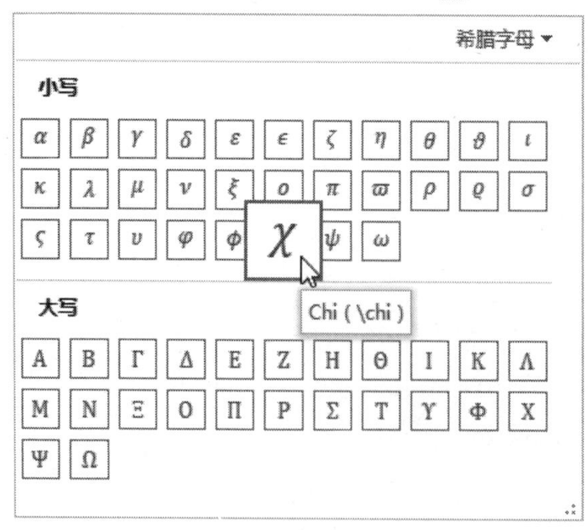

图5-44

第3步：在“结构”组中单击“分式”下拉箭头，在打开的列表中选择“分式（竖式）”，如图5-45所示。在输入公式的框中，将光标定位在分数线上方，依次输入

“$-b\pm$”；再从“根式”下拉列表中选择“平方根”符号，将光标定位在平方根符号内，依次输入“$\sqrt{b^2-4ac}$”；将光标定位在分数线下方，输入“$2a$”，即可完成这个方程式的全部录入。

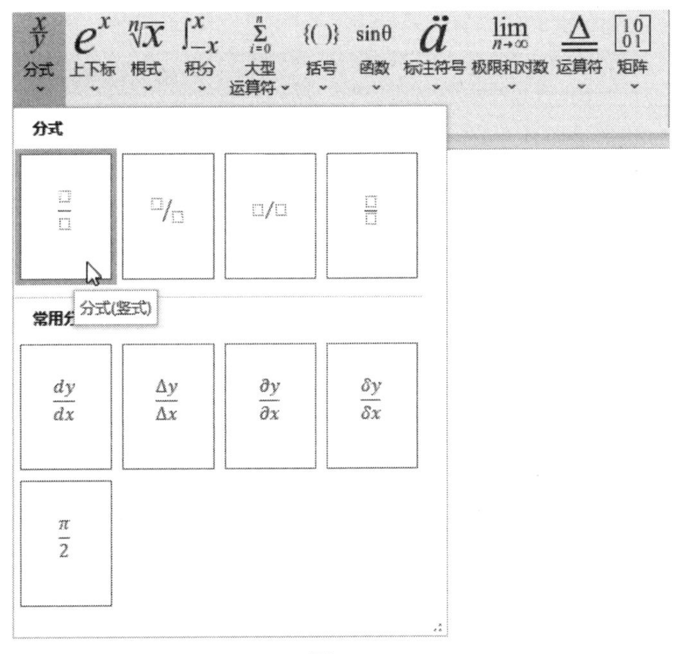

图5-45

可以为编辑好的公式添加艺术效果，使其样式更加美观。当选中公式编辑文本框时，功能区出现“形状格式”选项卡，在该选项卡下的“形状样式”组中可以快速为文本框添加各种视觉样式，如图5-46所示。

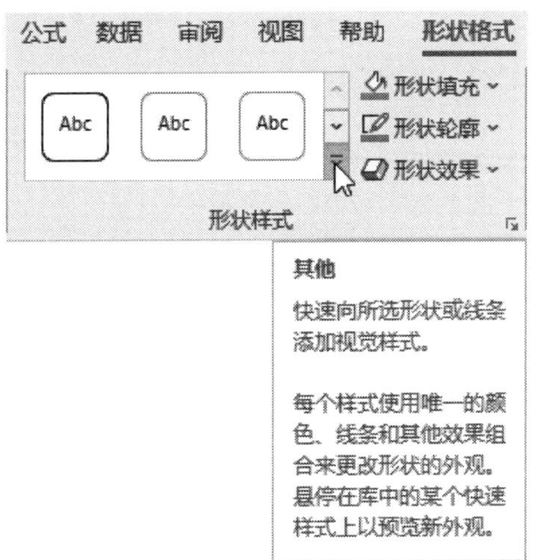

图5-46

- **“其他”按钮：**可在下拉列表中快速选择预置的主题外观样式并加以应用。
- **“形状填充”按钮：**为公式文本框添加纯色、渐变色、图片或纹理的形状填充效果。

- **“形状轮廓”按钮**：为公式文本框的轮廓选择颜色、宽度和线型。
- **“形状效果”按钮**：为公式文本框应用外观效果，包括阴影、发光、映像或三维旋转等。

5.3 图表的简单操作

图表既可以放在工作表上，也可以放在工作簿的图表工作表上。直接出现在工作表上的图表称为嵌入式图表，图表工作表是工作簿中仅包含图表的特殊工作表。嵌入式图表和图表工作表都与工作表的数据相链接，并随工作表数据的更改而更新。

5.3.1 创建图表的基本方法

创建图表的快捷方法：首先选中包含有要分析数据的单元格区域，单击显示在选中数据区域右下方的“快速分析”按钮。在打开的“快速分析”库中的“图表”选项卡下，从中选择要使用的图表类型，即可快速创建图表，如图5-47所示。

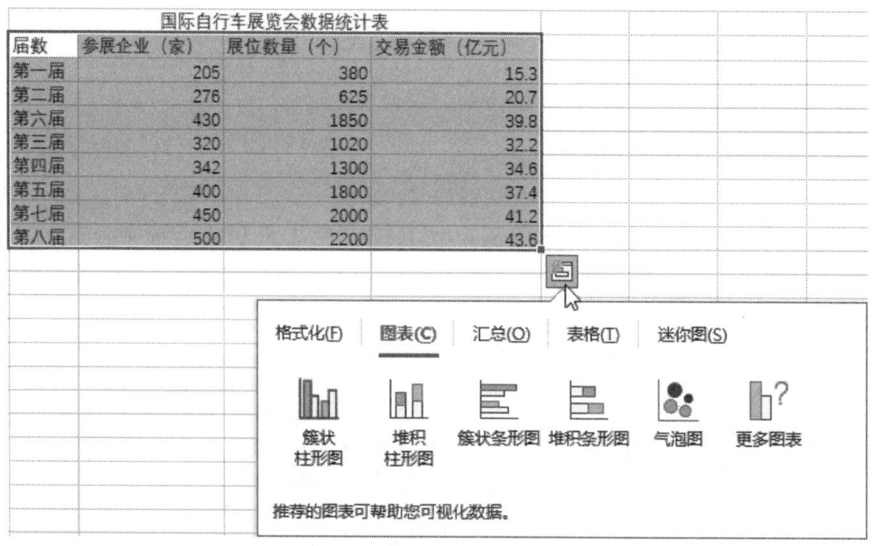

国际自行车展览会数据统计表

届数	参展企业（家）	展位数量（个）	交易金额（亿元）
第一届	205	380	15.3
第二届	276	625	20.7
第六届	430	1850	39.8
第三届	320	1020	32.2
第四届	342	1300	34.6
第五届	400	1800	37.4
第七届	450	2000	41.2
第八届	500	2200	43.6

图5-47

创建图表的常规方法：在工作表中选中要创建图表的数据，在“插入”选项卡下“图表”组中选择需要创建的图表类型，如图5-48所示。

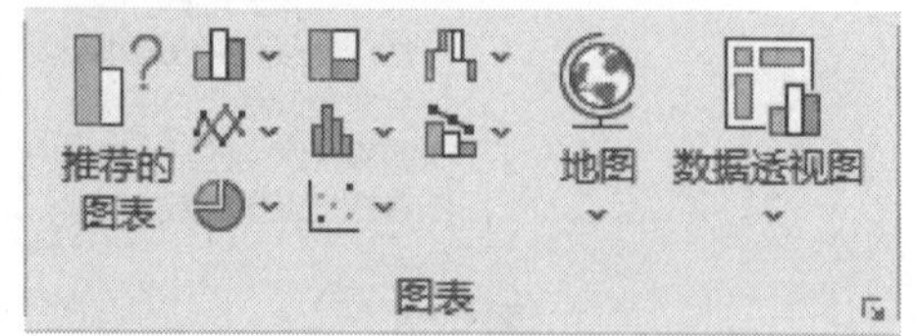

图5-48

选择并单击想要创建的图表类型按钮，在弹出的菜单中可以选择更加详细的图表类型，如图5-49所示。

如果在“图表”组中没有找到合适的图表类型，可单击该组右下角的“对话框启动器”按钮，在弹出的“插入图表”对话框中“所有图表”选项卡下按需选择合适的图表即可，如图5-50所示。

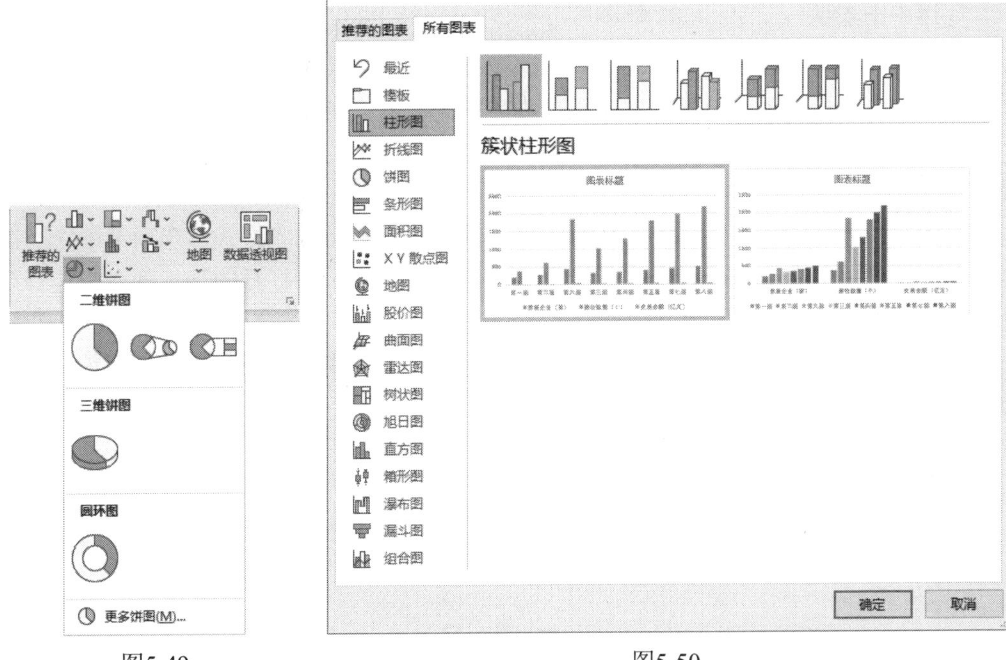

图5-49　　　　图5-50

Excel 2016提供了图表推荐功能，可以针对选择的数据推荐最合适的图表。用户只需选中数据区域后，单击“插入”选项卡下“图表”组中的“推荐的图表”按钮，在弹出的对话框中通过快速预览查看选中数据在不同图表中的显示方式，然后从中选择所需效果的图表即可，如图5-51所示。

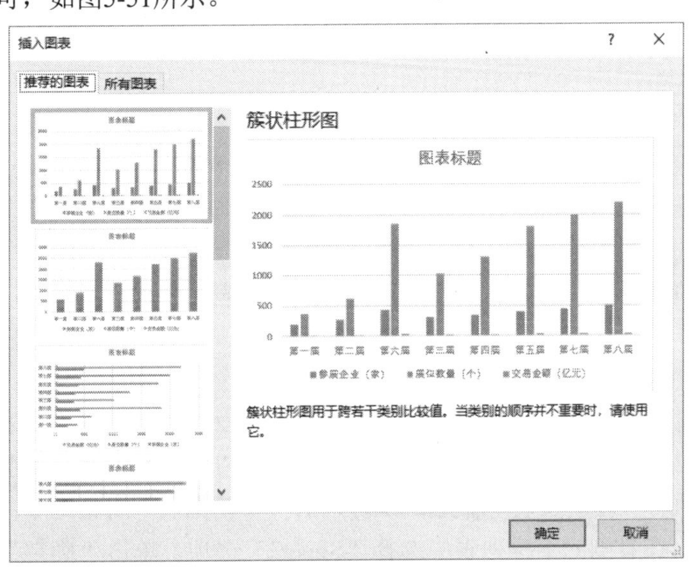

图5-51

5.3.2 图表的基本操作

创建图表并将其选中后，在功能区中会多出两个选项卡，即“图表设计”和“格式”选项卡，通过这两个选项卡下的命令按钮，可以对图表进行各种设置和编辑。

1. 选中图表项

对图表中的图表项进行修饰之前，应该单击图表项将其选中。有些成组显示的图表项（如数据系列和图例等）可以各自细分为单独的元素。例如，为了在数据系列中选中一个单独的数据标记，可以先单击数据系列，再单击其中的数据标记，即可选中单独的元素。

另外一种方法是：单击图表的任意位置将其激活，然后在“格式”选项卡下“当前所选内容”组中单击“图表元素”列表框右侧的向下箭头，在打开的下拉列表中选择要处理的图表项，如图5-52所示。

图5-52

2. 调整图表大小和位置

要调整图表的大小，可以直接将鼠标移动到图表浅灰色边框的控制点上，当形状变为双向箭头时拖动鼠标可以调整图表的大小，也可以在“格式”选项卡下“大小”组中精确设置图表的高度和宽度。

移动图表位置分为在当前工作表中移动和在工作表之间移动两种情况。在当前工作表中移动的操作与移动图片、文本框等对象的操作是一样的，只要单击图表区并按住鼠标左键进行拖动即可。

下面主要介绍在工作表之间移动图表的方法，例如，将Sheet1工作表中的图表移动到新建的Sheet2工作表中。具体的操作方法为：右击Sheet1工作表中的图表区，在弹出的快捷菜单中执行“移动图表”命令；在打开的“移动图表”对话框中，选中“对象位于”单选按钮，在右侧的下拉列表中选择“Sheet2”选项，单击“确定”按钮，即可将Sheet1工作表中的图表移动到Sheet2工作表中，如图5-53所示。

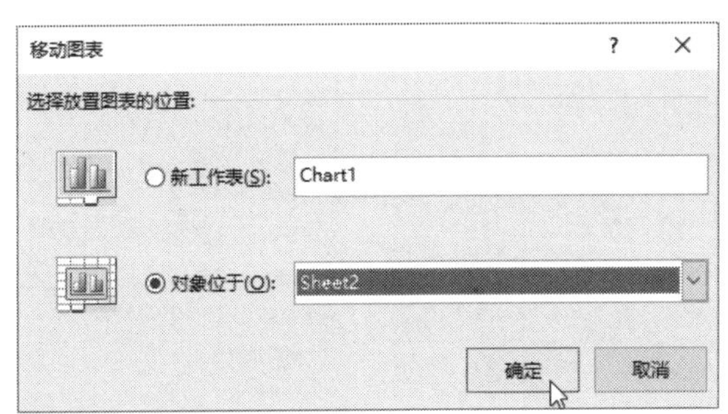

图5-53

也可以单击选中工作表中的图表区，然后在“图表设计”选项卡下“位置”组中单击“移动图表”按钮，然后在“移动图表”对话框中进行移动图表的操作。

5.3.3 图表的简单修饰

一个图表包含多个组成部分，默认创建的图表只包含其中的几项。如果希望图表显示更多信息，就有必要添加一些图表布局元素。另外，为了使图表更加美观，还可以为图表设置样式。

1. 添加并修饰图表标题

如果要为图表添加一个标题并对其进行美化，具体的操作方法为：首先选中工作表中的图表区，单击图表框右侧的“图表元素”按钮；在弹出的窗口中选中“图表标题”复选框，单击该复选框右侧的箭头，还可以进一步选择放置标题的方式，如图5-54所示。

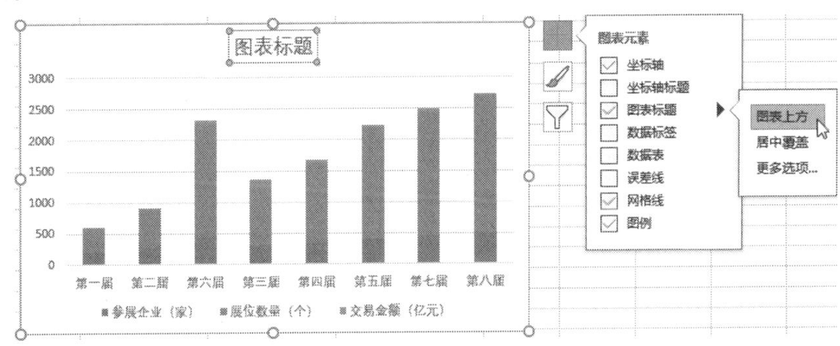

图5-54

在文本框中输入标题文本后，右击标题文本，在弹出的快捷菜单中执行“设置图表标题格式”命令。在打开的“设置图表标题格式”窗格中，在“填充与线条”和“效果”选项卡下，可以为标题添加填充、边框颜色、边框样式、阴影、三维格式和对齐方式等效果，如图5-55所示。

2. 添加图例

图例中的图标代表每个不同的数据系列的标识。如果要添加图例，只需先选中图表，然后在“图表设计”选项卡下“图表布局”组中单击“添加图表元素”按钮，在打开的下拉菜单中选择一种放置图例的方式，如图5-56所示，Excel会根据图例的大小重新调整绘图区的大小。

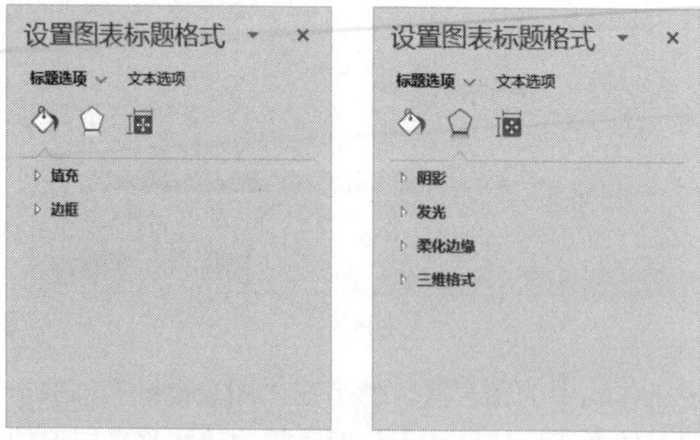

图5-55

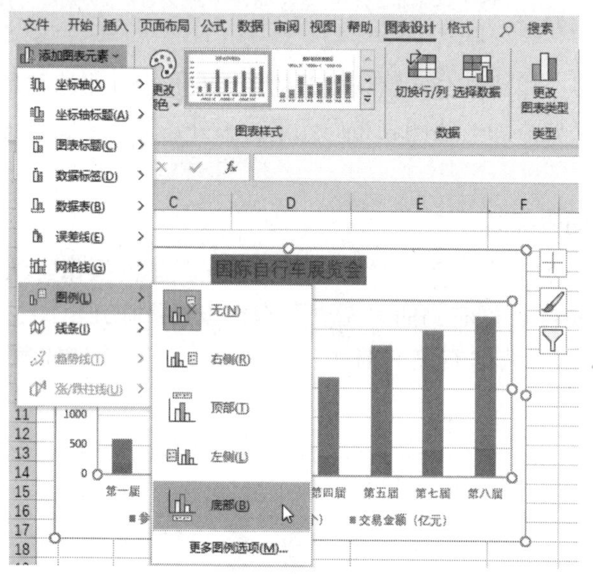

图5-56

右击“图例”区，在弹出的快捷菜单中执行“设置图例格式”命令，打开“设置图例格式”对话框。与设置图表标题格式类似，在该窗格中也可以设置填充色、边框颜色、边框样式、阴影效果、图例位置等，如图5-57所示。

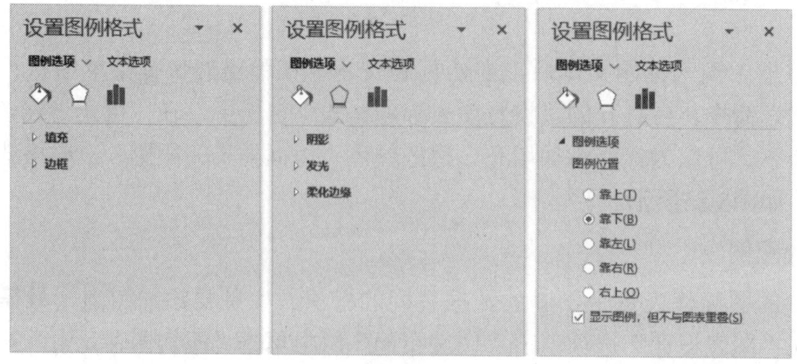

图5-57

3. 设置图表布局和样式

创建图表后，可以使用Excel提供的布局和样式来快速设置图表外观，这对不熟悉分步调整图表选项的用户来说是比较方便的。

设置图表样式的具体操作方法为：单击图表中的图表区，在“图表设计”选项卡下“图表布局”组中单击“快速布局”按钮，在打开的下拉菜单中选择用户需要的图表布局样式，如图5-58所示。

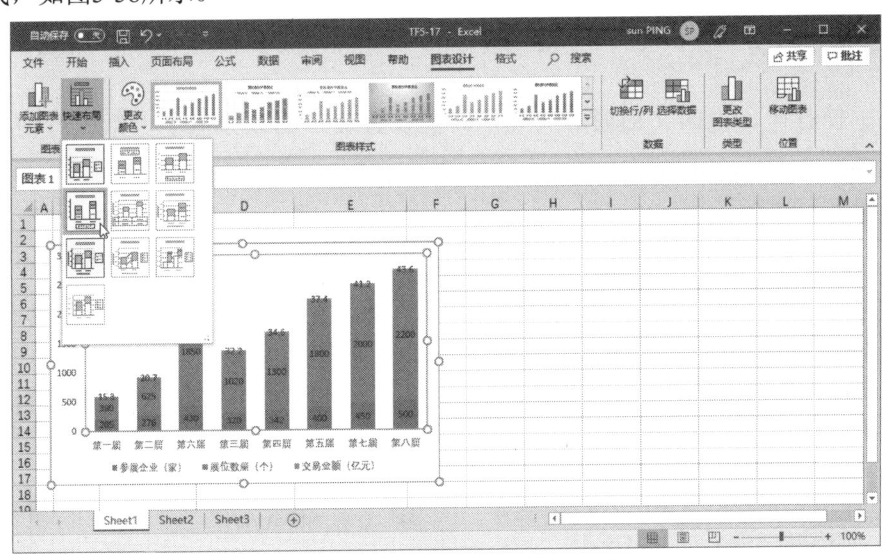

图5-58

单击图表中的图表区，然后在“图表设计”选项卡下“图表样式”组中单击右下角的“其他”按钮，在打开的列表中可以选择图表的颜色搭配方案，用以更改图表的整体外观样式，如图5-59所示。选择图表布局和样式后，即可快速得到最终的效果，非常便捷、美观。

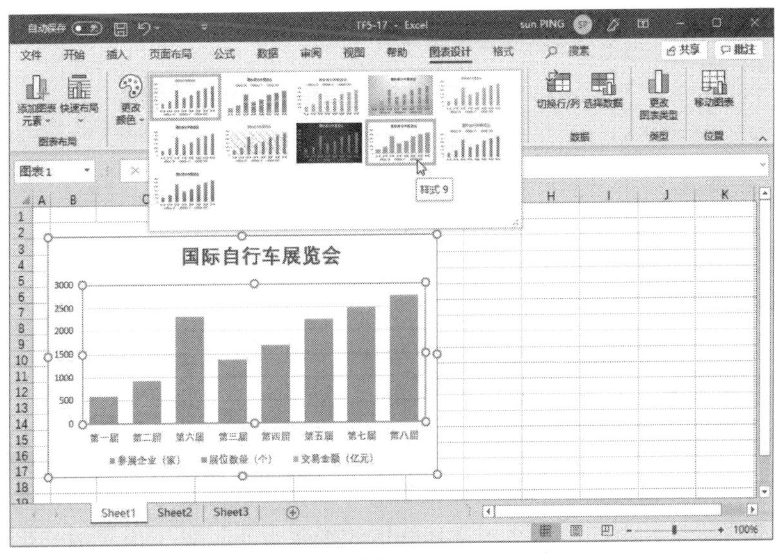

图5-59

5.4　工作表的打印设置

Excel的工作表是一个可以容纳大量数据的庞大表格，这些内容决定了Excel工作表在被打印输出之前，用户需要精心地对打印页面进行设置，以便只打印出想要打印的内容，而不会将不需要打印的内容一并输出。因此，精确设置工作表的页面和可打印区域，对于用户来说也是一项必备技能。

5.4.1　页面设置

为了使打印出来的文档简洁美观，需要设置适当的纸张大小、纸张方向、页边距等。

1. 设置页边距

打开正在编辑的Excel表格，在“页面布局”选项卡下“页面设置”组中单击“页边距”按钮，在打开的下拉菜单中可以选择预置的几种页面边距模式，如图5-60所示。如果列表中没有适合的选项，可以执行“自定义页边距”命令，在弹出的“页面设置”对话框中，如图5-61所示，可以分别对上、下、左、右页边距进行设置，也可对页眉、页脚边距进行设置；在“居中方式”区域中还可以选择“水平”或“垂直”居中。

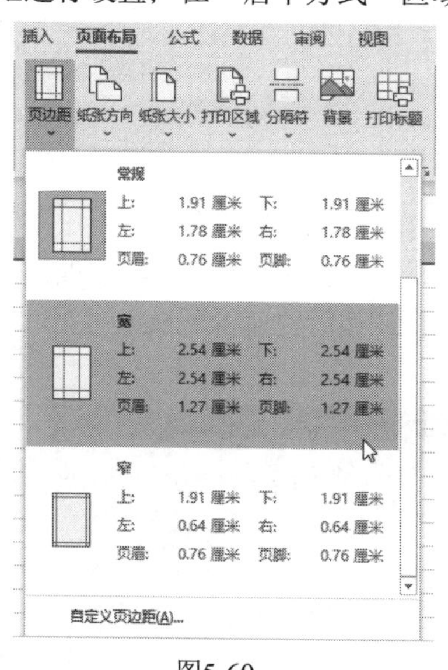

图5-60

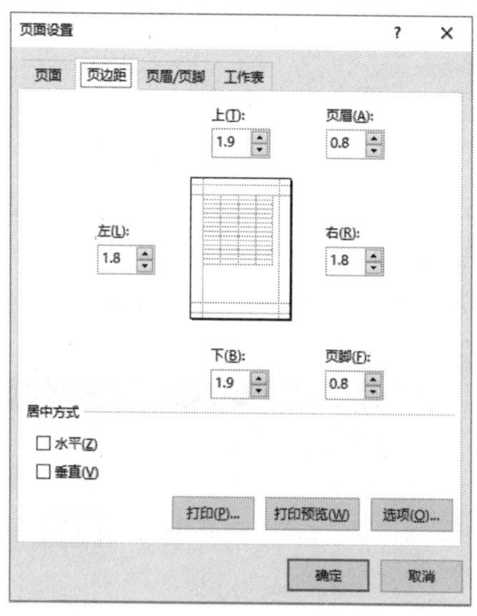

图5-61

2. 设置纸张方向

在“页面布局”选项卡下“页面设置”组中单击“纸张方向”按钮，在打开的下拉列表中可以选择为页面设置“纵向”和“横向”两种版式，如图5-62所示。

3. 设置纸张大小

在“页面布局”选项卡下“页面设置”组中单击“纸张大小”按钮，在打开的下拉列表（如图5-63所示）中可以为文档选择合适的纸张大小。除了内置的纸张尺寸，还可以通过执行“其他纸张大小”命令，来选择合适的纸张尺寸。

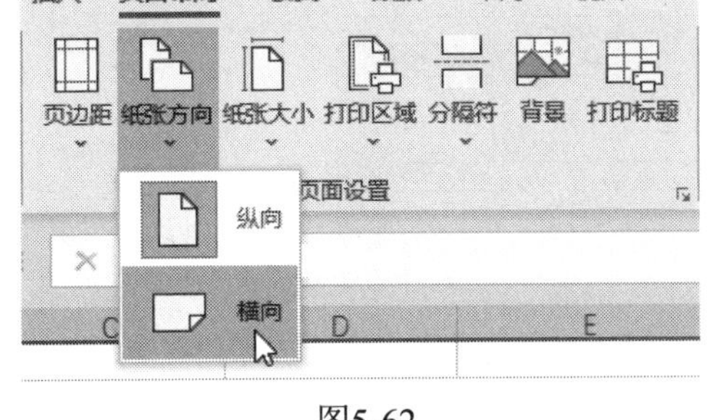

图5-62

图5-63

4. 设置打印标题

在有多页数据需要打印的时候，如果想要每一页都有相同的打印标题行，只需要经过简单设置，就可以在打印时实现这个效果，美观且便于阅读。

具体的操作方法为：打开需要打印的Excel表格，在“页面布局”选项卡下“页面设置”组中单击“打印标题”按钮；在弹出“页面设置”对话框的“工作表”选项卡下，在“打印标题”区域中“顶端标题行”后面的文本框中输入每页要打印的标题行号，也可以点击文本框右侧的选择按钮，“页面设置”对话框会变小并回到Excel工作表，鼠标指针也变成黑色的右箭头形状➡，此时在标题行中的任一位置点击鼠标后按下Enter键，这时Excel就会自动把标题行号输入到“顶端标题行”输入框中，如图5-64所示，单击“确定”按钮，即可完成对打印标题的设置。

图5-64

5.4.2 打印区域设置

在编辑时，如果只需要对工作表的部分单元格区域进行打印，而不是打印整个表格，这时就需要通过设置打印区域来完成了。

具体的操作方法为：首先打开需要打印的Excel表格，单击并拖动鼠标来选中需要

打印的单元格区域；在“页面布局”选项卡下“页面设置”组中单击“打印区域”按钮，在打开的下拉列表中执行“设置打印区域”命令，如图5-65所示，此时的打印区域即为选中单元格的区域；在打开的下拉列表中执行“取消打印区域”命令，设置的打印区域就会被取消。

图5-65

5.4.3 打印预览

一般情况下，在打印前都想预览整个页面的效果，这样既可保证打印效果，又可以达到节省纸张的目的。Excel打印预览是指Excel工作表在计算机中显示在打印纸上输出的效果，从而判断页面设置后的文件是否符合要求、是否需要修改。

首先打开需要打印的Excel表格，单击“文件”选项卡，在打开的列表中执行“打印”命令，在右侧窗格中即可显示打印预览的效果，如图5-66所示。

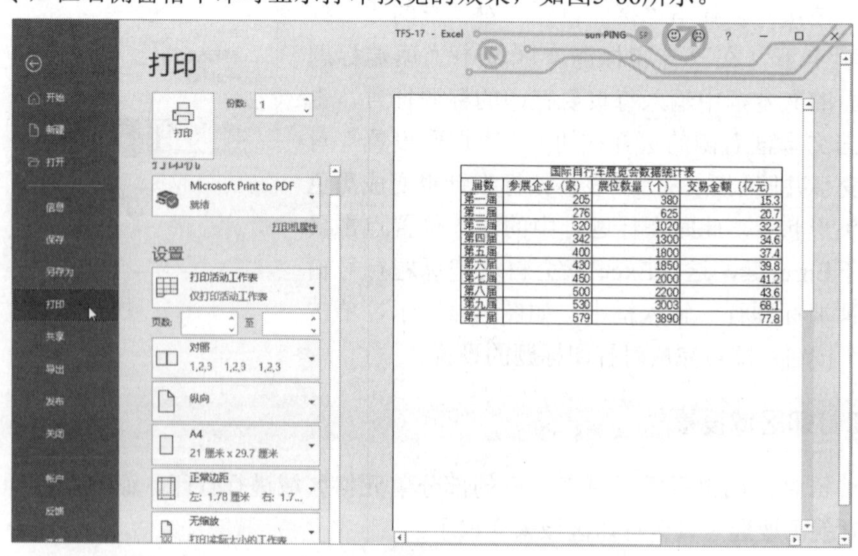

图5-66

在预览窗格中，可以配置很多打印设置，如打印份数、纸张、方向、页边距等，它非常直观，用户可以在右侧窗格查看打印效果的同时修改设置。查看过打印预览效果后，如果满意，可直接单击“打印”按钮开始打印。

还有一种比较快捷的打印预览方法是：在打开Excel表格后，单击最上方“快速访问工具栏”的下拉箭头，在打开的列表中执行“打印预览和打印”命令，如图5-67所示。单击之后可以看到在“快速访问工具栏”中出现一个“打印预览和打印”图标，单击该图标即可查看打印预览。

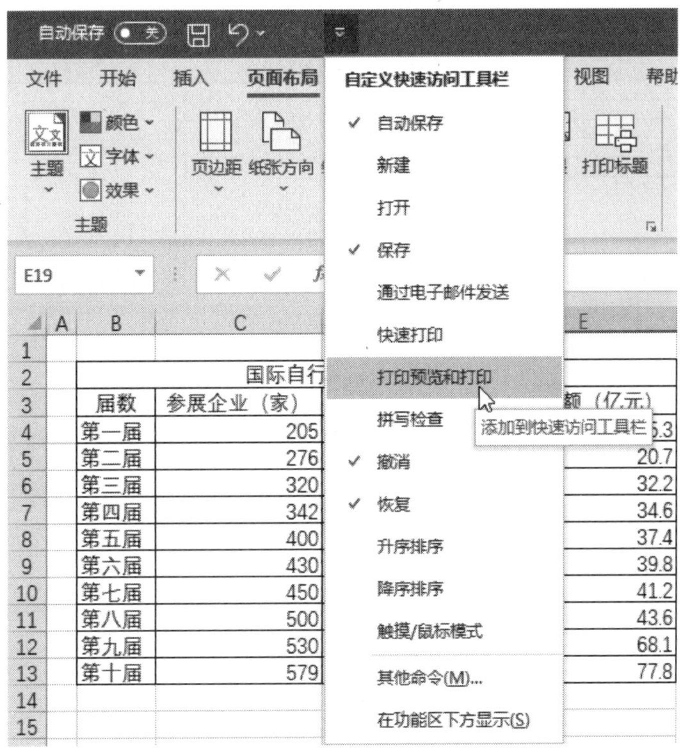

图5-67

5.4.4 插入分页符

相信大家都很熟悉Word分页，但是Excel分页确实用的少一些，在打印Excel工作时，系统会自动对打印内容进行分页。当要将一个Excel表格中的内容分开打印到两张纸上时，或只对某一页中的工作表只打印某一部分内容时，插入分页符就能够很好地解决问题了。

首先打开需要插入分页符的工作表，在工作表中选择需要分到下一页的第1行内容，然后在“页面布局”选项卡下“页面设置”组中单击“分隔符”按钮，在打开的下拉列表中执行“插入分页符”命令，如图5-68所示。

此时在文档中已经插入了分页符，单击“文件”选项卡，在左侧窗格中执行“打印”命令，在右侧窗格中可预览打印效果，文档已从分页符处分页，如图5-69所示。

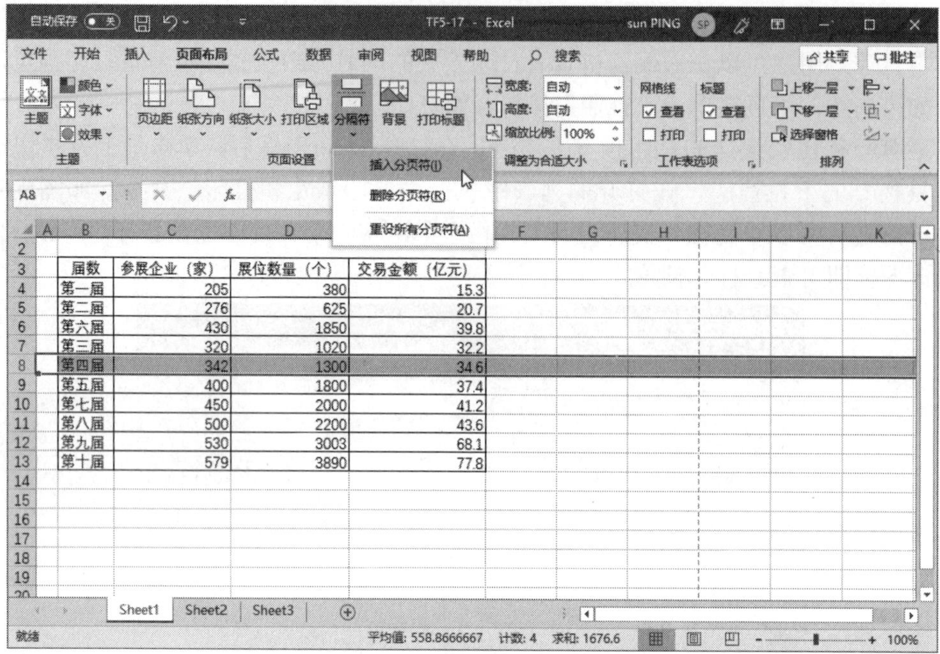

图5-68

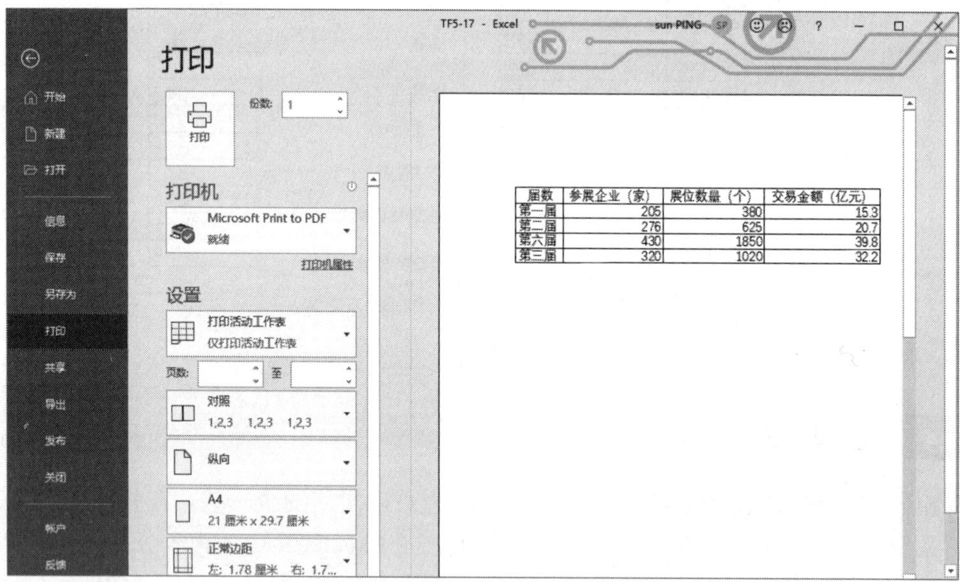

图5-69

Ⅱ.试题汇编

5.1　第1题

【操作要求】

在Excel 2016中打开文件A5.xlsx，并按下列要求进行操作。

一、设置工作表及表格，结果如【样文5-1A】所示

1. 工作表的基本操作

- 将Sheet1工作表中的所有内容复制到Sheet2工作表中，并将Sheet2工作表重命名为“销量统计表”，将此工作表标签的颜色设置为标准色“橙色”。
- 将第6行移至标题行的下方，将“E”列（空列）删除；设置标题行的行高为30，整个表格的列宽均为12。

2. 单元格格式的设置

- 在“销量统计表”工作表中，将单元格区域B2:G2合并后居中，设置字体为华文琥珀、24磅、水绿色（RGB:0,255,255），并为其填充标准色“蓝色”底纹。
- 将单元格区域B3:G3的字体设置为华文细黑、13磅、加粗、标准色“蓝色”，并为其填充白黄双色水平渐变的底纹样式。
- 将单元格区域B4:G11的底纹设置为淡紫色（RGB:255,200,255）。设置整个表格中文本的对齐方式均为水平居中、垂直居中。
- 设置单元格区域D4:G11中的数据为货币类型，小数位数为0。
- 将单元格区域B3:G11的外边框设置为标准色“蓝色”的粗实线，内部框线设置为标准色“蓝色”的细实线。

3. 表格的插入设置

- 在“销量统计表”工作表中，为D8单元格插入批注“销售额最高”。
- 在“销量统计表”工作表中表格的下方建立如下所示的公式，形状样式为“强烈效果 - 橄榄色，强调颜色3”，并为其添加形状效果中“半映像，4pt偏移量”的映像。

$$f(x)=\begin{cases}-x, & x<0\\ x, & x\geq 0\end{cases}$$

二、建立图表，结果如【样文5-1B】所示

- 使用“销量统计表”工作表中的相关数据在Sheet3工作表中创建一个箱形图。
- 按【样文5-1B】所示为图表应用快速布局5的样式，并为其添加图表标题。

三、工作表的打印设置

- 在“销量统计表”工作表第8行的上方插入分页符。

- 设置表格打印区域为单元格区域B2:G11，顶端标题行为第2行和第3行，设置完成后进行打印预览。

【样文5-1A】

平阳市主要商场销售情况统计表					
商场名称	地理位置	家电类	百货类	服装类	食品类
花花商厦	兴华街	¥67, 412	¥98, 000	¥91, 450	¥65, 005
为学百货	花园路	¥65, 121	¥67, 845	¥75, 000	¥72, 126
务民商场	祝寿路	¥45, 444	¥65, 345	¥64, 950	¥59, 846
华新商厦	平安大道	¥57, 010	¥87, 211	¥45, 000	¥69, 982
永康商场	人民路	¥99, 011	¥84, 555	¥62, 000	¥74, 598
泰隆百货	健康路	¥45, 222	¥98, 736	¥54, 365	¥87, 520
政通百货	安民路	¥64, 511	¥65, 123	¥64, 200	¥45, 322
永乐商场	永乐路	¥56, 000	¥55, 741	¥66, 321	¥66, 751

$$f(x)=\begin{cases}-x, & x<0\\ x, & x\geq 0\end{cases}$$

【样文5-1B】

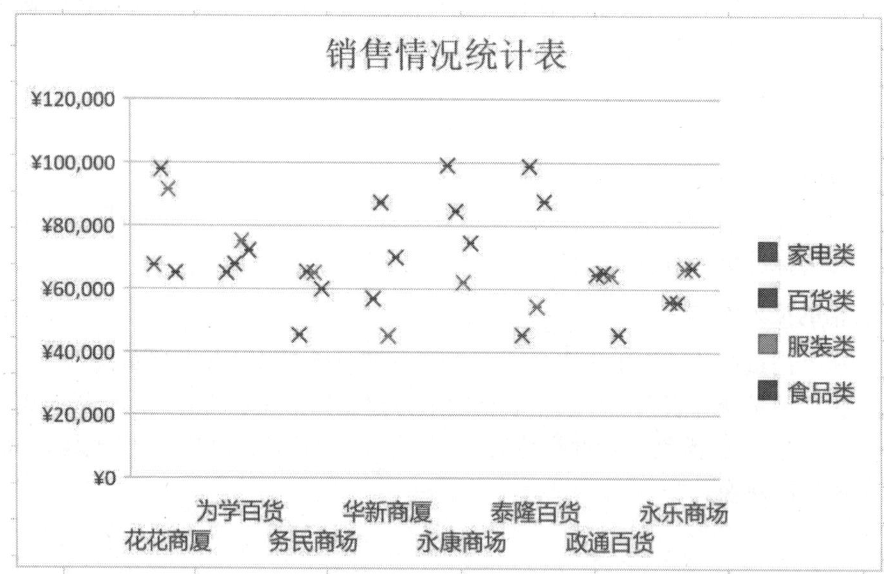

5.2　第2题

【操作要求】

在Excel 2016中打开文件A5.xlsx，并按下列要求进行操作。

一、设置工作表及表格，结果如【样文5-2A】所示

1. 工作表的基本操作

- 将Sheet1工作表中的所有内容复制到Sheet2工作表中，并将Sheet2工作表重命名为“新进树木统计表”，将此工作表标签的颜色设置为标准色“绿色”。
- 在“新进树木统计表”工作表中标题行的下方插入一空行，并设置行高为12；将F列和G列位置互换；自动调整表格除标题行以外单元格的列宽。

2. 单元格格式的设置

- 在“新进树木统计表”工作表中，将单元格区域B2:G3合并后居中，设置字体为华文新魏、24磅、标准色“深蓝”，并为其填充标准色“黄色”和标准色“浅绿”的中心辐射渐变的底纹样式。
- 将单元格区域B4:G4的字体设置为华文彩云、12磅、加粗、标准色“深红”，并为其填充图案样式中“对角线 剖面线”底纹，颜色为标准色“浅蓝”。
- 将单元格区域B5:G14的字体设置为华文细黑、11磅、标准色“紫色”，并为其填充淡橙色（RGB:255,204,102）底纹。
- 设置整个表格中文本的对齐方式均为水平居中、垂直居中。
- 为单元格区域B2:G3添加标准色“深蓝”、粗斜点划线外边框，为其他单元格添加深绿色（RGB:0,51,0）、粗双点划线边框线。

3. 表格的插入设置

- 在“新进树木统计表”工作表中，为E5单元格插入批注“银杏单价最贵”。
- 在“新进树木统计表”工作表中表格的下方插入公式的SmartArt图形，颜色为“彩色范围 - 个性色5至6”，并为其添加“卡通”的三维效果。

二、建立图表，结果如【样文5-2B】所示

- 使用“新进树木统计表”工作表中的相关数据在Sheet3工作表中创建一个旭日图。
- 按【样文5-2B】所示为图表应用快速布局4的样式，图例靠右显示，并为其添加图表标题。

三、工作表的打印设置

- 在“新进树木统计表”工作表第12行的下方插入分页符。
- 设置表格打印区域为单元格区域B2:G22，顶端标题行为第2行和第3行，设置完成后进行打印预览。

【样文5-2A】

绿岛园林新进树木统计表					
品种	科名	树高(m)	单价（元）	数量（株）	园林用途
银杏	银杏科	20-30m	720	150	庭荫树、行道树
柳杉	杉科	20-30m	220	200	庭荫树、园景林
油松	松科	25m	540	250	行道树
广玉兰	木兰科	15-25m	600	130	庭荫树、行道树
樟树	樟科	10-20m	450	180	庭荫树、风景林
榕树	桑科	20-25m	150	320	行道树、园景树
银桦	山龙眼科	20-25m	460	150	庭荫树、行道树
刺槐	豆科	15-25m	360	200	庭荫树、防护林
枫香	金缕梅科	30m	280	170	庭荫树、风景林
旱柳	杨柳科	15-20m	200	220	行道树、护岸树

【样文5-2B】

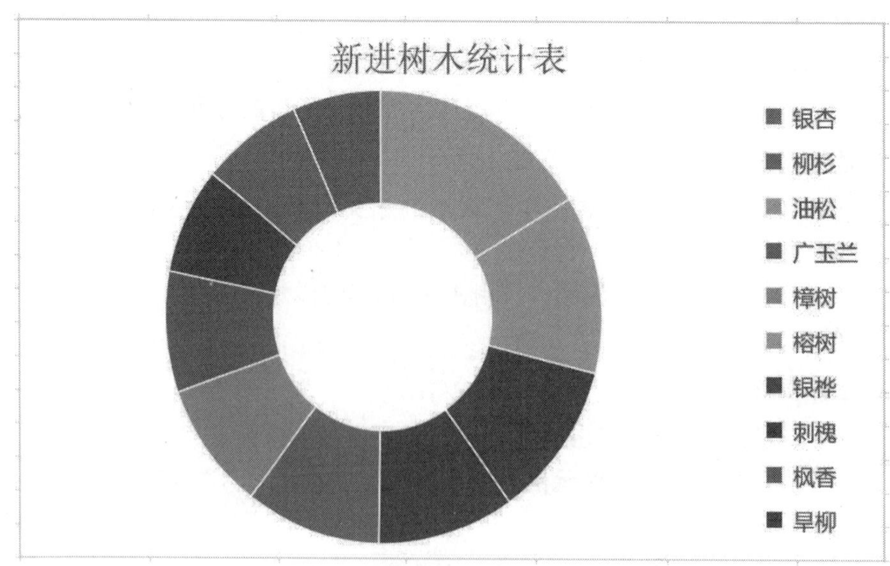

5.3 第3题

【操作要求】

在Excel 2016中打开文件A5.xlsx，并按下列要求进行操作。

一、设置工作表及表格，结果如【样文5-3A】所示

1. 工作表的基本操作

- 将Sheet1工作表中的所有内容复制到Sheet2工作表中，并将Sheet2工作表重命名为“学生成绩表”，将此工作表标签的颜色设置为蓝色（RGB:0,0,204）。
- 在“XH1009”所在行的上方插入一行，并输入样文中所示的内容；将“G”列（空列）删除；设置标题行的行高为30，整个表格的列宽均为9。

2. 单元格格式的设置

- 在“学生成绩表”工作表中，将单元格区域B2:I2合并后居中，设置字体为方正姚体、20磅、加粗、深绿色（RGB:0,102,0），并为其填充淡紫色（RGB:255,153,255）和标准色“黄色”的水平渐变的底纹样式。
- 将单元格区域B3:I3的字体设置为微软雅黑、14磅，居中对齐，并为其填充浅绿色（RGB:102,255,102）底纹。
- 将单元格区域B4:I15的字体设置为华文宋体，居中对齐，并为其填充浅黄色（RGB:255,255,153）底纹。
- 将单元格区域B3:I15的上下边框设置为标准色“深红”的粗实线，内部框线设置为标准色“紫色”的粗虚线。

3. 表格的插入设置

- 在“学生成绩表”工作表中，为C10单元格插入批注“总成绩最高”。
- 在“学生成绩表”工作表中表格的下方插入图片C:\2016KSW\DATA2\PIC5-3.jpg，设置图片的缩放比例为25%，并为其应用“金属椭圆”的图片样式。

二、建立图表，结果如【样文5-3B】所示

- 使用“学生成绩表”工作表中的相关数据在Sheet3工作表中创建一个雷达图。
- 按【样文5-3B】所示为图表应用快速布局1的样式，并为其添加图表标题。

三、工作表的打印设置

- 在“学生成绩表”工作表第10行的上方插入分页符。
- 设置表格打印区域为单元格区域B2:I35，顶端标题行为第2行，设置完成后进行打印预览。

【样文5-3A】

阳光小学三年级（二班）学生成绩统计表							
学号	姓名	姓别	语文	数学	英语	总分	等级
XH1008	刘萌萌	女	56	60	62	178	不及格
XH1006	陆苜一	男	75	54	60	189	及格
XH1004	王晓晓	女	88	65	77	230	良
XH1012	祝苗苗	女	80	75	70	225	良
XH1009	李茹会	女	79	77	73	229	良
XH1003	陆利	女	78	74	71	223	良
XH1010	胡汉品	男	94	92	90	276	优
XH1005	吴胜恩	男	93	80	96	269	优
XH1001	孙小燕	女	85	77	88	250	优
XH1011	李木	男	81	86	87	254	优
XH1007	刘敏	女	80	86	80	246	良
XH1002	赵婷婷	女	63	90	93	246	良

【样文5-3B】

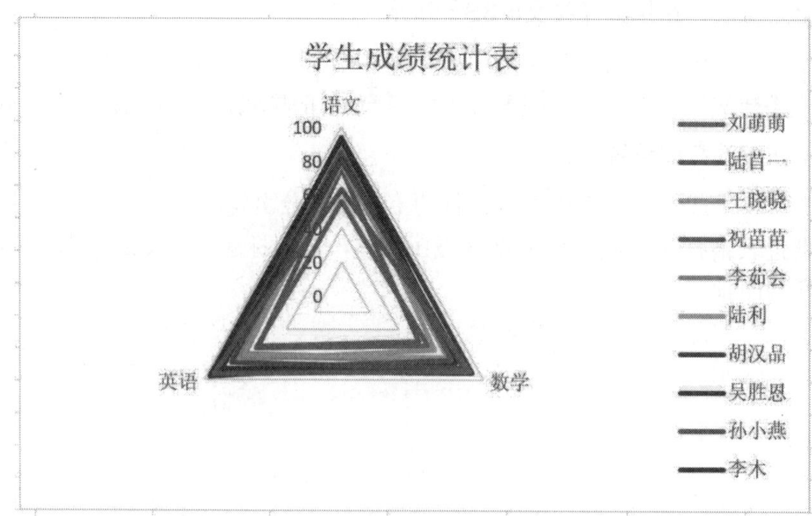

5.4　第4题

【操作要求】

在Excel 2016中打开文件A5.xlsx，并按下列要求进行操作。

一、设置工作表及表格，结果如【样文5-4A】所示

1. 工作表的基本操作

- 将Sheet1工作表中的所有内容复制到Sheet2工作表中，并将Sheet2工作表重命名为“用电情况表”，将此工作表标签的颜色设置为标准色中的“紫色”。
- 将“上次示值”一列移至“本次示值”一列的右侧；删除第9行（空行）；设置标题行的行高为32，第2行的行高为18，整个表格的列宽均为10。

2. 单元格格式的设置

- 在“用电情况表”工作表中，将单元格区域A1:I1合并后居中，字体设置为微软雅黑、22磅、加粗、标准色“紫色”，并为标题行填充水绿色（RGB:0,255,255）底纹。
- 将单元格区域A2:I2的字体设置为幼圆、12磅、标准色“黄色”，文本对齐方式为居中，为其填充粉红色（RGB:153,51,102）底纹。
- 将单元格区域A3:I14的字体设置为方正姚体、13磅，文本对齐方式为居中，为其填充浅橙色（RGB:255,204,153）底纹，并将其内部框线设置为标准色“绿色”的细虚线。
- 将整个表格的外边框设置为蓝色（RGB:0,0,255）的粗点划线。
- 设置单元格区域H3:I14中的数据为货币类型，小数位数为2。

3. 表格的插入设置

- 在“用电情况表”工作表中，为B11单元格插入批注“用电量最节约”。
- 在“用电情况表”工作表中表格的下方插入图片C:\2016KSW\DATA2\PIC5-4.jpg，设置图片的缩放比例为200%，并为其应用“剪去对角，白色”的图片样式。

二、建立图表，结果如【样文5-4B】所示

- 使用“用电情况表”工作表中的相关数据在Sheet3工作表中创建一个簇状柱形图。
- 按【样文5-4B】所示为图表应用“样式3”的图表样式，并为其添加图表标题。

三、工作表的打印设置

- 在“用电情况表”工作表第10行的上方插入分页符。
- 设置表格的标题行为顶端打印标题，打印区域为单元格区域A1:I28，设置完成后进行打印预览。

【样文5-4A】

2016年第一季度教职工用电情况统计表								
房号	姓名	本次示值	上次示值	用电量	应补度数	超用电度数	每度电价	实交金额
201	王延凤	1838	1672	166	90	76	¥0.62	¥47.12
202	高瑞瑞	1446	1312	134	90	44	¥0.62	¥27.28
209	刘向前	3862	3516	346	180	166	¥0.62	¥102.92
211	龙剑霞	2401	2231	170	90	80	¥0.62	¥49.60
213	江恒清	1347	1223	124	90	34	¥0.62	¥21.08
217	童凯	1025	835	190	90	100	¥0.62	¥62.00
218	李京化	2285	2138	147	90	57	¥0.62	¥35.34
219	宋永成	2057	1913	144	90	54	¥0.62	¥33.40
301	张跃	1462	1357	105	90	15	¥0.62	¥9.30
304	黄晓	1437	1310	127	90	37	¥0.62	¥22.94
406	魏朝霞	1187	1038	149	90	59	¥0.62	¥36.58
409	张春琴	2362	2231	131	90	41	¥0.62	¥25.42

【样文5-4B】

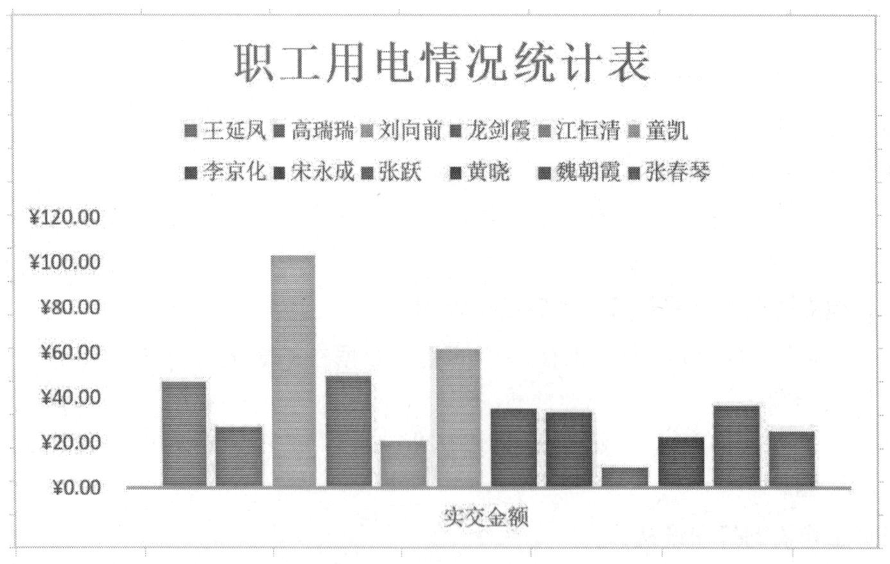

5.5　第5题

【操作要求】

在Excel 2016中打开文件A5.xlsx，并按下列要求进行操作。

一、设置工作表及表格，结果如【样文5-5A】所示

1. 工作表的基本操作

- 将Sheet1工作表中的所有内容复制到Sheet2工作表中，并将Sheet2工作表重命名为“车辆费用统计表”，将此工作表标签的颜色设置为标准色“红色”。
- 在“车辆费用统计表”工作表中，将“6月8日”一行移至“6月15日”一行的上方，将“E”列（空列）删除；设置标题行的行高为35、第2行的行高为25，整个表格的列宽均为11。

2. 单元格格式的设置

- 在“车辆费用统计表”工作表中，将单元格区域A1:G1合并后居中，设置字体为华文中宋、26磅、蓝色（RGB:0,0,204），并为其填充标准色“橙色”底纹。
- 将单元格区域A2:A11的字体设置为华文细黑、12磅、加粗、梅红色（RGB:102,0,51），并为其填充标准色“黄色”的底纹。
- 将单元格区域B2:G11的字体设置为华文行楷、12磅，并为其填充淡紫色（RGB:255,204,255）底纹，再为其填充图案样式中“6.25% 灰色”底纹，颜色为标准色“紫色”。
- 设置整个表格中文本的对齐方式均为水平居中、垂直居中。
- 将单元格区域A1:G11的外边框设置为深绿色（RGB:0,51,0）的粗实线，内部框线设置为标准色“绿色”的细实线。

3. 表格的插入设置

- 在“车辆费用统计表”工作表中，为C6单元格插入批注“今日车辆状态良好”。
- 在“车辆费用统计表”工作表中表格的下方建立如下所示的公式，形状样式为“彩色填充 - 水绿色，强调颜色5”，并为其添加“艺术装饰”的棱台形状效果。

$$\frac{-b \pm \sqrt{b^2 - 4ac}}{2a}$$

二、建立图表，结果如【样文5-5B】所示

- 使用“车辆费用统计表”工作表中的相关数据在Sheet3工作表中创建一个三维簇状柱形图。
- 按【样文5-5B】所示为图表应用“样式11”的图表样式，并为其添加图表标题。

三、工作表的打印设置

- 在“车辆费用统计表”工作表第7行的上方插入分页符。
- 设置表格的标题行为顶端打印标题，打印区域为单元格区域A1:G15，设置完成后进行打印预览。

【样文5-5A】

六月份车辆费用统计表						
日期	加油费（元）	维修费（元）	洗车费（元）	过路费（元）	停车费（元）	合计（元）
6月2日	200	150	20	15	10	395
6月5日	300	100	20	5	10	435
6月8日	220	50	20	15	5	310
6月15日	300	0	20	30	10	360
6月20日	250	30	20	5	10	315
6月21日	200	100	20	5	10	335
6月22日	100	50	20	5	10	185
6月25日	250	80	20	15	2	367
6月30日	400	120	20	20	15	575

$$\frac{-b \pm \sqrt{b^2 - 4ac}}{2a}$$

【样文5-5B】

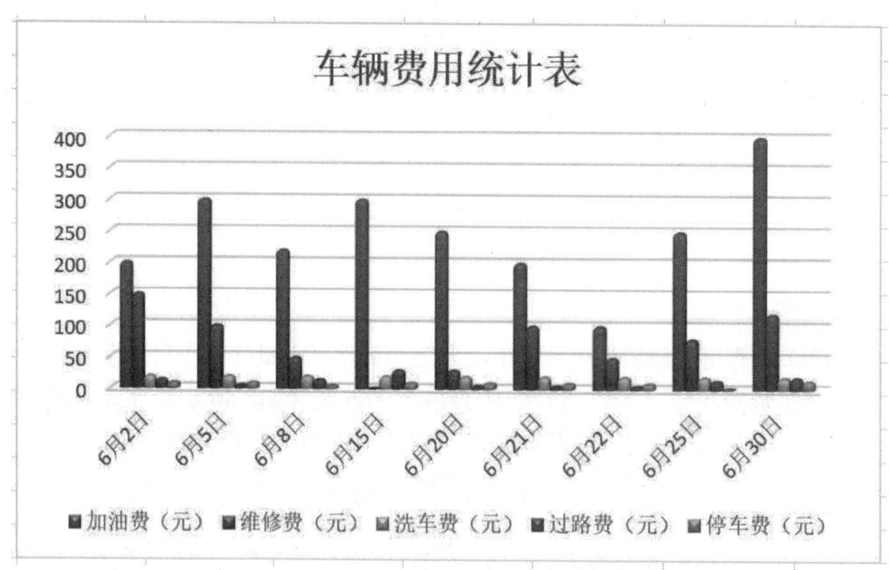

Ⅲ. 试题解答

5.1　第1题解答

打开文档：单击“文件”选项卡，在列表中执行“打开”命令，单击右侧的“浏览”选项，在弹出的“打开”对话框中，首先从左侧列表中选择考生文件夹所在的位置，然后从右侧列表中选择“A5.xlsx”文件，单击“打开”按钮，如图5-70所示。

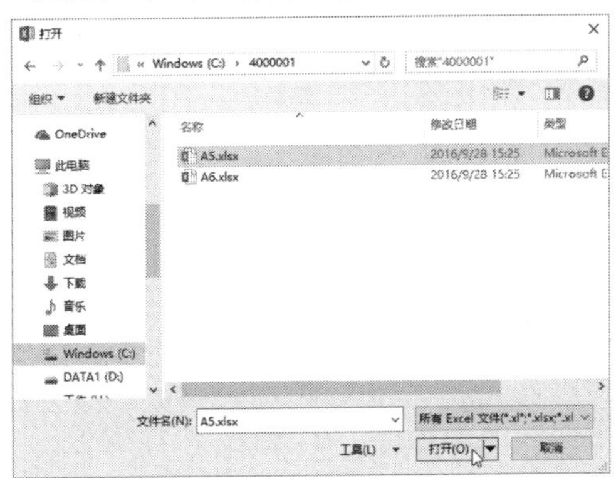

图5-70

一、设置工作表及表格

1. 工作表的基本操作

第1步：在Sheet1工作表中，按Ctrl+A组合键，选中整个工作表，在“开始”选项卡下“剪贴板”组中单击“复制”按钮。切换至Sheet2工作表，选中A1单元格，单击“剪贴板”组中的“粘贴”按钮。

第2步：双击Sheet2工作表的标签，此时的标签名称会变为灰色重命名状态，输入工作表名称“销量统计表”，按Enter键。右击“销量统计表”标签，在弹出的快捷菜单中执行“工作表标签颜色”命令，在打开的列表中选择标准色中的“橙色”，如图5-71所示。

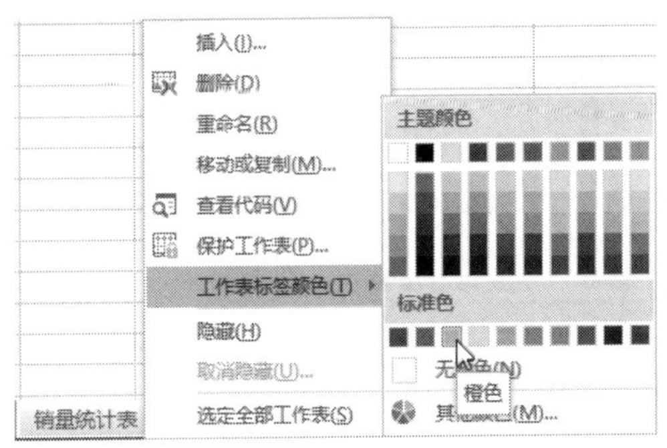

图5-71

第3步：右击“销量统计表”工作表中第6行行号，在打开的快捷菜单中执行“剪切”命令；再右击第3行行号，在打开的快捷菜单中执行“插入剪切的单元格”命令。

第4步：右击第E列的列标，在弹出的快捷菜单中执行“删除”命令，即可删除该空列。

第5步：右击“销量统计表”工作表中第2行行号，在弹出的快捷菜单中执行“行高”命令，在打开的“行高”设置对话框中，在“行高”文本框中输入数值“30”，单击“确定”按钮，如图5-72所示。

第6步：在“销量统计表”工作表中，按Ctrl+A组合键，选中整张表格，右击，在弹出的快捷菜单中执行“列宽”命令，在弹出的“列宽”设置属性框中，在“列宽”文本框中输入数值“12”，单击“确定”按钮，如图5-73所示。

2. 单元格格式的设置

第1步：在“销量统计表”工作表中选中单元格区域B2:G2，单击“开始”选项卡下“对齐方式”组中的“合并后居中”按钮，如图5-74所示。

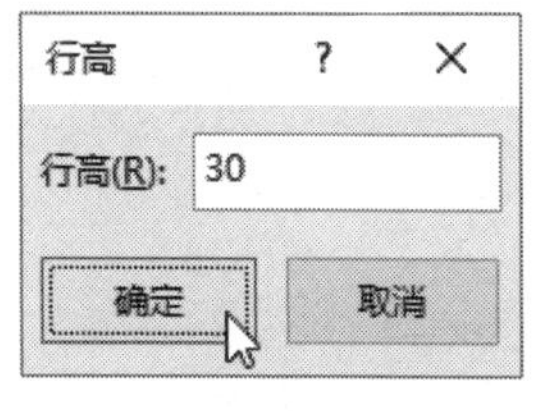

图5-72

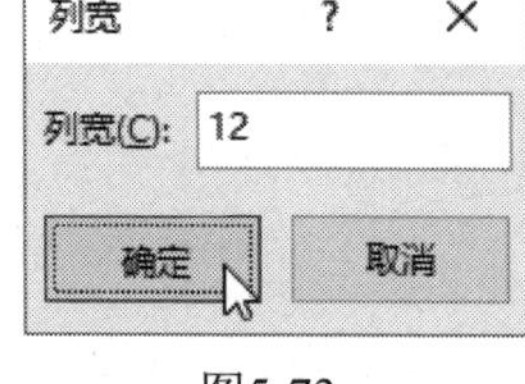

图5-73

图5-74

第2步：在“开始”选项卡下“字体”组的“字体”下拉列表中选择“华文琥珀”，在“字号”下拉列表中选择“24”磅，在“字体颜色”列表中执行“其他颜色”命令，如图5-75所示。在弹出的“颜色”对话框中，在“自定义”选项卡下，分别在RGB值列表中输入“0”“255”“255”，单击“确定”按钮，如图5-76所示。

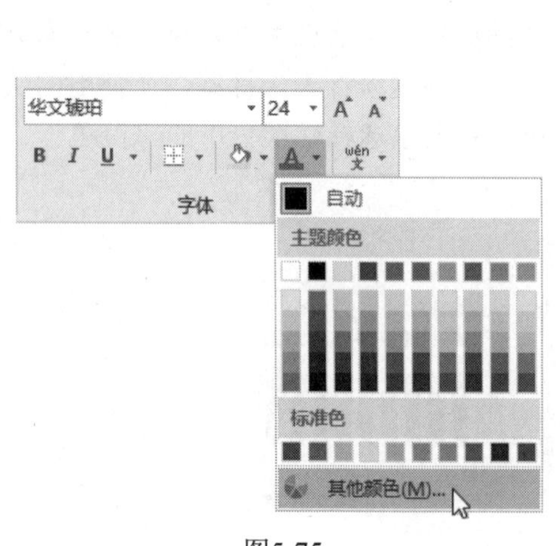

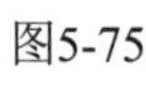

图5-75

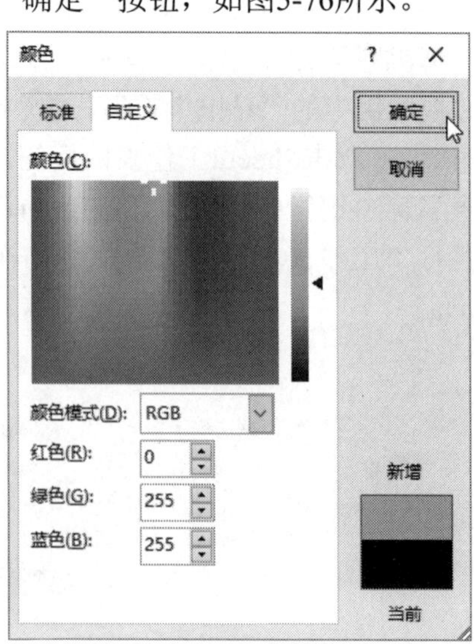

图5-76

第3步：单击“开始”选项卡下“字体”组中“填充颜色”按钮后面的下三角箭

头，在下拉列表中选择标准色中的“蓝色”。

第4步：选中单元格区域B3:G3，在“开始”选项卡下“字体”组中单击右下角的“对话框启动器”按钮，弹出“设置单元格格式”对话框，在“字体”下拉列表中选择“华文细黑”，在“字形”下拉列表中选择“加粗”，在“字号”列表中输入“13”磅，在“颜色”下拉列表中选择标准色中的“蓝色”，如图5-77所示。

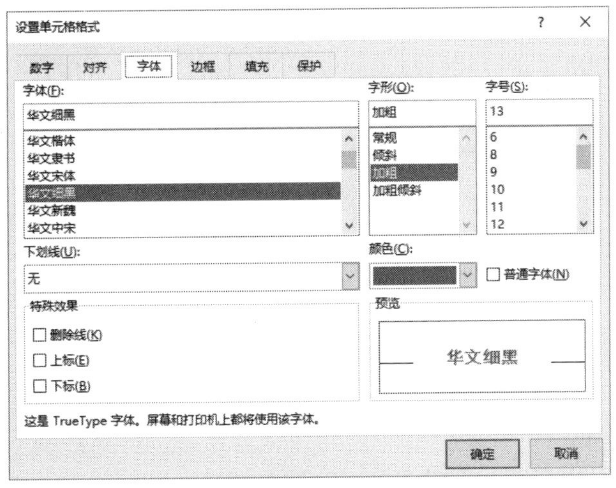

图5-77

第5步：在“设置单元格格式”对话框的“填充”选项卡下单击“填充效果”按钮，弹出“填充效果”对话框，如图5-78所示，在“颜色”区域中选中“双色”单选按钮，在“颜色1”下拉列表中选择主题颜色中的“白色，背景1”，在“颜色2”下拉列表中选择标准色中的“黄色”；在“底纹样式”区域中选中“水平”单选按钮，单击“确定”按钮。返回至“设置单元格格式”对话框，单击“确定”按钮。

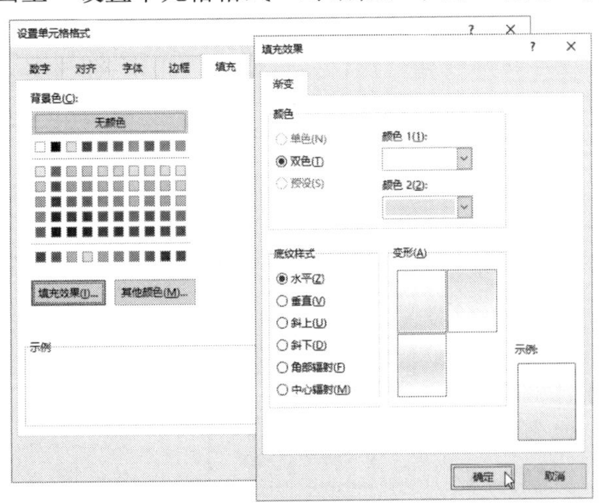

图5-78

第6步：选中单元格区域B4:G11，单击“开始”选项卡下“字体”组中“填充颜色”按钮后面的下三角箭头，在下拉列表中执行“其他颜色”命令，弹出“颜色”设置对话框，在“自定义”选项卡下，分别在RGB值列表中输入

“255”“200”“255”，单击“确定”按钮。

第7步：选中整个表格（单元格区域B2:G11），在“开始”选项卡下“对齐方式”组中分别单击“垂直居中”按钮和“居中”按钮。

第8步：选中单元格区域D4:G11，在“开始”选项卡下“数字”组中单击右下角的“对话框启动器”按钮，弹出“设置单元格格式”对话框，在“数字”选项卡下的“分类”列表框中选择“货币”，在“小数位数”后的微调框中输入“0”，单击“确定”按钮，如图5-79所示。

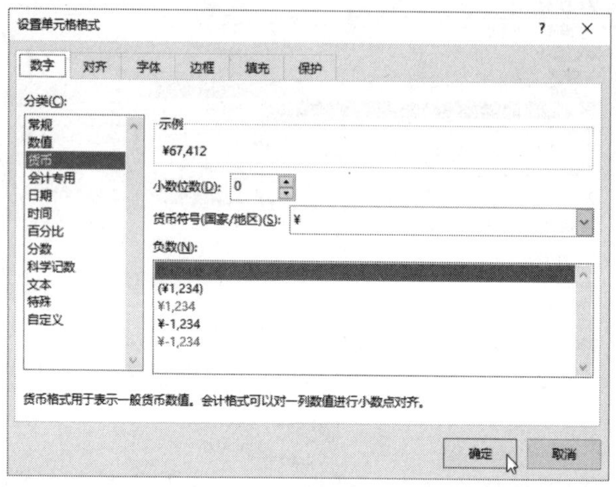

图5-79

第9步：选中单元格区域B3:G11，在“开始”选项卡下“字体”组中单击右下角的“对话框启动器”按钮，弹出“设置单元格格式”对话框，选择“边框”选项卡，在“样式”区域选择“粗实线”（2列6行），在“颜色”列表中选择标准色中的“蓝色”；在“预置”区域单击“外边框”按钮，在“样式”列表框中选择“细实线”（1列7行），在“预置”区域单击“内部”按钮，如图5-80所示。在预览图区域查看样式，无误后单击“确定”按钮。

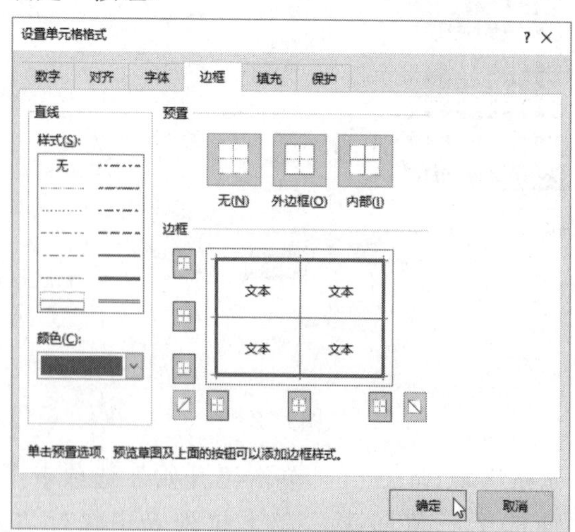

图5-80

3. 表格的插入设置

第1步：在“销量统计表”工作表中选中D8单元格，单击“审阅”选项卡下“批注”组中的“新建批注”按钮，在该单元格附近打开一个批注框，输入文本“销售额最高”，如图5-81所示。

第2步：在“销量统计表”工作表中表格的下方选中任意一个单元格，单击“插入”选项卡下“符号”组中的“公式”按钮，功能区中会显示“公式工具”选项卡，在该选项卡的“结构”组中单击“括号”按钮，在打开的列表框中参照图5-82进行选择，插入完成后在公式编辑区域外的任意位置单击鼠标，退出插入公式模式。

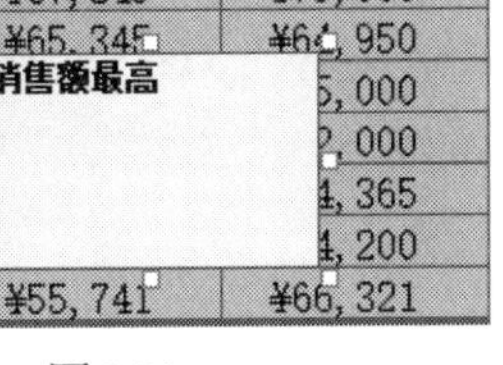

家电类	百货类	服装类
¥67,412	¥98,000	¥91,450
¥65,121	¥67,845	¥75,000
¥45,444	¥65,345	¥6[illegible],950
¥57,010	[illegible]	[illegible]5,000
¥99,011	[illegible]	[illegible]2,000
¥45,222	[illegible]	[illegible]1,365
¥64,511	[illegible]	[illegible]4,200
¥56,000	¥55,741	¥66,321

图5-81

图5-82

第3步：选中已插入的公式，在“绘图工具”的“格式”选项卡下单击“形状样式”组中的“其他”按钮，在打开的库中选择“主题样式”区域中的“强烈效果 - 橄榄色，强调颜色3”形状样式，如图5-83所示。

第4步：在“形状样式”组中单击“形状效果”按钮，在下拉列表中选择“映像”效果下的“半映像，4磅偏移量”，如图5-84所示。

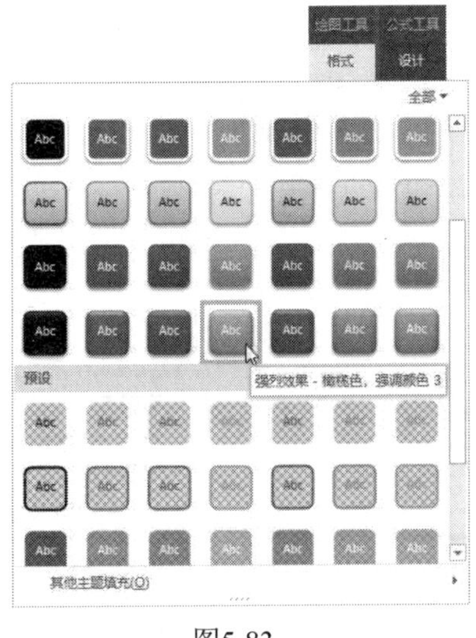

图5-83

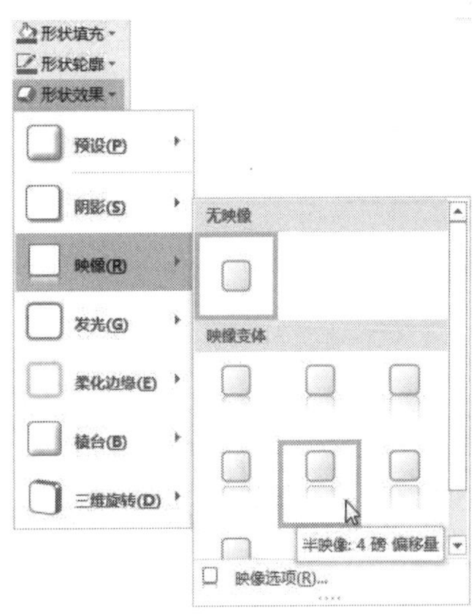

图5-84

二、建立图表

第1步：在“销量统计表”工作表中，在按住Ctrl键的同时选中B3:B11和D3:G11单元格区域，单击“插入”选项卡下“图表”组中右下角的“对话框启动器”按钮，弹出“插入图表”对话框。在“所有图表”选项卡下的左侧列表中选择“箱形图”，单击“确定”按钮，如图5-85所示。

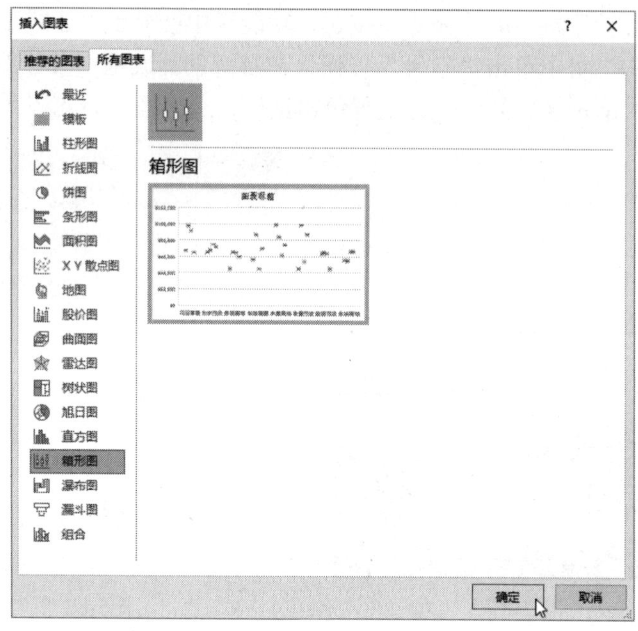

图5-85

第2步：选中所创建的图表，在“图表工具”的“设计”选项卡下单击“位置”组中的“移动图表”按钮，弹出“移动图表”对话框，在“对象位于”下拉列表中选择“Sheet3”工作表，单击“确定”按钮，如图5-86所示。

第3步：选中所创建的图表，在“图表工具”的“设计”选项卡下单击“图表布局”组中的“快速布局”按钮，在打开的下拉列表中选择“布局5”，如图5-87所示。

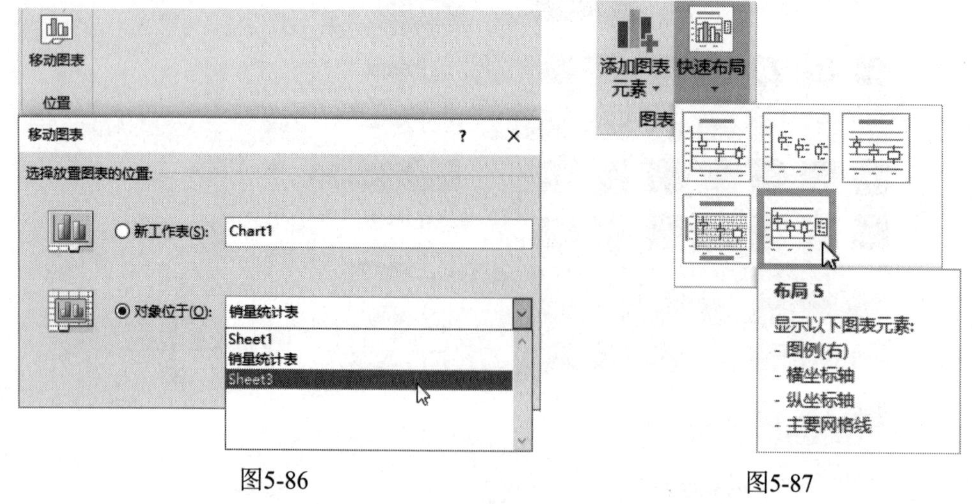

图5-86　　图5-87

第4步：选中所创建的图表，在“图表工具”的“设计”选项卡下单击“图表布局”组中的“添加图表元素”按钮，在打开的下拉列表中选择“图表标题”下的“图表上方”，如图5-88所示。

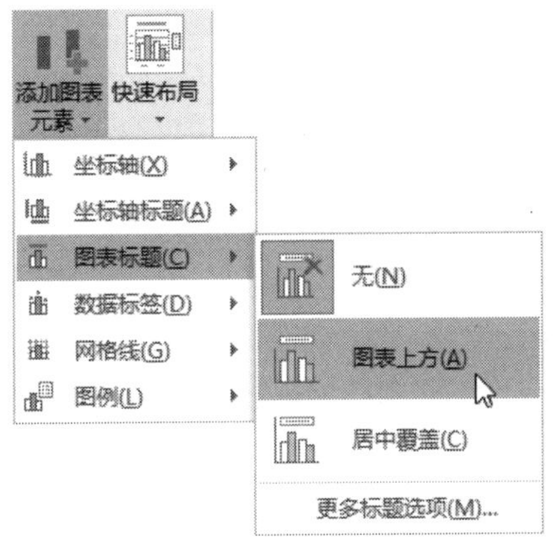

图5-88

第5步：在图表中的标题位置输入文本“销售情况统计表”，如图5-89所示。

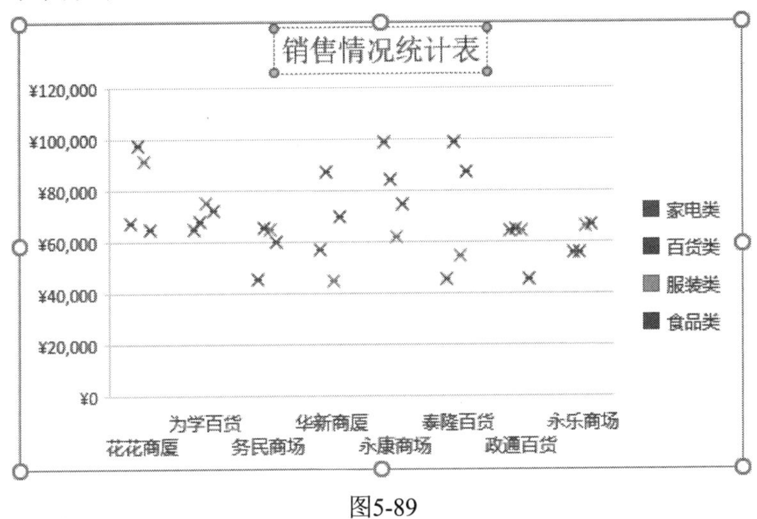

图5-89

三、工作表的打印设置

第1步：在“销量统计表”工作表中选中第8行，单击“页面布局”选项卡下“页面设置”组中的“分隔符”按钮，在打开的下拉列表中执行“插入分页符”命令，即可在该行的上方插入分页符，如图5-90所示。

第2步：在“销量统计表”工作表中，单击“页面布局”选项卡下“页面设置”组中的“打印标题”按钮，在弹出的“页面设置”对话框的“工作表”选项卡下，单击“打印区域”后的折叠按钮，在工作表中选择B2:G11单元格区域，返回至“页面设置”对话框。再单击“顶端标题行”后的折叠按钮，在工作表中选择表格的第2行和第3行，再返回至“页面设置”对话框，如图5-91所示。单击底部的“打印预览”按钮进入到预览界面。

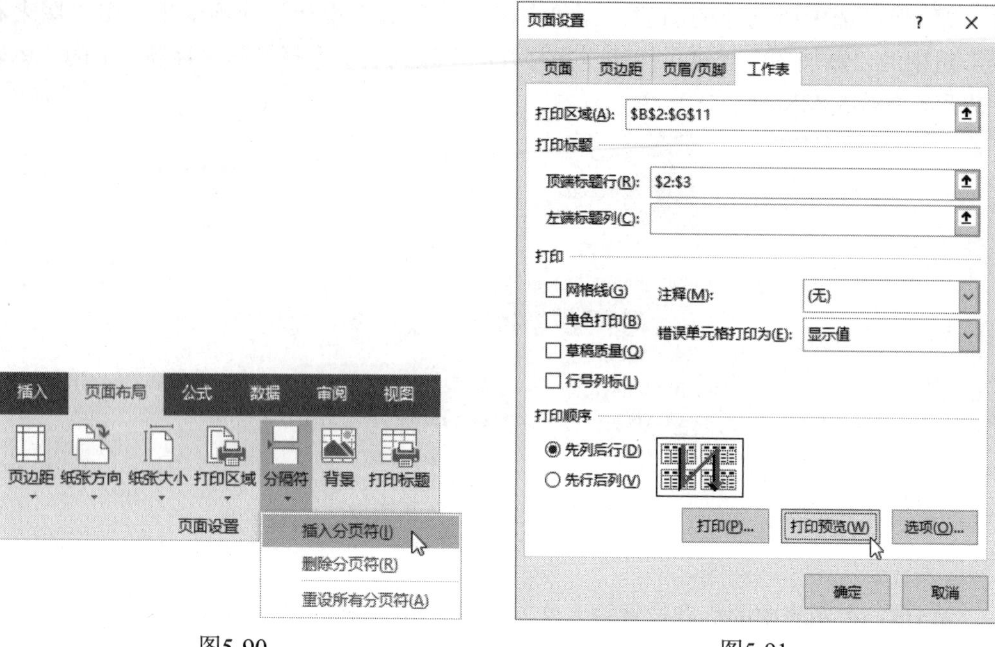

图5-90　　　　图5-91

第3步：退出打印预览界面。单击“文件”选项卡，在列表中执行“保存”命令并关闭。

5.2　第2题解答

打开文档：单击“文件”选项卡，在列表中执行“打开”命令，单击右侧的“浏览”选项，在弹出的“打开”对话框中，首先从左侧列表中选择考生文件夹所在的位置，然后从右侧列表中选择“A5.xlsx”文件，单击“打开”按钮。

一、设置工作表及表格

1. 工作表的基本操作

第1步：在Sheet1工作表中，按Ctrl+A组合键，选中整个工作表，单击“开始”选项卡下“剪贴板”组中的“复制”按钮。切换至Sheet2工作表，选中A1单元格，单击“剪贴板”组中的“粘贴”按钮。

第2步：双击Sheet2工作表的标签，此时的标签名称会变为灰色重命名状态，输入工作表名称“新进树木统计表”，按Enter键。右击“新进树木统计表”标签，从弹出的快捷菜单中执行“工作表标签颜色”命令，在打开的列表中选择标准色中的“绿色”。

第3步：右击“新进树木统计表”工作表中的第3行行号，在弹出的快捷菜单中执行“插入”命令。

第4步：右击“新进树木统计表”工作表中第3行行号，在弹出的快捷菜单中执行“行高”命令，弹出“行高”设置属性框，在“行高”文本框中输入数值“12”，单击

“确定”按钮。

第5步：在“新进树木统计表”工作表中选中G列，右击，在打开的快捷菜单中执行“剪切”命令。右击F列的列标，在弹出的快捷菜单中执行“插入剪切的单元格”命令。

第6步：在“新进树木统计表”工作表中选中单元格区域B4:G14，在“开始”选项卡下“单元格”组中单击“格式”按钮，从打开的下拉列表中执行“自动调整列宽”命令。

2. 单元格格式的设置

第1步：在“新进树木统计表”工作表中，选中单元格区域B2:G3，单击“开始”选项卡下“对齐方式”组中的“合并后居中”按钮。

第2步：在“开始”选项卡下“字体”组中单击右下角的“对话框启动器”按钮，弹出“设置单元格格式”对话框，在“字体”选项卡下的“字体”下拉列表中选择“华文新魏”，在“字号”列表中选择“24”磅，在“颜色”下拉列表中选择标准色中的“深蓝”。

第3步：在“设置单元格格式”对话框的“填充”选项卡下，单击“填充效果”按钮，弹出“填充效果”对话框，在“颜色”区域选中“双色”单选按钮，在“颜色1”下拉列表中选择标准色中的“黄色”，在“颜色2”下拉列表中选择标准色中的“浅绿”；在“底纹样式”区域选中“中心辐射”，单击“确定”按钮，返回至“设置单元格格式”对话框，单击“确定”按钮。

第4步：选中单元格区域B4:G4，在“开始”选项卡下“字体”组中单击右下角的“对话框启动器”按钮，弹出“设置单元格格式”对话框，在“字体”下拉列表中选择“华文彩云”，在“字形”下拉列表中选择“加粗”，在“字号”列表中选择“12”磅，在“颜色”下拉列表中选择标准色中的“深红”。

第5步：在“设置单元格格式”对话框的“填充”选项卡下，从“图案样式”下拉列表中选择“对角线 剖面线”，从“图案颜色”下拉列表中选择标准色中的“浅蓝”，单击“确定”按钮，如图5-92所示。

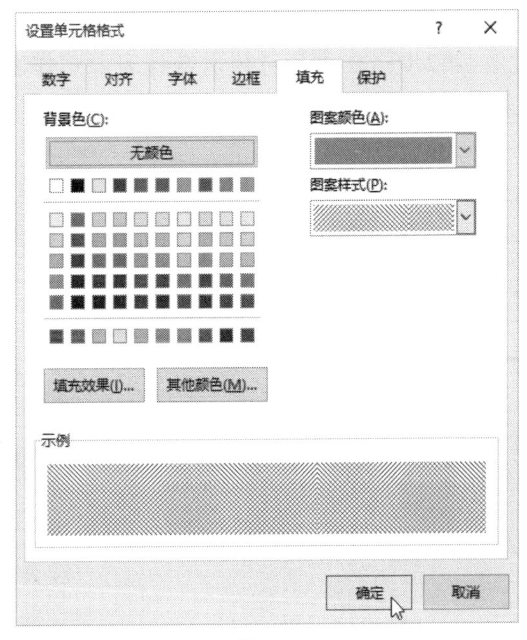

图5-92

第6步：选中单元格区域B5:G14，在“开始”选项卡下“字体”组的“字体”下拉列表中选择“华文细黑”，在“字号”下拉列表中选择“11”磅，在“字体颜色”下拉列表中选择标准色中的“紫色”；单击“填充颜色”按钮后面的下三角箭头，在打开的下拉列表中执行“其他颜色”命令。

第7步：在弹出的“颜色”设置对话框的“自定义”选项卡下，分别在RGB值列表中输入“255”“204”“102”，单击“确定”按钮。

第8步：选中整个表格，在“开始”选项卡下“对齐方式”组中分别单击“垂直居中”按钮和“居中”按钮。

第9步：选中单元格区域B4:G14，在“开始”选项卡下“字体”组中单击右下角的“对话框启动器”按钮，弹出“设置单元格格式”对话框。选择“边框”选项卡，在“样式”区域选择“粗双点划线”（2列1行）；在“颜色”列表中执行“其他颜色”命令，弹出“颜色”设置对话框，在“自定义”选项卡下，分别在RGB值列表中输入“0”“51”“0”，单击“确定”按钮；返回至“设置单元格格式”对话框，在“预置”区域分别单击“外边框”按钮和“内部”按钮。在预览图区域查看样式，无误后单击“确定”按钮。

第10步：选中单元格区域B2:G3，在“开始”选项卡下“字体”组中单击右下角的“对话框启动器”按钮，弹出“设置单元格格式”对话框。选择“边框”选项卡，在“样式”区域选择“粗斜点划线”（2列2行），在“颜色”列表中选择标准色中的“深蓝”，在“预置”区域单击“外边框”按钮。在预览图区域查看样式，无误后单击“确定”按钮。

3. 表格的插入设置

第1步：在“新进树木统计表”工作表中选中E5单元格，单击“审阅”选项卡下“批注”组中的“新建批注”按钮，在该单元格附近将打开一个批注框，在框内输入文本“银杏单价最贵”。

第2步：在“新进树木统计表”工作表中表格的下方选中任一单元格，单击“插入”选项卡下“插图”组中的“SmartArt”按钮，如图5-93所示。

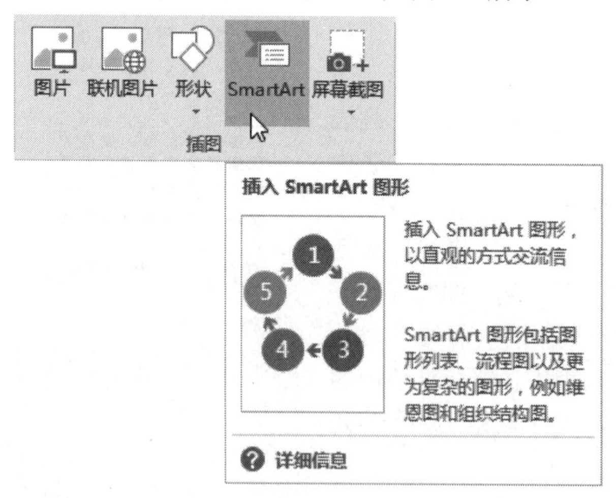

图5-93

第3步：弹出“选择SmartArt图形”对话框，选择“流程”下的“公式”，单击“确定”按钮，如图5-94所示。

第4步：选中已插入的SmartArt图形，在“SmartArt工具”的“设计”选项卡下单击“SmartArt样式”组中的“更改颜色”按钮，在打开的库中选择“彩色”区域中的“彩色范围 - 个性色5至6”的颜色样式，如图5-95所示。

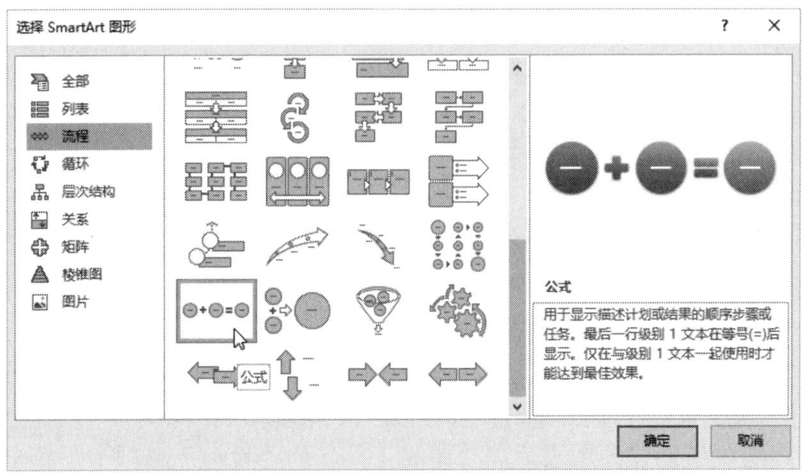

图5-94

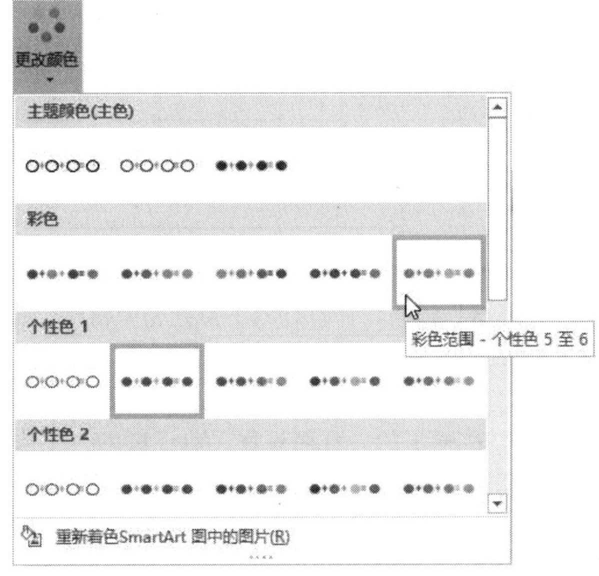

图5-95

第5步：单击“SmartArt样式”组中的“其他”按钮，在打开的库中选择“三维”区域中的“卡通”效果，如图5-96所示。

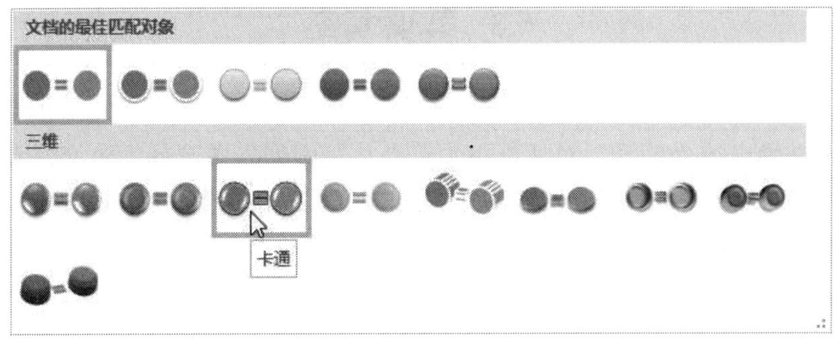

图5-96

二、建立图表

第1步：在“新进树木统计表”工作表中，在按住Ctrl键的同时选中B4:B14和F4:F14单元格区域，单击“插入”选项卡下“图表”组中右下角的“对话框启动器”按钮，弹出“插入图表”对话框，在“所有图表”选项卡的左侧列表中选择“旭日图”，单击“确定”按钮。

第2步：选中所创建的图表，在“图表工具”的“设计”选项卡下单击“位置”组中的“移动图表”按钮，弹出“移动图表”对话框，在“对象位于”下拉列表中选择“Sheet3”工作表，单击“确定”按钮。

第3步：选中所创建的图表，在“图表工具”的“设计”选项卡下单击“图表布局”组中的“快速布局”按钮，在打开的下拉列表中选择“布局4”。

第4步：选中所创建的图表，在“图表工具”的“设计”选项卡下单击“图表布局”组中的“添加图表元素”按钮，在打开的下拉列表中选择“图例”下的“右侧”选项。

第5步：选中所创建的图表，在“图表工具”的“设计”选项卡下单击“图表布局”组中的“添加图表元素”按钮，在打开的下拉列表中选择“图表标题”下的“图表上方”选项。

第6步：在图表中的标题位置输入文本“新进树木统计表”。

三、工作表的打印设置

第1步：在“新进树木统计表”工作表中选中第13行，单击“页面布局”选项卡下“页面设置”组中的“分隔符”按钮，在打开的下拉列表中执行“插入分页符”命令，即可在该行的上方插入分页符。

第2步：在“新进树木统计表”工作表中单击“页面布局”选项卡下“页面设置”组中的“打印标题”按钮，在弹出的“页面设置”对话框的“工作表”选项卡下单击“打印区域”后的折叠按钮，在工作表中选择B2:G22单元格区域，返回至“页面设置”对话框。再单击“顶端标题行”后的折叠按钮，在工作表中选择表格的第2行和第3行，再返回至“页面设置”对话框，单击底部的“打印预览”按钮进入到预览界面。

第3步：退出打印预览界面。单击“文件”选项卡，在列表中执行“保存”命令并关闭。

5.3　第3题解答

打开文档：单击“文件”选项卡，在列表中执行“打开”命令，单击右侧的“浏览”选项，在弹出的“打开”对话框中，首先从左侧列表中选择考生文件夹所在的位置，然后从右侧列表中选择“A5.xlsx”文件，单击“打开”按钮。

一、设置工作表及表格

1. 工作表的基本操作

第1步：在Sheet1工作表中，按Ctrl+A组合键，选中整个工作表，单击“开始”选项卡下“剪贴板”组中的“复制”按钮。切换至Sheet2工作表，选中A1单元格，单击“剪贴板”组中的“粘贴”按钮。

第2步：双击Sheet2工作表的标签，此时的标签名称会变为灰色重命名状态，输入工作表名称“学生成绩表”，按Enter键。右击“学生成绩表”标签，在弹出的快捷菜单中执行“工作表标签颜色”命令，在打开的列表中执行“其他颜色”命令。

第3步：弹出“颜色”设置对话框，在“自定义”选项卡下，分别在RGB值列表中输入“0”“0”“204”，单击“确定”按钮。

第4步：右击“学生成绩表”工作表中第7行行号，在弹出的快捷菜单中执行“插入”命令，并在该行单元格中按照样文所示依次输入文本内容。

第5步：在“学生成绩表”工作表中选中第G列的列标，右击，在弹出的快捷菜单中执行“删除”命令。

第6步：右击“学生成绩表”工作表中第2行行号，在弹出的快捷菜单中执行“行高”命令。弹出“行高”设置对话框，在“行高”文本框中输入数值“30”，单击“确定”按钮。

第7步：在“学生成绩表”工作表中，同时选中表格的第B:I列，右击，从弹出的快捷菜单中执行“列宽”命令，弹出“列宽”设置对话框，在“列宽”文本框中输入数值“9”，单击“确定”按钮。

2. 单元格格式的设置

第1步：在“学生成绩表”工作表中，选中单元格区域B2:I2，单击“开始”选项卡下“对齐方式”组中的“合并后居中”按钮。

第2步：在“开始”选项卡下“字体”组中单击右下角的“对话框启动器”按钮，弹出“设置单元格格式”对话框，在“字体”下拉列表中选择“方正姚体”，在“字形”下拉列表中选择“加粗”，在“字号”列表中输入“20”磅，在“颜色”下拉列表中执行“其他颜色”命令。

第3步：在弹出的“颜色”对话框的“自定义”选项卡下，分别在RGB值列表中输入“0”“102”“0”，单击“确定”按钮。

第4步：在“设置单元格格式”对话框的“填充”选项卡下单击“填充效果”按钮，弹出“填充效果”对话框，在“颜色”区域选中“双色”单选按钮，在“颜色1”下拉列表中执行“其他颜色”命令，在弹出的“颜色”对话框的“自定义”选项卡下，分别在RGB值列表中输入“255”“153”“255”，单击“确定”按钮，返回至“填充效果”对话框；在“颜色2”下拉列表中选择标准色中的“黄色”；在“底纹样式”区域选中“水平”选项，单击“确定”按钮。返回至“设置单元格格式”对话框，单击“确定”按钮。

第5步：选中单元格区域B3:I3，在“开始”选项卡下“对齐方式”组中单击“居中”按钮；在“字体”组的“字体”下拉列表中选择“微软雅黑”，在“字号”下拉列表中选择“14”磅。单击“填充颜色”按钮后面的下三角箭头，在下拉列表中执行“其他颜色”命令。

第6步：在弹出的“颜色”对话框的“自定义”选项卡下，分别在RGB值列表中输入“102”“255”“102”，单击“确定”按钮。

第7步：选中单元格区域B4:I15，在“开始”选项卡下“字体”组的“字体”下拉列表中选择“华文宋体”，在“开始”选项卡下“对齐方式”组中单击“居中”按钮。

第8步：单击“开始”选项卡下“字体”组中的“填充颜色”按钮后面的下三角箭头，在下拉列表中执行“其他颜色”命令，在弹出的“颜色”对话框的“自定义”选项卡下，分别在RGB值列表中输入“255”“255”“153”，单击“确定”按钮。

第9步：选中单元格区域B3:I15，在“开始”选项卡下“字体”组中单击右下角的“对话框启动器”按钮，弹出“设置单元格格式”对话框。选择“边框”选项卡，在“样式”区域选择“粗实线”（2列6行），在“颜色”列表中选择标准色中的“深红”，在“边框”区域分别单击“上网格线”按钮和“下网格线”按钮；在“样式”列表框中选择“粗虚线”（2列4行），在“颜色”列表中选择标准色中的“紫色”，在“预置”区域单击“内部”按钮。在预览图区域查看样式，无误后单击“确定”按钮。

3. 表格的插入设置

第1步：在“学生成绩表”工作表中选中C10单元格，单击“审阅”选项卡下“批注”组中的“新建批注”按钮，在该单元格附近将打开一个批注框，在框内输入文本“总成绩最高”。

第2步：在“学生成绩表”工作表中表格的下方选中任一单元格，单击“插入”选项卡下“插图”组中的“图片”按钮，如图5-97所示。

第3步：打开“插入图片”对话框，在指定路径C:\2016KSW\DATA2文件夹中选择“PIC5-3.jpg”，单击“插入”按钮。

第4步：选中插入的图片，在“图片工具”的“格式”选项卡下“大小”组中单击右下角的“对话框启动器”按钮，如图5-98所示。

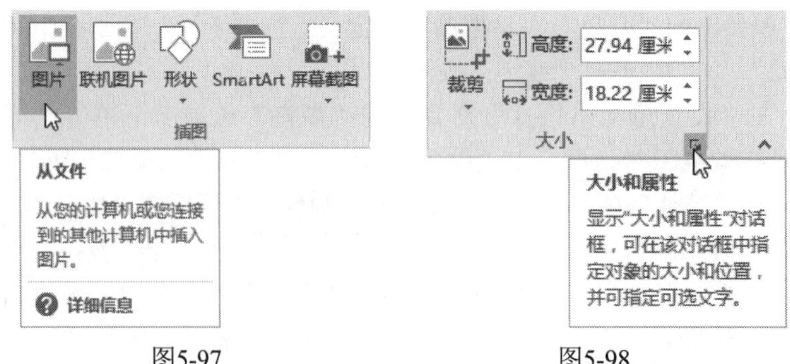

图5-97　　图5-98

第5步：文档右侧将弹出“设置图片格式”设置栏，在“大小”选项下的“缩放高度”文本框中选择或输入“25%”，在“缩放宽度”文本框中选择或输入“25%”，如图5-99所示。

第6步：选中插入的图片，在“图片工具”的“格式”选项卡下单击“图片样式”组中的“其他”按钮，在打开的库中选择“金属椭圆”的图片样式，如图5-100所示。

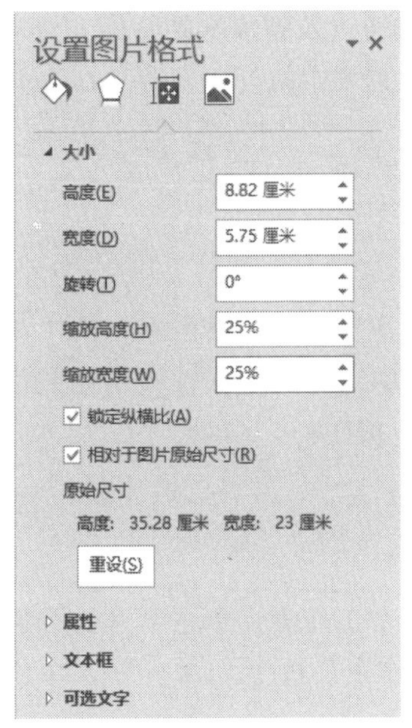

图5-99

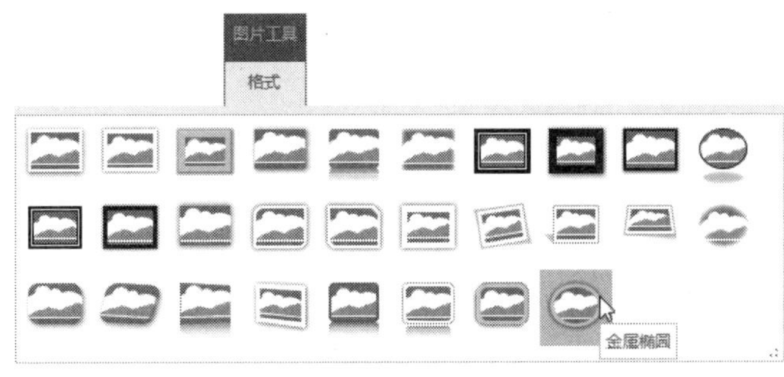

图5-100

二、建立图表

第1步：在“学生成绩表”工作表中，在按住Ctrl键的同时选中C3:C15和E3:G15单元格区域，单击“插入”选项卡下“图表”组中右下角的“对话框启动器”按钮，弹出“插入图表”对话框。在“所有图表”选项卡的左侧列表中选择“雷达图”，在右侧选择“雷达图”中的第2种样式，单击“确定”按钮。

第2步：选中所创建的图表，在“图表工具”的“设计”选项卡下单击“位置”组中的“移动图表”按钮，弹出的“移动图表”对话框，在“对象位于”下拉列表中选择“Sheet3”工作表，单击“确定”按钮。

第3步：选中所创建的图表，在“图表工具”的“设计”选项卡下单击“图表布局”组中的“快速布局”按钮，在打开的下拉列表中选择“布局1”。

第4步：选中所创建的图表，在“图表工具”的“设计”选项卡下单击“图表布局”组中的“添加图表元素”按钮，在打开的下拉列表中选择“图表标题”下的“图表上方”选项。

第5步：在图表中的标题位置输入文本“学生成绩统计表”。

三、工作表的打印设置

第1步：在“学生成绩表”工作表中选中第10行，单击“页面布局”选项卡下“页面设置”组中的“分隔符”按钮，在打开的下拉列表中执行“插入分页符”命令，即可在该行的上方插入分页符。

第2步：在“学生成绩表”工作表中，单击“页面布局”选项卡下“页面设置”组中的“打印标题”按钮，在弹出的“页面设置”对话框的“工作表”选项卡下，单击“打印区域”后的折叠按钮，在工作表中选择B2:I35单元格区域，返回至“页面设置”对话框。再单击“顶端标题行”后的折叠按钮，在工作表中选择表格的第2行，再返回至“页面设置”对话框，单击底部的“打印预览”按钮进入到预览界面。

第3步：退出打印预览界面。单击“文件”选项卡，在列表中执行“保存”命令并关闭。

5.4　第4题解答

打开文档：单击“文件”选项卡，在列表中执行“打开”命令，单击右侧的“浏览”选项，在弹出的“打开”对话框中，首先从左侧列表中选择考生文件夹所在的位置，然后从右侧列表中选择“A5.xlsx”文件，单击“打开”按钮。

一、设置工作表及表格

1. 工作表的基本操作

第1步：在Sheet1工作表中，按Ctrl+A组合键，选中整个工作表，单击“开始”选项卡下“剪贴板”组中的“复制”按钮。切换至Sheet2工作表，选中A1单元格，单击“剪贴板”组中的“粘贴”按钮。

第2步：双击Sheet2工作表的标签，此时的标签名称会变为灰色重命名状态，输入工作表名称“用电情况表”，按Enter键。右击“用电情况表”标签，从弹出的快捷菜单中执行“工作表标签颜色”命令，在打开的列表中选择标准色中的“紫色”。

第3步：右击“用电情况表”工作表中第I列列标，在弹出的快捷菜单中执行“剪切”命令。再右击第D列列标，在弹出的快捷菜单中执行“插入剪切的单元格”命令。

第4步：右击“用电情况表”工作表中第9行行号，在弹出的快捷菜单中执行“删除”命令。

第5步：右击“用电情况表”工作表中第1行行号，在弹出的快捷菜单中执行“行高”命令。弹出“行高”设置对话框，在“行高”文本框中输入数值“32”，单击“确定”按钮。

第6步：右击“用电情况表”工作表中第2行行号，在弹出的快捷菜单中执行“行高”命令。弹出“行高”设置对话框，在“行高”文本框中输入数值“18”，单击“确定”按钮。

第7步：在“用电情况表”工作表中同时选中表格的第A:I列，右击，从弹出的快捷菜单中执行“列宽”命令。弹出“列宽”设置对话框，在“列宽”文本框中输入数值“10”，单击“确定”按钮。

2. 单元格格式的设置

第1步：在“用电情况表”工作表中，选中单元格区域A1:I1，单击“开始”选项卡下“对齐方式”组中的“合并后居中”按钮。

第2步：在“开始”选项卡下“字体”组的“字体”下拉列表中选择“微软雅黑”，在“字号”下拉列表中选择“22”磅，单击“加粗”按钮，在“字体颜色”下拉列表中选择标准色中的“紫色”；单击“填充颜色”按钮后面的下三角箭头，在下拉列表中执行“其他颜色”命令。

第3步：在弹出的“颜色”对话框的“自定义”选项卡下，分别在RGB值列表中输入“0”“255”“255”，单击“确定”按钮。

第4步：选中单元格区域A2:I2，在“开始”选项卡下“字体”组的“字体”下拉列表中选择“幼圆”，在“字号”下拉列表中选择“12”磅，在“字体颜色”下拉列表中选择标准色中的“黄色”。在“开始”选项卡下“对齐方式”组中单击“居中”按钮。

第5步：单击“开始”选项卡下“字体”组中的“填充颜色”按钮后面的下三角箭头，在下拉列表中执行“其他颜色”命令。在弹出的“颜色”对话框中的“自定义”选项卡下，分别在RGB值列表中输入“153”“51”“102”，单击“确定”按钮。

第6步：选中单元格区域A3:I14，在“开始”选项卡下“字体”组的“字体”下拉列表中选择“方正姚体”，在“字号”文本框中输入“13”磅。在“开始”选项卡下“对齐方式”组中单击“居中”按钮。

第7步：单击“开始”选项卡下“字体”组中的“填充颜色”按钮后面的下三角箭头，在下拉列表中执行“其他颜色”命令。在弹出的“颜色”对话框的“自定义”选项卡下，分别在RGB值列表中输入“255”“204”“153”，单击“确定”按钮。

第8步：在“开始”选项卡下“字体”组中单击右下角的“对话框启动器”按钮，弹出“设置单元格格式”对话框。选择“边框”选项卡，在“样式”区域选择“细虚线”（1列3行），在“颜色”列表中选择标准色中的“绿色”，在“预置”区域单击“内部”按钮。在预览图区域查看样式，无误后单击“确定”按钮。

第9步：选中单元格区域A1:I14，在“开始”选项卡下“字体”组中单击右下角的“对话框启动器”按钮，弹出“设置单元格格式”对话框。选择“边框”选项卡，在“样式”区域选择“粗点划线”（2列3行），在“颜色”列表中执行“其他颜色”命令。在弹出的“颜色”对话框的“自定义”选项卡下，分别在RGB值列表中输入“0”“0”“255”，单击“确定”按钮。返回至“设置单元格格式”对话框，在“预置”区域单击“外边框”按钮。在预览图区域查看样式，无误后单击“确定”按钮。

第10步：选中单元格区域H3:I14，在“开始”选项卡下“数字”组中单击右下角的“对话框启动器”按钮，弹出“设置单元格格式”对话框，在“数字”选项卡下的“分类”列表框中选择“货币”，在“小数位数”后的微调框中输入“2”，单击“确定”按钮。

3. 表格的插入设置

第1步：在“用电情况表”工作表中选中B11单元格，单击“审阅”选项卡下“批注”组中的“新建批注”按钮，在该单元格附近将打开一个批注框，在框内输入文本“用电量最节约”。

第2步：在“用电情况表”工作表中表格的下方选中任一单元格，单击“插入”选项卡下“插图”组中的“图片”按钮。

第3步：打开“插入图片”对话框，在指定路径C:\2016KSW\DATA2文件夹中选择“PIC5-4.jpg”，单击“插入”按钮。

第4步：选中插入的图片，在“图片工具”的“格式”选项卡下“大小”组中单击右下角的“对话框启动器”按钮。

第5步：文档右侧弹出“设置图片格式”设置栏，在“大小”选项下的“缩放高度”文本框中选择或输入“200%”，在“缩放宽度”文本框中选择或输入“200%”。

第6步：选中插入的图片，在“图片工具”的“格式”选项卡下单击“图片样式”组中的“其他”按钮，在打开的库中选择“剪去对角，白色”图片样式。

二、建立图表

第1步：在“用电情况表”工作表中，在按住Ctrl键的同时选中B2:B14和I2:I14单元格区域，单击“插入”选项卡下“图表”组中右下角的“对话框启动器”按钮，弹出“插入图表”对话框。在“所有图表”选项卡的左侧列表中选择“柱形图”，在右侧列表中选择“簇状柱形图”中的第2种样式，单击“确定”按钮。

第2步：选中所创建的图表，在“图表工具”的“设计”选项卡下单击“位置”组中的“移动图表”按钮，弹出“移动图表”对话框，在“对象位于”下拉列表中选择“Sheet3”工作表，单击“确定”按钮。

第3步：选中所创建的图表，在“图表工具”的“设计”选项卡下单击“图表样式”组中的“其他”按钮，在打开的库中选择“样式3”。

第4步：选中所创建的图表，在“图表工具”的“设计”选项卡下单击“图表布局”组中的“添加图表元素”按钮，在打开的下拉列表中选择“图表标题”下的“图表上方”选项。

第5步：在图表中的标题位置输入文本“职工用电情况统计表”。

三、工作表的打印设置

第1步：在“用电情况表”工作表中选中第10行，单击“页面布局”选项卡下“页面设置”组中的“分隔符”按钮，在打开的下拉列表中执行“插入分页符”命令，即可在该行的上方插入分页符。

第2步：在“用电情况表”工作表中，单击“页面布局”选项卡下“页面设置”组中的“打印标题”按钮，在弹出的“页面设置”对话框的“工作表”选项卡下，单击“打印区域”后的折叠按钮，在工作表中选择A1:I28单元格区域，返回至“页面设置”对话框。再单击“顶端标题行”后的折叠按钮，在工作表中选择表格的第1行，再返回至“页面设置”对话框，单击底部的“打印预览”按钮进入到预览界面。

第3步：退出打印预览界面。单击“文件”选项卡，在列表中执行“保存”命令并关闭。

5.5　第5题解答

打开文档：单击“文件”选项卡，在列表中执行“打开”命令，单击右侧的“浏览”选项，在弹出的“打开”对话框中，首先从左侧列表中选择考生文件夹所在的位置，然后从右侧列表中选择“A5.xlsx”文件，单击“打开”按钮。

一、设置工作表及表格

1. 工作表的基本操作

第1步：在Sheet1工作表中，按Ctrl+A组合键，选中整个工作表，单击“开始”选项卡下“剪贴板”组中的“复制”按钮。切换至Sheet2工作表，选中A1单元格，单击“剪贴板”组中的“粘贴”按钮。

第2步：双击Sheet2工作表的标签，此时的标签名称会变为重命名状态，输入工作表名称“车辆费用统计表”，按Enter键。右击“车辆费用统计表”标签，从弹出的快捷菜单中执行“工作表标签颜色”命令，在打开的列表中选择标准色中的“红色”。

第3步：右击“车辆费用统计表”工作表中第6行行号，在弹出的快捷菜单中执行“剪切”命令。再右击第5行行号，在弹出的快捷菜单中执行“插入剪切的单元格”命令。

第4步：右击“车辆费用统计表”工作表中第E列列标，从弹出的快捷菜单中执行“删除”命令，即可删除该空列。

第5步：右击“车辆费用统计表”工作表中第1行行号，在弹出的快捷菜单中执行“行高”命令。弹出“行高”设置对话框，在“行高”文本框中输入数值“35”，单击“确定”按钮。

第6步：右击“车辆费用统计表”工作表中第2行行号，在弹出的快捷菜单中执行“行高”命令。弹出“行高”设置对话框，在“行高”文本框中输入数值“25”，单击“确定”按钮。

第7步：在“车辆费用统计表”工作表中同时选中表格的第A:G列，右击，在弹出的快捷菜单中执行“列宽”命令。弹出“列宽”设置对话框，在“列宽”文本框中输入数值“11”，单击“确定”按钮。

2. 单元格格式的设置

第1步：在“车辆费用统计表”工作表中，选中单元格区域A1:G1，单击“开始”选项卡下“对齐方式”组中的“合并后居中”按钮。

第2步：在“开始”选项卡下“字体”组的“字体”下拉列表中选择“华文中宋”，在“字号”下拉列表中选择“26”磅；在“字体颜色”下拉列表中执行“其他颜色”命令，在弹出的“颜色”对话框的“自定义”选项卡下，分别在RGB值列表中输入“0”“0”“204”，单击“确定”按钮。

第3步：单击“开始”选项卡下“字体”组中的“填充颜色”按钮后面的下三角箭头，在下拉列表中选择标准色中的“橙色”。

第4步：选中单元格区域A2:A11，在“开始”选项卡下“字体”组的“字体”下拉列表中选择“华文细黑”，在“字号”下拉列表中选择“12”磅，单击“加粗”按钮；在“字体颜色”下拉列表中执行“其他颜色”命令，弹出“颜色”对话框，在“自定义”选项卡下，分别在RGB值列表中输入“102”“0”“51”，单击“确定”按钮。

第5步：单击“开始”选项卡下“字体”组中的“填充颜色”按钮后面的下三角箭头，在下拉列表中选择标准色中的“黄色”。

第6步：选中单元格区域B2:G11，在“开始”选项卡下“字体”组的“字体”下拉列表中选择“华文行楷”，在“字号”下拉列表中选择“12”磅；单击“填充颜色”按钮后面的下三角箭头，在下拉列表中执行“其他颜色”命令，弹出“颜色”对话框，在“自定义”选项卡下，分别在RGB值列表中输入“255”“204”“255”，单击“确定”按钮。

第7步：在“开始”选项卡下“字体”组中单击右下角的“对话框启动器”按钮，弹出“设置单元格格式”对话框，在“填充”选项卡下，从“图案样式”下拉列表中选择“6.25% 灰色”，从“图案颜色”下拉列表中选择标准色中的“紫色”，单击“确定”按钮。

第8步：选中整个表格（单元格区域A1:G11），在“开始”选项卡下的“对齐方式”组中分别单击“垂直居中”按钮和“居中”按钮。

第9步：选中单元格区域A1:G11，在“开始”选项卡下“字体”组中单击右下角的“对话框启动器”按钮，弹出“设置单元格格式”对话框。选择“边框”选项卡，在“样式”区域选择“粗实线”（2列6行）；在“颜色”列表中执行“其他颜色”命令，弹出“颜色”对话框，在“自定义”选项卡下，分别在RGB值列表中输入“0”“51”“0”，单击“确定”按钮。返回至“设置单元格格式”对话框，在“预置”区域单击“外边框”按钮；在“样式”列表框中选择“细实线”（1列7行），在“颜色”列表中选择标准色中的“绿色”，在“预置”区域单击“内部”按钮。在预览图区域查看样式，无误后单击“确定”按钮。

3. 表格的插入设置

第1步：在“车辆费用统计表”工作表中选中C6单元格，单击“审阅”选项卡下“批注”组中的“新建批注”按钮，在该单元格附近将打开一个批注框，在框内输入文本“今日车辆状态良好”。

第2步：在“车辆费用统计表”工作表中表格的下方选中任一单元格，单击“插入”选项卡下“符号”组中的“公式”按钮，功能区中会显示“公式工具”选项卡，在该选项卡的“结构”组中单击“根式”按钮，从打开的列表框中选择题目要求的“常用根式”，插入完成后在公式编辑区域外的任意位置单击鼠标左键，退出插入公式模式。

第3步：选中已插入的公式，在“绘图工具”的“格式”选项卡下单击“形状样式”组中的“其他”按钮，在打开的库中选择“主题样式”区域中的“彩色填充 - 水绿色，强调颜色5”的形状样式。

第4步：在“形状样式”组中单击“形状效果”按钮，在下拉列表中选择“棱台”效果下的“艺术装饰”选项。

二、建立图表

第1步：在“车辆费用统计表”工作表中同时选中单元格区域A2:F11，单击“插入”选项卡下“图表”组中右下角的“对话框启动器”按钮，弹出“插入图表”对话框。在“所有图表”选项卡的左侧列表中选择“柱形图”，在右侧列表中选择“三维簇状柱形图”的第1种图表，单击“确定”按钮。

第2步：选中所创建的图表，在“图表工具”的“设计”选项卡下单击“位置”组中的“移动图表”按钮，弹出“移动图表”对话框，在“对象位于”下拉列表中选择“Sheet3”工作表，单击“确定”按钮。

第3步：选中所创建的图表，在“图表工具”的“设计”选项卡下单击“图表样式”组中的“其他”按钮，在打开的库中选择“样式11”。

第4步：选中所创建的图表，在“图表工具”的“设计”选项卡下单击“图表布局”组中的“添加图表元素”按钮，在打开的下拉列表中选择“图表标题”下的“图表上方”选项。

第5步：在图表中的标题位置输入文本“车辆费用统计表”。

三、工作表的打印设置

第1步：在“车辆费用统计表”工作表中选中第7行，单击“页面布局”选项卡下“页面设置”组中的“分隔符”按钮，在打开的下拉列表中执行“插入分页符”命令，即可在该行的上方插入分页符。

第2步：在“车辆费用统计表”工作表中，单击“页面布局”选项卡下“页面设置”组中的“打印标题”按钮，在弹出的“页面设置”对话框的“工作表”选项卡下，单击“打印区域”后的折叠按钮，在工作表中选择A1:G15单元格区域，返回至“页面设置”对话框。再单击“顶端标题行”后的折叠按钮，在工作表中选择表格的第1行，再返回至“页面设置”对话框，单击底部的“打印预览”按钮进入到预览界面。

第3步：退出打印预览界面。单击“文件”选项卡，在列表中执行“保存”命令并关闭。

第6章　电子表格的数据处理

Ⅰ. 知识讲解

知识要点

- 数据处理与公式应用。
- 数据基本分析。
- 数据的透视分析。

评分细则

本章有8个评分点，每题16分。

评分点	分值	得分条件	判分要求
数据的查找、替换	1	将指定内容全部更改	须使用“查找/替换”技能点，有1处未改不给分
公式（函数）应用	2	公式或函数使用正确	以“编辑栏”中的显示判定
数据排序	2	使用数据完整，排序结果正确	须使用“排序”技能点
应用条件格式	1	正确应用条件格式	须使用“条件格式”技能点
数据筛选	2	使用数据完整，筛选结果正确	须使用“筛选”技能点
数据合并计算	3	使用数据完整，计算结果正确	须使用“合并计算”技能点
数据分类汇总	2	使用数据完整，汇总结果正确	须使用“分类汇总”技能点
建立数据透视表	3	使用数据完整，选择字段正确	须使用“数据透视表”技能点

6.1　数据处理与公式应用

6.1.1　数据的查找与替换

使用Excel的查找功能可以找到特定的数据，使用替换功能可以用新数据替换原数据。

1. 查找数据

在“开始”选项卡下“编辑”组中单击“查找和选择”按钮，在弹出的下拉列表中执行“查找”命令，如图6-1所示，将弹出“查找和替换”对话框（按Ctrl+F组合键也可打开该对话框）。

在“查找”选项卡下的“查找内容”文本框中输入需要查找的内容，单击“查找下一个”按钮，即可选中工作表中第1个查找目标的单元格。单击若干次“查找下一处”按钮，可依次查找出工作表中对应的内容。单击“查找全部”按钮，在该对话框的下面则会显示具体的查找结果，查找完毕后单击“关闭”按钮即可，如图6-2所示。

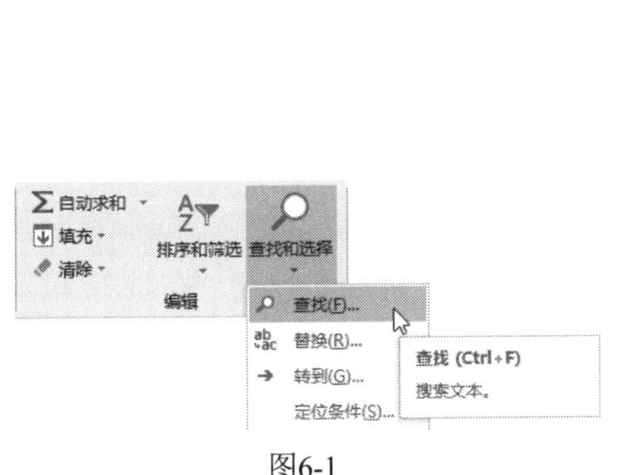

图6-1

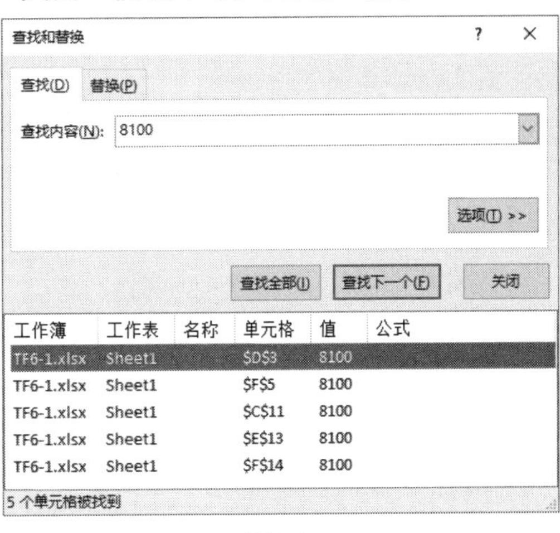

图6-2

2. 替换数据

替换和查找操作基本类似，其不同之处在于：替换不仅要完成查找，还要用新的数据替换查找出来的原有数据。准确地说，在查找到工作表中的指定数据后，才可以对其进行统一替换。在“开始”选项卡下“编辑”组中单击“查找和选择”按钮，在弹出的下拉列表中执行“替换”命令，弹出“查找和替换”对话框（按Ctrl+H组合键也可打开该对话框）。在“替换”选项卡下的“查找内容”文本框中输入需要查找的数据，在“替换为”文本框中输入需要替换为的数据，单击“查找下一个”按钮后将选中工作表中第1个查找目标的单元格，单击“替换”按钮，即可对查找到的数据进行替换，并自动选中到下一处查找到的数据，如图6-3所示。

也可以选择工作表中需要查找的区域，再单击“全部替换”按钮。此时弹出提示对话框，显示出全部完成以及替换的总数目，单击“确定”按钮即可，如图6-4所示。

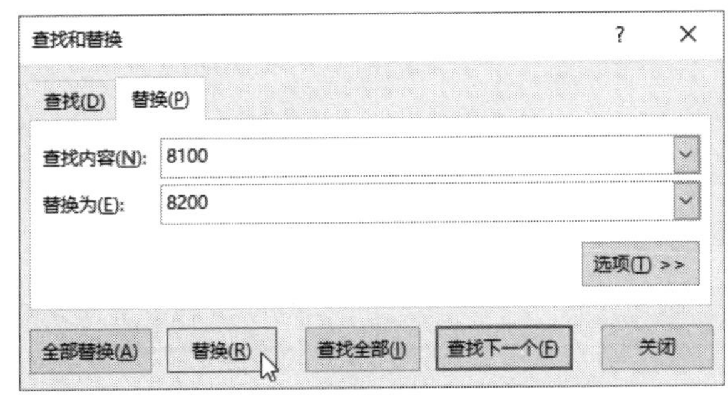

图6-3

Microsoft Excel

全部完成。完成 5 处替换。

确定

图6-4

6.1.2 公式、函数的应用

公式是单元格中一系列值、单元格引用、名称或运算符的组合，可生成新的值，是对工作表中的值执行计算的等式。公式始终以等号（=）开头。

使用常量和计算运算符可以创建简单公式。例如，公式“=6+7*3”，Excel将遵循标准数学运算顺序，在这个示例中，先执行乘法运算“7*3”，再与6相加。

在公式中可以引用工作表单元格中的数据。例如，单元格引用A5，将返回该单元格的值或在计算中使用该值。

也可以使用函数创建公式，每个函数都有特定的参数和语法格式。例如，公式“=SUM（A1:A2）”和“=SUM（A1,A2）”，两者都使用SUM函数将单元格A1和A2中的值相加。

1. 公式的应用

在工作表中，可以输入简单公式对两个或更多个数值进行加、减、乘、除运算；也可以输入一个使用函数的公式，快速计算一系列值，而无需手动在公式中输入其中的任何一个值。一旦创建公式之后，就可以将公式填充到相邻的单元格内，而不需要重复创建同一公式。

（1）单元格引用的样式。

单元格引用是用于表示单元格在工作表上所处位置的坐标集。例如，显示在第A列和第3行交叉处的单元格，其引用形式为A3。引用的作用在于标识工作表上的单元格或单元区域，并告知Excel在何处查找公式中所使用的数值或数据。通过引用，可以在一个公式中使用工作表不同部分所包含的数据，或者在多个公式中使用同一个单元格的数值。

默认情况下，Excel使用A1这样的引用样式，此样式中引用字母标识列（从A到XFD，共16 384列）以及数字标识行（从1到1 048 576）。这些字母和数字被称为列标和行号。若要引用某个单元格，请输入列标和行号，示例详见表6-1。

表6-1

若要引用	请使用
列A和行10交叉处的单元格	A10
在列A和行10到行20之间的单元格区域	A10:A20
在行15和列B到列E之间的单元格区域	B15:E15
行5中的全部单元格	5:5
行5到行10之间的全部单元格	5:10
列H中的全部单元格	H:H
列H到列J之间的全部单元格	H:J
列A到列E和行10到行20之间的单元格区域	A10:E20

（2）使用计算运算符计算公式。

运算符用于指定要对公式中的元素执行的计算类型，可以指定运算的顺序。

选中需输入公式的单元格，输入=（等号），单击包含要用于公式中的值的单元格，输入要使用的运算符，然后单击包含值的另一个单元格，示例详见表6-2。

表6-2

示例公式	执行的计算
=A1+A2	将单元格A1与单元格A2中的值相加
=A1-A2	将单元格A1中的值减去单元格A2中的值
=A1*A2	将单元格A1中的值乘以单元格A2中的值
=A1/A2	将单元格A1中的值除以单元格A2中的值
=A1+A2-A3	将单元格A1与单元格A2中的值相加，再减去单元格A3中的值
=A1*A2+A3	将单元格A1中的值乘以单元格A2中的值，再与单元格A3中的值相加

（3）自动填充公式计算。

使用拖动方法：首先选中需输入公式的第1个单元格，输入=（等号），单击包含要用于公式中的值的单元格，输入要使用的运算符，然后单击包含值的另一个单元格，按Enter键，即可计算出第1个单元格中的值。将鼠标置于该单元格的右下角处，当指针变为+形状时，按住鼠标左键不放，拖动至需要计算的最后一个单元格处，松开鼠标左键，即可完成该单元格区域的函数复制填充操作。

使用向下填充工具方法：首先选中需输入公式的第1个单元格，输入=（等号），单击包含要用于公式中的值的单元格，输入要使用的运算符，然后单击包含值的另一个单元格，按Enter键，即可计算出第1个单元格中的值。选中需要计算的单元格区域（包含第1个已完成计算的单元格），在“开始”选项卡下“编辑”组中单击“填充”按钮，在弹出的下拉列表中执行“向下”命令，即可完成该单元格区域的快速填充计算操作，如图6-5所示。

2. 函数的应用

函数是预先编写好的公式，可以对一个或多个值执行运算，并返回一个或多个值。函数可以简化和缩短工作表中的公式，尤其在用公式执行很长或复杂的计算时。

函数的语法。以图6-6所示的ROUND函数为例说明函数的语法。

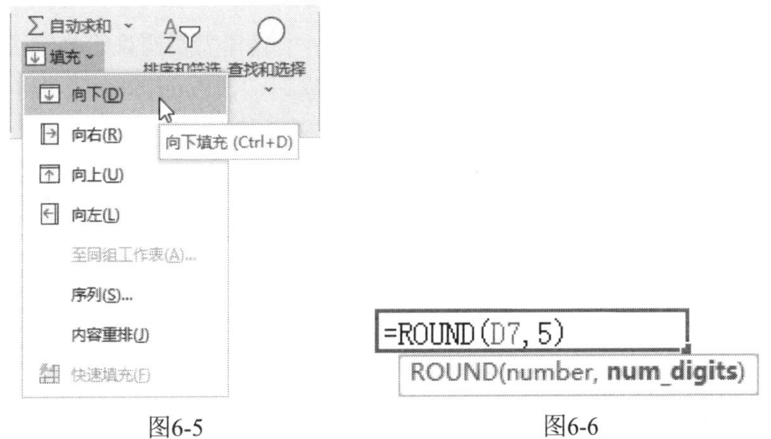

图6-5　　图6-6

- **结构：**函数的结构以等号（=）开始，后面紧跟函数名称和左括号，然后以逗号分隔，依次输入该函数的参数，最后是右括号。

- **函数名称**：如果要查看可用函数的列表，可单击一个单元格并按Shift+F3组合键。
- **参数**：参数可以是数字、文本、TRUE或FALSE等逻辑值、数组、错误值（如“#N/A”）或单元格引用。指定的参数都必须为有效参数值。参数也可以是常量、公式或其他函数。
- **参数工具提示**：在输入函数时，会出现一个带有语法和参数的工具提示。例如，输入“=ROUND（”时，工具提示就会出现。工具提示只在使用内置函数时出现。

输入函数。如果创建带函数的公式，“插入函数”对话框会有助于输入工作表函数。在公式中输入函数时，“插入函数”对话框将显示函数的名称、其各个参数、函数及其各个参数的说明、函数的当前结果以及整个公式的当前结果。

为了便于创建和编辑公式，同时尽可能减少输入和语法错误，可以使用公式记忆式输入。当输入=（等号）和开头的几个字母或显示触发字符之后，Excel会在单元格的下方显示一个动态下拉列表，该列表中包含与这几个字母或与该触发字符相匹配的有效函数、参数和名称，然后可以将该下拉列表中的一项插入公式中。

（1）使用“自动求和”按钮计算公式。

选中需输入公式的单元格，单击“公式”选项卡下“函数库”组中“自动求和”按钮下方的下三角按钮，如图6-7所示。在弹出的下拉列表中有一组常用函数，单击需要的函数即可（此处以“求和”SUM函数为例）。

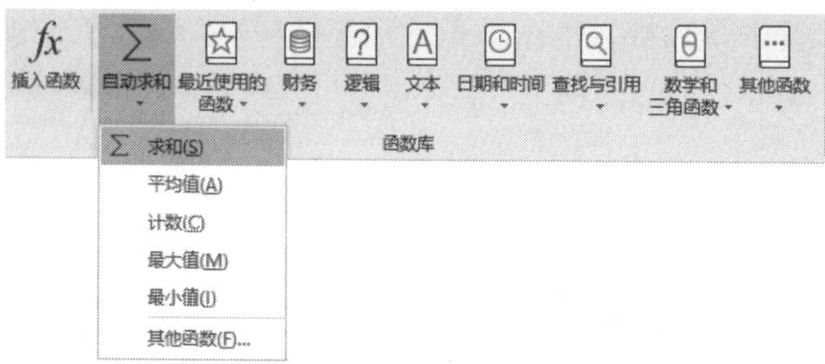

图6-7

此时，单元格中会自动引用求和公式，在表格中选择需要计算的单元格区域（选中后为蓝色区域），如图6-8所示，确认求和公式无误后，按Enter键即可。

	A	B	C	D	E	F	G	H
1			市场部全年销售额					
2	产品型号	类别	第一季度	第二季度	第三季度	第四季度	总计	
3	A8	电子类	11200	8200	7700	9100	=SUM(C3:F3)	
4	C3	电子类	35000	40000	45000	11700	SUM(**number1**, [number2], ...)	
5	D4	塑料类	6000	7000	8000	8200		
6	F7	玻璃类	5600	7800	10000	10000		
7	E5	五金类	4200	5500	7000	7100		
8	G9	电子类	1000	3500	5700	5600		
9	Z2	玻璃类	1600	3200	4000	4100		
10	I6	塑料类	7800	6500	14700	13200		
11	H4	五金类	8200	3500	12300	11800		
12	L3	塑料类	9600	8900	9800	9700		
13	S7	电子类	8700	8400	8200	9200		
14	Y5	五金类	6800	11800	13600	8200		
15	M7	玻璃类	7800	15300	7600	3700		
16	R9	塑料类	9400	9600	5800	6900		

图6-8

提示：在“开始”选项卡下“编辑”组中单击“自动求和”按钮右侧的下三角按钮，也可快速对数据进行计算，如图6-9所示。

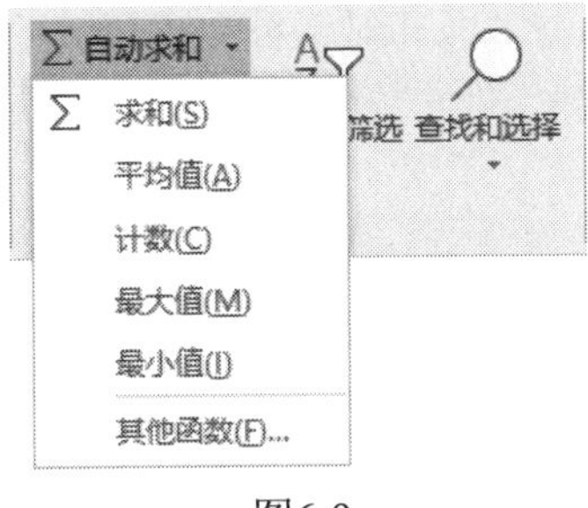

图6-9

（2）使用“插入函数”计算公式。

选中需输入公式的单元格，单击“公式”选项卡下“函数库”组中的“插入函数”按钮，如图6-10所示。

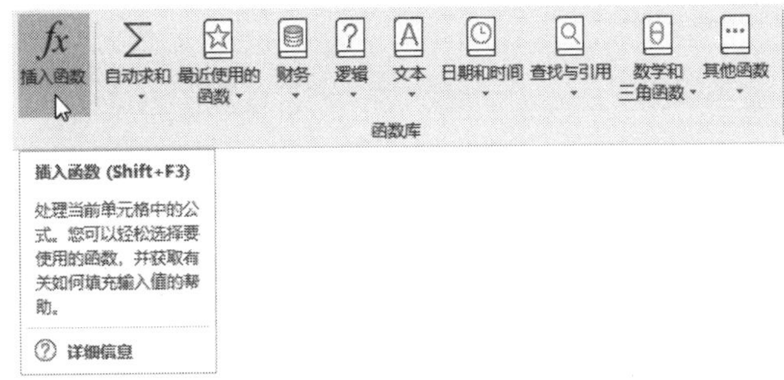

图6-10

打开“插入函数”对话框，选择要使用的函数。也可以在“搜索函数”文本框中输入对需要解决问题的说明（例如，输入“平均值”将返回AVERAGE函数），或者浏览“或选择类别”下拉列表框中的分类，在“选择函数”列表框中选择需要的函数，如图6-11所示。

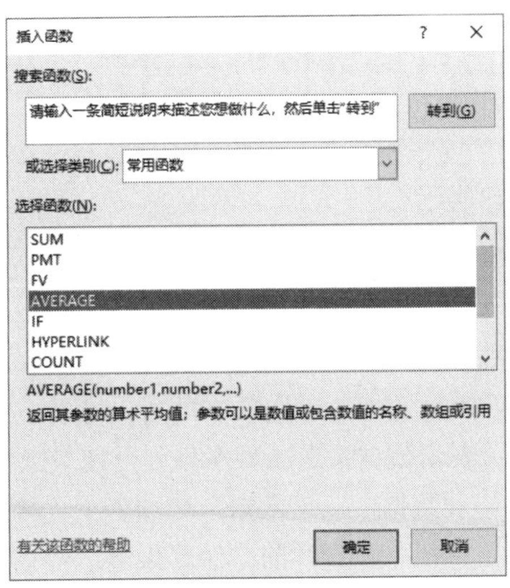

图6-11

“确定”要使用的函数后，将打开“函数参数”对话框，输入参数。若要将单元格引用作为参数输入，请单击“压缩对话框”按钮临时隐藏对话框，在工作表上选择需要计算的单元格区域，然后单击“展开对话框”按钮，返回“函数参数”对话框，如图6-12所示，单击“确定”按钮，即可完成计算操作。

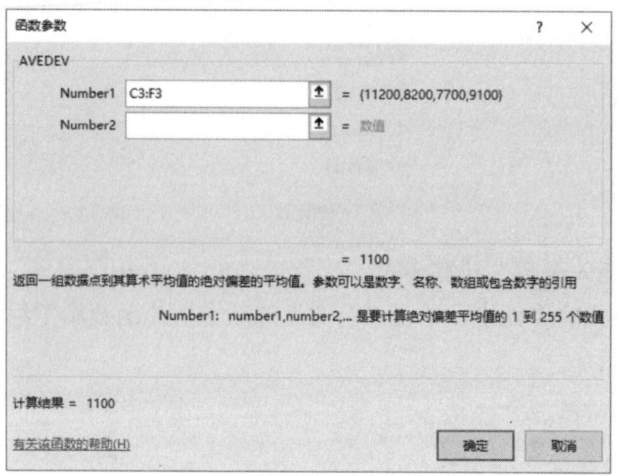

图6-12

6.2 数据基本分析

Excel 2016提供了多种方法对数据进行分析和管理，可以对数据进行排序和筛选，也可以使用合并计算来汇总数据。

6.2.1 数据排序

数据排序是数据分析不可缺少的组成部分。对数据进行排序有助于更直观地显示和理解数据，组织并查找所需数据，以帮助做出更有效的决策。在Excel中，可以对一列或多列中的数据按文本、数字及日期和时间进行排序。下面介绍使用排序按钮和“排序”对话框对数据进行排序。

在“数据”选项卡下“排序和筛选”组中，可以执行数据排序的操作，如图6-13所示。

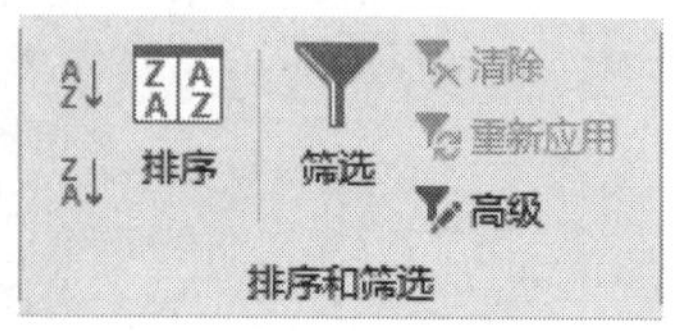

图6-13

1. 使用排序按钮快速排序

在排序时，可以使用两个排序按钮“升序”按钮和“降序”按钮进行快速排序。

- “升序”按钮：表示数据按递增顺序排列，使最小值位于列的顶端。
- “降序”按钮：表示数据按递减顺序排列，使最大值位于列的顶端。

选择单元格区域中的一列数据，在“数据”选项卡下“排序和筛选”组中，根据需要单击“升序”或“降序”按钮。在打开的“排序提醒”对话框中，选中“扩展选定区域”单选按钮，则整个单元格区域的内容都参加排序；选中“以当前选定区域排序”单选按钮，则只对该列数据进行排列，其他列的内容保持原始顺序，如图6-14所示。

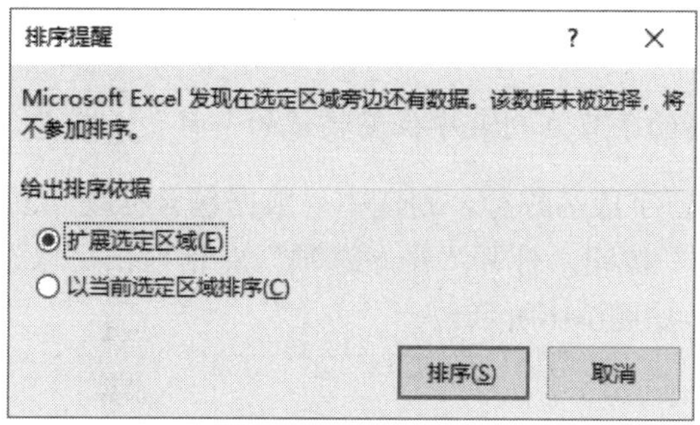

图6-14

2. 使用“排序”对话框进行排序

利用排序按钮排序虽然快捷方便，但是只能按某一字段名的内容进行排序。如果要按照两个或两个以上字段名进行排序，可以在“排序”对话框中进行。

选择单元格区域中的任一单元格，在“数据”选项卡下“排序和筛选”组中单击“排序”按钮，打开“排序”对话框，如图6-15所示。

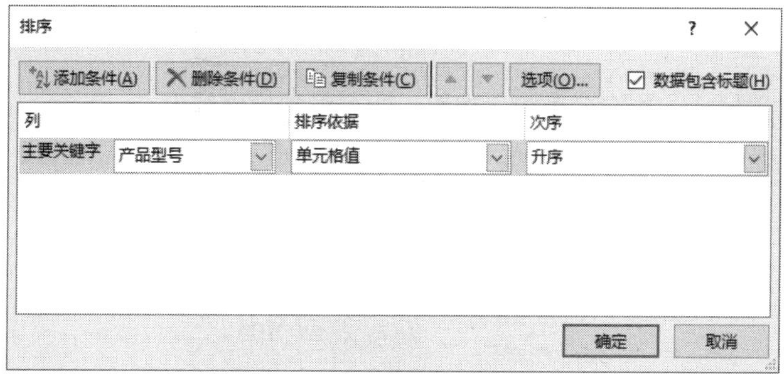

图6-15

（1）在“列”区域，选择要排序的列。

（2）在“排序依据”区域，选择排序类型。若按文本、数值或日期和时间进行排序，则选择“数值”选项；若按格式进行排序，则选择“单元格颜色”“字体颜色”或“单元格图标”选项。

（3）在“次序”区域，选择排序方式。

- 对于文本值、数值或日期和时间值，选择“升序”或“降序”选项。
- 若基于自定义序列进行排序，则选择“自定义序列”选项。
- 对于单元格颜色、字体颜色或单元格图标，选择“在顶端”或“在底端”选项。如果是按行进行排序，则选择“在左侧”或“在右侧”选项。

（4）若添加作为排序依据的另一列，则单击“添加条件”按钮，然后重复第（1）～（3）步。

（5）若复制作为排序依据的列，先选中该条目，然后单击“复制条件”按钮。

（6）若删除作为排序依据的列，先选中该条目，然后单击“删除条件”按钮。

（7）若更改列的排序顺序，先选中一个条目，然后单击“上移”按钮或“下移”按钮更改顺序。

注意：列表中位置较高的条目在列表中位置较低的条目之前排序。

（8）若排序时保留字段名称行，则选中“数据包含标题”复选框。

（9）单击“选项”按钮，打开“排序选项”对话框，可以选择“区分大小写”以及排序的方向、方法，如图6-16所示。

图6-16

（10）设置好后，单击“确定”按钮，即可得到排序结果。

提示：在“开始”选项卡下“编辑”组中单击“排序和筛选”按钮，在弹出的下拉列表中也可以对数据进行排序或筛选操作，如图6-17所示。

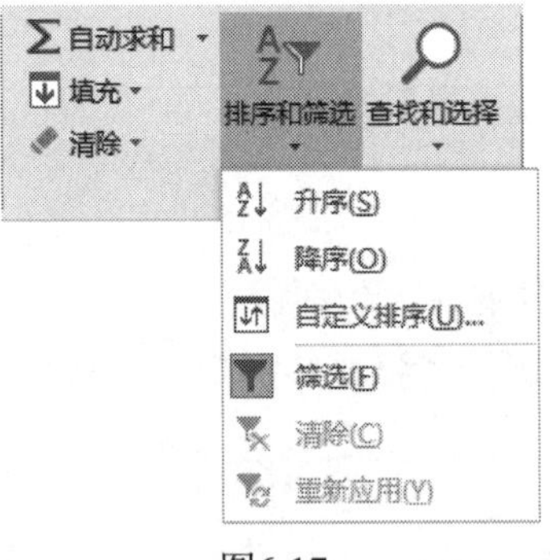

图6-17

还可以按选定内容进行排序或筛选：先选中要进行设置的单元格区域，右击，在弹出的快捷菜单中执行“筛选”或“排序”命令，也可对数据进行排序或筛选操作。

6.2.2 数据筛选

使用自动筛选来筛选数据，可以快速方便地查找和使用单元格区域或表列中数据的子集。筛选后仅显示满足指定条件的内容，并隐藏不希望显示的内容。筛选数据之后，对于筛选后的数据的子集，不需要重新排列或移动，就可以复制、查找、编辑、设置格式、制作图表和打印。

1. 自动筛选

自动筛选是利用Excel提供的预定方式对数据进行筛选。“自动筛选”操作简单，可满足大部分使用的需要，其具体操作步骤如下：

（1）选中要进行数据筛选的单元格区域或表，在“数据”选项卡下“排序和筛选”组中单击“筛选”按钮，如图6-18所示。

（2）单击列标题中的下三角按钮▾。

（3）在弹出的下拉列表中选择或清除一个或多个要作为筛选依据的值。值列表最多可以达到10 000。如果值列表很大，可先取消选中“（全选）”复选框，再选择要作为筛选依据的值，如图6-19所示。

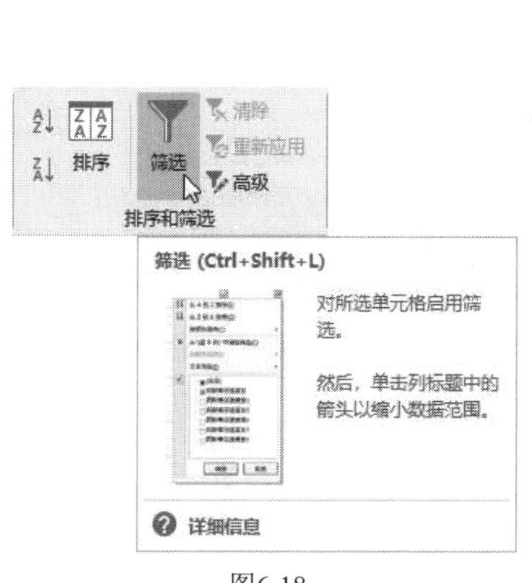

图6-18

图6-19

（4）单击“确定”按钮完成筛选。

提示：可以按多个列进行筛选。筛选器是累加的，这意味着每个追加的筛选器都基于当前筛选器，从而减少了数据的子集。

2. 自定义筛选

在使用“自动筛选”功能筛选数据时，还可以利用“自定义筛选”功能来限定一个或多个筛选条件，以便于将更接近条件的数据显示出来。

（1）选中要进行数据筛选的单元格区域或表，在“数据”选项卡下“排序和筛选”组中单击“筛选”按钮。

（2）单击列标题中的下三角按钮▾。

（3）指针指向“文本筛选”（“数字筛选”“日期筛选”）选项，然后选择一个比较运算符或“自定义筛选”选项，如图6-20所示。

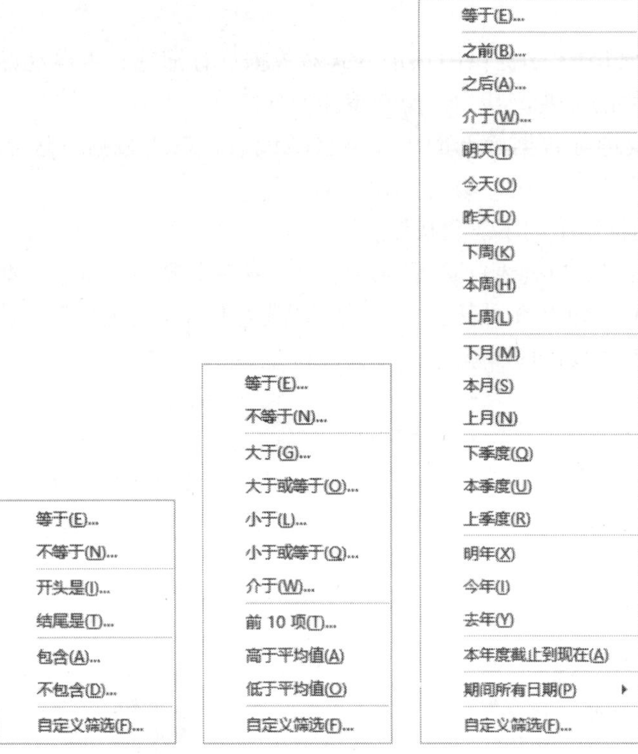

图6-20

（4）在打开的“自定义自动筛选方式”对话框中，在左侧框中选择比较运算符，在右侧框中输入文本、数字、日期、时间或从列表中选择相应的文本或值，如图6-21所示。

图6-21

如果需要查找某些字符相同但其他字符不同的值，可使用通配符，详见表6-3。

表6-3

通配符	代表意义及示例
?（问号）	任意单个字符 例如，sm?th可找到smith和smyth
*（星号）	任意数量的字符 例如，*east可找到Northeast和Southeast
～（波形符）后跟?、*或～	问号、星号或波形符 例如，“fy06～?”可找到“fy06?”

（5）若要按多个条件进行筛选，可选择“与”或“或”，然后在第2个条目中的左侧框选择比较运算符，在右侧框中输入或从列表中选择相应的文本或值。

- 若对表列或选择内容进行筛选，两个条件都必须为True，则选择“与”。
- 若筛选表列或选择内容，两个条件中的任意一个或者两个都可以为True，则选择“或”。

3. 按单元格颜色、字体颜色或图标集进行筛选

如果已手动或有条件地按单元格颜色或字体颜色设置了单元格区域的格式，那么可以按这些颜色进行筛选，还可以按通过条件格式所创建的图标集进行筛选。

选择一个包含按单元格颜色、字体颜色或图标集设置格式的单元格区域。在“数据”选项卡下“排序和筛选”组中单击“筛选”按钮。

注意：确保该表列中包含按单元格颜色、字体颜色或图标集设置格式的数据（不需要选中）。

单击列标题中的下三角按钮，选择“按颜色筛选”选项，然后根据格式类型选择“按单元格颜色筛选”“按字体颜色筛选”或“按单元格图标筛选”选项。根据格式的类型，选择单元格颜色、字体颜色或单元格图标，如图6-22所示。

4. 按选定内容筛选

按选定内容筛选可以用等于活动单元格内容的条件快速筛选数据。

在单元格区域或表列中，右击包含要作为筛选依据的值、颜色、字体颜色或图标的单元格，选择“筛选”选项，如图6-23所示，然后执行下列操作之一。

- 若按文本、数字、日期或时间进行筛选，执行“按所选单元格的值筛选”命令。
- 若按单元格颜色进行筛选，执行“按所选单元格的颜色筛选”命令。
- 若按字体颜色进行筛选，执行“按所选单元格的字体颜色筛选”命令。
- 若按图标进行筛选，执行“按所选单元格的图标筛选”命令。

图6-22

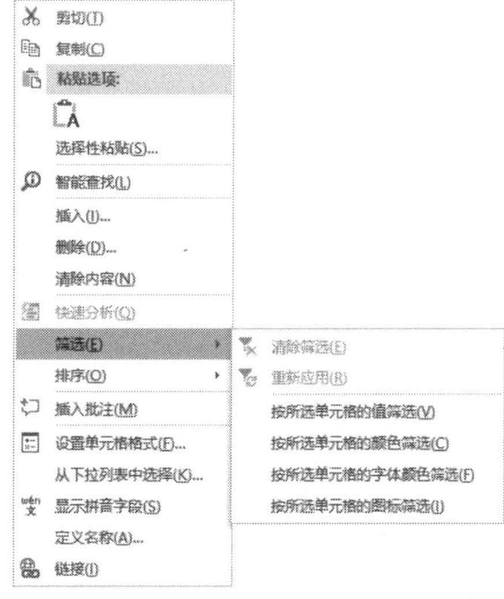

图6-23

5. 清除筛选

若在多列单元格区域或表中清除对某一列的筛选，可以单击该列标题上的“筛选”按钮，然后选择“从<ColumnName>中清除筛选”选项。

若清除工作表中的所有筛选并重新显示所有行，只需在“数据”选项卡下“排序和筛选”组中单击“清除”按钮，如图6-24所示。

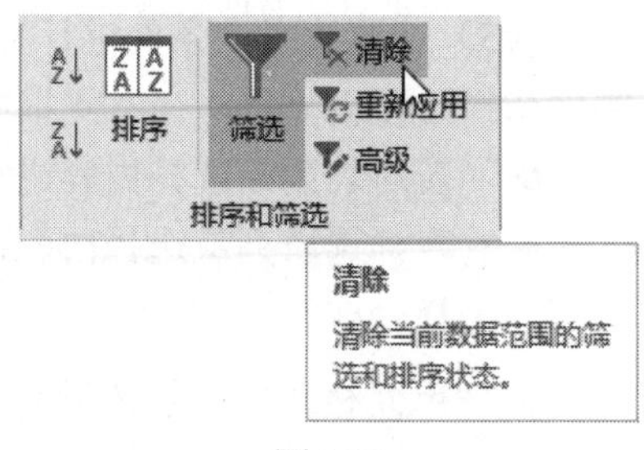

图6-24

6.2.3 条件格式的应用

应用条件格式可以帮助用户直观地查看和分析数据、发现关键问题以及识别数据的某种趋势。Excel有很多内置的条件格式类型，能够对数据表中的内容进行指定条件的判断，并返回预先指定的格式。

1. 数据图形化

使用“条件格式”功能，用户可以根据条件使用数据条、色阶和图标集，以突出显示相关单元格，强调异常值，以及实现数据的可视化效果。

（1）添加数据条。

使用数据条功能，可以快速为数组插入底纹颜色，并根据数值自动调整颜色的长度。添加数据条的具体步骤如下：

选中指定的单元格区域，在“开始”选项卡下“样式”组中单击“条件格式”按钮，在弹出的下拉列表中选择“数据条”选项，在展开的列表中选择一种数据条样式，即可为数据添加数据条（数据条中分为“渐变填充”和“实心填充”两种显示效果），如图6-25所示。

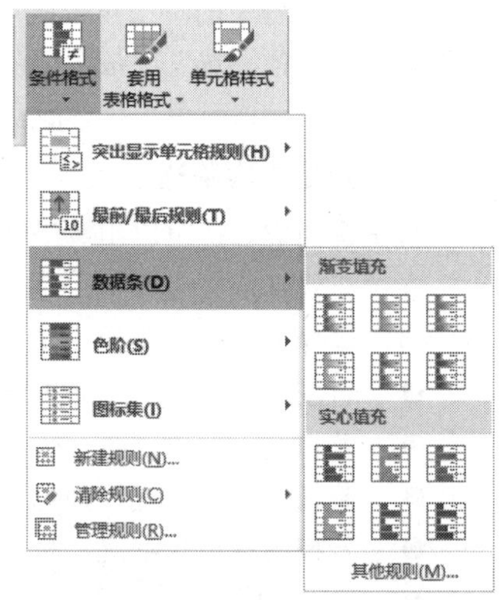

图6-25

提示：数据条长度代表单元格中的值。数据条越长，表示值越高；数据条越短，表示值越低。

（2）添加色阶。

使用色阶功能，可以快速为数组插入色阶，以颜色的亮度强弱和渐变程度来显示不同的数值，如双色渐变、三色渐变等。添加色阶的具体步骤如下：

选中指定的单元格区域，在“开始”选项卡下“样式”组中单击“条件格式”按钮，在弹出的下拉列表中选择“色阶”选项，在展开的列表中选择一种色阶样式，即可为数据添加色阶效果，如图6-26所示。

（3）添加图标。

使用图标集功能，可以快速为数组插入图标，并根据数值自动调整图标的类型和方

向。添加图标的具体步骤如下：

选中指定的单元格区域，在“开始”选项卡下“样式”组中单击“条件格式”按钮，在弹出的下拉列表中选择“图标集”选项，在展开的列表中选择一种图标样式，即可为数据添加图标，如图6-27所示。

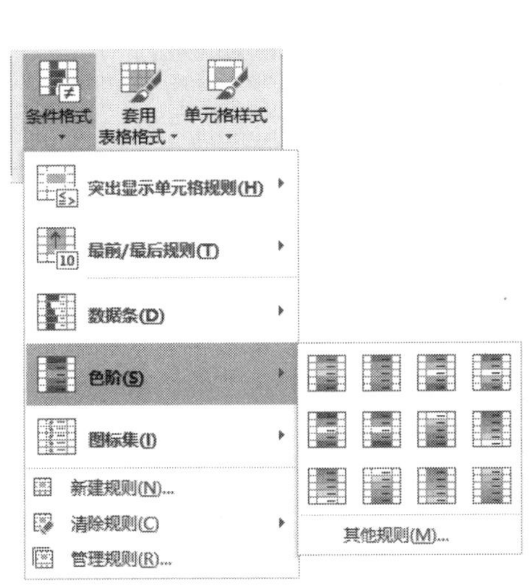

图6-26

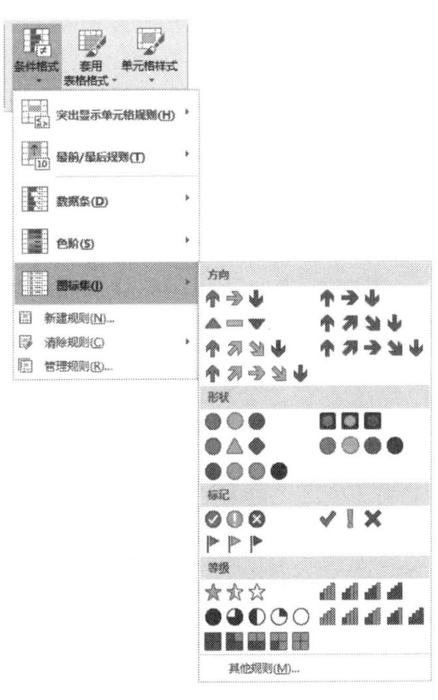

图6-27

2. 标记特定值

条件格式在Excel中的应用是非常强大的，除了用于帮助找出重复值，还可以找出很多不同类型的特定值。另外，它也可以实现数据的可视化，帮助润色表格。

（1）突出显示单元格。

在编辑数据表格的过程中，使用突出显示单元格功能可以通过改变颜色、字形、特殊效果等方法使得某一类具有共性的单元格突出显示。具体的操作步骤如下：

选中指定的单元格区域，在“开始”选项卡下“样式”组中单击“条件格式”按钮，在弹出的下拉列表中选择“突出显示单元格规则”选项，在展开的列表中选择一种需要的突出显示选项，如图6-28所示。突出显示包括：大于、小于、介于、等于、文本包含、发生日期和重复值。此处以“重复值”为例，单击“重复值”选项。

在弹出的“重复值”对话框中，在“为包含以下类型值的单元格设置格式”下的“值”前面的下拉列表框内选择“重复”选项，在“设置为”后面的下拉列表框内可选择一种预置好的格式效果，如图6-29所示，单击“确定”按钮即可。

也可执行“自定义格式”命令，弹出“设置单元格格式”对话框，从中自行设置一种需要的格式效果（如字形、字体颜色、边框样式、填充效果等），如图6-30所示。

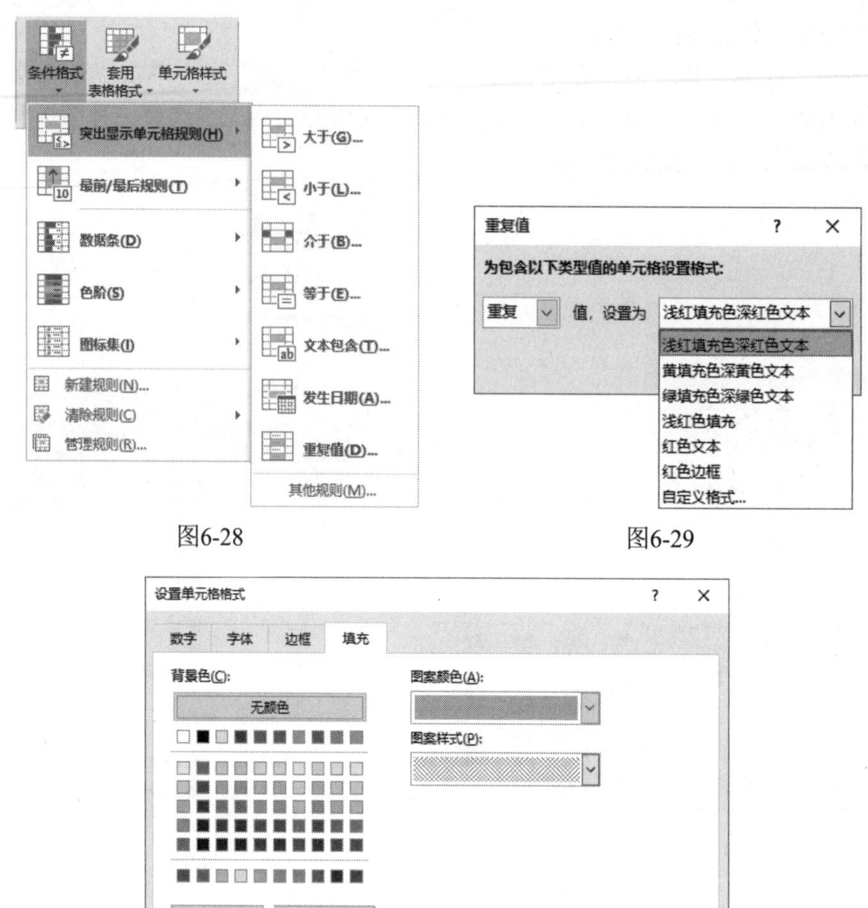

图6-28　　图6-29

图6-30

（2）最前/最后规则。

除了可以标记特定值以外，条件格式还能帮助找出数据的最高值、最低值、按峰值百分比、平均值并高亮显示数据。具体的操作步骤如下：

选中指定的单元格区域，在“开始”选项卡下“样式”组中单击“条件格式”按钮，在弹出的下拉列表中选择“最前/最后规则”选项，在展开的列表中选择一种需要的突出显示选项，如图6-31所示。突出显示包括：前10项、前10%、最后10项、最后10%、高于平均值和低于平均值。此处以“前10项”为例，单击“前10项”选项。

在弹出的“前10项”对话框中，在“为值最大的那些单元格设置格式”下的“设置为”前面的微调框内选择或输入需要的数值，在“设置为”后面的下拉列表内可选择一

种预置好的格式效果，如图6-32所示，单击“确定”按钮即可。此处以“10”为例，表格数据中的最大的10个单元格将被标记。

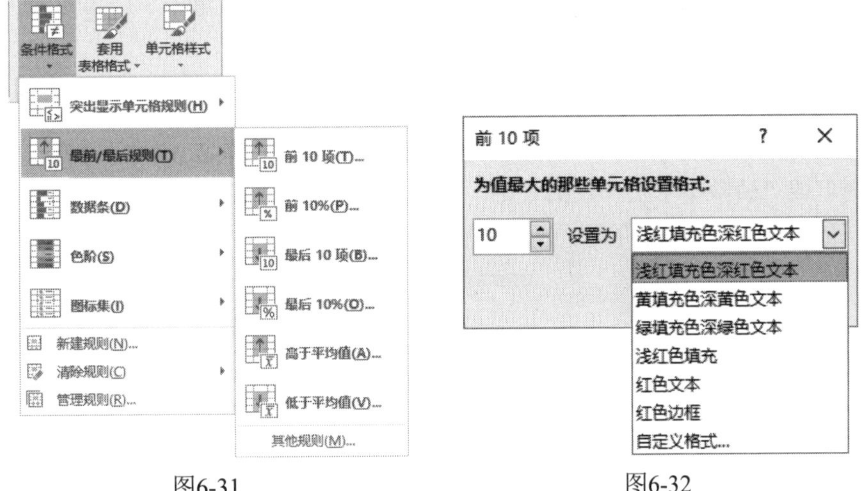

图6-31　　　　图6-32

（3）新建规则。

条件格式是基于条件更改单元格区域的外观。如果条件为True，就会基于该条件设置单元格区域的外观；如果条件为False，则不改变单元格区域的外观。若用户想设置特殊效果的单元格区域外观，可以通过新建条件格式规则来实现。具体的操作步骤如下：

选中指定的单元格区域，在“开始”选项卡下“样式”组中单击“条件格式”按钮，在弹出的下拉列表中选择“新建规则”选项，弹出“新建格式规则”对话框，在“选择规则类型”区域内选择适合的规则类型，在“只为满足以下条件的单元格设置格式”下选择突出显示选项（此处以大于或等于10 000为例），单击“格式”按钮，如图6-33所示。

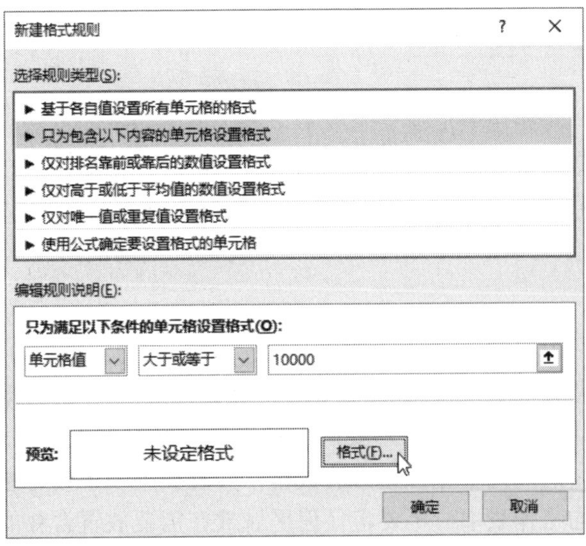

图6-33

弹出“设置单元格格式”对话框，从中自行设置一种需要的格式效果（如字形、字体颜色、边框样式、填充效果等），设置完成后单击“确定”按钮，返回到“新建格式规则”对话框，在“预览”区域查看格式效果无误后，单击“确定”按钮即可。

3. 清除条件格式

选中指定的单元格区域，在“开始”选项卡下“样式”组中单击“条件格式”按钮，在弹出的下拉列表中选择“清除规则”选项，在展开的列表中执行“清除所选单元格的规则”或“清除整个工作表的规则”命令，如图6-34所示。

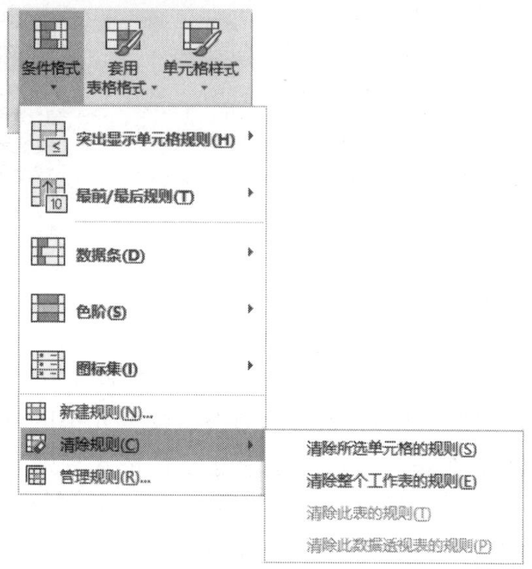

图6-34

若执行“清除所选单元格的规则”命令，表格中所选单元格中的条件格式被清除，其余部分的条件格式仍存在；若执行“清除整个工作表的规则”命令，表格中的所有条件格式均被清除。

6.2.4 合并计算

所谓合并计算，是指用来汇总一个或多个源区域中数据的方法。对数据进行合并计算能够更容易地对数据进行定期或不定期的更新和汇总。例如，有一个用于每个部门收支数据的工作表，可使用合并计算将这些收支数据合并到公司的收支工作表中，这个主工作表中可以包含整个企业的销售总额和平均值、当前的库存水平和销售额最高的产品。

1. 按位置进行合并计算

按位置进行合并计算就是按同样的顺序排列所有工作表中的数据，并将它们放在同一位置中。按位置进行合并计算前，要确保每个数据区域都采用列表格式：第1行中的每一列都具有标签，同一列中包含相似的数据，并且在列表中没有空行或空列。将每个区域分别置于单独的工作表中，不要将任何区域放在需要放置合并的工作表中，并且确保每个区域都具有相同的布局。具体的操作步骤如下：

（1）在包含要显示在主工作表中的合并数据的单元格区域中，单击左上方的单元格。在“数据”选项卡下“数据工具”组中单击“合并计算”按钮，如图6-35所示。

（2）打开如图6-36所示的“合并计算”对话框，在“函数”下拉列表框中选择用来对数据进行合并计算的汇总函数。

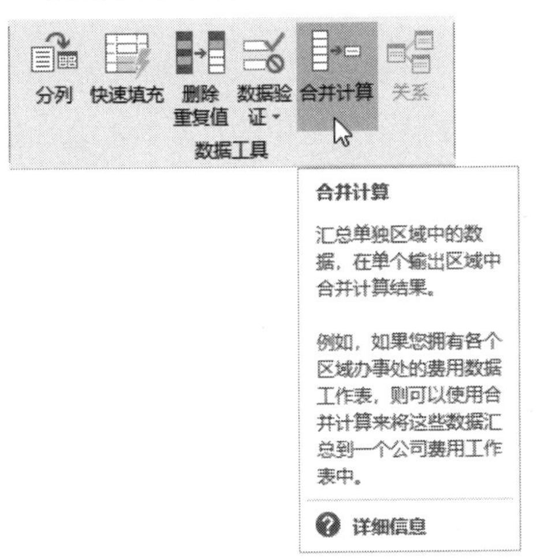

图6-35

图6-36

（3）在“引用位置”文本框中输入源引用位置，或单击“压缩对话框”按钮进行单元格区域引用。如果工作表在另一个工作簿中，则单击“浏览”按钮找到文件，然后单击“确定”按钮以关闭“浏览”对话框。

（4）选定引用位置后，单击“添加”按钮，将位置添加到“所有引用位置”。对每个区域重复第（3）~（4）步。

（5）单击“确定”按钮，完成按位置进行合并计算。

2. 按分类进行合并计算

按分类进行合并计算就是以不同的方式组织单独工作表中的数据，但是使用相同的行标签和列标签，以便能够与主工作表中的数据匹配。按分类进行合并计算前，除了要确保每个数据区域都采用列表格式，将每个区域分别置于单独的工作表中，还要确保要合并的列或行的标签具有相同的拼写和大写，例如，标签Annual Avg和Annual Average是不同的，不能对它们进行合并计算。

按分类进行合并计算的具体操作步骤如下：

（1）在包含要显示在主工作表中的合并数据的单元格区域中，单击左上方的单元格。在“数据”选项卡下“数据工具”组中单击“合并计算”按钮。

（2）打开“合并计算”对话框，在“函数”下拉列表框中，选择用来对数据进行合并计算的汇总函数。

（3）在“引用位置”框中输入源引用位置，或单击“压缩对话框”按钮进行单元格区域引用。如果工作表在另一个工作簿中，则单击“浏览”按钮找到文件，然后单击“确定”按钮以关闭“浏览”对话框。

（4）选定引用位置后，单击“添加”按钮，将位置添加到“所有引用位置”。对

每个区域重复第（3）～（4）步。

（5）在“标签位置”选项区域，选中指示标签在源区域中位置的复选框：“首行”“最左列”或两者都选。

（6）单击“确定”按钮，完成按分类进行合并计算。

6.2.5 数据分类汇总

在Excel中，通过单击“数据”选项卡下“分级显示”组中的“分类汇总”按钮，如图6-37所示，可以自动计算列表中的分类汇总和总计。分类汇总的方式有求和、平均值、最大值、最小值、偏差、方差等10多种，最常用的是对分类数据求和或求平均值。

分类汇总是通过SUBTOTAL函数利用汇总函数（如“求和”或“平均值”）计算得到的。可以为每列显示多个汇总函数类型。“分类汇总”命令可以分级显示列表，以便显示和隐藏每个分类汇总的明细行。

总计是从明细数据派生的，而不是从分类汇总中的值派生的。例如，使用“平均值”汇总函数，则总计行将显示列表中所有明细行的平均值，而不是分类汇总行中的值的平均值。

1. 插入分类汇总

要在工作表上的数据列表中插入分类汇总，首先要确保每个列在第1行中都有标签，并且每个列中都包含相似的数据，而且该区域没有空的行或列。具体的操作步骤如下：

选中该区域中的某个单元格，首先对构成组的列排序。然后在“数据”选项卡下“分级显示”组中单击“分类汇总”按钮，打开“分类汇总”对话框，如图6-38所示。

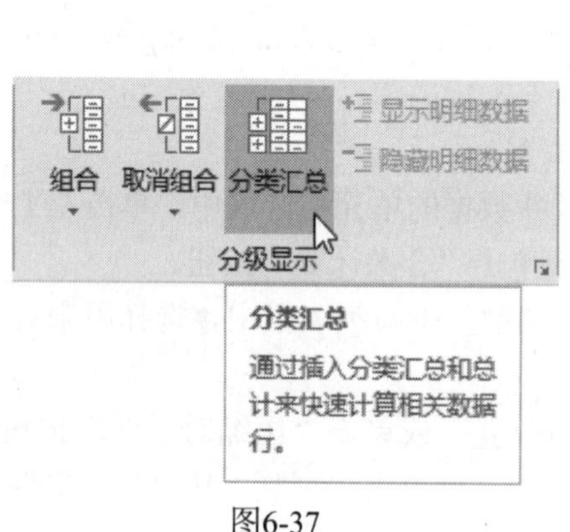

图6-37

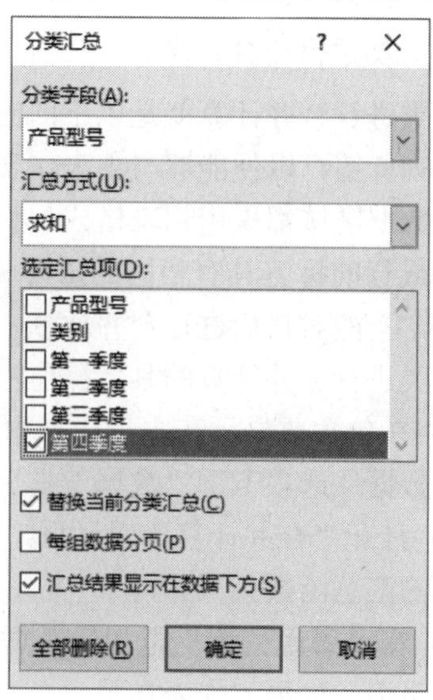

图6-38

在“分类字段”下拉列表框中，选择要计算分类汇总的列；在“汇总方式”下拉列表框中，选择要用来计算分类汇总的汇总函数；在“选定汇总项”列表框中，对于包含要计算分类汇总的值的每个列，选中其复选框；如果想按每个分类汇总自动分页，须选中“每组数据分页”复选框；若要指定汇总行位于明细行的上面，须取消选中“汇总结果显示在数据下方”复选框；若要指定汇总行位于明细行的下面，须选中“汇总结果显示在数据下方”复选框。

重复以上步骤可以再次执行“分类汇总”命令，以便使用不同汇总函数添加更多分类汇总。若要避免覆盖现有分类汇总，须取消选中“替换当前分类汇总”复选框。

注意：若只显示分类汇总和总计的汇总，则单击行编号旁边的分级显示符号123。使用+和-分级显示号可以显示或隐藏单个分类汇总的明细行。

2. 删除分类汇总

删除分类汇总时，Excel将删除与分类汇总一起插入列表中的分级显示和任何分页符。

单击列表中包含分类汇总的单元格，在“数据”选项卡下“分级显示”组中单击“分类汇总”按钮，打开“分类汇总”对话框，单击“全部删除”按钮即可。

3. 分级显示数据列表

对工作表中的数据进行分类汇总后，将会使原来的工作表显得庞大，此时如果单独查看汇总数据或明细数据，最简单的方法就是利用Excel提供的分级显示功能。

分级显示工作表数据，其中的明细数据行或列进行了分组，能够方便地创建汇总报表。在分级显示中，分级最多为八个级别，每组一级。每个内部级别显示前一外部级别的明细数据，其中，内部级别由分级显示符号中的较大数字表示，外部级别由分级显示符号中的较小数字表示。使用分级显示可以汇总整个工作表或其中的一部分，快速显示摘要行或摘要列，或者显示每组的明细数据。

图6-39显示了一个按类别分组的销售数据分级显示行，此分级显示行有多个摘要行和明细数据行。要显示某一级别的行，可单击分级显示符号123。其中，第1级包含所有明细数据行的总销售额，第2级包含每个区域中每个类别的总销售额，第3级包含明细数据行（当前仅显示第17个到第19个明细数据行）。要展开或折叠分级显示中的明细数据，可单击+和-分级显示符号。

1 2 3		A	B	C	D	E	F
	1	市场部全年销售额					
	2	产品型号	类别	第一季度	第二季度	第三季度	第四季度
+	6		玻璃类 汇总		26300		
+	11		电子类 汇总		60100		
+	16		塑料类 汇总		32000		
	17	E5	五金类	4200	5500	7000	7100
	18	H4	五金类	8200	3500	12300	11800
	19	Y5	五金类	6800	11800	13600	8200
-	20		五金类 汇总		20800		
-	21		总计		139200		

图6-39

（1）显示或隐藏分级显示。

在对数据进行分类汇总后，如果没有看到分级显示符号123、+和-，可单击

“文件”选项卡，在列表中执行“选项”命令，打开“Excel选项”对话框，在左侧列表中选择“高级”选项，在右侧窗格中的“此工作表的显示选项”部分，先选择工作表，再选中“如果应用了分级显示，则显示分级显示符号”复选框，如图6-40所示。这样就可以通过单击分级显示符号1 2 3中的最大数字来显示所有数据了。

图6-40

如果想要隐藏分级显示，只需重复以上的步骤，然后取消选中“如果应用了分级显示，则显示分级显示符号”复选框即可。

（2）删除分级显示。

单击工作表，在“数据”选项卡下“分级显示”组中单击“取消组合”按钮，然后在下拉列表中执行“清除分级显示”命令，如图6-41所示。

如果行或列仍然处于隐藏状态，则拖动隐藏的行和列两侧的可见行标题或列标题，在“开始”选项卡下“单元格”组中单击“格式”按钮，在下拉列表中选择“隐藏和取消隐藏”选项，然后执行“取消隐藏行”或“取消隐藏列”命令，如图6-42所示。

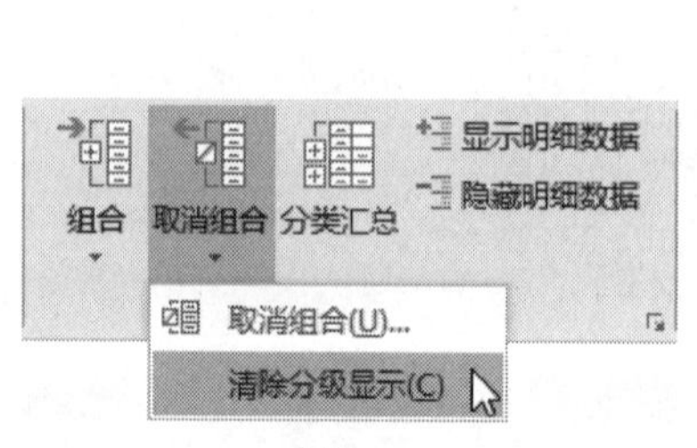

图6-41

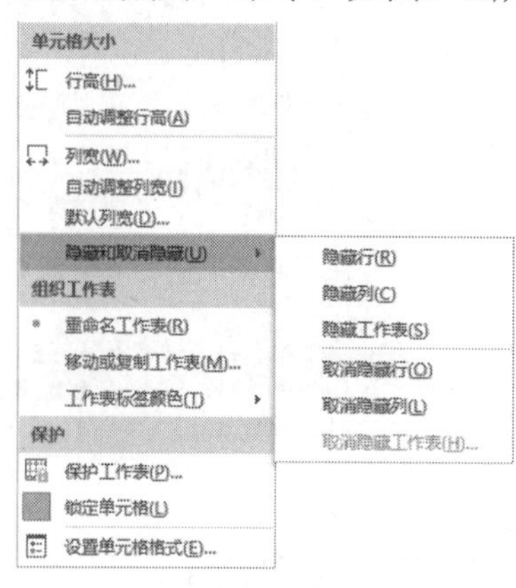

图6-42

6.3　数据的透视分析

数据透视表是一种可以快速汇总大量数据的交互式方法。使用数据透视表可以汇总、分析、浏览和提供汇总数据，以便生动、简捷、全面地对数据进行处理与分析。在数据透视表中，源数据中的每列或每个字段都成为汇总多行信息的数据透视表字段。

6.3.1　创建数据透视表

1. 创建数据透视表

要创建数据透视表，必须连接到一个数据源，并输入报表的位置。创建一个数据透视表的具体操作步骤如下：

（1）选择单元格区域中的一个单元格，或者将插入点放在一个Excel表中，同时确保单元格区域具有列标题。

（2）在“插入”选项卡下“表格”组中单击“数据透视表”按钮，如图6-43所示，打开“创建数据透视表”对话框，如图6-44所示。

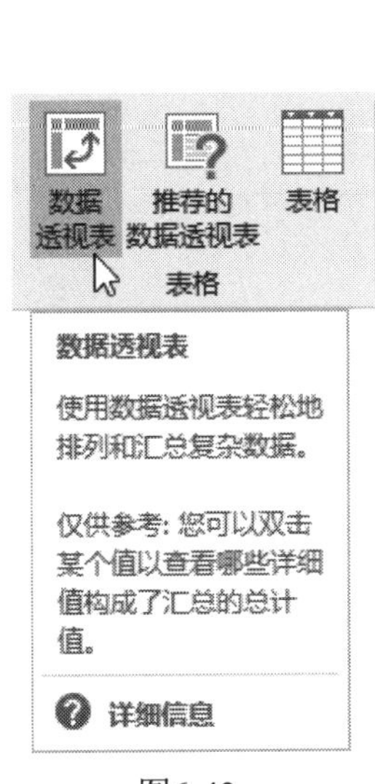

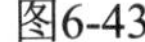
图6-43

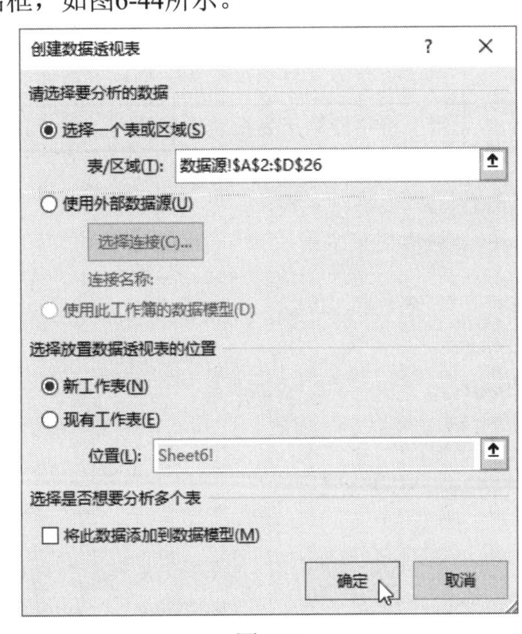

图6-44

（3）选择需要分析的数据，选中“选择一个表或区域”单选按钮，在“表/区域”文本框中输入单元格区域或表名引用，如“=QuarterlyProfits”。如果在启动向导之前选中了单元格区域中的一个单元格或者插入点位于表中，Excel会在“表/区域”文本框中显示单元格区域或表名引用。也可单击“折叠”按钮，进行单元格区域引用。

（4）选择放置数据透视表的位置。

- 若要将数据透视表放在新工作表中，并以单元格A1为起始位置，可选中“新工作表”单选按钮。
- 若要将数据透视表放在现有工作表中，可选中“现有工作表”单选按钮，然后

指定要放置数据透视表的单元格区域的第1个单元格。也可单击“折叠”按钮，进行单元格区域引用。

（5）单击“确定”按钮，Excel会将空的数据透视表添加至指定位置并显示数据透视表字段列表，从中可以添加字段、创建布局以及自定义数据透视表。

2. 创建字段布局

创建数据透视表后，可以使用数据透视表字段列表来添加字段，如图6-45所示。如果要更改数据透视表，可以使用该字段列表来重新排列和删除字段。默认情况下，数据透视表字段列表显示两部分：上方的字段部分用于添加和删除字段，下方的布局部分用于重新排列和重新定位字段。可以将数据透视表字段列表停靠在窗口的任意一侧，然后沿水平方向调整其大小；也可以取消停靠数据透视表字段列表，此时既可以沿垂直方向也可以沿水平方向调整其大小，各字段说明详见表6-4。

表6-4

数据透视表	说明
报表筛选	用于基于报表筛选中的选定项来筛选整个报表
数值	用于显示汇总数值数据
行标签	用于将字段显示为报表侧面的行，位置较低的行嵌套在紧靠它上方的另一行中
列标签	用于将字段显示为报表顶部的列，位置较低的列嵌套在紧靠它左侧的另一列中

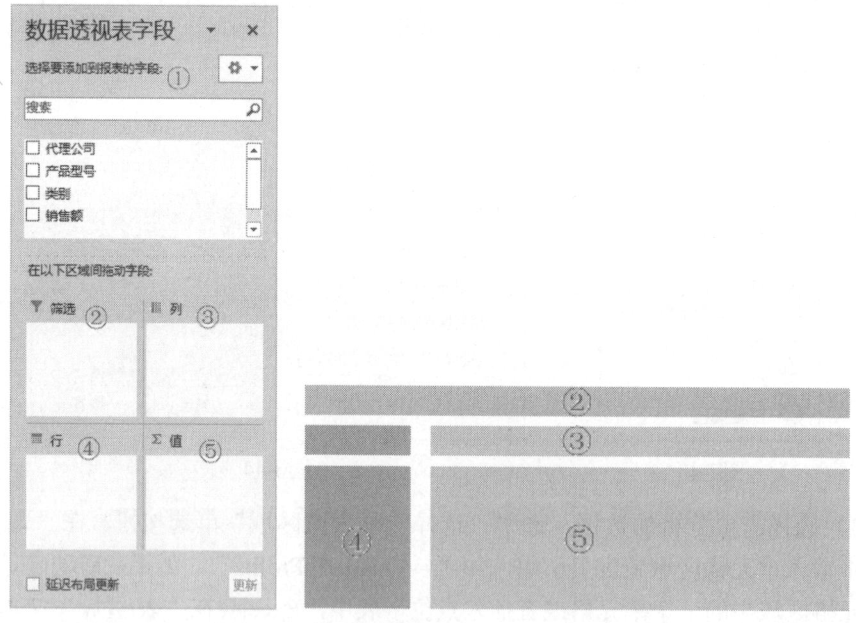

图6-45

（1）添加字段。

要将字段添加到报表，只需右击字段名称，在弹出的快捷菜单中执行相应的命令（“添加到报表筛选”“添加到行标签”“添加到列标签”和“添加到数值”），以将该字段放置在布局部分中的某个特定区域中，如图6-46所示。或者单击并按住字段名，然后在字段与布局部分之间以及不同的区域之间移动该字段。

若在字段部分中选中各字段名称旁边的复选框，字段会被放置在布局部分的默认区域中，也可在需要时重新排列这些字段。默认情况下，非数值字段会被添加到“行标签”区域，数值字段会被添加到“数值”区域，而OLAP日期和时间层次会被添加到“列标签”区域。

（2）重新排列字段。

可以通过使用布局部分底部的四个区域之一来重新排列现有字段或重新放置那些字段。单击区域之一中的字段名，然后从图6-47所示的快捷菜单中执行相应的命令选项。也可以单击并按住字段名，然后在字段与布局部分之间以及不同的区域之间移动该字段。

图6-46　　图6-47

（3）删除字段。

要删除字段，只需在任一布局区域中单击字段名称，然后单击“删除字段”按钮；或是取消选中字段部分中各个字段名称旁边的复选框；也可以在布局部分中将字段名拖动到数据透视表字段列表之外。

6.3.2 编辑数据透视表

创建数据透视表并添加字段后，可能还需要增强报表的布局和格式，以提高可读性，并使其更具吸引力。

1. 更改窗体布局和字段排列

若要对报表的布局和格式进行重大更改，可以将整个报表组织为压缩、大纲或表格3种形式，也可以添加、重新组织和删除字段，以获得所需的最终结果。

（1）更改数据透视表形式。

数据透视表的形式有压缩、大纲或表格3种。要更改数据透视表的形式，先选中数据透视表，然后在“设计”选项卡下“布局”组中单击“报表布局”按钮，弹出如图6-48所示的下拉列表。

- **以压缩形式显示：**用于使有关数据在屏幕上水平折叠并帮助最小化滚动。侧面的开始字段包含在一个列中，并且缩进以显示嵌套的列关系。

- **以大纲形式显示**：以经典数据透视表样式显示数据大纲。
- **以表格形式显示**：以传统的表格格式查看所有数据，并且可方便地将单元格复制到其他工作表。

（2）更改字段形式。

字段的形式也是压缩、大纲或表格3种。要更改字段的形式，先选中行字段，然后在“数据透视表分析”选项卡下“活动字段”组中单击“字段设置”按钮，如图6-49所示，打开“字段设置”对话框。

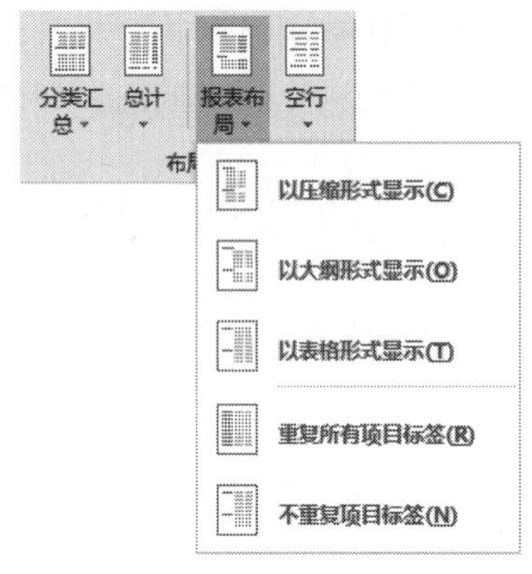

图6-48

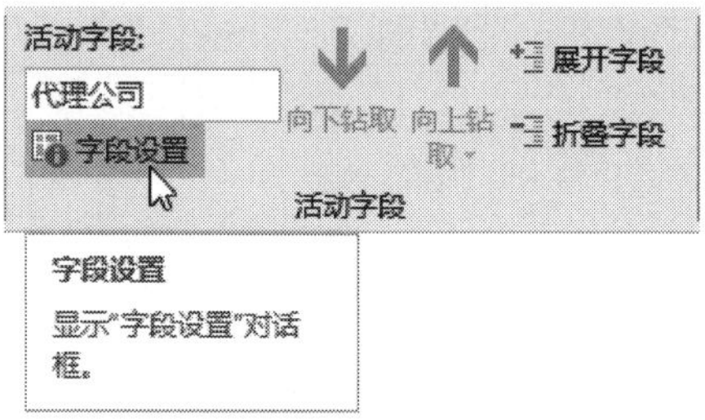

活动字段:
代理公司
字段设置
向下钻取 向上钻取
展开字段
折叠字段
活动字段
字段设置
显示"字段设置"对话框。

图6-49

单击“布局和打印”选项卡，在“布局”区域下，若以大纲形式显示字段项，选中“以大纲形式显示项目标签”单选按钮即可；若以压缩形式显示或隐藏同一列中下一字段的标签，可先选中“以大纲形式显示项目标签”单选按钮，再选中“在同一列中显示下一字段的标签（压缩表单）”复选框；若以类似于表格的形式显示字段项，则选中“以表格形式显示项目标签”单选按钮，如图6-50所示。

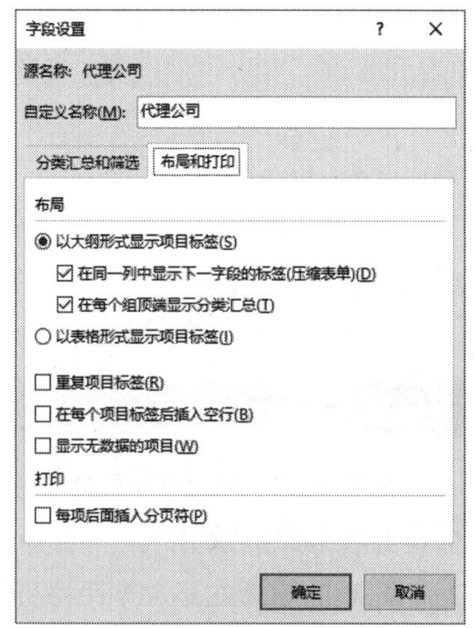

图6-50

2. 更改列、行和分类汇总的布局

若要进一步优化数据透视表的布局，可以执行影响列、行和分类汇总的更改，如在行上方显示分类汇总或关闭列标题，也可以重新排列一行或一列中的各项。

（1）打开或关闭列和行字段标题。

选中数据透视表，若要在显示和隐藏字段标题之间切换，可在“数据透视表分析”选项卡下“显示”组中单击“字段标题”按钮，如图6-51所示。

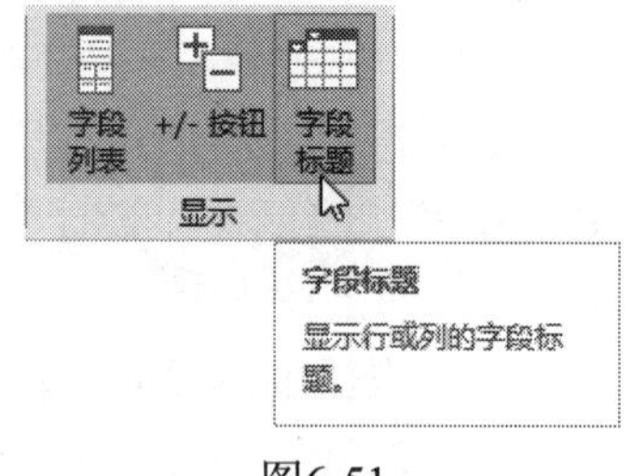

图6-51

（2）在行的上方或下方显示分类汇总。

选中行字段，然后在“数据透视表分析”选项卡下“活动字段”组中单击“字段设置”按钮，打开“字段设

置”对话框。单击“分类汇总和筛选”选项卡，从中选中“自动”或“自定义”单选按钮，如图6-52所示。

在“布局和打印”选项卡的“布局”区域，选中“以大纲形式显示项目标签”单选按钮。若要在已分类汇总的行上方显示分类汇总，则选中“在每个组顶端显示分类汇总”复选框；若要在已分类汇总的行下方显示分类汇总，则取消选中该复选框。

（3）更改行或列项的顺序。

右击行和列标签或标签中的项，在弹出的快捷菜单中选择“移动”选项，然后执行子菜单中的命令移动该项，如图6-53所示。执行“将<字段名称>移至行”或“将<字段名称>移至列”命令，可以将列移动到行标签区域中，或将行移动到列标签区域中。

图6-52

图6-53

也可以选择行或列标签项，然后指向单元格的底部边框。当指针变为箭头形状时，按住鼠标左健，将该项目移动到新位置时松开鼠标即可。

（4）合并或取消合并外部行和列项的单元格。

在数据透视表中，可以合并行和列项的单元格，以便将选项水平和垂直居中；也可以取消合并单元格，以便向左调整项目组顶部的外部行和列字段中的项。

选中数据透视表，在“数据透视表分析”选项卡下“数据透视表”组中单击“选项”按钮，如图6-54所示，打开“数据透视表选项”对话框。

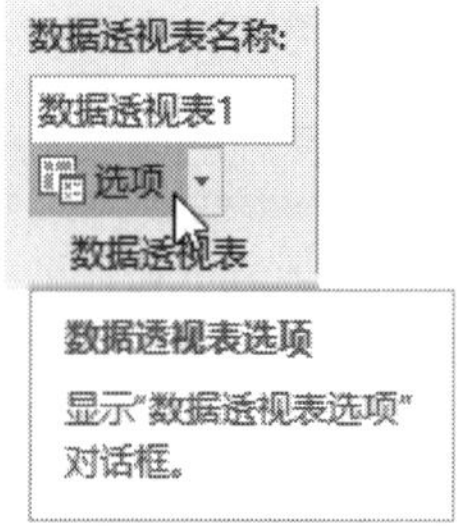

图6-54

若要合并或取消合并外部行和列项（数据透视表和数据透视图中字段的子分类，例如，“月份”字段可能有“一月”“二月”等）的单元格，只需在“布局和格式”选项卡的“布局”选项区域，选中或取消选中“合并且居中排列带标签的单元格”复选框即可，如图6-55所示。

提示：不能在数据透视表中使用“对齐”选项卡的“合并单元格”复选框。

3. 更改空单元格、空白行和错误的显示方式

有时，数据中可能含有空单元格、空白行或错误，可以调整报表的默认行为。

（1）更改错误和空单元格的显示方式。

选中数据透视表，在“数据透视表分析”选项卡下“数据透视表”组中单击“选项”按钮，打开“数据透视表选项”对话框。在“布局和格式”选项卡的“格式”选项区域下：

- **更改错误显示**：选中“对于错误值，显示”复选框，然后在其后的文本框中输入要替代错误显示的值。若将错误显示为空单元格，则删除文本框中的所有字符。
- **更改空单元格显示**：选中“对于空单元格，显示”复选框，然后在其后的文本框中输入要在空单元格中显示的值。若显示空白单元格，则删除文本框中的所有字符。若显示零，则取消选中该复选框。

（2）显示或隐藏空白行。

在数据透视表里，可以在行或项后显示或隐藏空白行。

在行后显示或隐藏空白行，需要选中行字段，然后在“数据透视表分析”选项卡下“活动字段”组中单击“字段设置”按钮，打开“字段设置”对话框。要添加或删除空白行，在“布局和打印”选项卡的“布局”选项区域下，选中或取消选中“在每个项目标签后插入空行”复选框即可。

在项后显示或隐藏空白行，需要在数据透视表中选中项，在“设计”选项卡的“布局”组中单击“空行”按钮，然后执行“在每个项目后插入空行”或“删除每个项目后的空行”命令，如图6-56所示。

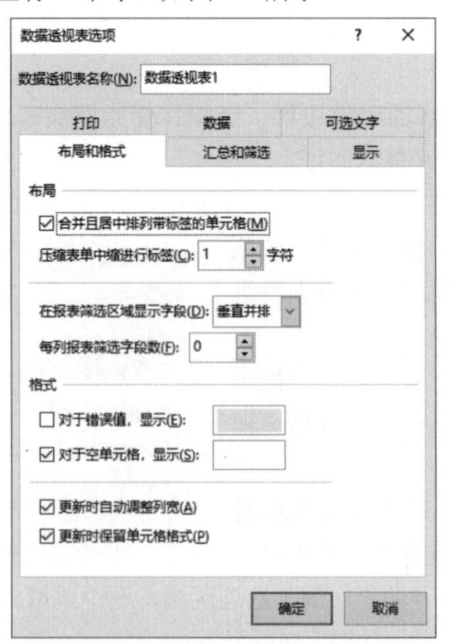

图6-55

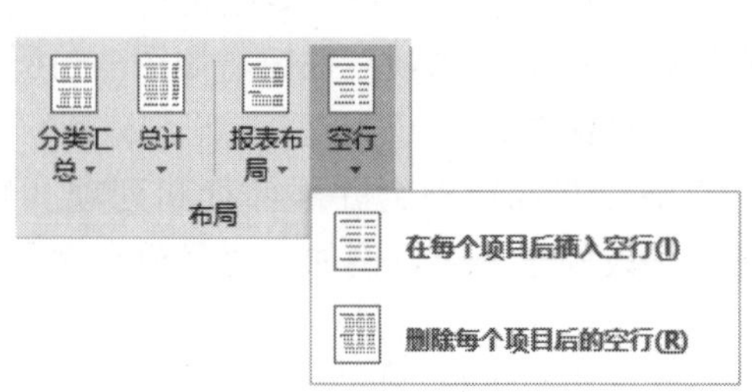

图6-56

4. 更改数据透视表的格式样式

Excel提供了大量可以用于快速设置数据透视表格式的预定义表样式，通过使用样式库可以轻松更改数据透视表的样式。

（1）更改数据透视表的格式样式。

选中数据透视表，在“设计”选项卡下“数据透视表样式”组中单击“可见样式”按钮，浏览样式库；若要查看所有可用样式，可单击滚动条底部的“其他”按钮，展开样式库可选择需要的数据透视表样式；执行库底部的“清除”命令，可以删除数据透视表中的所有格式设置，如图6-57所示。

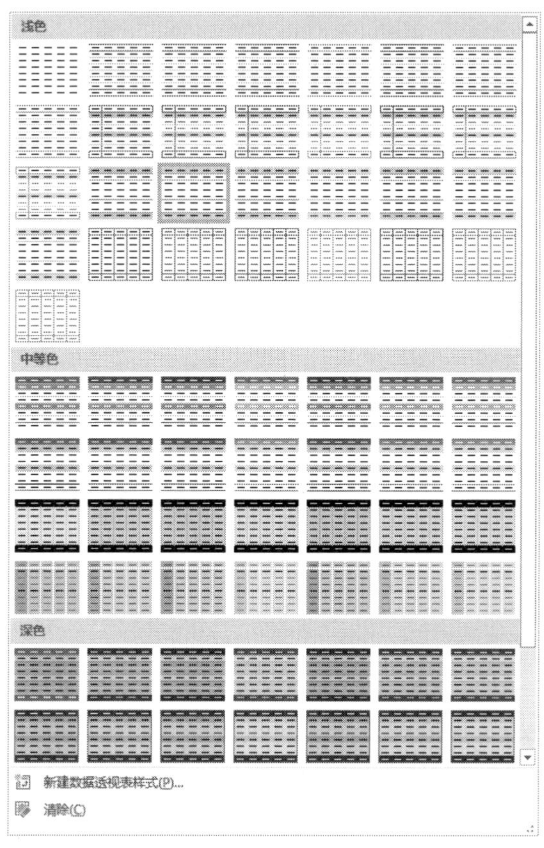

图6-57

如果已经显示了所有可用样式并且希望创建自己的自定义数据透视表样式，可以执行库底部的“新建数据透视表样式”命令，打开“新建数据透视表样式”对话框，在其中可自定义设置格式样式，如图6-58所示。

（2）更改字段的数字格式。

在数据透视表中选中指定字段，在“数据透视表分析”选项卡下“活动字段”组中单击“字段设置”按钮，在打开的“字段设置”对话框中，单击底部的“数字格式”按钮。打开“设置单元格格式”对话框，如图6-59所示。在“分类”列表中，选择指定的格式类别，在右侧选择所需的格式选项，然后两次单击“确定”按钮。也可以右击值字段，然后单击“数字格式”按钮。

图6-58

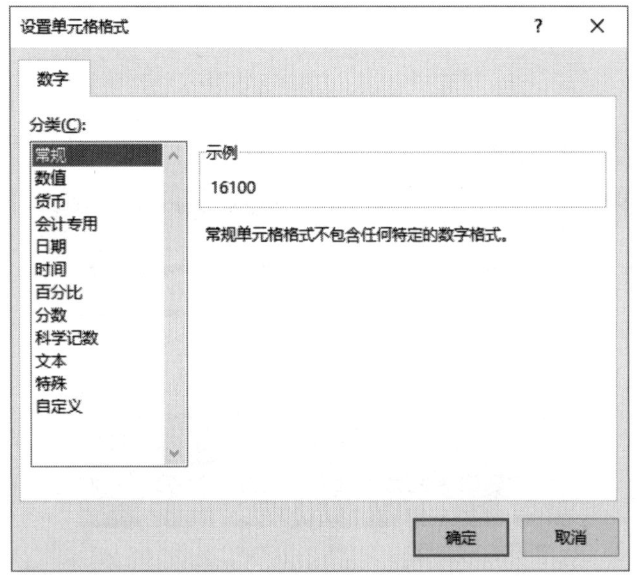

图6-59

6.3.3 删除数据透视表

选中数据透视表，在“数据透视表分析”选项卡下“操作”组中单击“选择”按钮，在其下拉列表中执行“整个数据透视表”命令，如图6-60所示，然后按Delete键。

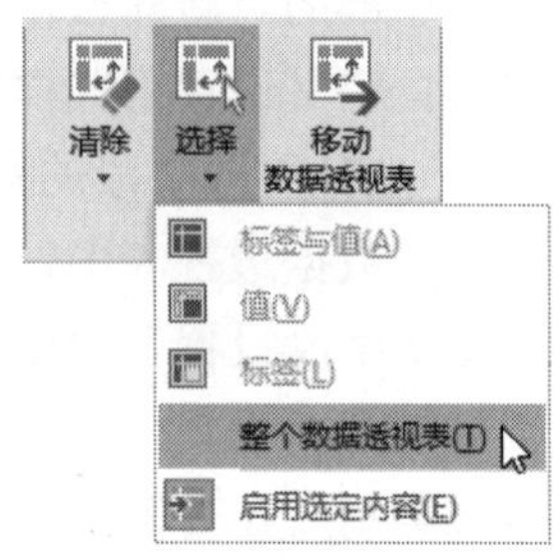

图6-60

Ⅱ. 试题汇编

6.1　第1题

【操作要求】

打开文档A6.xlsx，按下列要求操作。

1. 数据的查找与替换

按【样文6-1A】所示，在Sheet1工作表中查找出所有的数值“8100”，并将其全部替换为“8200”。

2. 公式、函数的应用

按【样文6-1A】所示，使用Sheet1工作表中的数据，应用函数公式计算出“总计”和“平均值”，将结果填写在相应的单元格中。

3. 基本数据分析

- **数据排序及条件格式的应用**：按【样文6-1B】所示，使用Sheet2工作表中的数据，以“第一季度”为主要关键字、“第四季度”为次要关键字进行降序排序，并对相关数据应用“浅蓝色数据条”渐变填充的条件格式，实现数据的可视化效果。
- **数据筛选**：按【样文6-1C】所示，使用Sheet3工作表中的数据，筛选出“电子类”和“塑料类”中，各季度销售额均大于或等于“6000”的记录。
- **合并计算**：按【样文6-1D】所示，使用Sheet4工作表中“第一代理公司全年销售额”“第二代理公司全年销售额”和“第三代理公司全年销售额”表格中的数据，在“全公司全年销售额”的表格中进行求“平均值”的合并计算操作。
- **分类汇总**：按【样文6-1E】所示，使用Sheet5工作表中的数据，以“类别”为分类字段，对“第一季度”“第二季度”“第三季度”“第四季度”的销售额进行“求和”的分类汇总。

4. 数据的透视分析

按【样文6-1F】所示，使用“数据源”工作表中的数据，以“产品型号”为报表筛选项，以“类别”为行标签，以“代理公司”为列标签，为“销售额”显示“最小值”的汇总方式，从Sheet6工作表的A1单元格起建立数据透视表。

【样文6-1A】

市场部全年销售额						
产品型号	类别	第一季度	第二季度	第三季度	第四季度	总计
A8	电子类	11200	8200	7700	9100	36200
C3	电子类	35000	40000	45000	11700	131700
D4	塑料类	6000	7000	8000	8200	29200
F7	玻璃类	5600	7800	10000	10000	33400
E5	五金类	4200	5500	7000	7100	23800
G9	电子类	1000	3500	5700	5600	15800
Z2	玻璃类	1600	3200	4000	4100	12900
I6	塑料类	7800	6500	14700	13200	42200
H4	五金类	8200	3500	12300	11800	35800
L3	塑料类	9600	8900	9800	9700	38000
S7	电子类	8700	8400	8200	9200	34500
Y5	五金类	6800	11800	13600	8200	40400
M7	玻璃类	7800	15300	7600	3700	34400
R9	塑料类	9400	9600	5800	6900	31700
平均值		8778.6	9942.9	11385.7	8464.3	38571.4

【样文6-1B】

市场部全年销售额					
产品型号	类别	第一季度	第二季度	第三季度	第四季度
C3	电子类	35000	40000	45000	11700
A8	电子类	11200	8200	7700	9100
L3	塑料类	9600	8900	9800	9700
R9	塑料类	9400	9600	5800	6900
S7	电子类	8700	8400	8200	9200
H4	五金类	8200	3500	12300	11800
I6	塑料类	7800	6500	14700	13200
M7	玻璃类	7800	15300	7600	3700
Y5	五金类	6800	11800	13600	8200
D4	塑料类	6000	7000	8000	8200
F7	玻璃类	5600	7800	10000	10000
E5	五金类	4200	5500	7000	7100
Z2	玻璃类	1600	3200	4000	4100
G9	电子类	1000	3500	5700	5600

【样文6-1C】

市场部全年销售额					
产品型号	类别	第一季度	第二季度	第三季度	第四季度
A8	电子类	11200	8200	7700	9100
C3	电子类	35000	40000	45000	11700
D4	塑料类	6000	7000	8000	8200
I6	塑料类	7800	6500	14700	13200
L3	塑料类	9600	8900	9800	9700
S7	电子类	8700	8400	8200	9200

【样文6-1D】

全公司全年销售额				
产品型号	第一季度	第二季度	第三季度	第四季度
A8	72206.67	91495.33	102433.3	105166.7
C3	28286.67	30230	27933.33	20166.67
D4	5700	6100	7010	5700
F7	6700	5900	8400	10000
UZ	7040	7080	6690	7000
E5	4586.667	4946.667	4926.667	7333.333
G9	4050	3500	5850	4400
N1	2660	3460	2980	5700
Z2	2810	3573.333	3883.333	5300

【样文6-1E】

市场部全年销售额					
产品型号	类别	第一季度	第二季度	第三季度	第四季度
	玻璃类 汇总	15000	26300	21600	17800
	电子类 汇总	55900	60100	66600	35600
	塑料类 汇总	32800	32000	38300	38000
	五金类 汇总	19200	20800	32900	27100
	总计	122900	139200	159400	118500

【样文6-1F】

产品型号	(全部)			
最小值项:销售额	**列标签**			
行标签	**第二分公司**	**第三分公司**	**第一分公司**	**总计**
玻璃类	6500	7300	1600	1600
电子类	8900	4900	1000	1000
塑料类	3800	8400	6000	3800
五金类	12500	6500	4200	4200
总计	**3800**	**4900**	**1000**	**1000**

6.2 第2题

【操作要求】

打开文档A6.xlsx，按下列要求操作。

1. 数据的查找与替换

按【样文6-2A】所示，在Sheet1工作表中查找出所有的数值“100”，并将其全部替换为“120”。

2. 公式、函数的应用

按【样文6-2A】所示，使用Sheet1工作表中的数据，应用函数公式计算出“总额（元）”，将结果填写在相应的单元格中。

3. 基本数据分析

- **数据排序及条件格式的应用：**按【样文6-2B】所示，使用Sheet2工作表中的数据，以“类别”为主要关键字、“数量”为次要关键字进行升序排序，并对相关数据应用“红 - 黄 - 绿色阶”的条件格式，实现数据的可视化效果。
- **数据筛选：**按【样文6-2C】所示，使用Sheet3工作表中的数据，筛选出“数量”大于“100”的记录。
- **合并计算：**按【样文6-2D】所示，使用Sheet4工作表中“大众超市商品进货清单”“盛达超市商品进货清单”和“鑫丰超市商品进货清单”表格中的数据，在“超市商品进货清单”的表格中进行“求和”的合并计算操作。
- **分类汇总：**按【样文6-2E】所示，使用Sheet5工作表中的数据，以“类别”为分类字段，对“单价（元）”与“数量”进行求“最大值”的分类汇总。

4. 数据的透视分析

按【样文6-2F】所示，使用“数据源”工作表中的数据，以“商品名称”为报表筛选项，以“类别”为行标签，以“超市名称”为列标签，为“数量”显示“求和”的汇总方式，从Sheet6工作表的B3单元格起建立数据透视表。

【样文6-2A】

大众超市商品进货清单					
商品名称	类别	单价（元）	单位	数量	总额（元）
钢笔	文具类	30	支	120	3600
衬衫	服装类	80	件	50	4000
洗衣粉	日用百货类	12	袋	150	1800
水杯	日用百货类	8	个	200	1600
帽子	服装类	20	个	30	600
铅笔	文具类	0.5	支	120	60
可乐	饮料类	2.5	瓶	120	300
电水壶	家电类	65	台	40	2600
大虾	水产类	15	斤	60	900
土豆	果蔬类	1.2	斤	20	24
电饭煲	家电类	80	台	120	9600
带鱼	水产类	15	斤	25	375
苹果	果蔬类	2	斤	32	64
布鞋	服装类	30	双	28	840
橙汁	饮料类	3	瓶	120	360

【样文6-2B】

大众超市商品进货清单				
商品名称	类别	单价（元）	单位	数量
布鞋	服装类	30	双	28
帽子	服装类	20	个	30
衬衫	服装类	80	件	50
土豆	果蔬类	1.2	斤	20
苹果	果蔬类	2	斤	32
电水壶	家电类	65	台	40
电饭煲	家电类	80	台	120
洗衣粉	日用百货类	12	袋	150
水杯	日用百货类	8	个	200
带鱼	水产类	15	斤	25
大虾	水产类	15	斤	60
钢笔	文具类	30	支	120
铅笔	文具类	0.5	支	120
可乐	饮料类	2.5	瓶	120
橙汁	饮料类	3	瓶	120

【样文6-2C】

大众超市商品进货清单				
商品名称	类别	单价（元）	单位	数量
钢笔	文具类	30	支	120
洗衣粉	日用百货类	12	袋	150
水杯	日用百货类	8	个	200
铅笔	文具类	0.5	支	120
可乐	饮料类	2.5	瓶	120
电饭煲	家电类	80	台	120
橙汁	饮料类	3	瓶	120

【样文6-2D】

超市商品进货清单	
商品名称	数量
钢笔	300
衬衫	198
洗衣粉	375
水杯	580
帽子	95
铅笔	308
可乐	375
电水壶	100
大虾	190
土豆	77
电饭煲	210
带鱼	60
苹果	82
布鞋	51
橙汁	310

【样文6-2E】

大众超市商品进货清单				
商品名称	类别	单价（元）	单位	数量
	服装类 最大值	80		50
	果蔬类 最大值	2		32
	家电类 最大值	80		120
	日用百货类 最大值	12		200
	水产类 最大值	15		60
	文具类 最大值	30		120
	饮料类 最大值	3		120
	总计最大值	80		200

【样文6-2F】

商品名称	（全部）			
求和项:数量	**列标签**			
行标签	**大众超市**	**盛达超市**	**鑫丰超市**	**总计**
服装类	108	127	131	366
果蔬类	52	53	54	159
家电类	160	104	150	414
日用百货类	350	360	245	955
水产类	85	75	90	250
文具类	240	190	178	608
饮料类	240	225	220	685
总计	**1235**	**1134**	**1068**	**3437**

6.3　第3题

【操作要求】

打开文档A6.xlsx，按下列要求操作。

1. 数据的查找与替换

按【样文6-3A】所示，在Sheet1工作表中查找出所有的数值“200”，并将其全部替换为“210”。

2. 公式、函数的应用

按【样文6-3A】所示，使用Sheet1工作表中的数据，应用函数公式计算出“实发工资”，将结果填写在相应的单元格中。

3. 基本数据分析

- **数据排序及条件格式的应用**：按【样文6-3B】所示，使用Sheet2工作表中的数据，以“职称”为主要关键字、“基本工资”为次要关键字进行升序排序，并对文本中包含“3”的数据应用“黄填充色深黄色文本”的条件格式，实现数据的可视化效果。
- **数据筛选**：按【样文6-3C】所示，使用Sheet3工作表中的数据，筛选出“年龄”小于“40”并且“基本工资”大于“4000”的记录。
- **合并计算**：按【样文6-3D】所示，使用Sheet4工作表中“四月份职员工资表”“五月份职员工资表”和“六月份职员工资表”表格中的数据，在“职员第二季度平均工资表”的表格中进行求“平均值”的合并计算操作，保留两位小数。
- **分类汇总**：按【样文6-3E】所示，使用Sheet5工作表中的数据，以“部门”为分类字段，对“基本工资”“津贴”“奖金”“扣款”进行求“最小值”的分类汇总。

4. 数据的透视分析

按【样文6-3F】所示，使用“数据源”工作表中的数据，以“姓名”为报表筛选项，以“部门”为行标签，以“职称”为列标签，为“基本工资”显示“平均值”的汇总方式，从Sheet6工作表的D10单元格起建立数据透视表。

【样文6-3A】

恒泰公司职员工资表							
姓名	部门	职称	基本工资	津贴	奖金	扣款	实发工资
张蓉蓉	销售部	文员	4500	230	400	210	4920
孔明强	开发部	文员	4700	320	300	185	5135
王永红	开发部	主管	5600	210	210	150	5870
马小文	销售部	经理	6500	340	500	110	7230
王晓宁	销售部	主管	5300	260	250	130	5680
张宏达	开发部	经理	6300	320	220	80	6760
于兰兰	人事部	文员	3800	220	210	108	4122
孙小明	开发部	文员	4300	370	150	190	4630
夏雪	人事部	经理	6000	350	360	120	6590
钟成梦	采购部	经理	6100	300	380	220	6560
贾宝峰	采购部	文员	3600	250	300	130	4020
李建军	采购部	主管	5000	220	320	80	5460
倪静	人事部	主管	5100	210	210	100	5420
申旺林	采购部	文员	4000	245	300	120	4425
吴雨	销售部	文员	3900	260	150	210	4100
刘心语	人事部	文员	3500	210	210	170	3750

【样文6-3B】

恒泰公司职员工资表						
姓名	部门	职称	基本工资	津贴	奖金	扣款
夏雪	人事部	经理	6000	350	360	120
钟成梦	采购部	经理	6100	300	380	220
张宏达	开发部	经理	6300	320	220	80
马小文	销售部	经理	6500	340	500	110
刘心语	人事部	文员	3500	210	210	170
贾宝峰	采购部	文员	3600	250	300	130
于兰兰	人事部	文员	3800	220	210	108
吴雨	销售部	文员	3900	260	150	210
申旺林	采购部	文员	4000	245	300	120
孙小明	开发部	文员	4300	370	150	190
张蓉蓉	销售部	文员	4500	230	400	210
孔明强	开发部	文员	4700	320	300	185
李建军	采购部	主管	5000	220	320	80
倪静	人事部	主管	5100	210	210	100
王晓宁	销售部	主管	5300	260	250	130
王永红	开发部	主管	5600	210	210	150

【样文6-3C】

恒泰公司职员工资表								
姓名	部门	职称	性别	年龄	基本工资	津贴	奖金	扣款
张蓉蓉	销售部	文员	女	26	4500	230	400	210
孔明强	开发部	文员	男	25	4700	320	300	185
王永红	开发部	主管	女	38	5600	210	210	150
马小文	销售部	经理	男	39	6500	340	500	110
王晓宁	销售部	主管	女	35	5300	260	250	130
孙小明	开发部	文员	男	24	4300	370	150	190
倪静	人事部	主管	女	36	5100	210	210	100

【样文6-3D】

职员第二季度平均工资表		
部门	姓名	工资
销售部	张蓉蓉	4766.67
开发部	孔明强	4733.33
开发部	王永红	6100.00
销售部	马小文	6500.00
销售部	王晓宁	5266.67
开发部	张宏达	6566.67
人事部	于兰兰	3933.33
开发部	孙小明	4300.00
人事部	夏雪	6166.67
采购部	钟成梦	6500.00
采购部	贾宝峰	3866.67
采购部	李建军	5366.67
人事部	倪静	5400.00
采购部	申旺林	4066.67
销售部	吴雨	3900.00
人事部	刘心语	3700.00

【样文6-3E】

恒泰公司职员工资表								
姓名	部门	职称	性别	年龄	基本工资	津贴	奖金	扣款
采购部 最小值					3600	220	300	80
开发部 最小值					4300	210	150	80
人事部 最小值					3500	210	210	100
销售部 最小值					3900	230	150	110
总计最小值					3500	210	150	80

【样文6-3F】

姓名	(全部)			
平均值项:基本工资	**列标签**			
行标签	**经理**	**文员**	**主管**	**总计**
财务部	6000	3766.666667	4700	4400
采购部	6100	3800	5000	4675
开发部	6300	4500	5600	5225
人事部	6000	3650	5200	4625
生产部	6200	3900	4500	4625
销售部	6500	4200	5300	5050
总计	**6183.333333**	**3953.846154**	**5050**	**4752**

6.4 第4题

【操作要求】

打开文档A6.xlsx，按下列要求操作。

1. 数据的查找与替换

按【样文6-4A】所示，在Sheet1工作表中查找出所有的数值“2750”，并将其全部替换为“2500”。

2. 公式、函数的应用

按【样文6-4A】所示，使用Sheet1工作表中的数据，应用函数公式计算出“最大工龄”和“平均工资”，将结果填写在相应的单元格中。

3. 基本数据分析

- **数据排序及条件格式的应用：**按【样文6-4B】所示，使用Sheet2工作表中的数据，以“部门”为主要关键字、“工资”为次要关键字进行升序排序，并对“工资”高于平均值的数据应用“浅红填充色深红色文本”的条件格式，实现数据的可视化效果。
- **数据筛选：**按【样文6-4C】所示，使用Sheet3工作表中的数据，筛选出“性别”为“女”且“工龄”为“2”的记录。
- **合并计算：**按【样文6-4D】所示，使用Sheet4工作表中“旭阳公司职员登记表”表格中的数据，在“旭阳公司各部门最高工资表”的表格中进行求“最大值”的合并计算操作。
- **分类汇总：**按【样文6-4E】所示，使用Sheet5工作表中的数据，以“部门”为分类字段，对“工资”进行“平均值”的分类汇总。

4. 数据的透视分析

按【样文6-4F】所示，使用“数据源”工作表中的数据，以“姓名”为报表筛选项，以“籍贯”为行标签，以“部门”为列标签，为“工资”显示“最小值”的汇总方式，从Sheet6工作表的A1单元格起建立数据透视表。

【样文6-4A】

旭阳公司职员登记表							
员工编号	姓名	性别	部门	年龄	籍贯	工龄	工资
K12	沈一丹	男	开发部	30	陕西	5	2500
C24	刘力国	男	测试部	32	江西	4	1600
W24	王红梅	女	文档部	24	河北	2	1620
S21	张开芳	男	市场部	26	山东	4	1800
S20	杨帆	女	市场部	25	江西	2	2500
K01	高浩飞	女	开发部	26	湖南	2	1400
W08	贾铭	男	文档部	24	广东	1	1200
C04	吴朔源	男	测试部	22	上海	5	1800
W15	罗明	男	测试部	38	江西	6	2500
C35	张玉翠	女	文档部	26	湖南	2	1450
S09	胡小亮	男	市场部	24	山东	4	3000
K22	李崇金	男	市场部	30	河北	3	1760
K04	何建民	男	开发部	32	山东	1	1750
W13	朱广强	男	文档部	28	江西	7	2500
S03	宁晓燕	女	测试部	35	河北	5	2880
C27	刘同华	女	开发部	29	广东	2	2500
W26	马明军	男	测试部	25	陕西	1	1500
K11	周子新	女	文档部	33	江西	4	1430
	最大工龄	7			平均工资	1983	

【样文6-4B】

旭阳公司职员登记表							
员工编号	姓名	性别	部门	年龄	籍贯	工龄	工资
W26	马明军	男	测试部	25	陕西	1	1500
C24	刘力国	男	测试部	32	江西	4	1600
C04	吴朔源	男	测试部	22	上海	5	1800
W15	罗明	男	测试部	38	江西	6	2500
S03	宁晓燕	女	测试部	35	河北	5	2880
K01	高浩飞	女	开发部	26	湖南	2	1400
K04	何建民	男	开发部	32	山东	1	1750
K12	沈一丹	男	开发部	30	陕西	5	2500
C27	刘同华	女	开发部	29	广东	2	2500
K22	李崇金	男	市场部	30	河北	3	1760
S21	张开芳	男	市场部	26	山东	4	1800
S20	杨帆	女	市场部	25	江西	2	2500
S09	胡小亮	男	市场部	24	山东	4	3000
W08	贾铭	男	文档部	24	广东	1	1200
K11	周子新	女	文档部	33	江西	4	1430
C35	张玉翠	女	文档部	26	湖南	2	1450
W24	王红梅	女	文档部	24	河北	2	1620
W13	朱广强	男	文档部	28	江西	7	2500

【样文6-4C】

旭阳公司职员登记表							
员工编号	姓名	性别	部门	年龄	籍贯	工龄	工资
W24	王红梅	女	文档部	24	河北	2	1620
S20	杨帆	女	市场部	25	江西	2	2500
K01	高浩飞	女	开发部	26	湖南	2	1400
C35	张玉翠	女	文档部	26	湖南	2	1450
C27	刘同华	女	开发部	29	广东	2	2500

【样文6-4D】

旭阳公司各部门最高工资表	
部门	最高工资
开发部	2500
测试部	2880
文档部	2500
市场部	3000

【样文6-4E】

旭阳公司职员登记表							
员工编号	姓名	性别	部门	年龄	籍贯	工龄	工资
			测试部 平均值				2056
			开发部 平均值				2037.5
			市场部 平均值				2265
			文档部 平均值				1640
			总计平均值				1982.8

【样文6-4F】

姓名	（全部）				
最小值项:工资	**列标签**				
行标签	**测试部**	**开发部**	**市场部**	**文档部**	**总计**
广东		2500		1200	1200
河北	2880		1760	1620	1620
湖南		1400		1450	1400
江西	1600		2500	1430	1430
山东		1750	1800		1750
陕西	1500	2500			1500
上海	1800				1800
总计	**1500**	**1400**	**1760**	**1200**	**1200**

6.5　第5题

【操作要求】

打开文档A6.xlsx，按下列要求操作。

1. 数据的查找与替换

按【样文6-5A】所示，在Sheet1工作表中查找出所有的数值“60”，并将其全部替换为“68”。

2. 公式、函数的应用

按【样文6-5A】所示，使用Sheet1工作表中的数据，应用函数公式计算出“总额”和“最小值”，将结果填写在相应的单元格中。

3. 基本数据分析

- **数据排序及条件格式的应用**：按【样文6-5B】所示，使用Sheet2工作表中的数据，以“第四季度”为主要关键字、“第二季度”为次要关键字进行升序排序，并对相关数据应用“三色旗”图标集的条件格式，实现数据的可视化效果。
- **数据筛选**：按【样文6-5C】所示，使用Sheet3工作表中的数据，筛选出各季度均大于“20”的记录。
- **合并计算**：按【样文6-5D】所示，使用Sheet4工作表中“水果总店销售情况表”“水果一分店销售情况表”和“水果二分店销售情况表”表格中的数据，在“水果店销售情况总表”的表格中进行“求和”的合并计算操作。
- **分类汇总**：按【样文6-5E】所示，使用Sheet5工作表中的数据，以“店面”为分类字段，对“第一季度”和“第二季度”进行求“最大值”的分类汇总。

4. 数据的透视分析

按【样文6-5F】所示，使用“数据源”工作表中的数据，以“销售员”为报表筛选项，以“店面”为行标签，以“名称”为列标签，为“第一季度”“第二季度”“第三季度”“第四季度”显示“求和”的汇总方式，从Sheet6工作表的B8单元格起建立数据透视表。

【样文6-5A】

水果店全年销售情况表（万元）					
名称	第一季度	第二季度	第三季度	第四季度	总额
桔子	70	68	63	90	291
苹果	68	82	90	84	324
猕猴桃	77	88	88	74	327
草莓	24	43	54	68	189
香蕉	65	68	76	96	305
芒果	80	80	79	91	330
柿子	25	22	25	22	94
哈密瓜	91	69	84	95	339
最小值	24	22	25	22	

【样文6-5B】

水果店员工全年销售情况表（万元）						
名称	店面	销售员	第一季度	第二季度	第三季度	第四季度
草莓	总店	李思	12	25	25	13
猕猴桃	一分店	张盂	32	25	33	18
猕猴桃	总店	李思	25	33	30	19
柿子	总店	赵昆	25	22	25	22
香蕉	总店	曲梅	22	12	18	25
桔子	二分店	刘妙妙	33	13	15	25
哈密瓜	二分店	刘妙妙	33	25	18	25
苹果	一分店	王芳	18	32	33	25
芒果	总店	赵昆	25	25	25	26
苹果	总店	曲梅	18	18	32	29
草莓	二分店	万珉	12	18	29	29
苹果	二分店	刘妙妙	25	32	25	30
桔子	一分店	王芳	19	25	22	32
芒果	一分店	张盂	22	25	29	32
哈密瓜	总店	赵昆	25	19	30	33
桔子	总店	曲梅	18	22	26	33
芒果	二分店	万珉	33	30	25	33
香蕉	二分店	万珉	30	33	39	33
哈密瓜	一分店	张盂	33	25	36	37
猕猴桃	二分店	万珉	20	30	25	37
香蕉	一分店	王芳	13	15	19	38

【样文6-5C】

水果店员工全年销售情况表（万元）						
名称	店面	销售员	第一季度	第二季度	第三季度	第四季度
苹果	二分店	刘妙妙	25	32	25	30
芒果	二分店	万珉	33	30	25	33
芒果	总店	赵昆	25	25	25	26
柿子	总店	赵昆	25	22	25	22
哈密瓜	一分店	张盂	33	25	36	37
香蕉	二分店	万珉	30	33	39	33
芒果	一分店	张盂	22	25	29	32

【样文6-5D】

水果店销售情况总表	
名称	总额（万元）
桔子	283
苹果	317
猕猴桃	327
草莓	196
香蕉	250
芒果	344
柿子	285
哈密瓜	448

【样文6-5E】

水果店员工上半年销售情况表（万元）				
名称	店面	销售员	第一季度	第二季度
	二分店 最大值		33	33
	一分店 最大值		33	32
	总店 最大值		25	33
	总计最大值		33	33

【样文6-5F】

销售员	(全部)						
	列标签						
行标签	草莓	哈密瓜	芒果	苹果	柿子	香蕉	总计
二分店							
求和项:第一季度	12	33	33	25		30	133
求和项:第二季度	18	25	30	32		33	138
求和项:第三季度	29	18	25	25		39	136
求和项:第四季度	29	25	33	30		33	150
一分店							
求和项:第一季度		33	22	18		13	86
求和项:第二季度		25	25	32		15	97
求和项:第三季度		36	29	33		19	117
求和项:第四季度		37	32	25		38	132
总店							
求和项:第一季度	12	25	25	18	25	22	127
求和项:第二季度	25	19	25	18	22	12	121
求和项:第三季度	25	30	25	32	25	18	155
求和项:第四季度	13	33	26	29	22	25	148
求和项:第一季度汇总	**24**	**91**	**80**	**61**	**25**	**65**	**346**
求和项:第二季度汇总	**43**	**69**	**80**	**82**	**22**	**60**	**356**
求和项:第三季度汇总	**54**	**84**	**79**	**90**	**25**	**76**	**408**
求和项:第四季度汇总	**42**	**95**	**91**	**84**	**22**	**96**	**430**

Ⅲ. 试题解答

6.1　第1题解答

打开文档：单击“文件”选项卡，在列表中执行“打开”命令，单击右侧的“浏览”选项，在弹出的“打开”对话框中，首先从左侧列表中选择考生文件夹所在的位置，然后从右侧列表中选择“A6.xlsx”文件，单击“打开”按钮。

1. 数据的查找与替换

第1步：在Sheet1工作表中，单击“开始”选项卡下“编辑”组中的“查找和选择”按钮，在打开的下拉列表中执行“替换”命令，如图6-61所示。

第2步：弹出“查找和替换”对话框，在“查找内容”文本框中输入“8100”，在“替换为”文本框中输入“8200”，单击“全部替换”按钮，如图6-62所示。

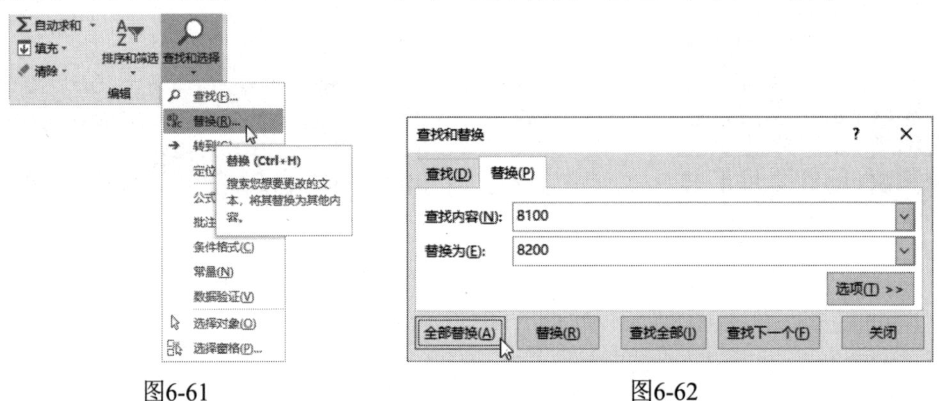

图6-61　　　　图6-62

第3步：Sheet1工作表中的所有数值8 100均被替换为8 200，并弹出确认对话框，单击该对话框中的“确定”按钮，如图6-63所示。最后，关闭“查找和替换”对话框即可。

2. 公式、函数的应用

第1步：在Sheet1工作表中选中G3单元格，单击“开始”选项卡下“编辑”组中“自动求和”按钮右侧的下三角箭头▾，在打开的下拉列表中执行“求和”命令，如图6-64所示。

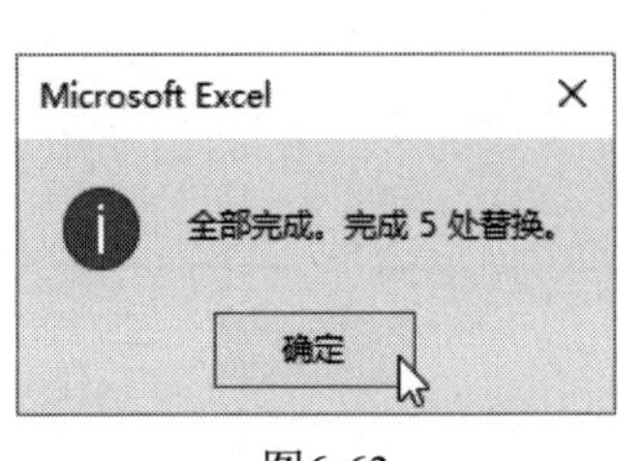

图6-63

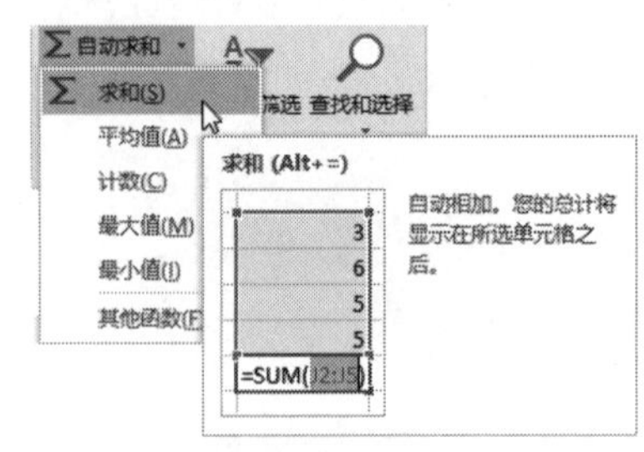

图6-64

第2步：在Sheet1工作表的G3单元格中会自动插入SUM求和函数，根据试题要求调整求和区域为C3:F3单元格区域，按Enter键，如图6-65所示。

	A	B	C	D	E	F	G	H
1	市场部全年销售额							
2	产品型号	类别	第一季度	第二季度	第三季度	第四季度	总计	
3	A8	电子类	11200	8200	7700	=SUM(C3:F3)		
4	C3	电子类	35000	40000	45000	SUM(**number1**, [number2], ...)		
5	D4	塑料类	6000	7000	8000	8200		
6	F7	玻璃类	5600	7800	10000	10000		
7	E5	五金类	4200	5500	7000	7100		
8	G9	电子类	1000	3500	5700	5600		
9	Z2	玻璃类	1600	3200	4000	4100		
10	I6	塑料类	7800	6500	14700	13200		
11	H4	五金类	8200	3500	12300	11800		
12	L3	塑料类	9600	8900	9800	9700		
13	S7	电子类	8700	8400	8200	9200		
14	Y5	五金类	6800	11800	13600	8200		
15	M7	玻璃类	7800	15300	7600	3700		
16	R9	塑料类	9400	9600	5800	6900		
17	平均值							

图6-65

第3步：将鼠标置于Sheet1工作表中G3单元格的右下角处，当指针变为**+**形状时，按住鼠标左键不放，拖动至G16单元格处，如图6-66所示，松开鼠标左键，即可完成G3:G16单元格函数的复制填充操作。

	A	B	C	D	E	F	G
1	市场部全年销售额						
2	产品型号	类别	第一季度	第二季度	第三季度	第四季度	总计
3	A8	电子类	11200	8200	7700	9100	36200
4	C3	电子类	35000	40000	45000	11700	
5	D4	塑料类	6000	7000	8000	8200	
6	F7	玻璃类	5600	7800	10000	10000	
7	E5	五金类	4200	5500	7000	7100	
8	G9	电子类	1000	3500	5700	5600	
9	Z2	玻璃类	1600	3200	4000	4100	
10	I6	塑料类	7800	6500	14700	13200	
11	H4	五金类	8200	3500	12300	11800	
12	L3	塑料类	9600	8900	9800	9700	
13	S7	电子类	8700	8400	8200	9200	
14	Y5	五金类	6800	11800	13600	8200	
15	M7	玻璃类	7800	15300	7600	3700	
16	R9	塑料类	9400	9600	5800	6900	
17	平均值						

图6-66

第4步：在Sheet1工作表中选中C17单元格，单击“开始”选项卡下“编辑”组中“自动求和”按钮右侧的下三角箭头▾，在打开的下拉列表中执行“平均值”命令，该单元格中会自动插入AVERAGE求平均值函数，根据试题要求调整求平均值区域为C3:C16单元格区域，如图6-67所示，按Enter键。

第5步：将鼠标置于Sheet1工作表中C17单元格的右下角处，当指针变为**+**形状时，按住鼠标左键不放，拖动至G17单元格处，松开鼠标左键，即可完成C17:G17单元格函数的复制填充操作。

	A	B	C	D	E	F	G
1	市场部全年销售额						
2	产品型号	类别	第一季度	第二季度	第三季度	第四季度	总计
3	A8	电子类	11200	8200	7700	9100	36200
4	C3	电子类	35000	40000	45000	11700	131700
5	D4	塑料类	6000	7000	8000	8200	29200
6	F7	玻璃类	5600	7800	10000	10000	33400
7	E5	五金类	4200	5500	7000	7100	23800
8	G9	电子类	1000	3500	5700	5600	15800
9	Z2	玻璃类	1600	3200	4000	4100	12900
10	I6	塑料类	7800	6500	14700	13200	42200
11	H4	五金类	8200	3500	12300	11800	35800
12	L3	塑料类	9600	8900	9800	9700	38000
13	S7	电子类	8700	8400	8200	9200	34500
14	Y5	五金类	6800	11800	13600	8200	40400
15	M7	玻璃类	7800	15300	7600	3700	34400
16	R9	塑料类	9400	9600	5800	6900	31700
17	平均值	=AVERAGE(C3:C16)					
18		AVERAGE(number1, [number2], ...)					

图6-67

3. 基本数据分析

（1）数据排序及条件格式的应用。

第1步：在Sheet2工作表中，选中数据区域的任意单元格，单击“数据”选项卡下“排序和筛选”组中的“排序”按钮，如图6-68所示。

第2步：在弹出的“排序”对话框中单击“添加条件”按钮，下方显示区域会增加“次要关键字”行。在“主要关键字”下拉列表中选择“第一季度”选项，在“次要关键字”下拉列表中选择“第四季度”选项，在“次序”下拉列表中均选择“降序”选项，单击“确定”按钮，如图6-69所示。

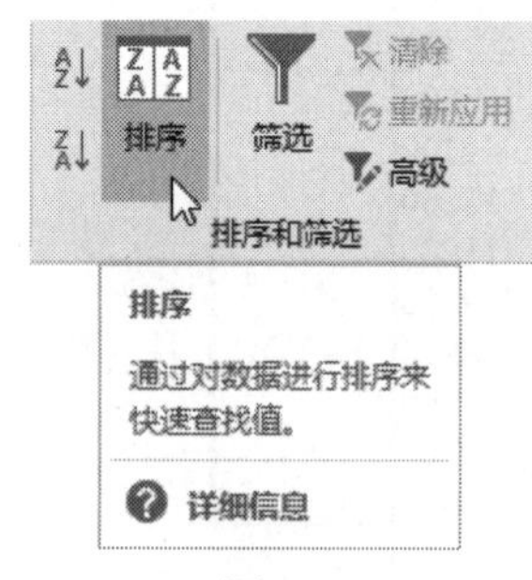

图6-68

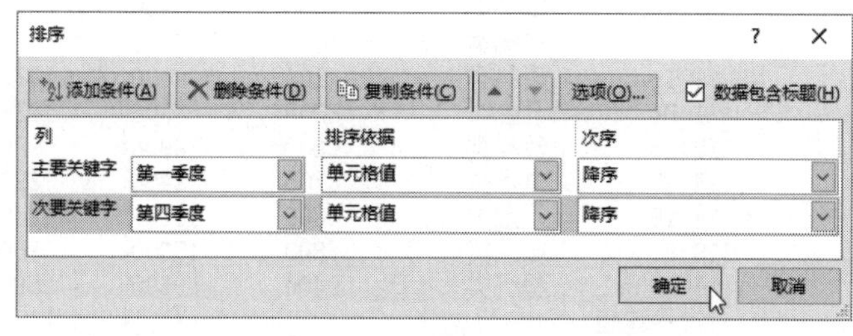

图6-69

第3步：在Sheet2工作表中选中整个表格，单击“开始”选项卡下“样式”组中的“条件格式”按钮，在打开的下拉列表中选择“数据条”选项下的“浅蓝色数据条”条件格式，如图6-70所示。

（2）数据筛选。

第1步：在Sheet3工作表中选中数据区域的任意单元格，单击“数据”选项卡下“排序和筛选”组中的“筛选”按钮，如图6-71所示，在每个列字段后会出现一个向下的三角箭头▾。

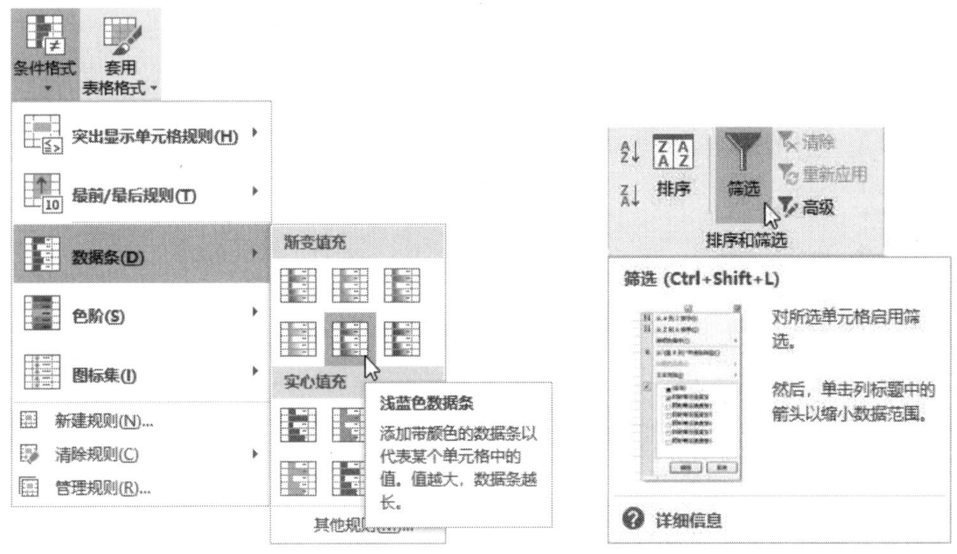

图6-70　　　　图6-71

第2步：单击“类别”后的下三角箭头，在打开的下拉列表框中仅选中“电子类”和“塑料类”两个选项，单击“确定”按钮，如图6-72所示。

第3步：单击“第一季度”后的下三角箭头，在打开的下拉列表框中执行“数字筛选”→“大于或等于”命令，如图6-73所示。

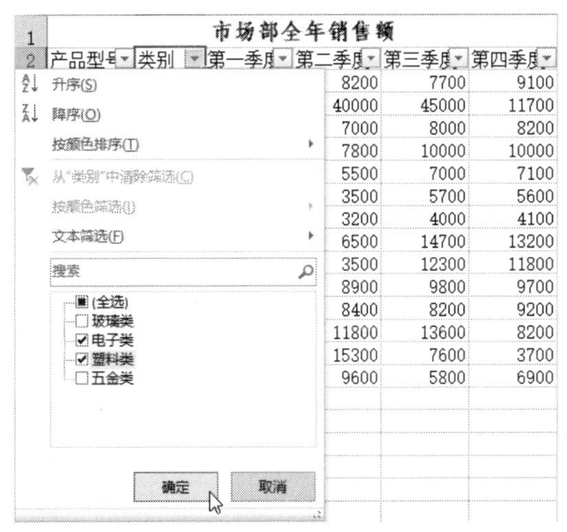

图6-72

图6-73

第4步：弹出“自定义自动筛选方式”对话框，在右侧的文本框中输入“6000”，单击“确定”按钮，如图6-74所示。按照相同的方法，将第二至四季度的销售额“大于或等于6000”的记录筛选出来。

（3）合并计算。

第1步：在Sheet4工作表中选中A33单元格，单击“数据”选项卡下“数据工具”组中的“合并计算”按钮，如图6-75所示。

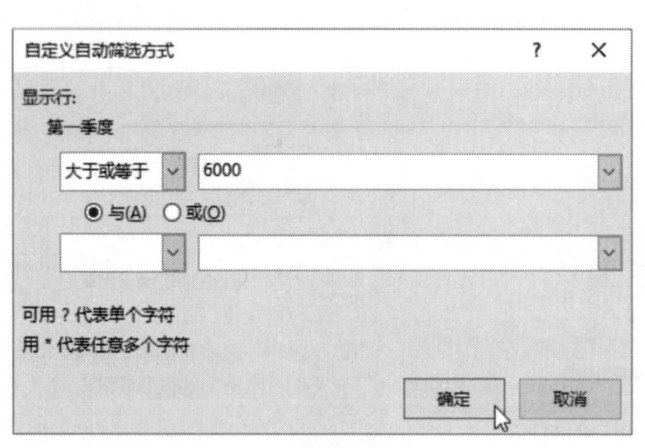

图6-74

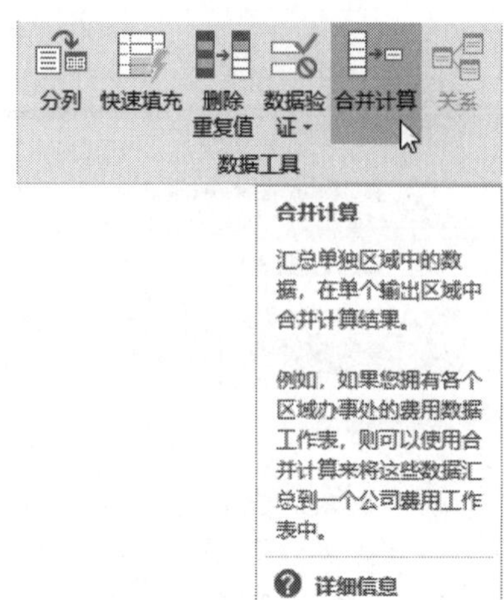

图6-75

第2步：在弹出的“合并计算”对话框中，在“函数”下拉列表中选择“平均值”选项，单击“引用位置”文本框后面的折叠按钮，选中要进行合并计算的数据区域A3:E9并返回，单击“添加”按钮，可将其添加到“所有引用位置”下面的文本框中；再次单击“引用位置”文本框后面的折叠按钮，选中数据区域A13:E19并返回，单击“添加”按钮；再次单击“引用位置”文本框后面的折叠按钮，选中数据区域A23:E29并返回，单击“添加”按钮。选中标签位置下“最左列”复选框，单击“确定”按钮即可，如图6-76所示。

（4）分类汇总。

第1步：在Sheet5工作表中选中“类别”所在列的任意单元格，单击“数据”选项卡下“排序和筛选”组中的“升序”按钮，将“类别”字段列进行升序排列，如图6-77所示。

图6-76

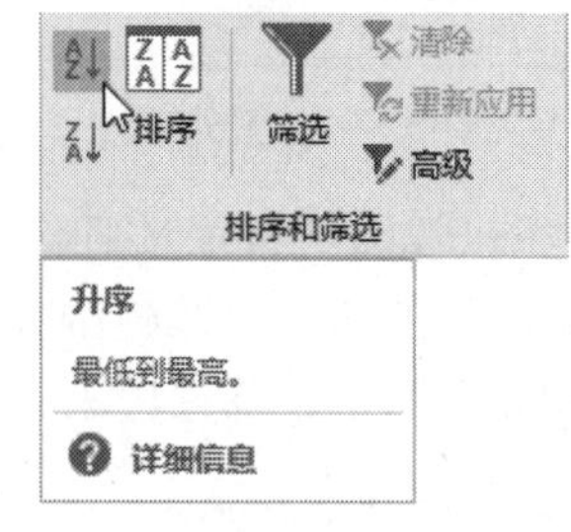

图6-77

第2步：在“数据”选项卡下“分级显示”组中单击“分类汇总”按钮，如图6-78所示，弹出“分类汇总”对话框。在“分类字段”下拉列表中选择“类别”选项，在

“汇总方式”下拉列表中选择“求和”选项，在“选定汇总项”列表中选中“第一季度”“第二季度”“第三季度”“第四季度”4个选项，选中“汇总结果显示在数据下方”复选框。最后，单击“确定”按钮即可，如图6-79所示。

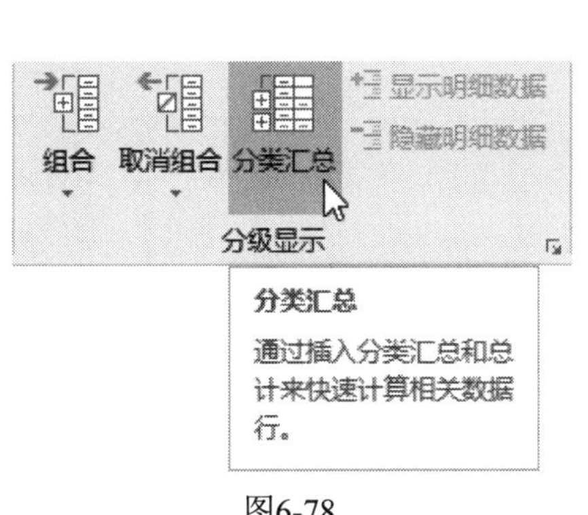

图6-78

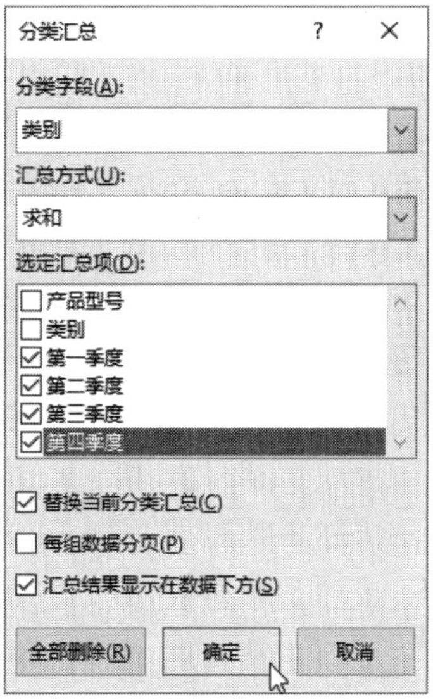

图6-79

4. 数据的透视分析

第1步：在Sheet6工作表中选中A1单元格，单击“插入”选项卡下“表格”组中的“数据透视表”按钮，如图6-80所示，弹出“创建数据透视表”对话框。单击“表/区域”文本框后面的折叠按钮，选择“数据源”工作表中的A2:D26单元格区域并返回，单击“确定”按钮，如图6-81所示。

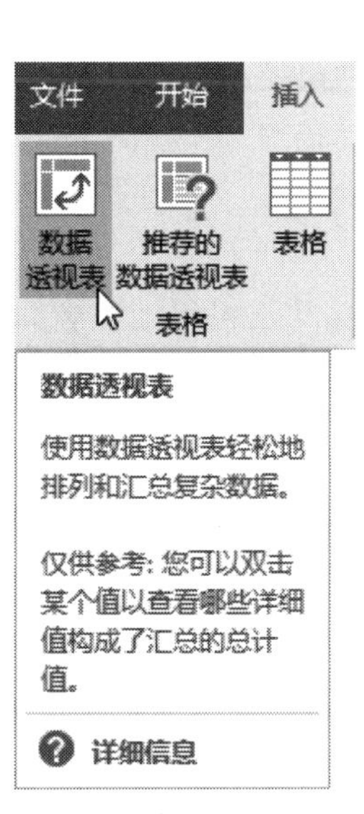

图6-80

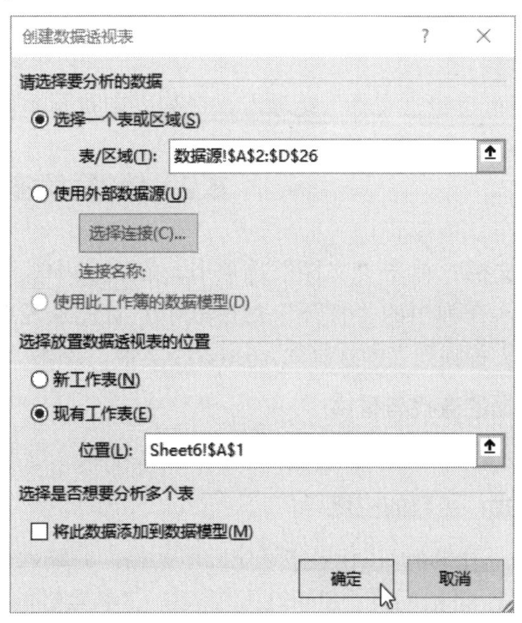

图6-81

第2步：在Sheet6工作表中将自动创建出新的空白数据透视表，表格右侧会显示“数据透视表字段”任务窗格。在“选择要添加到报表的字段”列表中拖动“产品型号”字段至下方的“筛选”列表框中，将“类别”字段拖动至“行”列表框中，将“代理公司”字段拖动至“列”列表框中，将“销售额”字段拖动至“值”列表框中，如图6-82所示。

第3步：在“数据透视表字段”任务窗格的“值”列表框中，单击“求和项：销售额”后面的下三角箭头，在打开的列表中执行“值字段设置”命令，如图6-83所示。弹出“值字段设置”对话框，在“计算类型”列表中选择“最小值”选项，如图6-84所示，单击“确定”按钮。

图6-82　　图6-83　　图6-84

第4步：单击“文件”选项卡，在列表中执行“保存”命令。

6.2　第2题解答

打开文档：单击“文件”选项卡，在列表中执行“打开”命令，单击右侧的“浏览”选项，在弹出的“打开”对话框中，首先从左侧列表中选择考生文件夹所在的位置，然后从右侧列表中选择“A6.xlsx”文件，单击“打开”按钮。

1. 数据的查找与替换

此部分的操作过程请参考6.1解答，此处略。

2. 公式、函数的应用

第1步：在Sheet1工作表中选中F3单元格，并输入公式文本“=C3*E3”，按Enter键。

第2步：将鼠标置于Sheet1工作表中F3单元格的右下角处，当指针变为+形状时，按住鼠标左键不放，拖动至F17单元格处，松开鼠标左键，即可完成F3:F17单元格函数的复制填充操作。

3. 基本数据分析

（1）数据排序及条件格式的应用。

第1步：在Sheet2工作表中，选定数据区域的任意单元格，单击“数据”选项卡下“排序和筛选”组中的“排序”按钮。

第2步：在弹出的“排序”对话框中单击“添加条件”按钮，下方显示区域会增加“次要关键字”行。在“主要关键字”下拉列表中选择“类别”选项，在“次要关键字”下拉列表中选择“数量”选项，在“次序”下拉列表中均选择“升序”选项，单击“确定”按钮。

第3步：在Sheet2工作表中选中单元格区域E3:E17，单击“开始”选项卡下“样式”组中的“条件格式”按钮，在打开的下拉列表中选择“色阶”选项下的“红 - 黄 - 绿色阶”条件格式。

（2）数据筛选。

第1步：在Sheet3工作表中选中数据区域的任意单元格，单击“数据”选项卡下“排序和筛选”组中的“筛选”按钮，即可在每个列字段后出现一个向下的三角箭头▾。

第2步：单击“数量”后的下三角箭头，在打开的下拉列表框中执行“数字筛选”→“大于”命令。

第3步：弹出“自定义自动筛选方式”对话框，在右侧的文本框中输入“100”，单击“确定”按钮。

（3）合并计算。

第1步：在Sheet4工作表中选中A22单元格，单击“数据”选项卡下“数据工具”组中的“合并计算”按钮。

第2步：在弹出的“合并计算”对话框中，在“函数”下拉列表中选择“求和”选项，单击“引用位置”文本框后面的折叠按钮▴，选中要进行合并计算的数据区域A3:B17并返回，单击“添加”按钮，可将其添加到“所有引用位置”下面的文本框中；再次单击“引用位置”文本框后面的折叠按钮，选中数据区域E3:F14并返回，单击“添加”按钮；再次单击“引用位置”文本框后面的折叠按钮，选中数据区域I3:J17并返回，单击“添加”按钮。选中标签位置下“最左列”复选框，单击“确定”按钮。

（4）分类汇总。

第1步：在Sheet5工作表中选中“类别”所在列的任意单元格，单击“数据”选项卡下“排序和筛选”组中的“升序”按钮，将“类别”字段列进行升序排列。

第2步：在“数据”选项卡下“分级显示”组中单击“分类汇总”按钮，弹出“分类汇总”对话框。在“分类字段”下拉列表中选择“类别”选项，在“汇总方式”下拉列表中选择“最大值”选项，在“选定汇总项”列表中选中“单价（元）”与“数量”两个选项，选中“汇总结果显示在数据下方”复选框，最后单击“确定”按钮。

4. 数据的透视分析

第1步：在Sheet6工作表中选中B3单元格，单击“插入”选项卡下“表格”组中的

“数据透视表”按钮。弹出“创建数据透视表”对话框，单击“表/区域”文本框后面的折叠按钮，选择“数据源”工作表中的A2:E47单元格区域并返回，单击“确定”按钮。

第2步：在Sheet6工作表中将自动创建出新的空白数据透视表，表格右侧会显示“数据透视表字段”任务窗格。在“选择要添加到报表的字段”列表中拖动“商品名称”字段至下方的“筛选”列表框中，将“类别”字段拖动至“行”列表框中，将“超市名称”字段拖动至“列”列表框中，将“数量”字段拖动至“值”列表框中。若汇总方式默认为“求和”方式，则无需进行更改。

第3步：单击“文件”选项卡，在列表中执行“保存”命令。

6.3　第3题解答

打开文档：单击“文件”选项卡，在列表中执行“打开”命令，单击右侧的“浏览”选项，在弹出的“打开”对话框中，首先从左侧列表中选择考生文件夹所在的位置，然后从右侧列表中选择“A6.xlsx”文件，单击“打开”按钮。

1. 数据的查找与替换

此部分的操作过程请参考6.1解答，此处略。

2. 公式、函数的应用

第1步：在Sheet1工作表中选中H3单元格，并输入公式文本“=D3+E3+F3-G3”，按Enter键。

第2步：将鼠标置于Sheet1工作表中H3单元格的右下角处，当指针变为**+**形状时，按住鼠标左键不放，拖动至H18单元格处，松开鼠标左键，即可完成H3:H18单元格函数的复制填充操作。

3. 基本数据分析

（1）数据排序及条件格式的应用。

第1步：在Sheet2工作表中选中数据区域的任意单元格，单击“数据”选项卡下“排序和筛选”组中的“排序”按钮。

第2步：在弹出的“排序”对话框中单击“添加条件”按钮，下方显示区域会增加“次要关键字”行。在“主要关键字”下拉列表中选择“职称”选项，在“次要关键字”下拉列表中选择“基本工资”选项，在“次序”下拉列表中均选择“升序”选项，单击“确定”按钮。

第3步：在Sheet2工作表中选中整个表格，单击“开始”选项卡下“样式”组中的“条件格式”按钮，在打开的下拉列表中选择“突出显示单元格规则”选项下的“文本包含”选项。

第4步：弹出“文本中包含”对话框，在“为包含以下文本的单元格设置格式”下面的文本框中输入“3”，在“设置为”后面的下拉列表中选择“黄填充色深黄色文本”，单击“确定”按钮。

（2）数据筛选。

第1步：在Sheet3工作表中选中数据区域的任意单元格，单击“数据”选项卡下“排序和筛选”组中的“筛选”按钮，即可在每个列字段后出现一个向下的三角箭头。

第2步：单击“年龄”后的下三角箭头，在打开的下拉列表框中执行“数字筛选”→“小于”命令。

第3步：弹出“自定义自动筛选方式”对话框，在右侧文本框中输入“40”，单击“确定”按钮。

第4步：单击“基本工资”后的下三角箭头，在打开的下拉列表框中执行“数字筛选”→“大于”命令。弹出“自定义自动筛选方式”对话框，在右侧的文本框中输入“4000”，单击“确定”按钮。

（3）合并计算。

第1步：在Sheet4工作表中选中B23单元格，单击“数据”选项卡下“数据工具”组中的“合并计算”按钮。

第2步：在弹出的“合并计算”对话框中，在“函数”下拉列表中选择“平均值”选项，单击“引用位置”文本框后面的折叠按钮，选中要进行合并计算的数据区域B3:C18并返回，单击“添加”按钮，可将其添加到“所有引用位置”下面的文本框中；再次单击“引用位置”文本框后面的折叠按钮，选中数据区域F3:G18并返回，单击“添加”按钮；再次单击“引用位置”文本框后面的折叠按钮，选中数据区域J3:K18并返回，单击“添加”按钮。选中标签位置下“最左列”复选框，单击“确定”按钮。

第3步：选中数据区域C23:C38，在“开始”选项卡下“数字”组中单击右下角的“对话框启动器”按钮，弹出“设置单元格格式”对话框，在“数字”选项卡下的“分类”列表框中选择“数值”，在“小数位数”后的微调框中输入“2”，单击“确定”按钮。

（4）分类汇总。

第1步：在Sheet5工作表中选中“部门”所在列的任意单元格，单击“数据”选项卡下“排序和筛选”组中的“升序”按钮，将“部门”字段列进行升序排列。

第2步：在“数据”选项卡下“分级显示”组中单击“分类汇总”按钮，弹出“分类汇总”对话框。在“分类字段”下拉列表中选择“部门”选项，在“汇总方式”下拉列表中选择“最小值”选项，在“选定汇总项”列表中选中“基本工资”“津贴”“奖金”“扣款”4个选项，选中“汇总结果显示在数据下方”复选框，最后单击“确定”按钮。

4. 数据的透视分析

第1步：在Sheet6工作表中选中D10单元格，单击“插入”选项卡下“表格”组中的“数据透视表”按钮。弹出“创建数据透视表”对话框，单击“表/区域”文本框后面的折叠按钮，选中“数据源”工作表中的A2:H27单元格区域并返回，单击“确定”按钮。

第2步：在Sheet6工作表中将自动创建出新的空白数据透视表，表格右侧会显示“数据透视表字段”任务窗格。在“选择要添加到报表的字段”列表中拖动“姓名”字段至下方的“筛选”列表框中，将“部门”字段拖动至“行”列表框中，将“职称”字段拖动至“列”列表框中，将“基本工资”字段拖动至“值”列表框中。

第3步：在“数据透视表字段”任务窗格的“值”列表框中，单击“求和项：基本工资”后面的下三角箭头，在打开的列表中执行“值字段设置”命令。弹出“值字段设置”对话框，在“计算类型”列表中选择“平均值”选项，单击“确定”按钮。

第4步：单击“文件”选项卡，在列表中执行“保存”命令。

6.4　第4题解答

打开文档：单击“文件”选项卡，在列表中执行“打开”命令，单击右侧的“浏览”选项，在弹出的“打开”对话框中，首先从左侧列表中选择考生文件夹所在的位置，然后从右侧列表中选择“A6.xlsx”文件，单击“打开”按钮。

1. 数据的查找与替换

此部分的操作过程请参考6.1解答，此处略。

2. 公式、函数的应用

第1步：在Sheet1工作表中选中C22单元格，单击“开始”选项卡下“编辑”组中“自动求和”按钮右侧的下三角箭头▾，在打开的下拉列表中执行“最大值”命令。

第2步：在Sheet1工作表的C22单元格中会自动插入MAX最大值函数，根据试题要求调整求值区域为G3:G20单元格区域，按Enter键。

第3步：在Sheet1工作表中选中G22单元格，单击“开始”选项卡下“编辑”组中“自动求和”按钮右侧的下三角箭头▾，在打开的下拉列表中执行“平均值”命令。在Sheet1工作表的G22单元格中会自动插入AVERAGE平均值函数，根据试题要求调整求和区域为H3:H20单元格区域，按Enter键。

3. 基本数据分析

（1）数据排序及条件格式的应用。

第1步：在Sheet2工作表中，选中数据区域的任意单元格，单击“数据”选项卡下“排序和筛选”组中的“排序”按钮。

第2步：在弹出的“排序”对话框中，单击“添加条件”按钮，下方显示区域会增加“次要关键字”行。在“主要关键字”下拉列表中选择“部门”选项，在“次要关键字”下拉列表中选择“工资”选项，在“次序”下拉列表中均选择“升序”选项，单击“确定”按钮。

第3步：在Sheet2工作表中选中单元格区域H3:H20，单击“开始”选项卡下“样式”组中的“条件格式”按钮，在打开的下拉列表中选择“项目选取规则”选项下的“高于平均值”。

第4步：弹出“高于平均值”对话框，在“为高于平均值的单元格设置格式”下拉列表中选择“浅红填充色深红色文本”，单击“确定”按钮。

（2）数据筛选。

第1步：在Sheet3工作表中选中数据区域的任意单元格，单击“数据”选项卡下“排序和筛选”组中的“筛选”按钮，即可在每个列字段后出现一个向下的三角箭头。

第2步：单击“性别”后的下三角箭头，在打开的下拉列表框中仅选中“女”选项，单击“确定”按钮。

第3步：单击“工龄”后的下三角箭头，在打开的下拉列表框中仅选中“2”选项，单击“确定”按钮。

（3）合并计算。

第1步：在Sheet4工作表中选中F3单元格，单击“数据”选项卡下“数据工具”组中的“合并计算”按钮。

第2步：在弹出的“合并计算”对话框中，在“函数”下拉列表中选择“最大值”选项，单击“引用位置”文本框后面的折叠按钮，选中要进行合并计算的数据区域C3:D20并返回，单击“添加”按钮，可将其添加到“所有引用位置”下面的文本框中。选中标签位置下“最左列”复选框，单击“确定”按钮。

（4）分类汇总。

第1步：在Sheet5工作表中选中“部门”所在列的任意单元格，单击“数据”选项卡下“排序和筛选”组中的“升序”按钮，将“部门”字段列进行升序排列。

第2步：在“数据”选项卡下“分级显示”组中单击“分类汇总”按钮，弹出“分类汇总”对话框。在“分类字段”下拉列表中选择“部门”选项，在“汇总方式”下拉列表中选择“平均值”选项，在“选定汇总项”列表中选中“工资”一个选项，选中“汇总结果显示在数据下方”复选框，最后单击“确定”按钮。

4. 数据的透视分析

第1步：在Sheet6工作表中选中A1单元格，单击“插入”选项卡下“表格”组中的“数据透视表”按钮，弹出“创建数据透视表”对话框。单击“表/区域”文本框后面的折叠按钮，选中“数据源”工作表中的A2:H20单元格区域并返回，单击“确定”按钮。

第2步：在Sheet6工作表中将自动创建出新的空白数据透视表，表格右侧会显示“数据透视表字段”任务窗格。在“选择要添加到报表的字段”列表中拖动“姓名”字段至下方的“筛选”列表框中，将“籍贯”字段拖动至“行”列表框中，将“部门”字段拖动至“列”列表框中，将“工资”字段拖动至“值”列表框中。

第3步：在“数据透视表字段”任务窗格的“值”列表框中，单击“求和项：工资”后面的下三角箭头，在打开的列表中执行“值字段设置”命令。弹出“值字段设置”对话框，在“计算类型”列表中选择“最小值”选项，单击“确定”按钮。

第4步：单击“文件”选项卡，在列表中执行“保存”命令。

6.5　第5题解答

打开文档：单击“文件”选项卡，在列表中执行“打开”命令，单击右侧的“浏

览”选项，在弹出的“打开”对话框中，首先从左侧列表中选择考生文件夹所在的位置，然后从右侧列表中选择“A6.xlsx”文件，单击“打开”按钮。

1. 数据的查找与替换

此部分的操作过程请参考6.1解答，此处略。

2. 公式、函数的应用

第1步：在Sheet1工作表中选中F3单元格，单击“开始”选项卡下“编辑”组中“自动求和”按钮右侧的下三角箭头，在打开的下拉列表中执行“求和”命令。

第2步：在Sheet1工作表的F3单元格中会自动插入SUM求和函数，根据试题要求调整求和区域为B3:E3单元格区域，按Enter键。

第3步：将鼠标置于Sheet1工作表中F3单元格的右下角处，当指针变为+形状时，按住鼠标左键不放，拖动至F10单元格处，松开鼠标左键，即可完成F3:F10单元格函数的复制填充操作。

第4步：在Sheet1工作表中选中B11单元格，单击“开始”选项卡下“编辑”组中“自动求和”按钮右侧的下三角箭头，在打开的下拉列表中执行“最小值”命令。

第5步：在Sheet1工作表的B11单元格中会自动插入MIN最小值函数，根据试题要求调整求和区域为B3:B10单元格区域，按Enter键。

第6步：将鼠标置于Sheet1工作表中B11单元格的右下角处，当指针变为+形状时，按住鼠标左键不放，拖动至E11单元格处，松开鼠标左键，即可完成B11:E11单元格函数的复制填充操作。

3. 基本数据分析

（1）数据排序及条件格式的应用。

第1步：在Sheet2工作表中选中数据区域的任意单元格，单击“数据”选项卡下“排序和筛选”组中的“排序”按钮。

第2步：在弹出的“排序”对话框中单击“添加条件”按钮，下方显示区域会增加“次要关键字”行。在“主要关键字”下拉列表中选择“第四季度”选项，在“次要关键字”下拉列表中选择“第二季度”选项，在“次序”下拉列表中均选择“升序”选项，单击“确定”按钮。

第3步：在Sheet2工作表中选中整个表格，单击“开始”选项卡下“样式”组中的“条件格式”按钮，在打开的下拉列表中选择“图标集”选项下“标记”区域中的“三色旗”。

（2）数据筛选。

第1步：在Sheet3工作表中选中数据区域的任意单元格，单击“数据”选项卡下“排序和筛选”组中的“筛选”按钮，即可在每个列字段后出现一个向下的三角箭头。

第2步：单击“第一季度”后的下三角箭头，在打开的下拉列表框中执行“数字筛选”→“大于”命令。

第3步：弹出“自定义自动筛选方式”对话框，在右侧的文本框中输入“20”，单击“确定”按钮即可。按照相同方法，将第二至四季度“大于20”的记录筛选出来。

（3）合并计算。

第1步：在Sheet4工作表中选中A14单元格，单击“数据”选项卡下“数据工具”组中的“合并计算”按钮。

第2步：在弹出的“合并计算”对话框中，在“函数”下拉列表中选择“求和”选项，单击“引用位置”文本框后面的折叠按钮，选中要进行合并计算的数据区域A3:B10并返回，单击“添加”按钮，可将其添加到“所有引用位置”下面的文本框中；再次单击“引用位置”文本框后面的折叠按钮，选中数据区域D3:E10并返回，单击“添加”按钮；再次单击“引用位置”文本框后面的折叠按钮，选中数据区域G3:H10并返回，单击“添加”按钮。选中标签位置下“最左列”复选框，单击“确定”按钮。

（4）分类汇总。

第1步：在Sheet5工作表中选中“店面”所在列的任意单元格，单击“数据”选项卡下“排序和筛选”组中的“升序”按钮，将“店面”字段列进行升序排列。

第2步：在“数据”选项卡下“分级显示”组中单击“分类汇总”按钮，弹出“分类汇总”对话框。在“分类字段”下拉列表中选择“店面”选项，在“汇总方式”下拉列表中选择“最大值”选项，在“选定汇总项”列表中选中“第一季度”和“第二季度”两个选项，选中“汇总结果显示在数据下方”复选框，最后单击“确定”按钮。

4. 数据的透视分析

第1步：在Sheet6工作表中选中B8单元格，单击“插入”选项卡下“表格”组中的“数据透视表”按钮，弹出“创建数据透视表”对话框。单击“表/区域”文本框后面的折叠按钮，选中“数据源”工作表中的A2:G17单元格区域并返回，单击“确定”按钮。

第2步：在Sheet6工作表中将自动创建出新的空白数据透视表，表格右侧会显示“数据透视表字段”任务窗格。在“选择要添加到报表的字段”列表中拖动“销售员”字段至下方的“筛选”列表框中，将“店面”字段拖动至“行”列表框中，将“名称”字段拖动至“列”列表框中，分别将“第一季度”“第二季度”“第三季度”“第四季度”字段拖动至“值”列表框中，把“列”列表框中自动出现的“数值”拖动至“行”列表框中。若汇总方式默认为“求和”方式，则无需进行更改。

第3步：单击“文件”选项卡，在列表中执行“保存”命令。

第7章　Word和Excel的进阶应用

Ⅰ. 知识讲解

知识要点

- 选择性粘贴操作。
- 文本和表格的相互转换。
- 文本中插入图表。
- 宏的应用。
- 邮件合并操作。

评分细则

本章有5个评分点，每题8分。

评分点	分值	得分条件	判分要求
选择性粘贴	1	粘贴文档方式正确	须使用“选择性粘贴”技能点，其他方式粘贴不得分
文字转换成表格 表格转换成文字	1	行/列数、套用表格格式正确 表格转换完整、正确	须使用“将表格转换成文本”技能点，其他方式形成的表格不得分 须使用“将文本转换成表格”技能点，其他方式形成的文本不得分
文本中插入图表	2	引用数据、图表样式正确	图表细节不作严格要求
录制宏	2	宏名、功能、快捷键正确，使用顺利	与要求不符不得分
邮件合并	2	主控文档建立正确，数据源使用完整、准确，合并后文档与操作要求一致	须使用“邮件合并”技能点，其他方式形成的合并文档不得分

7.1　选择性粘贴操作

选择性粘贴是Microsoft Office软件中的一种粘贴选项。使用选择性粘贴，能够将剪贴板中的内容粘贴为不同于内容源的格式，即：在粘贴内容时，不是全部粘贴内容的所有格式，而是有选择地进行粘贴，可以帮助用户在Word中自定义粘贴格式。例如，可以将剪贴板中的内容以图片、无格式文本、文档对象等方式粘贴到目标位置。

“选择性粘贴”对话框中各组件的功能如图7-1所示。

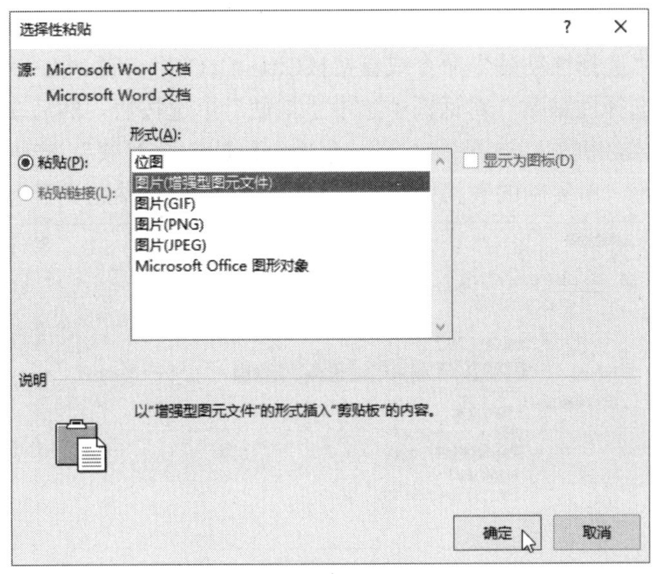

图7-1

- **源**：标明了复制内容来源的程序及其在磁盘上的位置，或者显示为“未知”。
- **粘贴**：将复制内容嵌入到当前文档中，并断开与源程序的联系。
- **粘贴链接**：将复制内容嵌入到当前文档中，同时建立与源程序的链接，源程序关于这部分内容的任何修改都会反映到当前文档中。
- **形式**：在这个列表框中选择复制对象用什么样的形式插入到当前文档中。
- **显示为图标**：将复制内容以源程序的图标形式插入到当前文档中。
- **说明**：对形式内容进行说明。

7.1.1 Word文档内容的选择性粘贴

在Word中使用“选择性粘贴”功能粘贴剪贴板中内容的操作步骤如下所述。

（1）打开Word文档窗口，首先选中部分文本或对象，执行“复制”或“剪切”命令。然后在“开始”选项卡下“剪贴板”组中单击“粘贴”按钮下面的下三角按钮，如图7-2所示，在打开的下拉菜单中执行“选择性粘贴”命令或直接按Alt+Ctrl+V组合键。

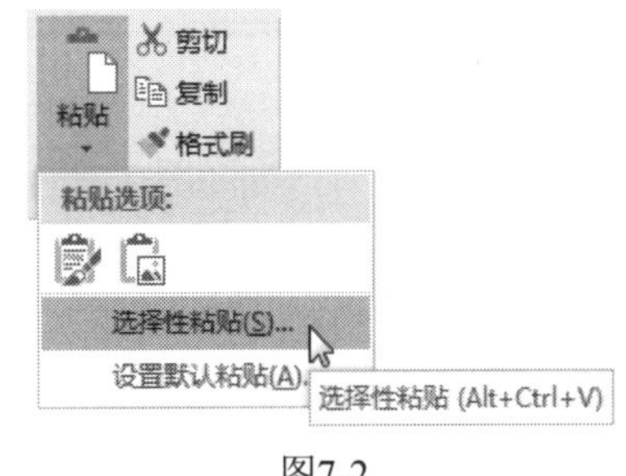

图7-2

（2）在打开的“选择性粘贴”对话框中选中“粘贴”单选按钮，然后在“形式”列表中选择一种粘贴格式，例如，选择“图片（增强型图元文件）”选项，并单击“确定”按钮。

（3）剪贴板中的内容将以选定的形式被粘贴到目标位置。

7.1.2 Excel表格内容的选择性粘贴

在Excel表格中选中需要复制的单元格区域，执行“复制”或“剪切”命令。然后

在 “开始” 选项卡下 “剪贴板” 组中单击 “粘贴” 按钮下面的下三角按钮，在打开的下拉菜单中执行 “选择性粘贴” 命令或直接按Ctrl+Alt+V组合键。

在打开的 “选择性粘贴” 对话框中选中 “粘贴” 单选按钮，然后在 “形式” 列表中选择一种粘贴格式，例如，选择 “Microsoft Excel 工作表 对象” 选项，如图7-3所示，单击 “确定” 按钮，所复制的表格中的内容将以选定的形式粘贴到目标位置。

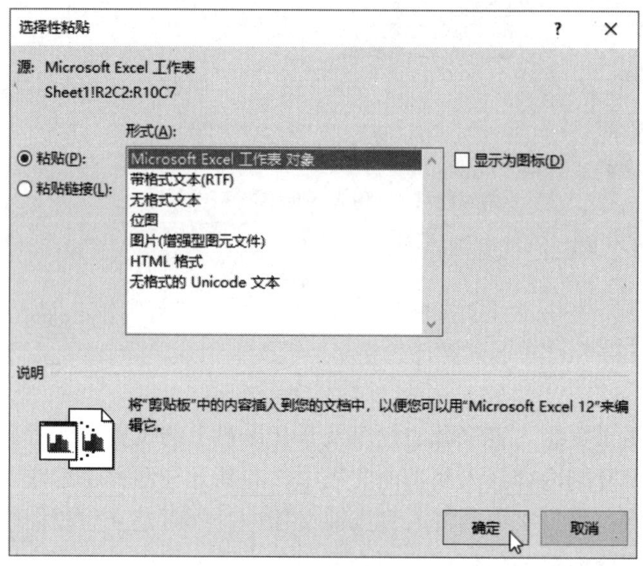

图7-3

7.1.3 网页内容的选择性粘贴

网页中的内容只能以图7-4所示的3种形式被选择性粘贴至Word文档中，包括无格式文本、HTML格式、无格式的Unicode文本。

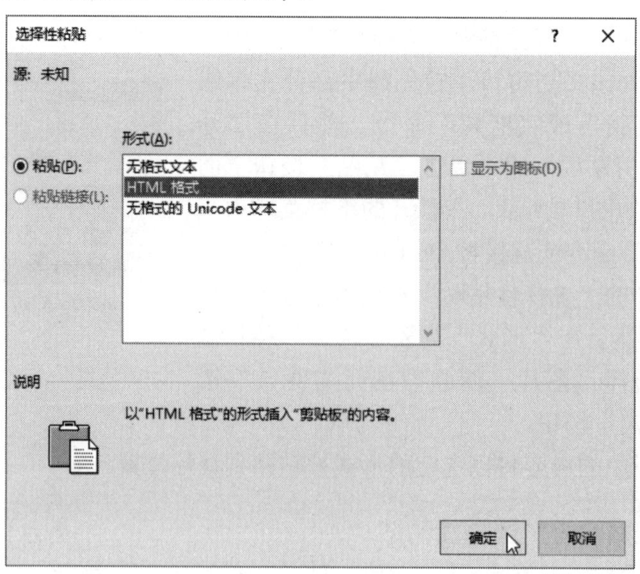

图7-4

7.2　文本和表格的相互转换

Word提供了文本与表格相互转换的功能，可以根据需求随时转换文本为表格或是将表格转换为文本。

7.2.1　将文本转换为表格

对于一些排列十分整齐且有规律的纯文本数据，不必在新建表格中逐一移动数据，只需使用Word的“文本转换成表格”功能即可。具体的操作步骤如下：

（1）选中需要转换为表格的文本，在“插入”选项卡下“表格”组中单击“表格”按钮，在弹出的下拉菜单中执行“文本转换成表格”命令，如图7-5所示。

（2）在打开的“将文字转换成表格”对话框中，可以指定表格的列数及列宽，还可以设置文字分隔的位置，设置完成后，单击“确定”按钮即可，如图7-6所示。

图7-5

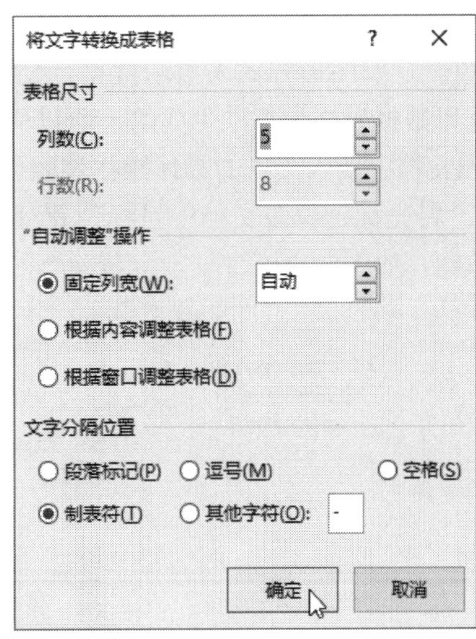

图7-6

所谓文字分隔符，就是用于判断文字之间是否位于不同单元格的判别标记。Word会根据所选的内容优先选择文字分隔符，也可以根据需要对其进行自定义。

7.2.2　将表格转换为指定分隔符的文本

如果需要通过纯文本的方式记录表格内容，可以将Word表格快速转换为整齐的文本资料，具体的操作步骤如下：

（1）选中要转换为文本的表格区域，在“表格工具”的“布局”选项卡下“数据”组中单击“转换为文本”按钮，如图7-7所示。

（2）在打开的“表格转换成文本”对话框中选择文字分隔符，如图7-8所示，单击“确定”按钮，即可将表格转换成文本。

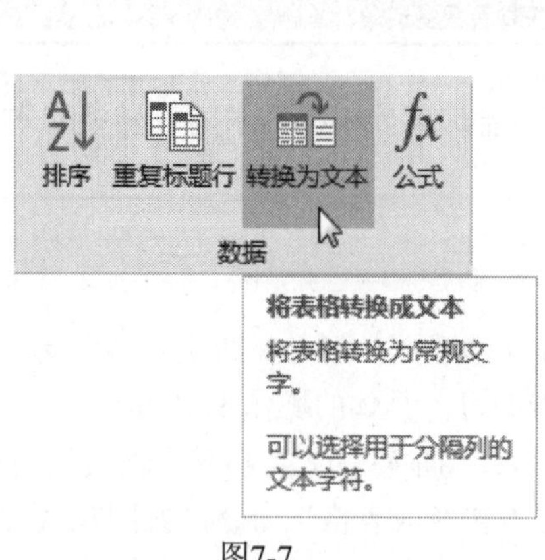

图7-7

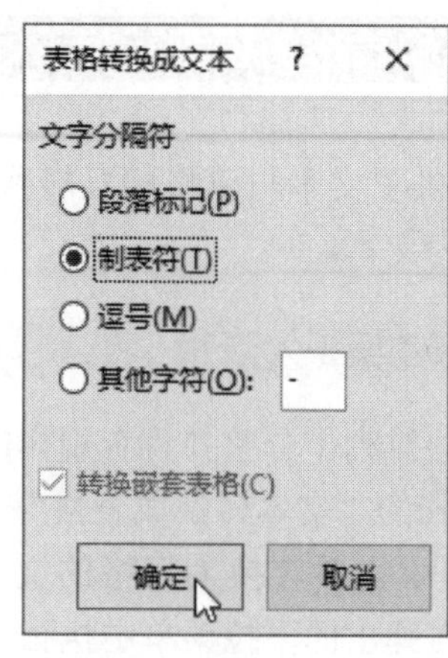

图7-8

7.3 文本中插入图表

Word图表是以图形方式来显示数据，使数据的表示更加直观、分析更为方便。但是图形也是以数据表格为基础生成的，所以称之为图表。

在Word文档中插入图表的具体操作步骤如下：

第1步：将光标定位在文档中目标位置处，在“插入”选项卡下“插图”组中单击“图表”按钮，如图7-9所示。

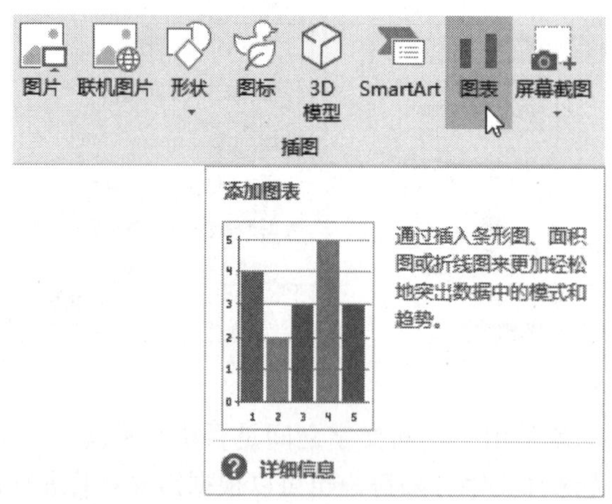

图7-9

第2步：打开“插入图表”对话框，在左侧的图表类型列表中选择需要创建的图表类型，在右侧图表子类型列表中选择合适的图表，如图7-10所示，单击“确定”按钮。

第3步：此时系统自动弹出Excel工作表，并在Word文档中插入一个没有数据的图表。首先需要在Excel窗口中编辑图表数据（如已有Excel表格数据，可将其直接复制到Excel窗口中），在编辑Excel表格数据的同时，Word窗口中将同步显示图表结果，如图7-11所示。完成Excel表格数据的编辑后关闭Excel窗口，在Word窗口中可以看到创建完成的Word图表。

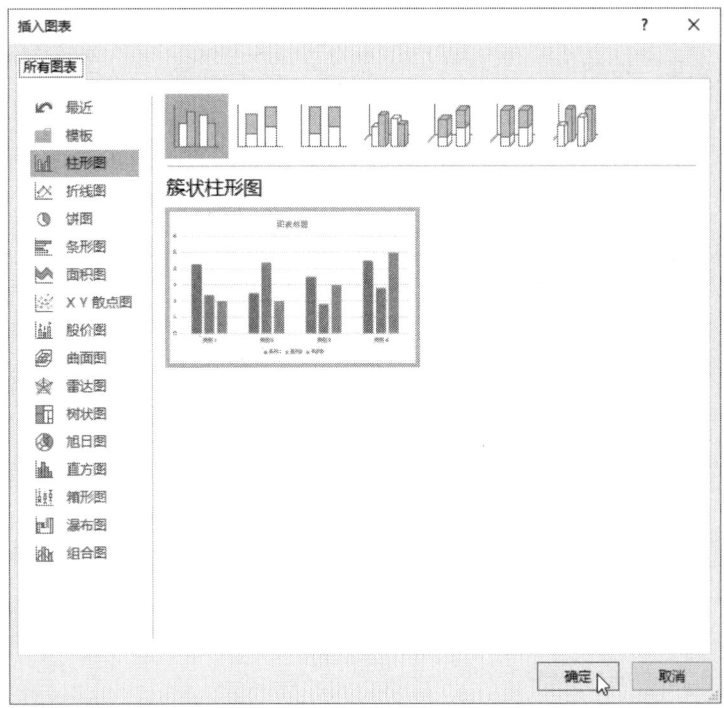

图7-10

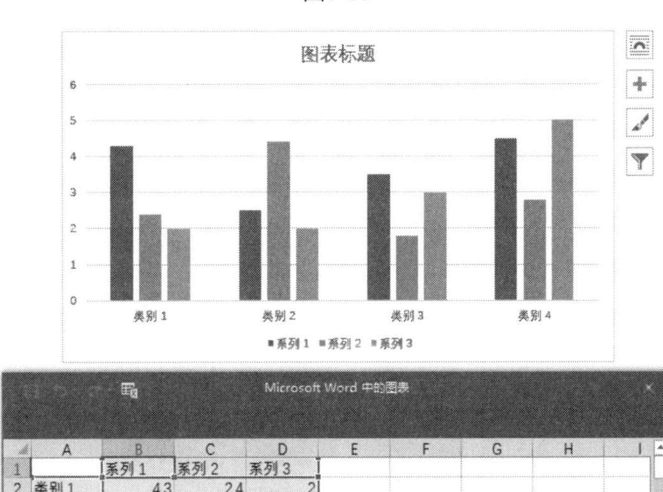

	A	B	C	D
1		系列 1	系列 2	系列 3
2	类别 1	4.3	2.4	2
3	类别 2	2.5	4.4	2
4	类别 3	3.5	1.8	3
5	类别 4	4.5	2.8	5

图7-11

插入图表后，还可以对其进行设置。

1.“布局选项”按钮

单击此按钮，在打开的列表框中可以设置图表的文字环绕方式，环绕方式有嵌入型、四周型、紧密型环绕、穿越型环绕、上下型环绕、衬于文字下方和浮于文字上方。在“图表工具”的“格式”选项卡下“排列”组中单击“环绕文字”按钮，在弹出的下

拉列表中也可设置相应的环绕方式，如图7-12所示。

2. “图表元素”按钮

单击此按钮，在打开的列表框中可以为图表添加相应的图表元素选项。

在“图表工具”的“设计”选项卡下“图表布局”组中单击“添加图表元素”按钮，在弹出的下拉列表中也可为图表添加需要的元素选项，如图7-13所示。

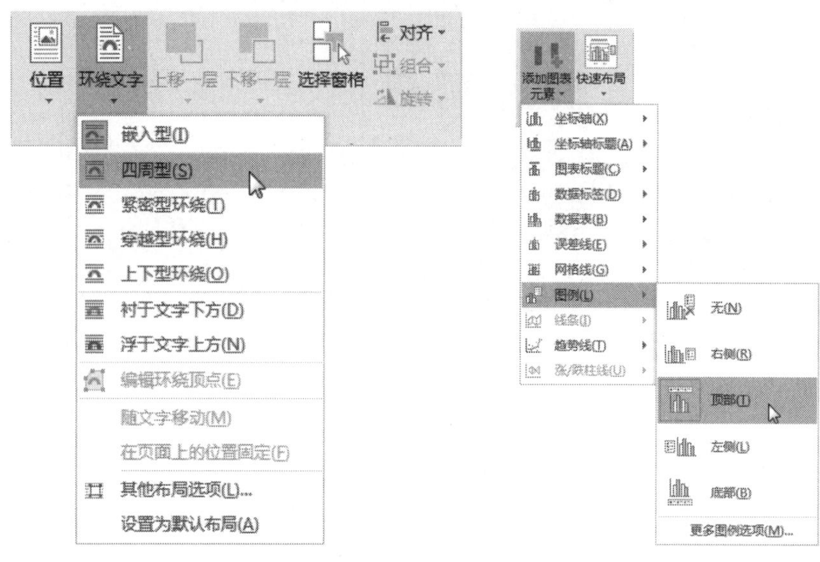

图7-12　　　　图7-13

3. “图表样式”按钮

单击此按钮，在打开的列表框中的“样式”选项卡下可以设置图表的样式，在“颜色”选项卡下可以更改图表的颜色。

在“图表工具”的“设计”选项卡下“图表样式”组中单击“其他”按钮，在弹出的列表框中同样可以选择需要的图表样式，如图7-14所示。

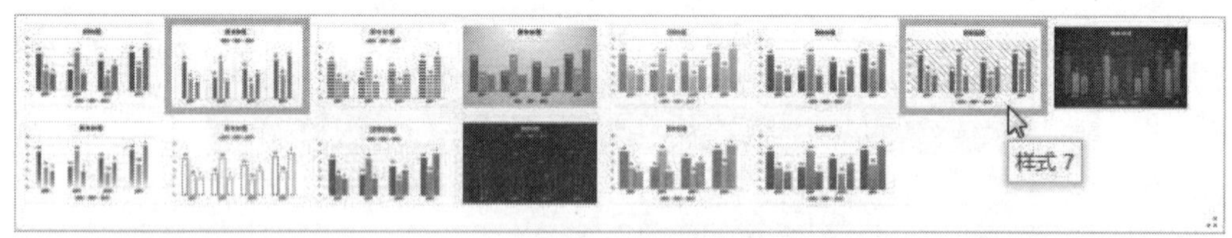

图7-14

在“图表工具”的“设计”选项卡下“图表样式”组中单击“更改颜色”按钮，在弹出的下拉列表中同样可以更改图表的颜色，如图7-15所示。

4. “图表筛选器”按钮

单击此按钮，在打开的列表框中的“数值”选项卡下可以筛选图表的系列和类别的数据，在“名称”选项卡下可以设置是否在图表中显示系列或类别的名称。

在“图表工具”的“设计”选项卡下“数据”组中单击“选择数据”按钮，如图7-16所示，在Excel窗口中将弹出“选择数据源”对话框。

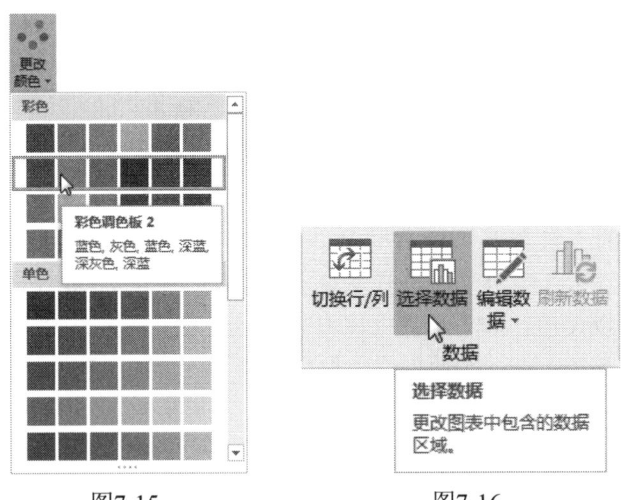

图7-15　　　　图7-16

在该对话框中同样可对“图例项（系列）”和“水平（分类）轴标签”的数据进行添加、编辑或删除操作，还可切换行和列的位置，如图7-17所示。

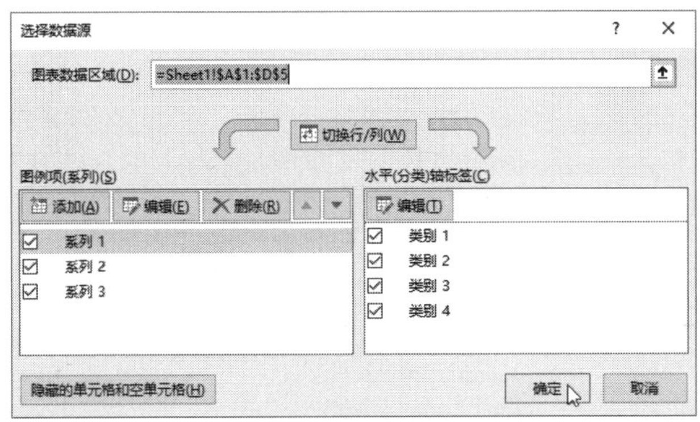

图7-17

7.4 宏的应用

使用宏可以快速执行日常编辑和格式设置任务，也可以合并需要按顺序执行的多个命令，还可以自动执行一系列复杂的任务。

7.4.1 宏在Word中的应用

宏是一系列Word命令的集合，通过运行宏的一个命令就可以完成一系列的Word操作，以达到简化编辑操作的目的。Word中的宏能够进行一系列费时而单调的重复性操作，自动完成所需任务。可以把创建的宏指定到工具栏、菜单或者组合键上，通过单击一个按钮、执行一个命令或者按下一组组合键的方式来运行宏。

1. 录制宏

对于重复性的工作，可以将其录制为一个宏。当需要再进行同样的操作时，执行该宏即可快速完成相同的工作。录制宏的具体操作步骤如下：

（1）录制之前，要先做好准备工作，尤其要弄清楚需要宏执行哪些命令，这些命令的次序是什么。

（2）在“视图”选项卡下“宏”组中单击“宏”按钮下方的下三角按钮，在打开的列表中执行“录制宏”命令，如图7-18所示。

（3）在打开的“录制宏”对话框中，在“宏名”文本框中可输入新录制宏的名称；在“将宏保存在”下拉列表中选择保存宏的位置，如果选择Normal，则表示这个宏在所有文档中都可以使用，如果选择将该项宏保存在某个模板或者文档中，则只有指定的文档才可以使用该宏；在“说明”文本框中可输入该宏的说明文字，如图7-19所示。

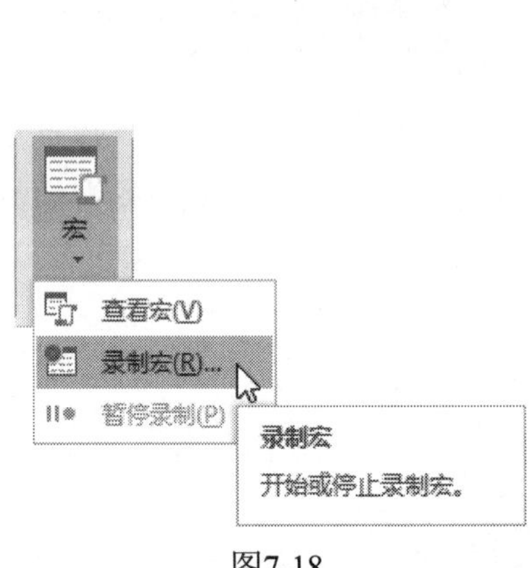

图7-18

图7-19

（4）在“将宏指定到”选项区域中单击“按钮”图标，打开“Word 选项”对话框，在“快速访问工具栏”选项卡界面中可以将宏添加到“快速访问工具栏”中，如图7-20所示。

图7-20

（5）在“录制宏”对话框中的“将宏指定到”选项区域中，单击“键盘”图标，打开“自定义键盘”对话框，如图7-21所示，在“请按新快捷键”文本框中按下组合键（此处以Ctrl+Shift+S为例），然后单击“指定”按钮，即可指定运行该宏的快捷键。

图7-21

（6）单击“关闭”按钮，鼠标指针会变成形状，此时就可以开始录制宏了。按照前面的准备，依次执行宏要进行的操作。

（7）录制完毕后，在“视图”选项卡下“宏”组中单击“宏”按钮下方的下三角按钮，在弹出的列表中执行“停止录制”命令即可，如图7-22所示。以后只需要按组合键，即可运行该宏，完成一系列的操作。

注意：首先，宏的命名不能与Word中已有的标准宏重名，否则Word就会用新录制的宏记录的操作替换原有的宏记录的操作。其次，宏录制工具不记录执行的操作，只记录操作的结果。所以，不能记录鼠标在文档中的移动。如果要录制移动光标或选择、复制等操作，只能用键盘执行。

2. 运行宏

如果创建的宏被指定到“快速访问工具栏”上，即可通过单击相应的按钮来执行。如果创建的宏被指定组合键，可通过按该组合键来执行。如果是运行在特殊模板上创建的宏，则应首先打开该模板或基于该模板创建的文档，然后再运行宏。

在“视图”选项卡下“宏”组中直接单击“宏”按钮，在打开的“宏”对话框中，选择要运行的宏命令，单击“运行”按钮，如图7-23所示，即可执行该宏命令。如果单击“单步执行”按钮，可以每次只执行一步操作，这样能清楚地看到每一步操作及其效果。

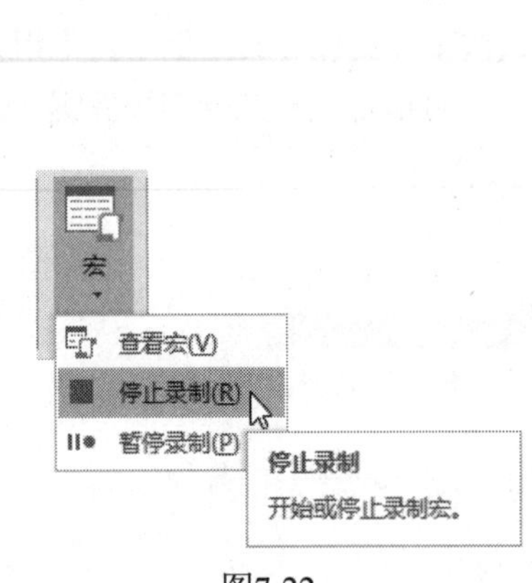

图7-22

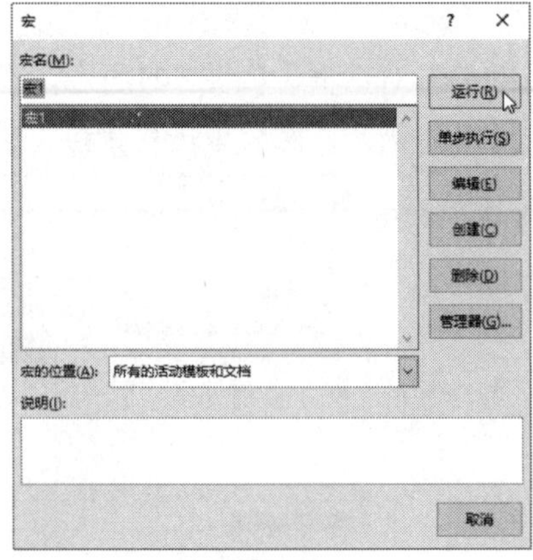

图7-23

提示：在“视图”选项卡下“宏”组中单击“宏”按钮下方的下三角按钮，在打开的列表中执行“查看宏”命令，如图7−24所示；或者按Alt+F8组合键，均可打开“宏”对话框。

图7-24

3. 删除宏

要删除在文档或模板中不需要的宏命令，只需在“视图”选项卡下“宏”组中直接单击“宏”按钮。在打开的“宏”对话框中，选择要删除的宏命令，单击“删除”按钮，这时弹出删除确认对话框，在该对话框中单击“是（Y）”按钮，即可删除该宏命令，如图7-25所示。

图7-25

7.4.2 宏在Excel中的应用

宏是一系列Excel命令的集合，通过运行宏的一个命令就可以完成一系列的Excel命令，以实现任务执行的自动化。可以把创建的宏指定到工具栏、菜单或者组合键上，通过单击一个按钮、执行一个命令或者按下一组组合键的方式来运行宏。

创建宏的方式一般有两种：录制法（用键盘和鼠标）和直接输入法（利用宏编辑窗口）。通常比较方便的方法是使用键盘和鼠标来录制一系列需要的操作。

录制宏的具体操作步骤如下：

（1）录制之前，要先做好准备工作，尤其要弄清楚需要宏执行哪些命令，这些命令的次序是什么。

（2）在“视图”选项卡下“宏”组中单击“宏”按钮下方的下三角按钮，在打开的列表中执行“录制宏”命令。

（3）在打开的“录制宏”对话框中，在“宏名”文本框中输入新录制宏的名称；在“快捷键”文本框中指定运行宏的组合键；在“保存在”下拉列表中选择保存宏的位置，如图7-26所示；如果要使宏在Excel任何工作簿中都可使用，可以选择“个人宏工作簿”；在“说明”框中可以输入该宏的说明信息。

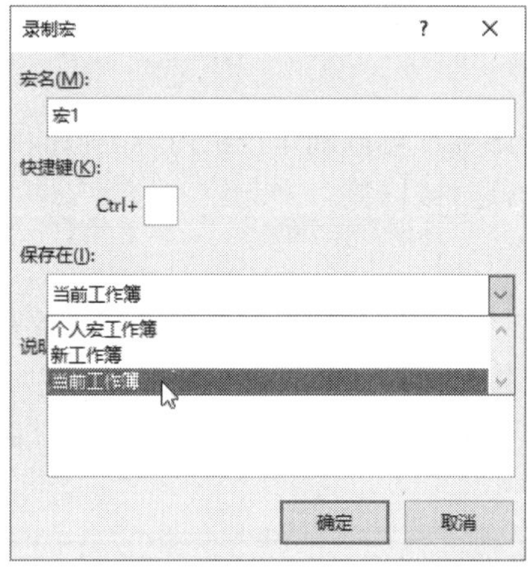

图7-26

提示：宏的快捷键可用“Ctrl+小写字母”或“Ctrl+Shift+大写字母”。例如，将快捷键指定为Ctrl+a，只要按a，就可将Ctrl+a设置为组合键；例如，将快捷键指定为Ctrl+Shift+A，需要按Shift+A，才可将Ctrl+Shift+A设置为组合键。

（4）单击“确定”按钮，开始录制宏。按照前面的准备，依次执行宏要进行的操作。录制完毕后，在“视图”选项卡下“宏”组中单击“宏”按钮下方的下三角按钮，在打开的列表中执行“停止录制”命令即可。以后只需要按下组合键，即可运行该宏，完成一系列的操作。

说明：在Excel中运行宏和删除宏的操作方法与在Word中的操作方法基本一致，在此不再赘述。

7.5 邮件合并操作

邮件合并是Word的一项高级功能，是办公自动化人员应该掌握的基本技术之一。如果需要编辑多封邮件或者信函，这些邮件或者信函只是收件人信息有所不同，而内容完全一样时，使用邮件合并功能可以很方便地实现，从而提高办公效率。

邮件合并是将作为邮件发送的文档与由收件人信息组成的数据源合并在一起，作为完整的邮件，其操作过程主要包括创建主文档、制作和处理数据源、合并数据等。邮件合并操作在Word中有两种方法：一种是通过功能区的按钮完成，另一种是通过邮件合并向导完成。

7.5.1 利用功能区按钮完成邮件合并操作

1. 创建主文档

合并的邮件由两部分组成：一部分是合并过程中保持不变的主文档，另一部分是包含多种信息的数据源。因此进行邮件合并时，首先应该创建主文档。在“邮件”选项卡下“开始邮件合并”组中单击“开始邮件合并”按钮，在打开的下拉菜单中选择文档类型，如信函、电子邮件、信封、标签和目录等，这样就可创建一个主文档了，如图7-27所示。

选择“信函”或“电子邮件”可以制作一组内容类似的邮件正文，选择“信封”或“标签”可以制作带地址的信封或标签。

2. 选择数据源

数据源是指要合并到文档中的信息的来源文件，如果要在邮件合并中使用名称和地址列表等，主文档必须要连接到数据源，才能使用数据源中的信息。在“邮件”选项卡下“开始邮件合并”组中单击“选择收件人”按钮，在打开的下拉列表中选择数据源，如图7-28所示。

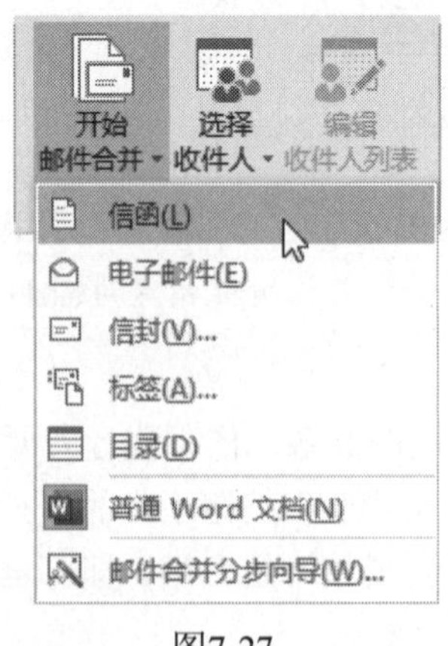

图7-27

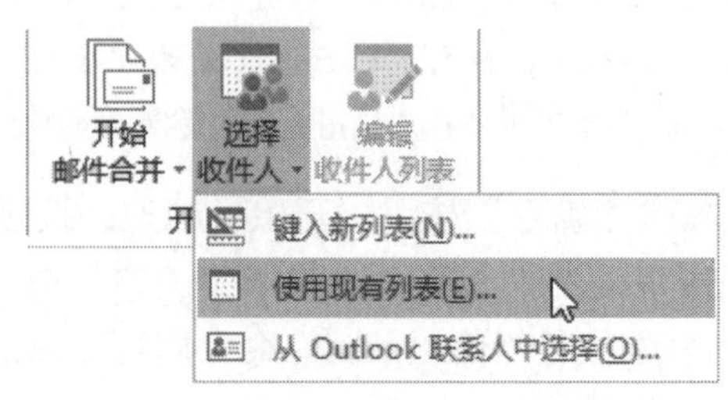

图7-28

（1）若选择“键入新列表”选项，将打开“新建地址列表”对话框，在其中可以新建条目、删除条目、查找条目，以及对条目进行筛选和排序，如图7-29所示。

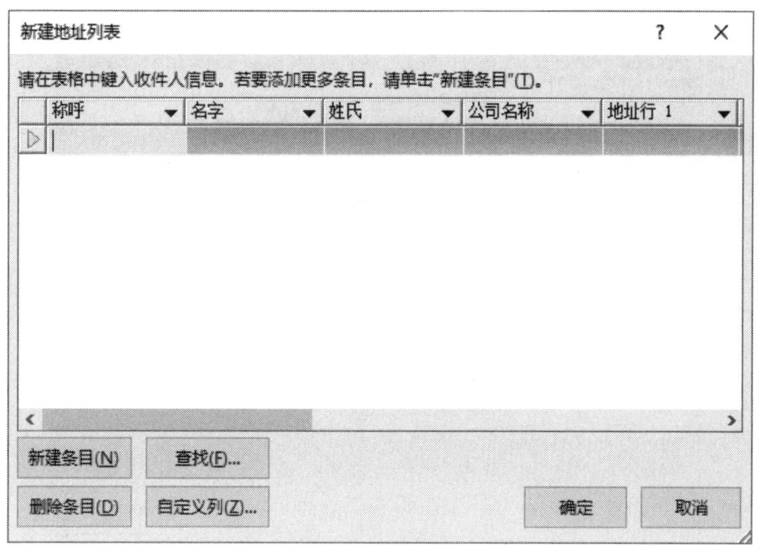

图7-29

（2）若选择“使用现有列表”选项，在打开的“选取数据源”对话框中选择收件人通信录列表文件后，将打开“选择表格”对话框，从中选定以哪个工作表中的数据作为数据源，然后单击“确定”按钮，如图7-30所示。

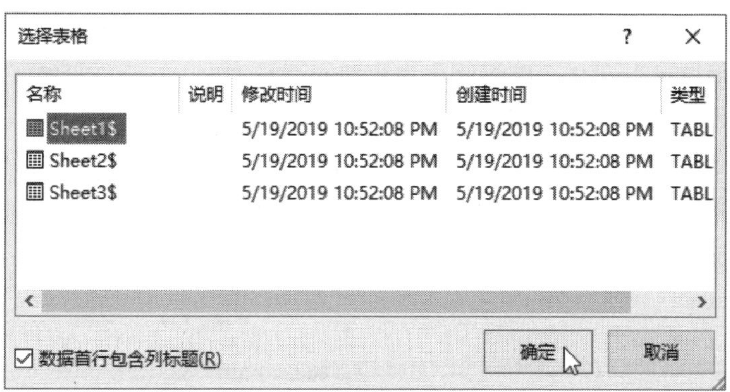

图7-30

（3）若选择“从Outlook联系人中选择”选项，则打开Outlook中的通信簿，从中选择收件人地址。

3. 编辑主文档

（1）首先，要先编辑收件人列表，在“邮件”选项卡下“开始邮件合并”组中单击“编辑收件人列表”按钮，如图7-31所示。

（2）在打开的“邮件合并收件人”对话框中，通过复选框可以选择添加或删除合并的收件人，也可以对列表中的收件人信息进行排序或筛选等操作，如图7-32所示。

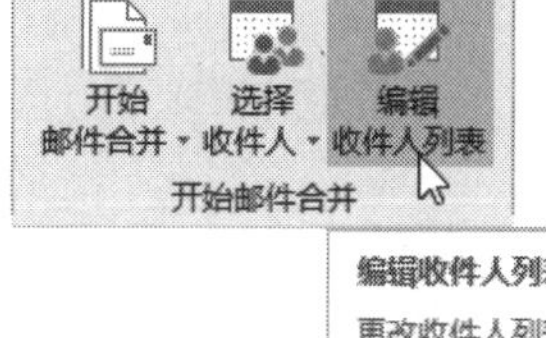

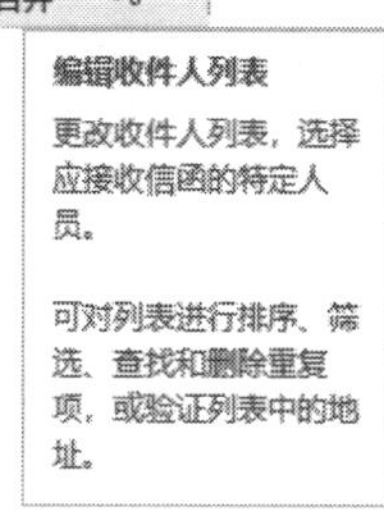

图7-31

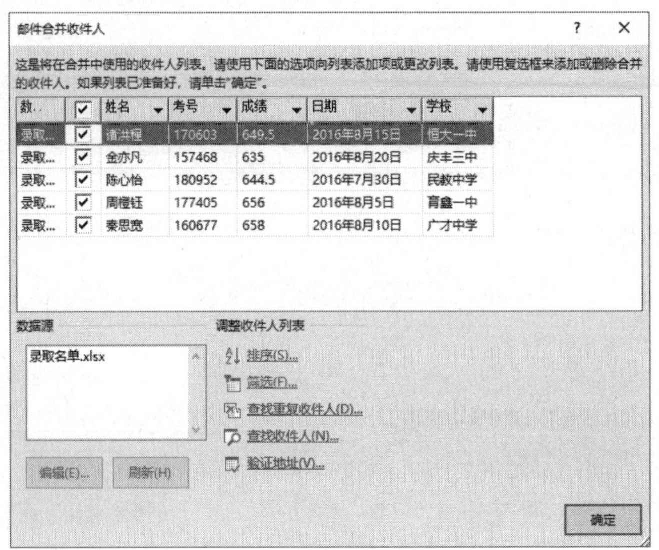

图7-32

（3）创建完数据源后就可以编辑主文档了。在编辑主文档的过程中，需要插入各种域。只有在插入域后，Word文档才成为真正的主文档。如图7-33所示，在“邮件”选项卡下“编写和插入域”组中，可以在文档编辑区中根据每个收信人的不同内容添加相应的域。

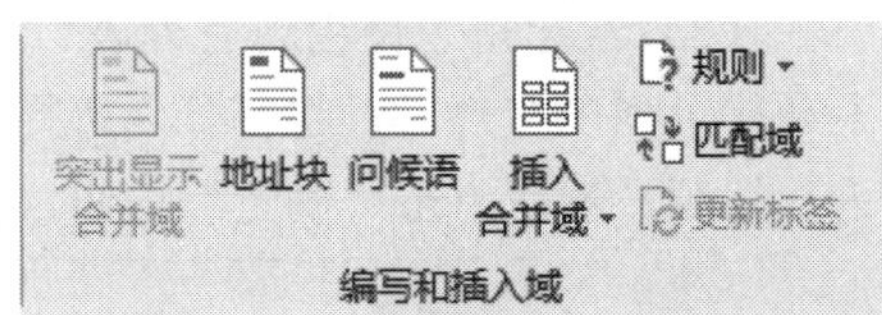

图7-33

- 单击“地址块”按钮，打开“插入地址块”对话框，如图7-34所示，可以在其中设置地址块的格式和内容，如收件人名称、公司名称和通信地址等。地址块插入文档后，实际应用时会根据收件人的不同而显示不同的内容。

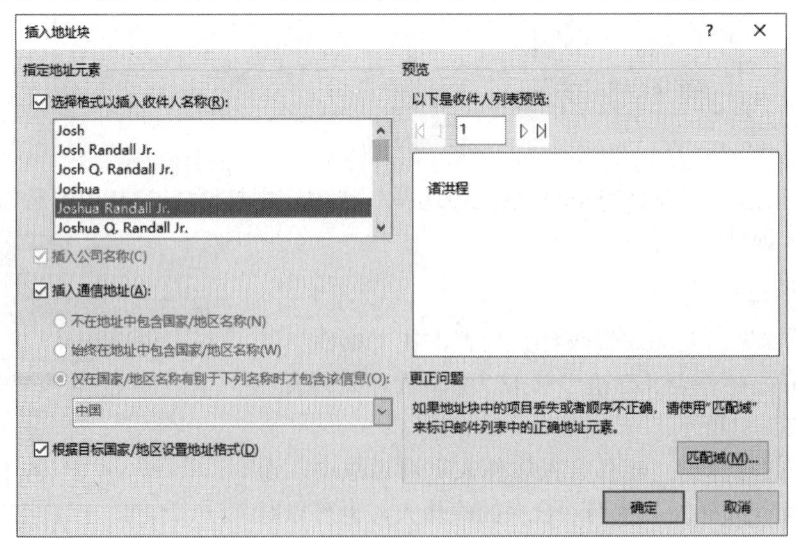

图7-34

- 单击“问候语”按钮，打开“插入问候语”对话框，如图7-35所示，在其中可

以设置文档中要使用的问候语，也可以自定义称呼、姓名格式等。

- 在文档中将光标定位在需要插入某一域的位置处，单击“插入合并域”按钮，打开“插入合并域”对话框，如图7-36所示。在该对话框中选择要插入到信函中的项目，单击“插入”按钮，即可完成信函与项目的合并。然后使用同样方法依次插入其他各个域，这些项目的具体内容将根据收件人的不同而改变。

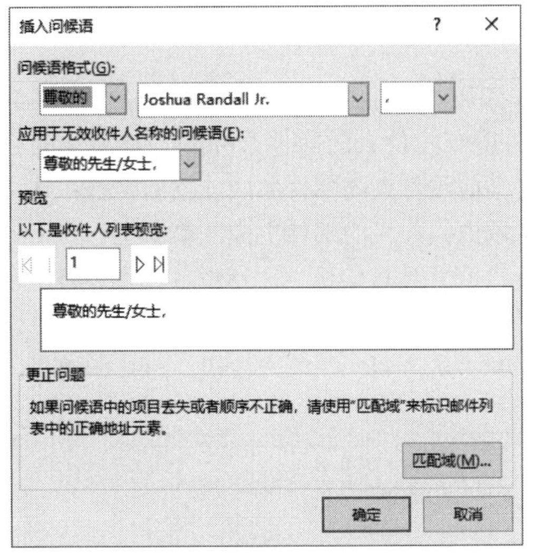

图7-35

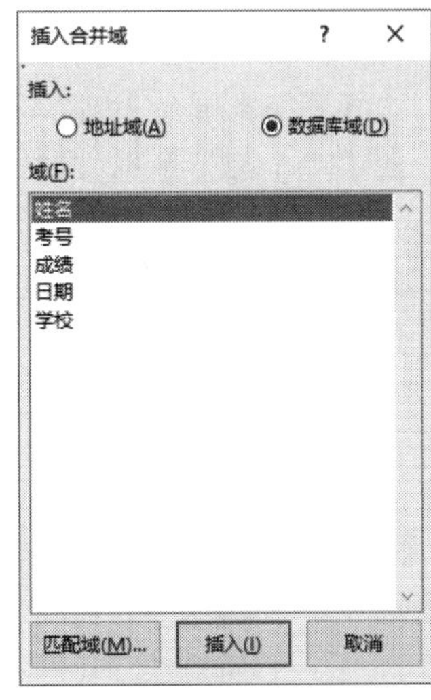

图7-36

提示：还有一种插入合并域的方法，就是定位好光标位置后，单击“插入合并域”按钮右侧的下三角按钮，在打开的下拉列表中也可以依次选择插入各个域，如图7-37所示。

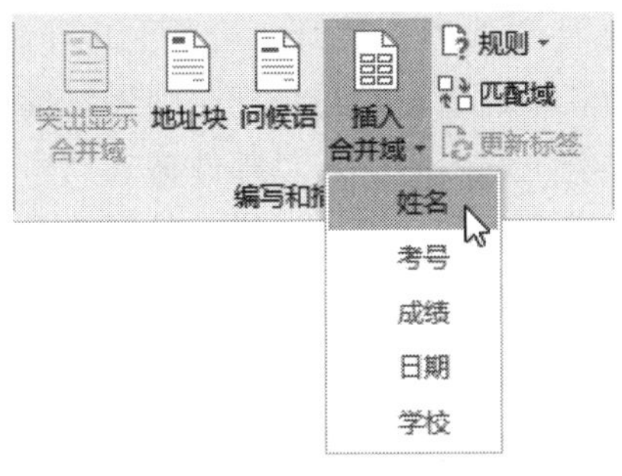

图7-37

4. 完成合并

完成信函与数据源的合并后，在“邮件”选项卡下“预览结果”组中单击“预览结果”按钮，如图7-38所示，在文档编辑区中将显示信函正文，其中，收件人信息使用的是收件人列表中第1个收件人的信息。若希望看到其他收件人的信函，可以单击按钮和浏览“上一记录”和“下一记录”，单击按钮和浏览“首记录”和“尾记录”。

通过预览功能核对邮件内容无误后，在“邮件”选项卡下“完成”组中单击“完成并合并”按钮，如图7-39所示，在打开的下拉列表中，根据需要选择将邮件合并到单个文档、打印文档或是发送电子邮件等。

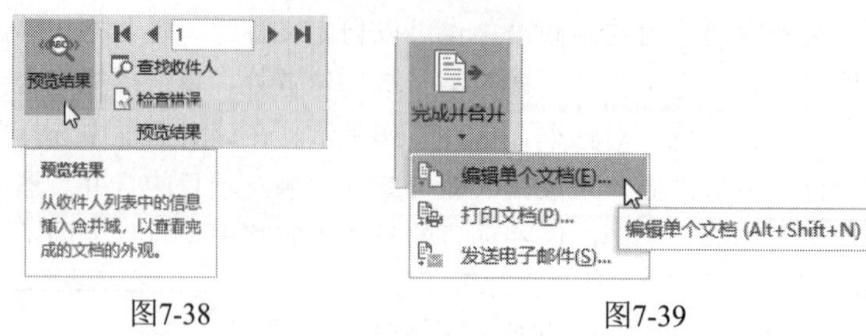

图7-38　　图7-39

- 选择“编辑单个文档”选项，打开“合并到新文档”对话框，如图7-40所示。选中“全部”单选按钮，可将所有收件人的邮件合并到一篇新文档中；选中“当前记录”单选按钮，可将当前收件人的邮件生成一篇新文档；选中“从　到　”单选按钮，可将选择区域内收件人的邮件生成一篇新文档。
- 选择“打印文档”选项，打开“合并到打印机”对话框，如图7-41所示。选中“全部”单选按钮，可打印所有收件人的邮件；选中“当前记录”单选按钮，可打印当前收件人的邮件；选中“从　到　”单选按钮，可打印选择区域内所有收件人的邮件。

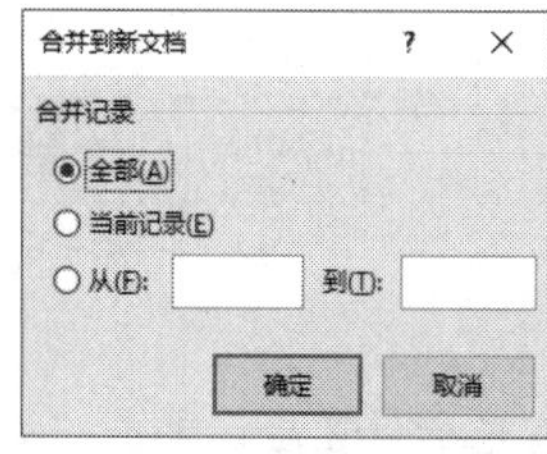

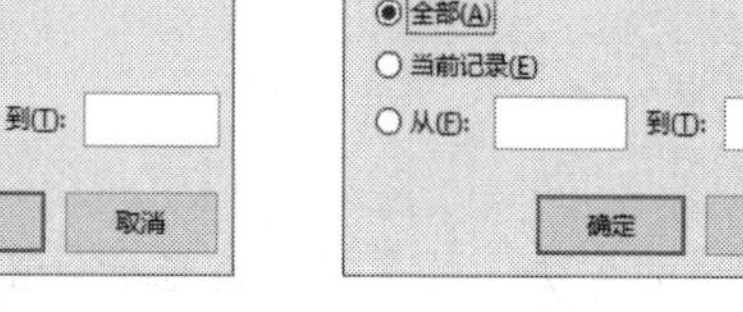

图7-40　　图7-41

- 选择“发送电子邮件”选项，打开“合并到电子邮件”对话框，如图7-42所示，“收件人”列表中的选项是与数据源列表保持一致的；在“主题行”文本框中可以输入邮件的主题内容；在“邮件格式”列表框中可以选择以附件、纯文本或HTML格式发送邮件；在“发送记录”选项区域，可以设置是发送全部记录、当前记录，还是发送指定区域内的记录。

如果要将完成邮件合并的主文档恢复为常规文档，只需在“邮件”选项卡下“开始邮件合并”组中单击“开始邮件合并”按钮，如图7-43所示，在打开的下拉列表中执行“普通Word 文档”命令即可。

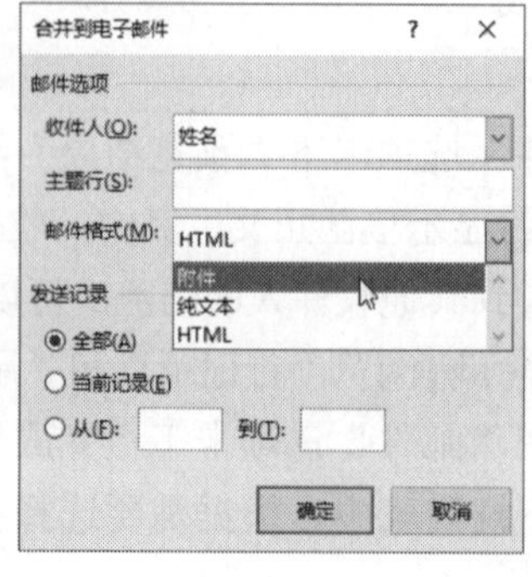

图7-42　　图7-43

7.5.2 利用邮件合并向导完成邮件合并操作

（1）在“邮件”选项卡下“开始邮件合并”组中单击“开始邮件合并”按钮，在打开的下拉菜单中执行“邮件合并分步向导”命令，如图7-44所示，打开“邮件合并”任务窗格。

（2）在“邮件合并”任务窗格中，先选择需要的文档类型，如图7-45所示。选择“信函”或“电子邮件”可以制作一组内容类似的邮件正文，选择“信封”或“标签”可以制作带地址的信封或标签。

（3）在“选择文档类型”任务窗格中单击“下一步：开始文档”链接，在打开的任务窗格中选择“使用当前文档”可以在当前活动窗口中创建并编辑信函，如图7-46所示。选择“从模板开始”，可以选择信函模板；选择“从现有文档开始”，则可在弹出的对话框中选择已有的文档作为主文档。

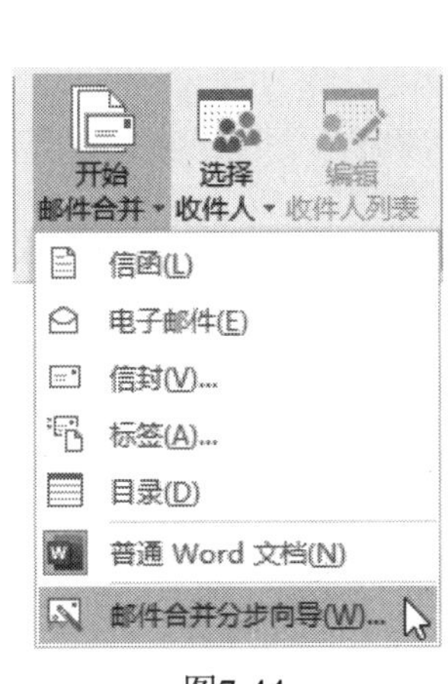

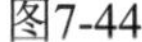
图7-44

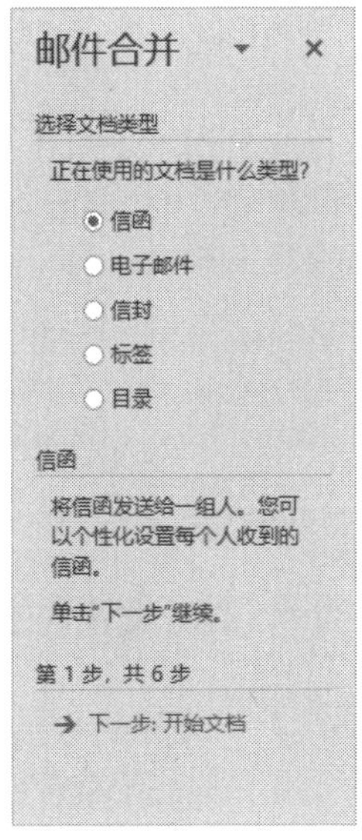

图7-45

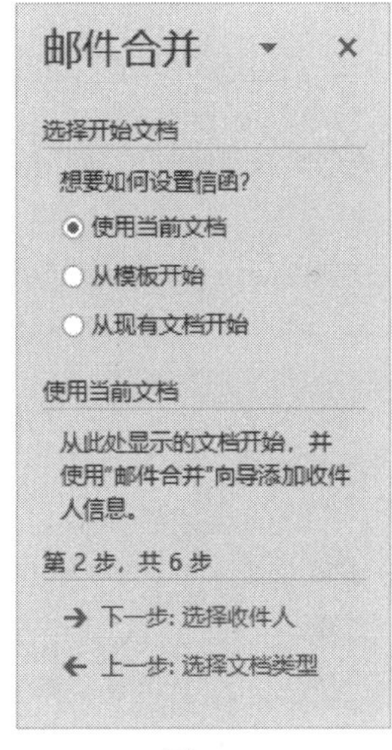

图7-46

（4）在“选择开始文档”任务窗格中单击“下一步：选择收件人”链接，显示“选择收件人”任务窗格，如图7-47所示，从中可选择现有列表或Outlook联系人作为收件人列表，也可以键入新列表。

（5）正确选择数据源后，单击“下一步：撰写信函”链接，显示“撰写信函”任务窗格，如图7-48所示。可以在文档编辑区中根据每个收信人的不同内容添加相应的域，如地址块、问候语、电子邮政以及其他项目等。

（6）在指定位置插入相应的域后，单击“下一步：预览信函”链接，显示“预览信函”任务窗格，如图7-49所示。此时，在文档编辑区中将显示信函正文，其中，收件人信息使用的是收件人列表中第1个收件人的信息。若希望看到其他收件人的信函，可以单击“收件人”选项两旁的按钮«和»进行浏览。还可单击“编辑收件人列表”链接，在打开的“邮件合并收件人”对话框中，对收件人信息进行添加、删除、排序和筛选等操作。

（7）最后，单击“下一步：完成合并”链接，显示“完成合并”任务窗格，如图7-50所示，在此区域可以实现两个功能：合并到打印机和合并到新文档，可以根据需要进行选择。

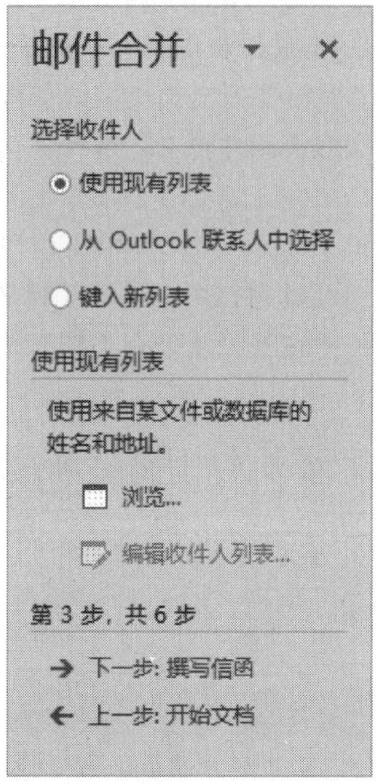

图7-47

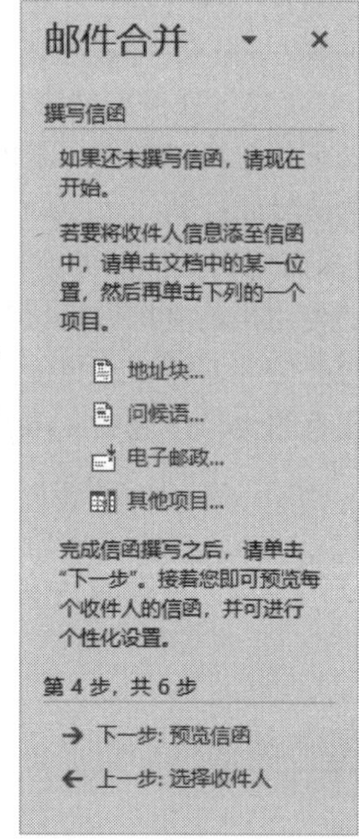

图7-48

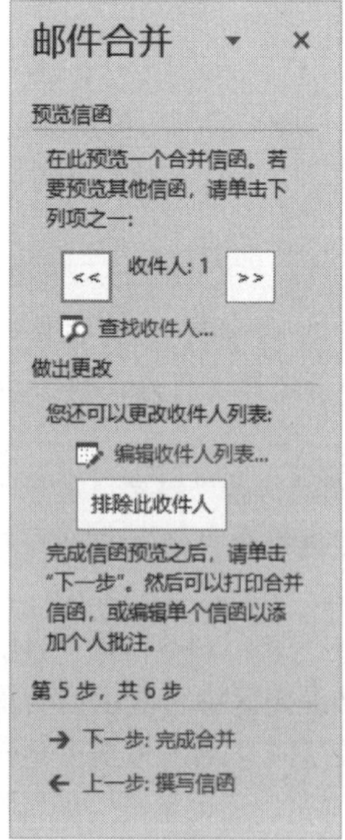

图7-49

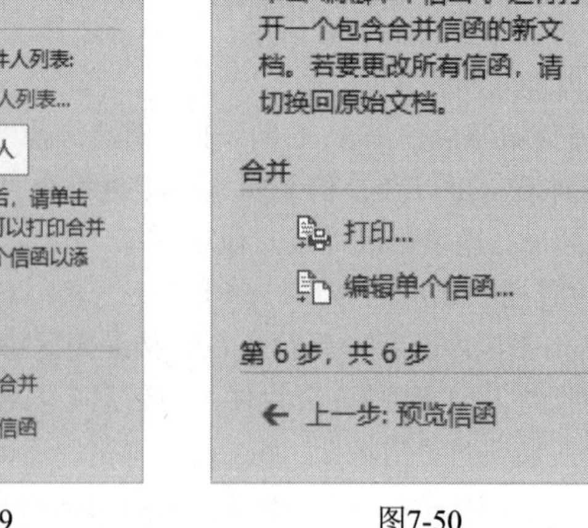

图7-50

Ⅱ. 试题汇编

7.1　第1题

【操作要求】

打开A7.docx，按下列要求操作。

1. 选择性粘贴

在Excel 2016中打开文件C:\2016KSW\DATA2\TF7-1A.xlsx，将工作表中的表格以“Microsoft Excel 工作表 对象”的形式粘贴至A7.docx文档中标题“人体每天氨基酸需要量统计表（毫克/千克体重）”的下方，结果如【样文7-1A】所示。

2. 文本与表格间的相互转换

按【样文7-1B】所示，将“超市第一季度蔬菜销售统计表”下的表格转换成文本，文字分隔符为制表符，文本对齐方式为居中。

3. 文本中插入图表

按【样文7-1C】所示，在文档结尾处插入一个簇状柱形图，图表数据为TF7-1A.xlsx中的相关数据，设置仅显示“坐标轴、数据表、图例”3个图表元素。

4. 录制新宏

- 在Excel 2016中新建一个文件，在该文件中创建一个名为A7A的宏，将宏保存在当前工作簿中，用Ctrl+Shift+F作为快捷键，功能为将选定单元格填充标准色“浅蓝”的底纹。
- 完成以上操作后，将该文件以“Excel 启用宏的工作簿”类型保存至考生文件夹中，文件名为A7-A.xlsm。

5. 邮件合并

- 在Word 2016中打开文件C:\2016KSW\DATA2\TF7-1B.docx，以A7-B.docx为文件名保存至考生文件夹中。
- 选择“信函”文档类型，使用当前文档，使用文件C:\2016KSW\DATA2\TF7-1C.xlsx中的数据作为收件人信息，进行邮件合并，结果如【样文7-1D】所示。
- 将邮件合并的结果以A7-C.docx为文件名保存至考生文件夹中。

【样文7-1A】

人体每天氨基酸需要量统计表（毫克/千克体重）

氨基酸	婴孩	2~9岁	10~12岁	成人	平均值
组氨酸	28	20	18	12	19.5
异亮氨酸	70	31	30	10	35.25
亮氨酸	161	73	45	14	73.25
赖氨酸	103	64	60	12	59.75
蛋氨酸和胱	58	27	27	13	31.25
苯丙氨酸和	125	69	27	14	58.75
色氨酸	17	13	4	4	9.5
颉氨酸	93	38	33	10	43.5

【样文7-1B】

超市第一季度蔬菜销售统计表

品种	单价	一月（斤）	二月（斤）	三月（斤）	销售小计
黄瓜	￥5.00	500	480	350	￥6,650.00
西红柿	￥2.00	450	320	300	￥2,140.00
白菜	￥1.00	250	280	280	￥810.00
萝卜	￥0.50	280	200	200	￥340.00
芹菜	￥1.20	200	310	220	￥876.00

【样文7-1C】

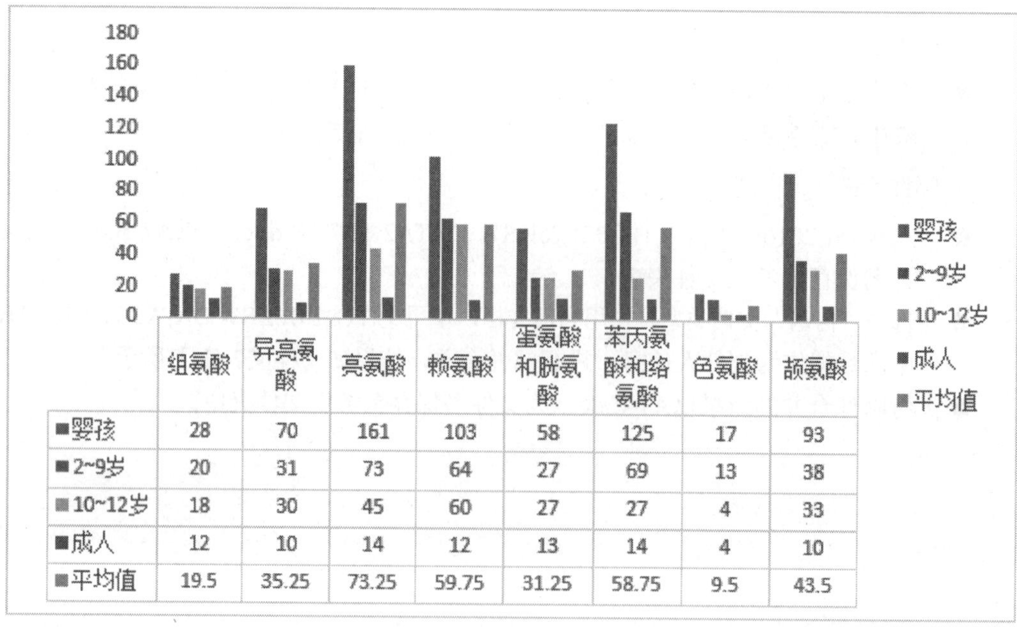

	组氨酸	异亮氨酸	亮氨酸	赖氨酸	蛋氨酸和胱氨酸	苯丙氨酸和络氨酸	色氨酸	颉氨酸
■婴孩	28	70	161	103	58	125	17	93
■2~9岁	20	31	73	64	27	69	13	38
■10~12岁	18	30	45	60	27	27	4	33
■成人	12	10	14	12	13	14	4	10
■平均值	19.5	35.25	73.25	59.75	31.25	58.75	9.5	43.5

【样文7-1D】

商品发货单

亲爱的：小淘气

您好！您在我商城华泰 1 店　购买的春季时尚韩版风衣　已于 8 月 1 日　发货，预计会在 8 月 7 日 到达，请您注意接收。如有疑问，请联系客服。祝您生活愉快！

华泰网上商城

商品发货单

亲爱的：中韵之风

您好！您在我商城华泰 1 店　购买的男士运动鞋　已于 8 月 15 日　发货，预计会在 8 月 20 日 到达，请您注意接收。如有疑问，请联系客服。祝您生活愉快！

华泰网上商城

商品发货单

亲爱的：美美

您好！您在我商城华泰 2 店　购买的宝宝护肤霜　已于 9 月 3 日　发货，预计会在 9 月 10 日 到达，请您注意接收。如有疑问，请联系客服。祝您生活愉快！

华泰网上商城

商品发货单

亲爱的：泪珠儿

您好！您在我商城华泰 5 店　购买的韩版时尚气质发卡　已于 9 月 20 日　发货，预计会在 9 月 25 日 到达，请您注意接收。如有疑问，请联系客服。祝您生活愉快！

华泰网上商城

7.2　第2题

【操作要求】

打开A7.docx，按下列要求操作。

1. 选择性粘贴

在Excel 2016中打开文件C:\2016KSW\DATA2\TF7-2A.xlsx，将工作表中的表格以“Microsoft Excel 工作表 对象”的形式粘贴至A7.docx文档中标题“鑫银日化产品价目表”的下方，结果如【样文7-2A】所示。

2. 文本与表格间的相互转换

按【样文7-2B】所示，将“环球公司职员情况登记表”下的表格转换成文本，文字分隔符为制表符，文本对齐方式为居中。

3. 文本中插入图表

按【样文7-2C】所示，在文档结尾处插入一个三维簇状条形图，图表数据为TF7-2A.xlsx中的相关数据，为其应用“样式7”的图表样式，并添加图表标题。

4. 录制新宏

- 在Word 2016中新建一个文件，在该文件中创建一个名为A7A的宏，将宏保存在当前文档中，用Ctrl+Shift+A作为快捷键，功能为插入一个4列3行的表格。
- 完成以上操作后，将该文件以“启用宏的Word文档”类型保存至考生文件夹中，文件名为A7-A.docm。

5. 邮件合并

- 在Word 2016中打开文件C:\2016KSW\DATA2\TF7-2B.docx，以A7-B.docx为文件名保存至考生文件夹中。
- 选择“信函”文档类型，使用当前文档，使用文件C:\2016KSW\DATA2\TF7-2C.xlsx中的数据作为收件人信息，进行邮件合并，结果如【样文7-2D】所示。
- 将邮件合并的结果以A7-C.docx为文件名保存至考生文件夹中。

【样文7-2A】

鑫银日化产品价目表

序号	产品名称	单位	数量	含量	进价	卖价
1	植物水疗	瓶	1	800M	38	68
2	柔顺洗发露	瓶	1	450M	25	38
3	水疗高蛋白弹簧素	瓶	1	200M	15	25
4	绿茶营养倒膜	瓶	1	200M	16	30
5	深层营养洗发露	瓶	1	200M	16	25
6	香疗洗发露	瓶	1	450M	28	46
7	防脱活血洗发露	瓶	1	200M	18	28

【样文7-2B】

环球公司职员情况登记表

部门	姓名	职务	级别	出生年月	政治面貌	籍贯
开发部	张冰	经理	正科	1974.03.06	党员	河北唐山
销售部	刘六	职员	职员	1980.03.19	团员	云南大理
人力部	钱洋	经理	副处	1965.08.06	党员	北京密云
人力部	赵大	副经理	正科	1976.04.30	党员	山西大同
广告部	王维	经理	正科	1979.05.04	群众	河北廊坊

【样文7-2C】

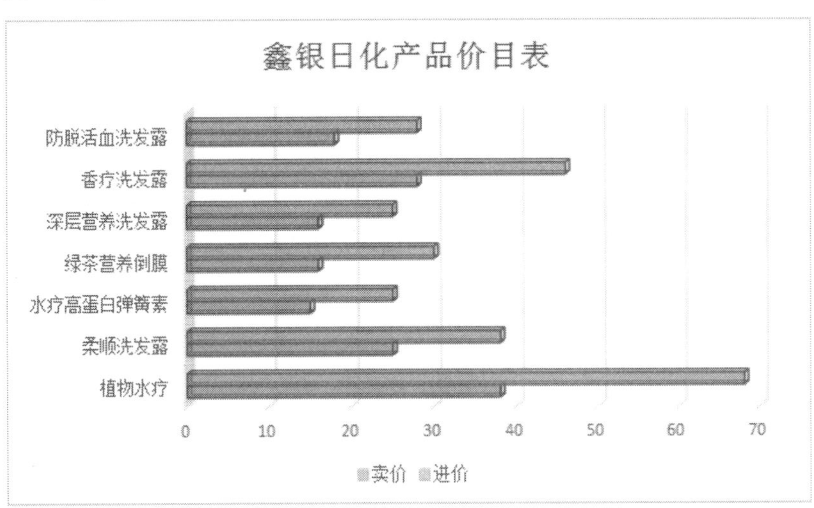

【样文7-2D】

成绩报告单

陈大方同学：

你好！这个学期，你的成绩如下：语文成绩： 78 ，语文绩点： 3 ；数学成绩： 75 ，数学绩点： 3 ；英语成绩： 10 ，英语绩点： 0 ；总分数： 163 ，总绩点： 6 ；排名：第 104 名；授予称号： 武士 。希望你能再接再厉，努力发扬刻苦学习的精神，取得更大的进步！

班主任：钟蕾老师

二O一六年七月十日

成绩报告单

周玄风同学：

你好！这个学期，你的成绩如下：语文成绩： 65 ，语文绩点： 2 ；数学成绩： 78 ，数学绩点： 3 ；英语成绩： 91 ，英语绩点： 5 ；总分数： 234 ，总绩点： 10 ；排名：第 10 名；授予称号： 大侠 。希望你能再接再厉，努力发扬刻苦学习的精神，取得更大的进步！

班主任：钟蕾老师

二O一六年七月十日

成绩报告单

程遥迦同学：

你好！这个学期，你的成绩如下：语文成绩： 97 ，语文绩点： 5 ；数学成绩： 95 ，数学绩点： 5 ；英语成绩： 24 ，英语绩点： 0 ；总分数： 216 ，总绩点： 10 ；排名：第 23 名；授予称号： 中侠 。希望你能再接再厉，努力发扬刻苦学习的精神，取得更大的进步！

班主任：钟蕾老师

二O一六年七月十日

成绩报告单

崔志方同学：

你好！这个学期，你的成绩如下：语文成绩： 19 ，语文绩点： 0 ；数学成绩： 78 ，数学绩点： 3 ；英语成绩： 3 ，英语绩点： 0 ；总分数： 100 ，总绩点： 3 ；排名：第 165 名；授予称号： 无称号 。希望你能再接再厉，努力发扬刻苦学习的精神，取得更大的进步！

班主任：钟蕾老师

二O一六年七月十日

成绩报告单

段天德同学：

你好！这个学期，你的成绩如下：语文成绩： 47 ，语文绩点： 1 ；数学成绩： 86 ，数学绩点： 4 ；英语成绩： 35 ，英语绩点： 0 ；总分数： 168 ，总绩点： 5 ；排名：第 96 名；授予称号： 勇士 。希望你能再接再厉，努力发扬刻苦学习的精神，取得更大的进步！

班主任：钟蕾老师

二O一六年七月十日

7.3　第3题

【操作要求】

打开A7.docx，按下列要求操作。

1. 选择性粘贴

在Excel 2016中打开文件C:\2016KSW\DATA2\TF7-3A.xlsx，将工作表中的表格以“Microsoft Excel 工作表 对象”的形式粘贴至A7.docx文档中标题“天宇公司职员登记表”的下方，结果如【样文7-3A】所示。

2. 文本与表格间的相互转换

按【样文7-3B】所示，将“正阳一中课程表”下的文本转换成5列8行的表格形式，固定列宽为2厘米，文字分隔符为制表符；为表格自动套用“网格表4 - 着色4”的表格样式，表格对齐方式为居中。

3. 文本中插入图表

按【样文7-3C】所示，在文档结尾处插入一个饼图，图表数据为TF7-3A.xlsx中的相关数据，为其应用“布局4”的图表布局。

4. 录制新宏

- 在Excel 2016中新建一个文件，在该文件中创建一个名为A7A的宏，将宏保存在当前工作簿中，用Ctrl+Shift+A作为快捷键，功能为将选定单元格的字体设置为华文细黑、24磅、标准色“蓝色”。
- 完成以上操作后，将该文件以“Excel 启用宏的工作簿”类型保存至考生文件夹中，文件名为A7-A.xlsm。

5. 邮件合并

- 在Word 2016中打开文件C:\2016KSW\DATA2\TF7-3B.docx，以A7-B.docx为文件名保存至考生文件夹中。
- 选择“信函”文档类型，使用当前文档，使用文件C:\2016KSW\DATA2\TF7-3C.xlsx中的数据作为收件人信息，进行邮件合并，结果如【样文7-3D】所示。
- 将邮件合并的结果以A7-C.docx为文件名保存至考生文件夹中。

【样文7-3A】

天宇公司职员登记表

员工编号	姓名	性别	部门	年龄	籍贯	工龄	工资
K12	沈一丹	男	开发部	30	陕西	5	2750
C24	刘力国	男	测试部	32	江西	4	1600
W24	王红梅	女	文档部	24	河北	2	1620
S21	张开芳	男	市场部	26	山东	4	1800
S20	杨帆	女	市场部	25	江西	2	2750
K01	高浩飞	女	开发部	26	湖南	2	1400

【样文7-3B】

正阳一中课程表

星期一	星期二	星期三	星期四	星期五
语文	数学	英语	化学	英语
数学	语文	数学	物理	化学
英语	物理	化学	数学	语文
数学	化学	语文	英语	体育
化学	英语	物理	历史	英语
物理	美术	英语	语文	数学
政治	地理	计算机	音乐	物理

【样文7-3C】

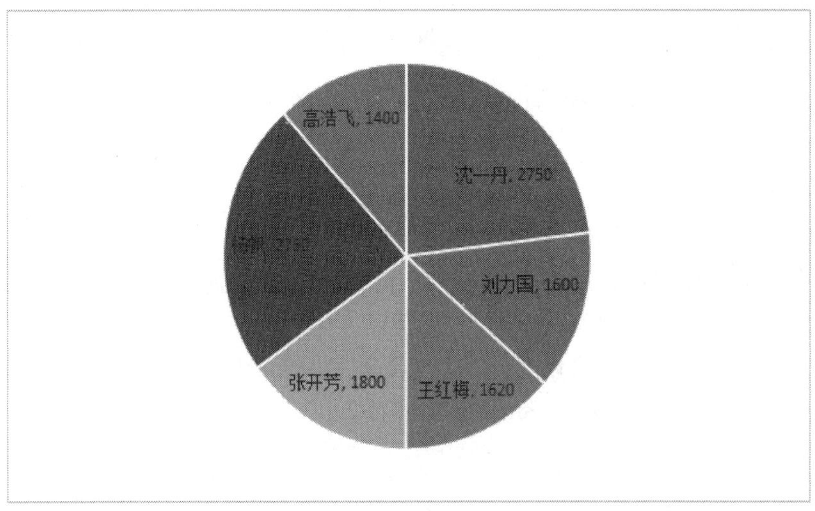

【样文7-3D】

职员工作证			
部门：	销售部	姓名：	杨鹏
职位：	员工	编号：	FT052
工作单位：	北京永恒珠宝公司		

职员工作证			
部门：	开发部	姓名：	许春华
职位：	总监	编号：	EC074
工作单位：	北京奥峰网站开发公司		

职员工作证			
部门：	采购部	姓名：	白小娟
职位：	经理	编号：	GZ028
工作单位：	北京志友通信公司		

职员工作证			
部门：	生产部	姓名：	李志强
职位：	主管	编号：	KH065
工作单位：	北京利鑫钢厂		

7.4　第4题

【操作要求】

打开A7.docx，按下列要求操作。

1. 选择性粘贴

在Excel 2016中打开文件C:\2016KSW\DATA2\TF7-4A.xlsx，将工作表中的表格以“Microsoft Excel 工作表 对象”的形式粘贴至A7.docx文档中标题“员工薪资管理表”的下方，结果如【样文7-4A】所示。

2. 文本与表格间的相互转换

按【样文7-4B】所示，将“太原市常用花卉统计”下的表格转换成文本，文字分隔符为制表符。

3. 文本中插入图表

按【样文7-4C】所示，在文档结尾处插入一个折线图，图表数据为TF7-4A.xlsx中的相关数据，为其应用“样式2”的图表样式，并添加图表标题。

4. 录制新宏

- 在Word 2016中新建一个文件，在该文件中创建一个名为A7A的宏，将宏保存在当前文档中，用Ctrl+Shift+F作为快捷键，功能为将选定文本添加标准色“紫色”的双下划线。
- 完成以上操作后，将该文件以“启用宏的Word文档”类型保存至考生文件夹中，文件名为A7-A.docm。

5. 邮件合并

- 在Word 2016中打开文件C:\2016KSW\DATA2\TF7-4B.docx，以A7-B.docx为文件名保存至考生文件夹中。
- 选择“信函”文档类型，使用当前文档，使用文件C:\2016KSW\DATA2\TF7-4C.xlsx中的数据作为收件人信息，进行邮件合并，结果如【样文7-4D】所示。
- 将邮件合并的结果以A7-C.docx为文件名保存至考生文件夹中。

【样文7-4A】

员工薪资管理表

姓名	基本工资	餐补	交通费	加班补助	住房补助	实发工资
卢文攀	2800	150	250	200	350	3750
卢耀平	3200	150	200	200	350	4100
陈红	3800	150	200	200	200	4550
卢文杰	2800	150	100	100	200	3350
赖仁洁	2600	150	100	100	270	3220
马洪涛	2500	150	50	100	260	3060
陈少华	3000	150	50	150	320	3670
张铁锋	3400	150	150	150	320	4170
马江勃	3500	150	150	250	300	4350
李强	4000	150	50	250	300	4750

【样文7-4B】

太原市常用花卉统计

序号	学名	科	属	株高（cm）	园林用途
1	金鱼草	玄参科	金鱼草属	15～120	花坛、花境、切花、岩石园
2	雏菊	菊科	雏菊属	7～20	花坛、种植钵、花带
3	金盏菊	菊科	金盏菊属	25～60	花坛、盆花、切花
4	翠菊	菊科	翠菊属	20～100	花坛、花境、盆花、切花
5	鸡冠花	苋科	青葙属	15～120	花坛、花境、盆花、切花
6	石竹	石竹科	石竹属	5～30	花坛、切花、花境
7	银边翠	大戟科	大戟属	50～100	花坛、花境、丛植，切花

【样文7-4C】

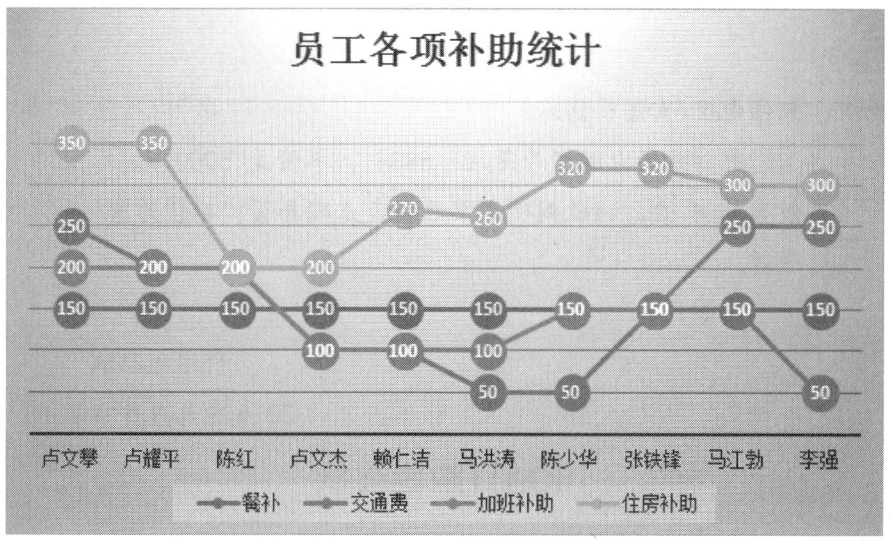

【样文7-4D】

电脑订购确认单

王欣欣先生/女士：您好！

您订购的电脑型号是 GB_4086 ，单价是 6500 元，数量是 2 台。请收到确认单后核查正确与否，以便为您送货。

谢谢！

星光电脑城

2016 年 5 月 8 日

电脑订购确认单

朱伟先生/女士：您好！

您订购的电脑型号是 CT_5834 ，单价是 5000 元，数量是 4 台。请收到确认单后核查正确与否，以便为您送货。

谢谢！

科达电脑城

2016 年 5 月 8 日

电脑订购确认单

张力先生/女士：您好！

您订购的电脑型号是 TB_0158 ，单价是 6100 元，数量是 1 台。请收到确认单后核查正确与否，以便为您送货。

谢谢！

太平洋电脑城

2016 年 5 月 8 日

电脑订购确认单

刘云先生/女士：您好！

您订购的电脑型号是 SZ_7816 ，单价是 4500 元，数量是 3 台。请收到确认单后核查正确与否，以便为您送货。

谢谢！

中海电脑城

2016 年 5 月 8 日

电脑订购确认单

叶雯雯先生/女士：您好！

您订购的电脑型号是 FM_9601 ，单价是 5800 元，数量是 1 台。请收到确认单后核查正确与否，以便为您送货。

谢谢！

海龙电脑城

2016 年 5 月 8 日

7.5　第5题

【操作要求】

打开A7.docx，按下列要求操作。

1. 选择性粘贴

在Excel 2016中打开文件C:\2016KSW\DATA2\TF7-5A.xlsx，将工作表中的表格以“Microsoft Excel 工作表 对象”的形式粘贴至A7.docx文档中标题“2016年成都市区在售楼盘情况”的下方，结果如【样文7-5A】所示。

2. 文本与表格间的相互转换

按【样文7-5B】所示，将“城中各街道种植树木统计表”下的文本转换成7列9行的表格形式，根据内容调整表格，文字分隔符为制表符；为表格自动套用“网格表5 深色 - 着色2”的表格样式，表格对齐方式为居中。

3. 文本中插入图表

按【样文7-5C】所示，在文档结尾处插入一个复合条饼图，图表数据为TF7-5A.xlsx中的相关数据，设置仅显示“数据标签内、图例右侧”两个图表元素。

4. 录制新宏

- 在Excel 2016中新建一个文件，在该文件中创建一个名为A7A的宏，将宏保存在当前工作簿中，用Ctrl+Shift+F作为快捷键，功能为将选定单元格的列宽设置为20。
- 完成以上操作后，将该文件以“Excel 启用宏的工作簿”类型保存至考生文件夹中，文件名为A7-A.xlsm。

5. 邮件合并

- 在Word 2016中打开文件C:\2016KSW\DATA2\TF7-5B.docx，以A7-B.docx为文件名保存至考生文件夹中。
- 选择“信函”文档类型，使用当前文档，使用文件C:\2016KSW\DATA2\TF7-5C.xlsx中的数据作为收件人信息，进行邮件合并，结果如【样文7-5D】所示。
- 将邮件合并的结果以A7-C.docx为文件名保存至考生文件夹中。

【样文7-5A】

2016 年成都市区在售楼盘情况

楼盘名称	地理位置	建筑形态	规模	均价	规划用途	开发商
草堂美庐	章灵路口	多层	4.99	4300	住宅	桂溪房产
春语花间	青龙街	多层+别墅	2.5	3250	住宅	凌远房地产
时代广场	大石西路	高层	2.32	3100	商业	豪瑞置业
花香庭院	外双楠草金路	多层	3.6	2380	住宅	居烨实业
丽舍滨江	老南门大桥	多层	3.6	3400	住宅	圣沅房产
东方阳光	琉璃场	多层	2.4	5500	商业	武海置业
东景丽苑	滨江东路	小高层	4	2500	住宅	恒宇房产
河滨印象	顺江路	别墅	20	4200	住宅	万达集团
河畔华苑	高升桥东路	低层	0.32	8000	商业	中海地产

【样文7-5B】

城中各街道种植树木统计表

街道	品种	规格	数量	单价	金额	备注
东城街	柏树	1.5-2.0	75	70	5250	侧柏球
南城街	柏树	1.2	136	20	2720	绿篱
北城街	柏树	1.2	460	20	9200	绿篱
西城街	爬山虎	1.5-2.0	327	5	1635	绿篱
西城街	爬山虎	2.3	400	5	2000	绿篱
城中街	柏树	1.5-2.0	78	150	11700	侧柏球
东城街	柏树	1.5-2.1	200	20	4000	侧柏球
城中街	爬山虎	1.5-2.0	420	5	2100	绿篱

【样文7-5C】

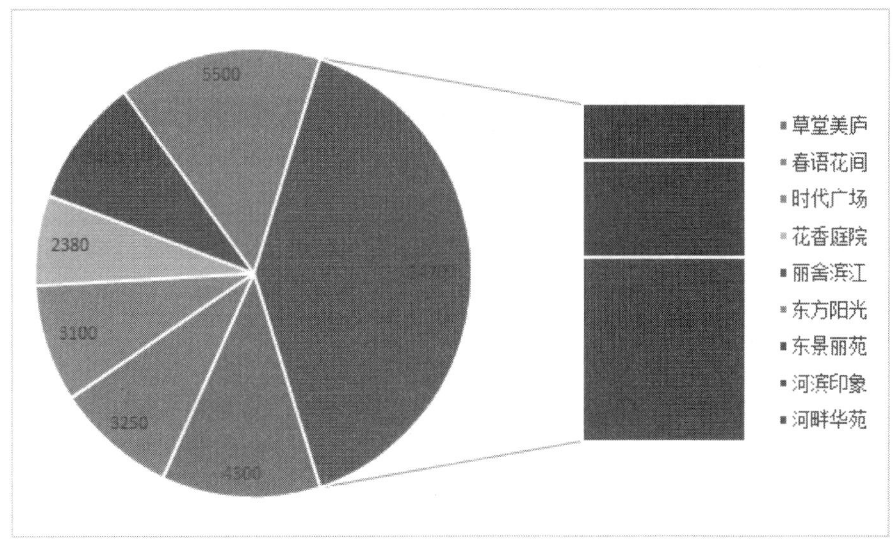

【样文7-5D】

2016 年计算机系（二班）期终考试成绩通知单

学号：054D612　　　　　　姓名：周敏

基础数学	大学语文	动画制作	网页制作	计算机英语	计算机编程	C#程序设计
90	95	95	88	92	89	90

2016 年计算机系（二班）期终考试成绩通知单

学号：054D689　　　　　　姓名：高洁

基础数学	大学语文	动画制作	网页制作	计算机英语	计算机编程	C#程序设计
89	80	85	85	77	83	82

2016 年计算机系（二班）期终考试成绩通知单

学号：054D624　　　　　　姓名：张元生

基础数学	大学语文	动画制作	网页制作	计算机英语	计算机编程	C#程序设计
79	84	92	90	85	82	88

2016 年计算机系（二班）期终考试成绩通知单

学号：054D655　　　　　　姓名：杨志伟

基础数学	大学语文	动画制作	网页制作	计算机英语	计算机编程	C#程序设计
94	82	90	87	90	84	92

2016 年计算机系（二班）期终考试成绩通知单

学号：054D664　　　　　　姓名：陈少华

基础数学	大学语文	动画制作	网页制作	计算机英语	计算机编程	C#程序设计
80	88	94	86	85	90	90

Ⅲ. 试题解答

7.1 第1题解答

打开文档：单击“文件”选项卡，在列表中执行“打开”命令，单击右侧的“浏览”选项，在弹出的“打开”对话框中，首先从左侧列表中选择考生文件夹所在的位置，然后从右侧列表中选择“A7.docx”文件，单击“打开”按钮。

1. 选择性粘贴

第1步：在Excel中打开文件C:\2016KSW\DATA2\TF7-1A.xlsx，选中Sheet1工作表中的单元格区域B2:G10，按Ctrl+C组合键。

第2步：切换到A7.docx的操作界面，将光标定位在文本“人体每天氨基酸需要量统计表（毫克/千克体重）”下方，在“开始”选项卡下“剪贴板”组中单击“粘贴”按钮下方的下三角箭头，在打开的列表中执行“选择性粘贴”命令，如图7-51所示。

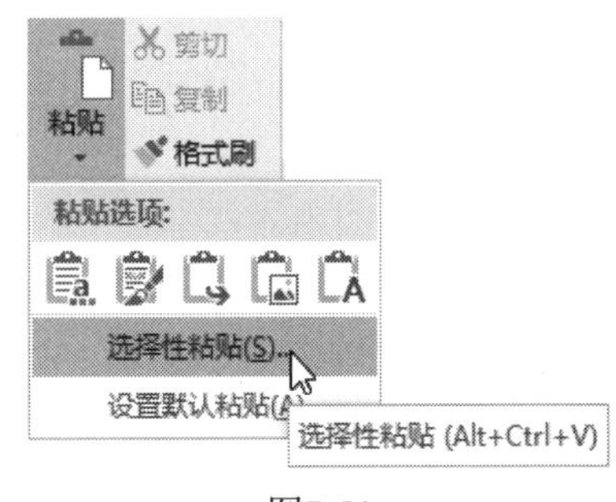

图7-51

第3步：在弹出的“选择性粘贴”对话框中选中“粘贴”单选按钮，在“形式”列表中选中“Microsoft Excel 工作表 对象”选项，并单击“确定”按钮，如图7-52所示。

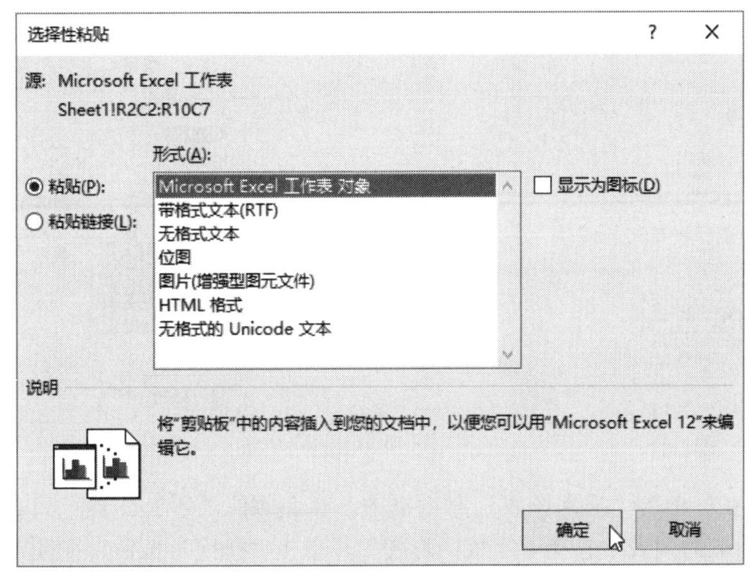

图7-52

2. 文本与表格间的相互转换

第1步：在A7.docx中，选中“超市第一季度蔬菜销售统计表”文本下的整个表格，

在“表格工具”的“布局”选项卡下“数据”组中单击“转换为文本”按钮，如图7-53所示。

第2步：在弹出的“表格转换成文本”对话框中，在“文字分隔符”区域选中“制表符”单选按钮，如图7-54所示，单击“确定”按钮，即可将表格转换成文本。

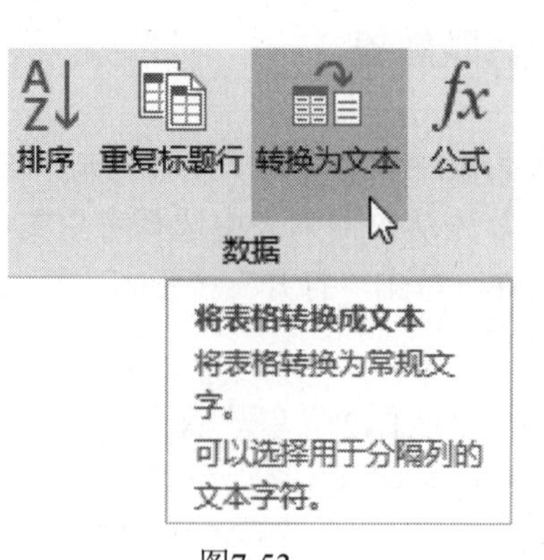

图7-53

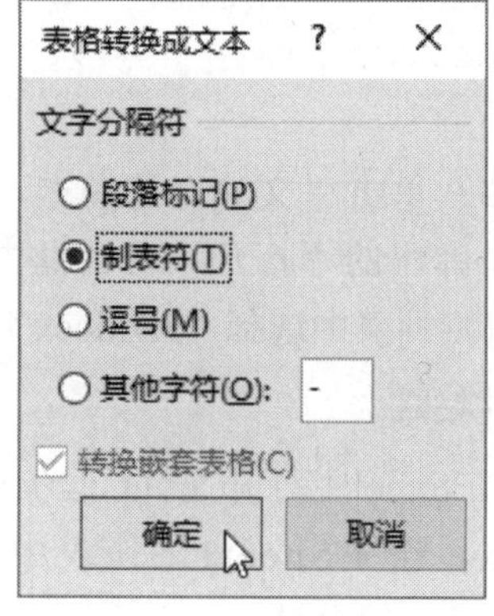

图7-54

第3步：选中转换后的文本，在“开始”选项卡下“段落”组中单击“居中”按钮，如图7-55所示。

3. 文本中插入图表

第1步：在A7.docx中，将光标定位在文档结尾处，在“插入”选项卡下“插图”组中单击“图表”按钮，如图7-56所示。

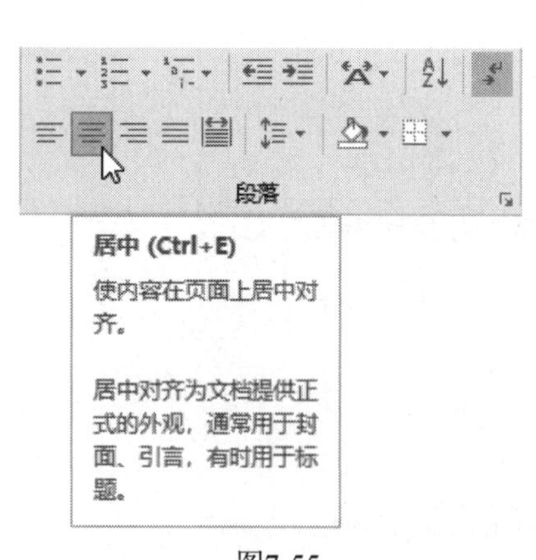

图7-55

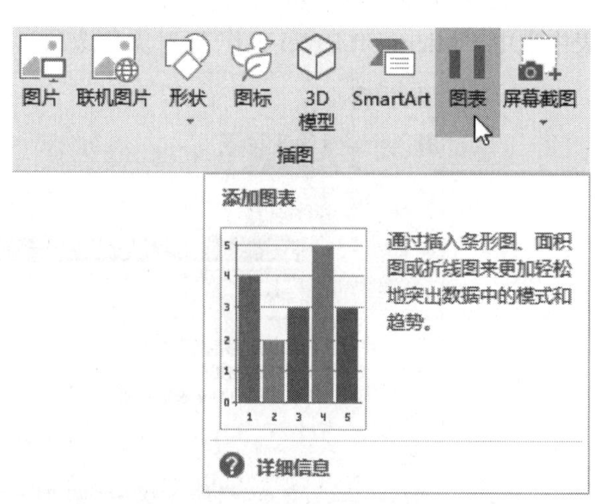

图7-56

第2步：在弹出的“插入图表”对话框中，在左侧的“所有图表”列表中选择“柱形图”，在右侧的列表中选择“簇状柱形图”，单击“确定”按钮，如图7-57所示。

第3步：此时系统自动弹出Excel工作表，在Excel窗口中可以编辑图表的数据。首先切换至TF7-1A.xlsx工作表中，然后复制数据区域B2:G10至A7.docx文档内所插入的工作表中，粘贴覆盖原表格中的数据，可以看见Word窗口中会同步显示相关的图表内容，如图7-58所示。

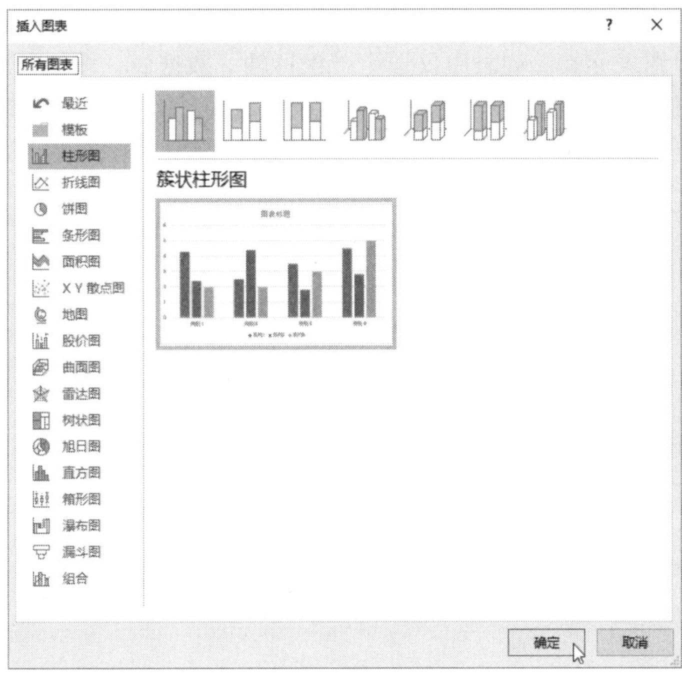

图7-57

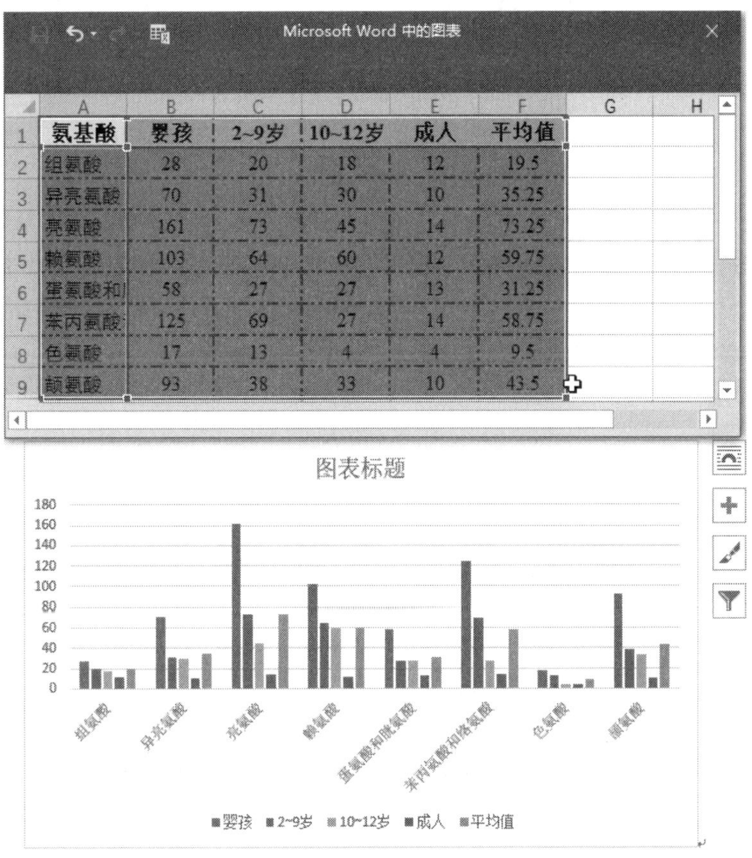

Microsoft Word 中的图表

氨基酸	婴孩	2~9岁	10~12岁	成人	平均值
组氨酸	28	20	18	12	19.5
异亮氨酸	70	31	30	10	35.25
亮氨酸	161	73	45	14	73.25
赖氨酸	103	64	60	12	59.75
蛋氨酸和	58	27	27	13	31.25
苯丙氨酸	125	69	27	14	58.75
色氨酸	17	13	4	4	9.5
缬氨酸	93	38	33	10	43.5

图7-58

第4步：选中所插入的图表，在图表右侧出现的快捷按钮中单击“图表元素”按钮 ，在打开的“图表元素”列表中仅选中“坐标轴、数据表、图例”3个图表元素。单击“图例”右侧的三角箭头，在打开的列表中选择“右”侧显示图例区域，如图7-59所示。

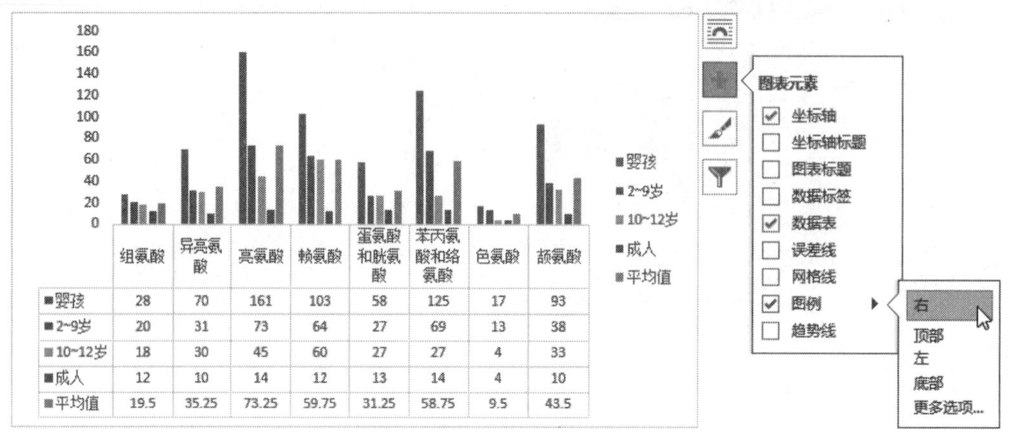

	组氨酸	异亮氨酸	亮氨酸	赖氨酸	蛋氨酸和胱氨酸	苯丙氨酸和络氨酸	色氨酸	缬氨酸
婴孩	28	70	161	103	58	125	17	93
2~9岁	20	31	73	64	27	69	13	38
10~12岁	18	30	45	60	27	27	4	33
成人	12	10	14	12	13	14	4	10
平均值	19.5	35.25	73.25	59.75	31.25	58.75	9.5	43.5

图7-59

4. 录制新宏

第1步：单击“开始”按钮，打开“开始”菜单，在“所有应用”子菜单中执行“Excel 2016”命令，在弹出的对话框中单击“空白工作簿”选项，创建一个新的Excel文件。

第2步：在“视图”选项卡下“宏”组中单击“宏”按钮下方的下三角箭头，在打开的列表中执行“录制宏”命令，如图7-60所示。

第3步：弹出“录制宏”对话框，在“宏名”文本框中输入新录制宏的名称“A7A”，将鼠标定位在“快捷键”下面的空白文本框中，同时按下Shift+F组合键，在“保存在”下拉列表中选择“当前工作簿”，单击“确定”按钮，如图7-61所示。

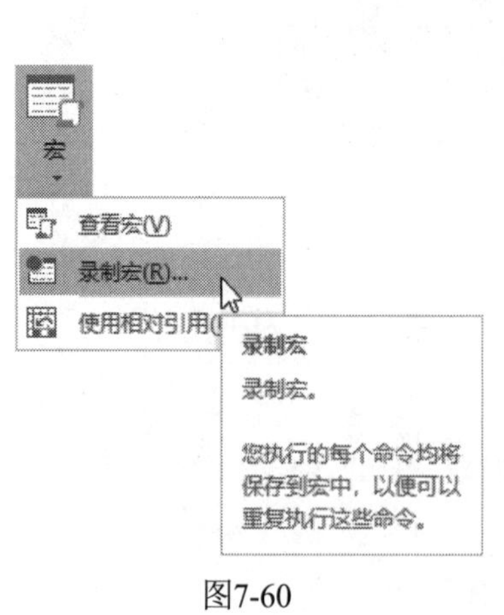

图7-60

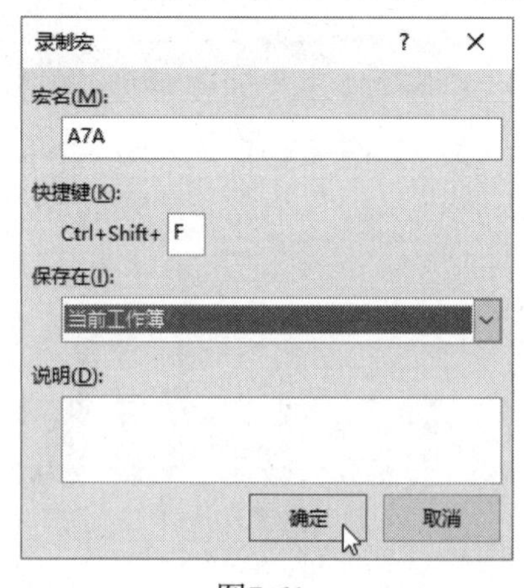

图7-61

第4步：开始录制宏。选中表格的任意单元格，单击“开始”选项卡下“字体”组中“填充颜色”按钮右侧的下三角箭头，在打开的下拉列表中选择标准色中的“浅蓝”，如图7-62所示。在“视图”选项卡下“宏”组中单击“宏”按钮下方的下三角箭头，在打开的列表中执行“停止录制”命令，如图7-63所示。

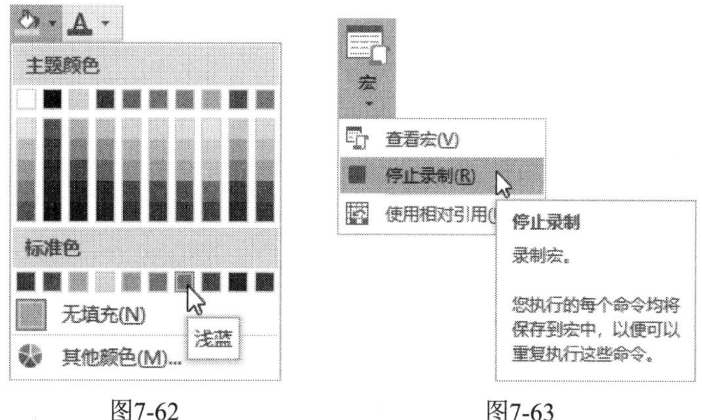

图7-62　　　　图7-63

第5步：单击“文件”选项卡，在列表中执行“另存为”命令，单击右侧的“浏览”选项，弹出“另存为”对话框，在左侧列表中选择考生文件夹所在位置，在“文件名”文本框中输入文件名“A7-A”，在“保存类型”下拉列表中选择“Excel 启用宏的工作簿(*.xlsm)”，单击“保存”按钮，如图7-64所示。

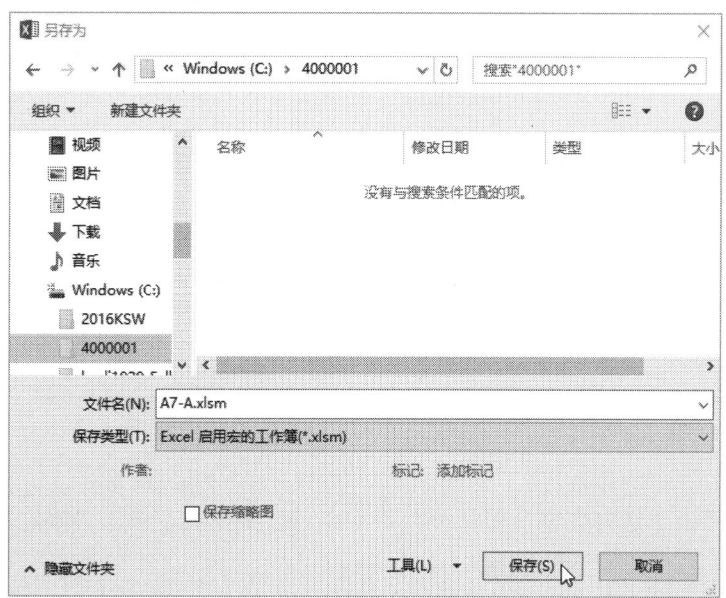

图7-64

5. 邮件合并

第1步：打开文件C:\2016KSW\DATA2\TF7-1B.docx，单击“文件”选项卡，在列表中执行“另存为”命令，单击右侧的“浏览”选项，弹出“另存为”对话框。在左侧列表中选择考生文件夹所在位置，在“文件名”文本框中输入文件名“A7-B”，单击“保存”按钮。

第2步：在A7-B.docx文档中，单击“邮件”选项卡下“开始邮件合并”组中的“开

始邮件合并”按钮，在打开的下拉列表中选择“信函”文档类型，如图7-65所示。再单击该组中的“选择收件人”按钮，在打开的下拉列表中执行“使用现有列表”命令，如图7-66所示。

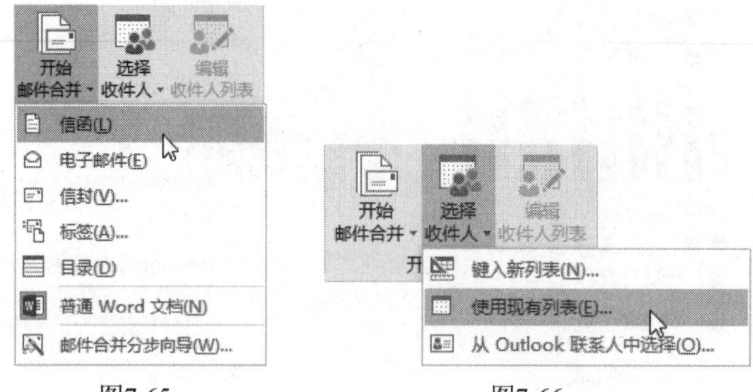

图7-65　　　　图7-66

第3步：弹出“选取数据源”对话框，从中选择C:\2016KSW\DATA2\TF7-1C.xlsx文件，单击“打开”按钮，如图7-67所示。

图7-67

第4步：弹出“选择表格”对话框，选中Sheet1工作表，单击“确定”按钮，如图7-68所示。

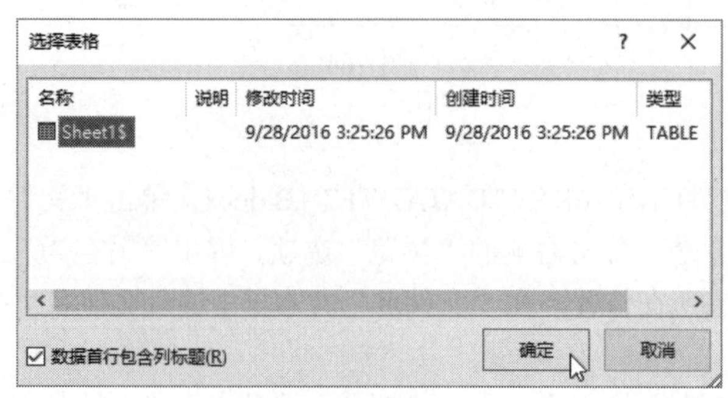

图7-68

第5步：将光标定位在“亲爱的：”后面，在“邮件”选项卡下“编写和插入域”组中单击“插入合并域”按钮下方的下三角箭头，从打开的下拉列表中选择“账户名”域，如图7-69所示。以此类推，分别将“店名”“商品名称”“发货时间”和“到货时间”插入到相应的位置处。

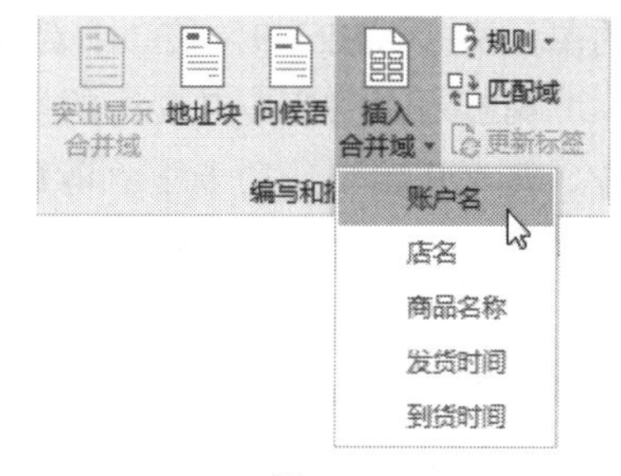

图7-69

第6步：完成“插入合并域”操作，依次进行核对并确保无误，如图7-70所示。

商品发货单

亲爱的：«账户名»

您好！您在我商城«店名» 购买的«商品名称» 已于«发货时间» 发货，预计会在«到货时间» 到达，请您注意接收。如有疑问，请联系客服。祝您生活愉快！

华泰网上商城

图7-70

第7步：通过预览功能核对邮件内容无误后，在“邮件”选项下“完成”组中单击“完成并合并”按钮，在打开的下拉列表中执行“编辑单个文档”命令，如图7-71所示。

第8步：弹出“合并到新文档”对话框，选中“全部”单选按钮，单击“确定”按钮，如图7-72所示，即可完成邮件合并操作，并自动生成新文档“信函1”。

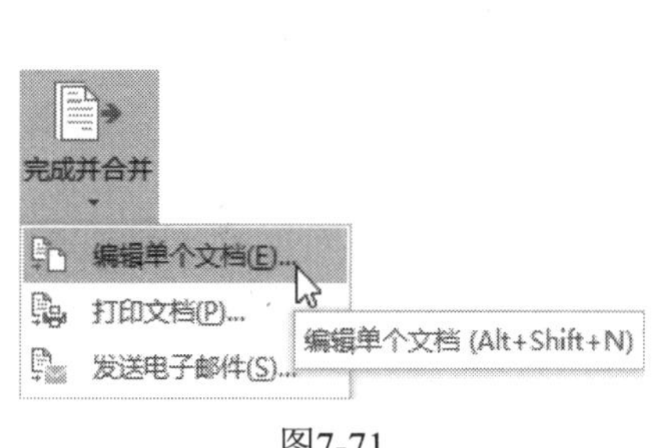

图7-71

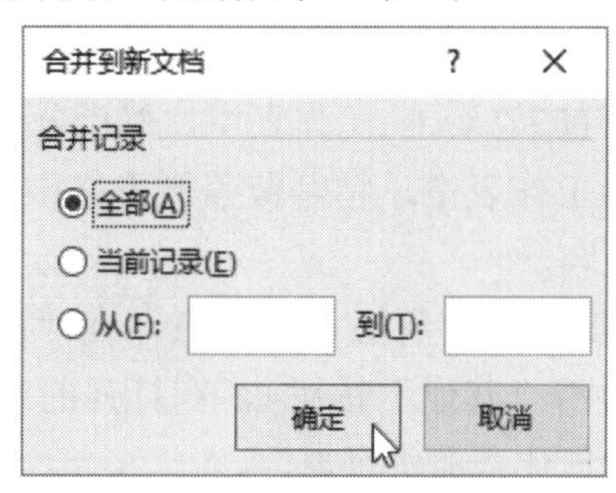

图7-72

第9步：在新文档“信函1”中，单击“文件”选项卡，在列表中执行“另存为”命令，单击右侧的“浏览”选项，弹出“另存为”对话框，在左侧列表中选择考生文件夹所在位置，在“文件名”文本框中输入文件名“A7-C”，单击“保存”按钮并关闭即可。

7.2　第2题解答

打开文档：单击“文件”选项卡，在列表中执行“打开”命令，单击右侧的“浏览”选项，在弹出的“打开”对话框中，首先从左侧列表中选择考生文件夹所在的位置，然后从右侧列表中选择“A7.docx”文件，单击“打开”按钮。

1. 选择性粘贴

第1步：在Excel中打开文件C:\2016KSW\DATA2\TF7-2A.xlsx，选中Sheet1工作表中

的单元格区域B2:H9，按Ctrl+C组合键。

第2步：切换到A7.docx的操作界面，将光标定位在文本“鑫银日化产品价目表”下方，在“开始”选项卡下“剪贴板”组中单击“粘贴”按钮下方的下三角箭头，在打开的列表中执行“选择性粘贴”命令。

第3步：在弹出的“选择性粘贴”对话框中选中“粘贴”单选按钮，在“形式”列表中选中“Microsoft Excel 工作表 对象”选项，并单击“确定”按钮。

2. 文本与表格间的相互转换

第1步：在A7.docx中，选中“环球公司职员情况登记表”文本下的整个表格，在“表格工具”的“布局”选项卡下单击“数据”组中的“转换为文本”按钮。

第2步：在弹出的“表格转换成文本”对话框中，在“文字分隔符”区域选中“制表符”单选按钮，单击“确定”按钮，即可将表格转换成文本。

第3步：选中转换后的文本，在“开始”选项卡下“段落”组中单击“居中”按钮。

3. 文本中插入图表

第1步：在A7.docx中，将光标定位在文档结尾处，在“插入”选项卡下“插图”组中单击“图表”按钮。

第2步：在弹出的“插入图表”对话框中，在左侧“所有图表”列表中选择“条形图”，在右侧列表中选择“三维簇状条形图”，单击“确定”按钮。

第3步：此时系统自动弹出Excel工作表，在Excel窗口中可以编辑图表的数据。首先切换至TF7-2A.xlsx工作表中，然后分别复制数据区域C2:C9和G2:H9至A7.docx文档内所插入的工作表中，粘贴覆盖原表格中的数据，可以看见Word窗口中会同步显示相关的图表内容。

第4步：选中所插入的图表，在“图表工具”的“设计”选项卡下单击“图表样式”组中的“其他”按钮，在打开的库中选择“样式7”。在图表的标题位置输入文本“鑫银日化产品价目表”。

4. 录制新宏

第1步：单击“开始”按钮，打开“开始”菜单，在“所有应用”子菜单中执行“Word 2016”命令，在弹出的对话框中单击“空白文档”选项，创建一个新的Word文件。

第2步：在“视图”选项卡下“宏”组中单击“宏”按钮下方的下三角箭头，在打开的列表中执行“录制宏”命令，如图7-73所示。

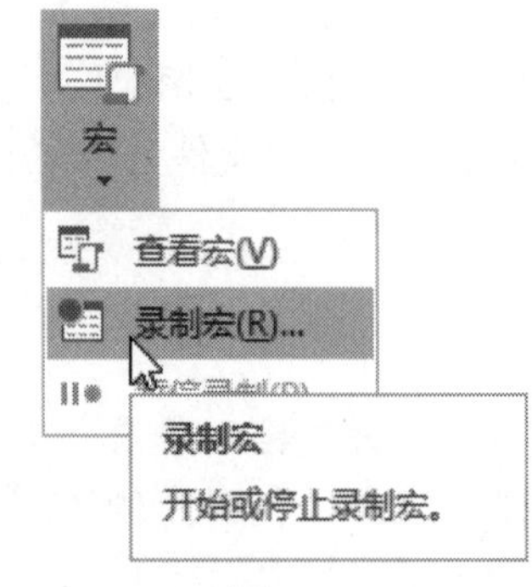

图7-73

第3步：弹出“录制宏”对话框，在“宏名”文本框中输入新录制宏的名称“A7A”，在“将宏保存在”下拉列表中选择当前文档，单击“键盘”图标，如图7-74所示。

第4步：弹出“自定义键盘”对话框，在“请按新快捷键”文本框中按Ctrl+Shift+A组合键，在“将更改保存在”下拉列表中选择当前文档，然后单击“指定”按钮，即可指定运行该宏的快捷键，如图7-75所示，最后单击“关闭”按钮。

图7-74

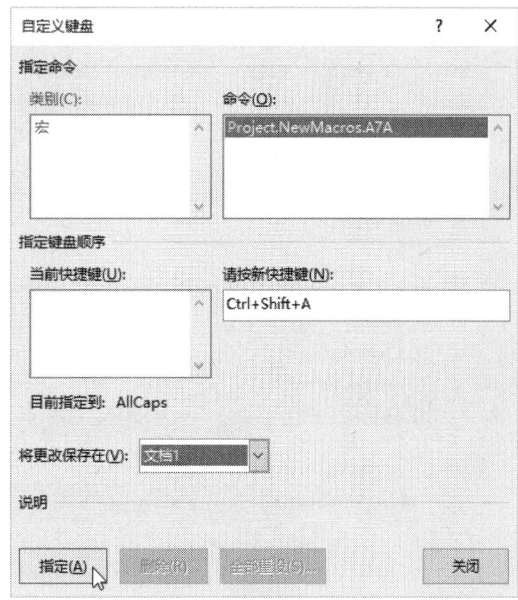

图7-75

第5步：开始录制宏。将光标定位在文档开头处，在“插入”选项卡下“表格”组中单击“表格”按钮，在打开的下拉列表中执行“插入表格”命令，在弹出的“插入表格”对话框中，在“列数”编辑框中输入“4”，在“行数”编辑框中输入“3”，单击“确定”按钮，如图7-76所示。

第6步：在“视图”选项卡下“宏”组中单击“宏”按钮下方的下三角箭头，在打开的列表中执行“停止录制”命令，如图7-77所示。

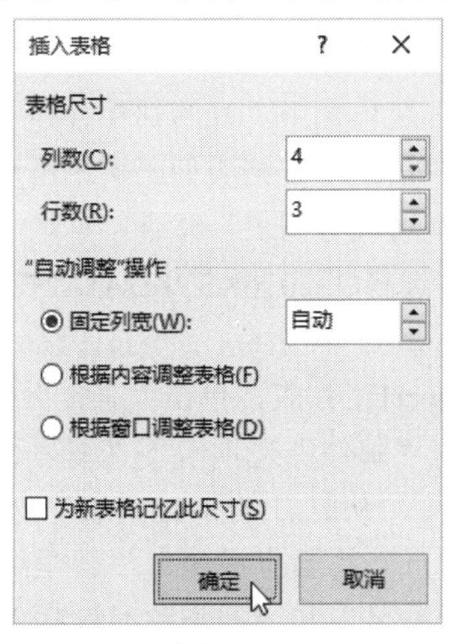

图7-76

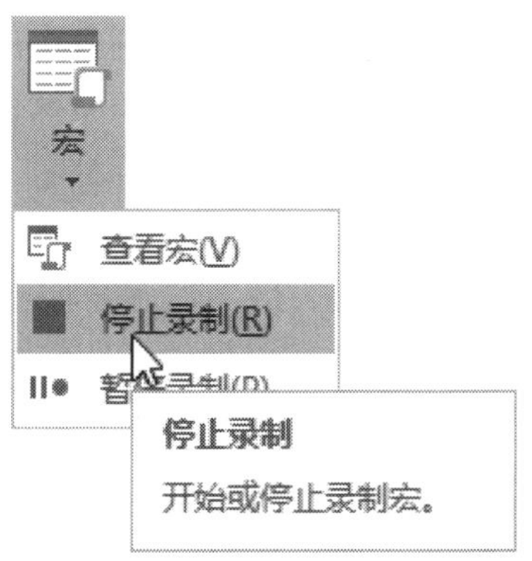

图7-77

第7步：单击“文件”选项卡，在列表中执行“另存为”命令，单击右侧的“浏览”选项，弹出“另存为”对话框，在左侧列表中选择考生文件夹所在位置，在“文件名”文本框中输入文件名“A7-A”，在“保存类型”下拉列表中选择“启用宏的Word

文档(*.docm)”，单击“保存”按钮，如图7-78所示。

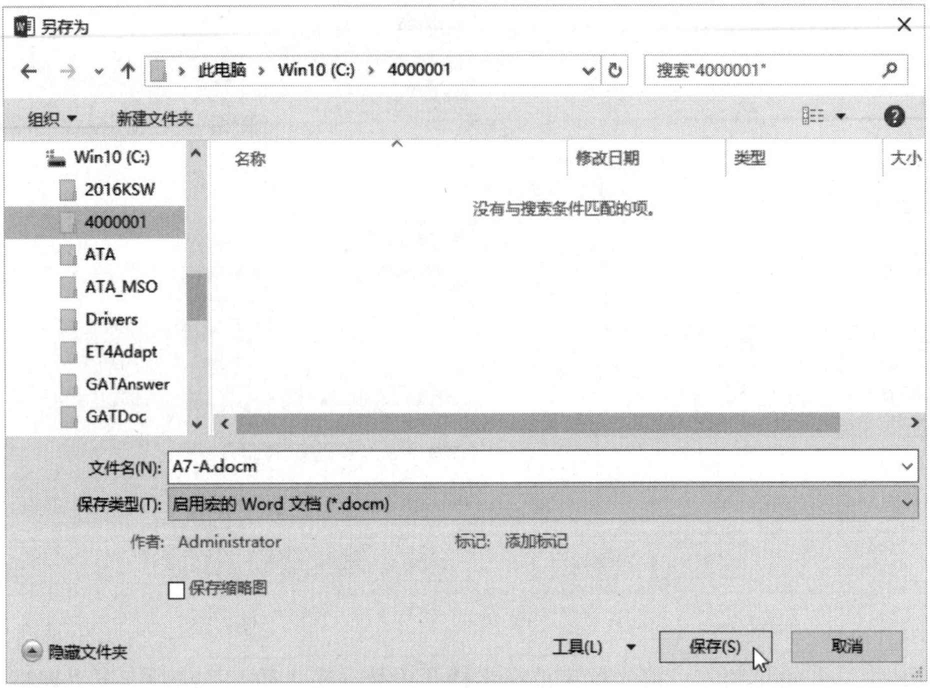

图7-78

5. 邮件合并

第1步：打开文件C:\2016KSW\DATA2\TF7-2B.docx，单击“文件”选项卡，在列表中执行“另存为”命令，单击右侧的“浏览”选项，弹出“另存为”对话框。在左侧列表中选择考生文件夹所在位置，在“文件名”文本框中输入文件名“A7-B”，单击“保存”按钮。

第2步：在A7-B.docx文档中，单击“邮件”选项卡下“开始邮件合并”组中的“开始邮件合并”按钮，在打开的下拉列表中选择“信函”文档类型。再单击该组中的“选择收件人”按钮，在打开的下拉列表中执行“使用现有列表”命令。

第3步：弹出“选取数据源”对话框，从中选择C:\2016KSW\DATA2\TF7-2C.xlsx文件，单击“打开”按钮。

第4步：弹出“选择表格”对话框，选中Sheet1工作表，单击“确定”按钮。

第5步：将光标定位在“同学：”前面，在“邮件”选项卡下“编写和插入域”组中单击“插入合并域”按钮下方的下三角箭头，从打开的下拉列表中选择“姓名”域。以此类推，分别将“语文成绩”“语文绩点”“数字成绩”“数学绩点”“英语成绩”“英语绩点”“总分数”“总绩点”“排名”和“授予称号”插入到相应的位置处。

第6步：完成“插入合并域”操作，依次进行核对并确保无误。

第7步：通过预览功能核对邮件内容无误后，在“邮件”选项下“完成”组中单击“完成并合并”按钮，在打开的下拉列表中，执行“编辑单个文档”命令。

第8步：弹出“合并到新文档”对话框，选中“全部”单选按钮，单击“确定”按钮，即可完成邮件合并操作，并自动生成新文档“信函1”。

第9步：在新文档“信函1”中，单击“文件”选项卡，在列表中执行“另存为”命令，单击右侧的“浏览”选项，弹出“另存为”对话框，在左侧列表中选择考生文件夹所在位置，在“文件名”文本框中输入文件名“A7-C”，单击“保存”按钮并关闭即可。

7.3 第3题解答

打开文档：单击“文件”选项卡，在列表中执行“打开”命令，单击右侧的“浏览”选项，在弹出的“打开”对话框中，首先从左侧列表中选择考生文件夹所在的位置，然后从右侧列表中选择“A7.docx”文件，单击“打开”按钮。

1. 选择性粘贴

第1步：在Excel中打开文件C:\2016KSW\DATA2\TF7-3A.xlsx，选中Sheet1工作表中的单元格区域B2:I8，按Ctrl+C组合键。

第2步：切换到A7.docx的操作界面，将光标定位在文本“天宇公司职员登记表”下方，在“开始”选项卡下“剪贴板”组中单击“粘贴”按钮下方的下三角箭头，在打开的列表中执行“选择性粘贴”命令。

第3步：在弹出的“选择性粘贴”对话框中选中“粘贴”单选按钮，在“形式”列表中选中“Microsoft Excel 工作表 对象”选项，并单击“确定”按钮。

2. 文本与表格间的相互转换

第1步：在A7.docx中，选中“正阳一中课程表”下要转换为表格的所有文本，在“插入”选项卡下“表格”组中单击“表格”按钮，在打开的下拉列表中执行“文本转换成表格”命令。

第2步：弹出“将文字转换成表格”对话框，在“列数”文本框中调整或输入“5”，在“行数”文本框中系统会根据所选定的内容自动设置数值；在“‘自动调整’操作”选项区域选中“固定列宽”单选按钮，然后在其后面文本框中调整或输入“2厘米”；在“文字分隔位置”选项区域选中“制表符”单选按钮，单击“确定”按钮，如图7-79所示。

第3步：选中整个表格，在“表格工具”的“设计”选项卡下“表格样式”组中单击“表格样式”右下角的“其他”按钮，在打开的列表中“网格表”区域选择“网格表4 - 着色4”表格样式。

第4步：选中整个表格，在“表格工具”的“布局”选项卡下“表”组中单击“属性”按钮。

第5步：打开“表格属性”对话框，在“表格”选项卡下的“对齐方式”选项区域选中“居中”按钮，单击“确定”按钮，如图7-80所示。

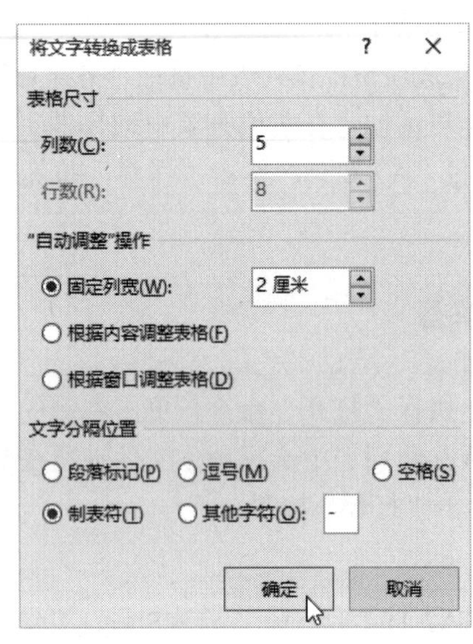

图7-79

图7-80

3. 文本中插入图表

第1步：在A7.docx中，将光标定位在文档结尾处，在“插入”选项卡下“插图”组中单击“图表”按钮。

第2步：在弹出的“插入图表”对话框中，在左侧“所有图表”列表中选择“饼图”，右侧列表中选择“饼图”，单击“确定”按钮。

第3步：此时系统自动弹出Excel工作表，在Excel窗口中可以编辑图表的数据。首先切换至TF7-3A.xlsx工作表中，然后分别复制数据区域C2:C8和I2:I8至A7.docx文档内所插入的工作表中，粘贴覆盖原表格中的数据，可以看见Word窗口中会同步显示相关的图表内容。

第4步：选中所插入的图表，在“图表工具”的“设计”选项卡下单击“图表布局”组中的“快速布局”按钮，在打开的库中选择“布局4”。

4. 录制新宏

第1步：单击“开始”按钮，打开“开始”菜单，在“所有应用”子菜单中执行“Excel 2016”命令，在弹出的对话框中单击“空白工作簿”选项，创建一个新的Excel文件。

第2步：在“视图”选项卡下“宏”组中单击“宏”按钮下方的下三角箭头，在打开的列表中执行“录制宏”命令。

第3步：弹出“录制宏”对话框，在“宏名”文本框中输入新录制宏的名称“A7A”，将鼠标定位在“快捷键”下面的空白文本框中，同时按下Shift+A组合键，在“保存在”下拉列表中选择“当前工作簿”，单击“确定”按钮。

第4步：开始录制宏。选中表格的任意单元格，在“开始”选项卡下“字体”组的“字体”下拉列表中选择“华文细黑”，在“字号”下拉列表中选择“24”磅，在“字

体颜色”列表中选择标准色中的“蓝色”。

第5步：在“视图”选项卡下“宏”组中单击“宏”按钮下方的下三角箭头，在打开的列表中执行“停止录制”命令。

第6步：单击“文件”选项卡，在列表中执行“另存为”命令，单击右侧的“浏览”选项，弹出“另存为”对话框，在左侧列表中选择考生文件夹所在位置，在“文件名”文本框中输入文件名“A7-A”，在“保存类型”列表中选择“Excel 启用宏的工作簿(*.xlsm)”，单击“保存”按钮。

5. 邮件合并

第1步：打开文件C:\2016KSW\DATA2\TF7-3B.docx，单击“文件”选项卡，在列表中执行“另存为”命令。单击右侧的“浏览”选项，弹出“另存为”对话框，在左侧列表中选择考生文件夹所在位置，在“文件名”文本框中输入文件名“A7-B”，单击“保存”按钮。

第2步：在A7-B.docx文档中，单击“邮件”选项卡下“开始邮件合并”组中的“开始邮件合并”按钮，在打开的下拉列表中选择“信函”文档类型。再单击该组中的“选择收件人”按钮，在打开的下拉列表中执行“使用现有列表”命令。

第3步：弹出“选取数据源”对话框，从中选择C:\2016KSW\DATA2\TF7-3C.xlsx文件，单击“打开”按钮。

第4步：弹出“选择表格”对话框，选中Sheet1工作表，单击“确定”按钮。

第5步：将光标定位在“部门”后面的单元格中，在“邮件”选项卡下的“编写和插入域”组中单击“插入合并域”按钮下方的下三角箭头，从打开的下拉列表中选择“部门”域。以此类推，分别将“姓名”“职位”“编号”和“工作单位”插入到相应的位置处。

第6步：完成“插入合并域”操作，依次进行核对并确保无误。

第7步：通过预览功能核对邮件内容无误后，在“邮件”选项下“完成”组中单击“完成并合并”按钮，在打开的下拉列表中执行“编辑单个文档”命令。

第8步：弹出“合并到新文档”对话框，选中“全部”单选按钮，单击“确定”按钮，即可完成邮件合并操作，并自动生成新文档“信函1”。

第9步：在新文档“信函1”中，单击“文件”选项卡，在列表中执行“另存为”命令，单击右侧的“浏览”选项，弹出“另存为”对话框，在左侧列表中选择考生文件夹所在位置，在“文件名”文本框中输入文件名“A7-C”，单击“保存”按钮并关闭即可。

7.4 第4题解答

打开文档：单击“文件”选项卡，在列表中执行“打开”命令，单击右侧的“浏览”选项，在弹出的“打开”对话框中，首先从左侧列表中选择考生文件夹所在的位置，然后从右侧列表中选择“A7.docx”文件，单击“打开”按钮。

1. 选择性粘贴

第1步：在Excel中打开文件C:\2016KSW\DATA2\TF7-4A.xlsx，选中Sheet1工作表中

的单元格区域B2:H12，按Ctrl+C组合键。

第2步：切换到A7.docx的操作界面，将光标定位在文本“员工薪资管理表”下方，在“开始”选项卡下“剪贴板”组中单击“粘贴”按钮下方的下三角箭头，在打开的列表中执行“选择性粘贴”命令。

第3步：在弹出的“选择性粘贴”对话框中选中“粘贴”单选按钮，在“形式”列表中选中“Microsoft Excel 工作表 对象”选项，并单击“确定”按钮。

2. 文本与表格间的相互转换

第1步：在A7.docx中，选中“太原市常用花卉统计”文本下的整个表格，在“表格工具”的“布局”选项卡下单击“数据”组中的“转换为文本”按钮。

第2步：在弹出的“表格转换成文本”对话框中，在“文字分隔符”区域选中“制表符”复选框，单击“确定”按钮，即可将表格转换成文本。

3. 文本中插入图表

第1步：在A7.docx中，将光标定位在文档结尾处，在“插入”选项卡下“插图”组中单击“图表”按钮。

第2步：在弹出的“插入图表”对话框中，在左侧“所有图表”列表中选择“折线图”，在右侧列表中选择“折线图”，单击“确定”按钮。

第3步：此时系统自动弹出Excel工作表，在Excel窗口中可以编辑图表的数据。首先切换至TF7-4A.xlsx工作表中，然后分别复制数据区域B2:B12和D2:G12至A7.docx文档内所插入的工作表中，粘贴覆盖原表格中的数据，可以看见Word窗口中会同步显示相关的图表内容。

第4步：选中所插入的图表，在“图表工具”的“设计”选项卡下“图表样式”组中单击右下角的“其他”按钮，在打开的库中选择“样式2”。在图表的标题位置输入文本“员工各项补助统计”。

4. 录制新宏

第1步：单击“开始”按钮，打开“开始”菜单，在“所有应用”子菜单中单击“Word 2016”命令，在弹出的对话框中单击“空白文档”选项，创建一个新的Word文件。

第2步：在“视图”选项卡下“宏”组中单击“宏”按钮下方的下三角箭头，在打开的列表中执行“录制宏”命令。

第3步：弹出“录制宏”对话框，在“宏名”文本框中输入新录制宏的名称“A7A”，在“将宏保存在”下拉列表中选择当前文档，单击“键盘”图标。

第4步：弹出“自定义键盘”对话框，在“请按新快捷键”文本框中按Ctrl+Shift+F组合键，在“将更改保存在”下拉列表中选择当前文档，然后单击“指定”按钮，即可指定运行该宏的快捷键，最后单击“关闭”按钮。

第5步：开始录制宏。将光标定位在文档开头处，在“开始”选项卡下“字体”组的“字体颜色”列表中选择标准色的“紫色”，单击“下划线”按钮后方的下三角箭头，在打开的列表中选择“双下划线”。

第6步：在“视图”选项卡下“宏”组中单击“宏”按钮下方的下三角箭头，在打开的列表中执行“停止录制”命令。

第7步：单击“文件”选项卡，在列表中执行“另存为”命令，单击右侧的“浏览”选项，弹出“另存为”对话框，在左侧列表中选择考生文件夹所在位置，在“文件名”文本框中输入文件名“A7-A”，在“保存类型”列表中选择“启用宏的Word文档(*.docm)”，单击“保存”按钮。

5. 邮件合并

第1步：打开文件C:\2016KSW\DATA2\TF7-4B.docx，单击“文件”选项卡，在列表中执行“另存为”命令。单击右侧的“浏览”选项，弹出“另存为”对话框，从左侧列表中选择考生文件夹所在位置，在“文件名”文本框中输入文件名“A7-B”，单击“保存”按钮。

第2步：在A7-B.docx文档中，单击“邮件”选项卡下“开始邮件合并”组中的“开始邮件合并”按钮，在打开的下拉列表中选择“信函”文档类型。再单击该组中的“选择收件人”按钮，在打开的下拉列表中执行“使用现有列表”命令。

第3步：弹出“选取数据源”对话框，从中选择C:\2016KSW\DATA2\TF7-4C.xlsx文件，单击“打开”按钮。

第4步：弹出“选择表格”对话框，选中Sheet1工作表，单击“确定”按钮。

第5步：将光标定位在“先生/女士：您好！”前面，在“邮件”选项卡下的“编写和插入域”组中单击“插入合并域”按钮下方的下三角箭头，从打开的下拉列表中选择“姓名”域。以此类推，分别将“型号”“单价”“台数”和“电脑城”插入到相应的位置处。

第6步：完成“插入合并域”操作，依次进行核对并确保无误。

第7步：通过预览功能核对邮件内容无误后，在“邮件”选项下“完成”组中单击“完成并合并”按钮，在打开的下拉列表中执行“编辑单个文档”命令。

第8步：弹出“合并到新文档”对话框，选中“全部”单选按钮，单击“确定”按钮，即可完成邮件合并操作，并自动生成新文档“信函1”。

第9步：在新文档“信函1”中，单击“文件”选项卡，在列表中执行“另存为”命令，单击右侧的“浏览”选项，弹出“另存为”对话框，在左侧列表中选择考生文件夹所在位置，在“文件名”文本框中输入文件名“A7-C”，单击“保存”按钮并关闭即可。

7.5　第5题解答

打开文档：单击“文件”选项卡，在列表中执行“打开”命令，单击右侧的“浏览”选项，在弹出的“打开”对话框中，首先从左侧列表中选择考生文件夹所在的位置，然后从右侧列表中选择“A7.docx”文件，单击“打开”按钮。

1. 选择性粘贴

第1步：在Excel中打开文件C:\2016KSW\DATA2\TF7-5A.xlsx，选中Sheet1工作表中的单元格区域B2:H11，按Ctrl+C组合键。

第2步：切换到A7.docx的操作界面，将光标定位在文本“2016年成都市区在售楼盘情况”下方，在“开始”选项卡下“剪贴板”组中单击“粘贴”按钮下方的下三角箭头，在打开的列表中执行“选择性粘贴”命令。

第3步：在弹出的“选择性粘贴”对话框中选中“粘贴”单选按钮，在“形式”列表中选中“Microsoft Excel 工作表 对象”选项，并单击“确定”按钮。

2. 文本与表格间的相互转换

第1步：在A7.docx中，选中“城中各街道种植树木统计表”下方要转换为表格的所有文本，在“插入”选项卡下“表格”组中单击“表格”按钮，在打开的下拉列表中执行“文本转换成表格”命令。

第2步：弹出“将文字转换成表格”对话框，在“列数”文本框中调整或输入“7”，在“行数”文本框中系统会根据所选定的内容自动设置数值；在“‘自动调整’操作”选项区域选中“根据内容调整表格”单选按钮；在“文字分隔位置”选项区域选中“制表符”单选按钮，单击“确定”按钮。

第3步：选中整个表格，在“表格工具”的“设计”选项卡下“表格样式”组中单击“表格样式”右下角的“其他”按钮，在打开的列表中“网格表”区域选择“网格表5 深色 - 着色2”的表格样式。

第4步：选中整个表格，在“表格工具”的“布局”选项卡下“表”组中单击“属性”按钮。

第5步：弹出“表格属性”对话框，在“表格”选项卡下的“对齐方式”选项区域选中“居中”按钮，单击“确定”按钮。

3. 文本中插入图表

第1步：在A7.docx中，将光标定位在文档结尾处，在“插入”选项卡下“插图”组中单击“图表”按钮。

第2步：在弹出的“插入图表”对话框中，在左侧“所有图表”列表中选择“饼图”，在右侧列表中选择“复合条饼图”，单击“确定”按钮。

第3步：此时系统自动弹出Excel工作表，在Excel窗口中可以编辑图表的数据。首先切换至TF7-5A.xlsx工作表中，然后分别复制数据区域B2:B11和F2:F11至A7.docx文档内所插入的工作表中，粘贴覆盖原表格中的数据，可以看见Word窗口中会同步显示相关的图表内容。

第4步：选中所插入的图表，在图表右侧出现的快捷按钮中单击“图表元素”按钮，从打开的“图表元素”列表中仅选中“数据标签、图例”两个图表元素。单击“数据标签”右侧的三角箭头，在打开的列表中选择“数据标签内”选项；单击“图例”右侧的三角箭头，在打开的列表中选择“右”选项显示图例区域。

4. 录制新宏

第1步：单击“开始”按钮，打开“开始”菜单，在“所有应用”子菜单中单击“Excel 2016”命令，在弹出的对话框中单击“空白工作簿”选项，创建一个新的Excel文件。

第2步：在“视图”选项卡下“宏”组中单击“宏”按钮下方的下三角箭头，在打开的列表中执行“录制宏”命令。

第3步：弹出“录制宏”对话框，在“宏名”文本框中输入新录制宏的名称“A7A”，将鼠标定位在“快捷键”下面的空白文本框中，同时按下Shift+F组合键，在“保存在”下拉列表中选择“当前工作簿”，单击“确定”按钮。

第4步：开始录制宏。选中表格的任意单元格，在“开始”选项卡下“单元格”组中单击“格式”下拉按钮，在打开的列表中执行“列宽”命令。

第5步：弹出“列宽”设置对话框，在“列宽”文本框中输入数值“20”，单击“确定”按钮。

第6步：在“视图”选项卡下“宏”组中单击“宏”按钮下方的下三角箭头，在打开的列表中执行“停止录制”命令。

第7步：单击“文件”选项卡，在列表中执行“另存为”命令，单击右侧的“浏览”选项，弹出“另存为”对话框，在左侧列表中选择考生文件夹所在位置，在“文件名”文本框中输入文件名“A7-A”，在“保存类型”列表中选择“Excel 启用宏的工作簿(*.xlsm)”，单击“保存”按钮。

5. 邮件合并

第1步：打开文件C:\2016KSW\DATA2\TF7-5B.docx，单击“文件”选项卡，在列表中执行“另存为”命令。单击右侧的“浏览”选项，弹出“另存为”对话框，从左侧列表中选择考生文件夹所在位置，在“文件名”文本框中输入文件名“A7-B”，单击“保存”按钮。

第2步：在A7-B.docx文档中，单击“邮件”选项卡下“开始邮件合并”组中的“开始邮件合并”按钮，在打开的下拉列表中选择“信函”文档类型。再单击该组中的“选择收件人”按钮，在打开的下拉列表中执行“使用现有列表”命令。

第3步：弹出“选取数据源”对话框，从中选择C:\2016KSW\DATA2\TF7-5C.xlsx文件，单击“打开”按钮。

第4步：弹出“选择表格”对话框，选中Sheet1工作表，单击“确定”按钮。

第5步：将光标定位在“学号”后面的单元格中，在“邮件”选项卡下的“编写和插入域”组中单击“插入合并域”按钮下方的下三角箭头，从打开的下拉列表中选择“学号”域。以此类推，分别将“姓名”“基础数学”“大学语文”“动画制作”“网页制作”“计算机英语”“计算机编程”和“C程序设计”插入到相应的位置处。

第6步：完成“插入合并域”操作，依次进行核对并确保无误。

第7步：通过预览功能核对邮件内容无误后，在“邮件”选项下“完成”组中单击“完成并合并”按钮，在打开的下拉列表中执行“编辑单个文档”命令。

第8步：弹出“合并到新文档”对话框，选中“全部”单选按钮，单击“确定”按钮，即可完成邮件合并操作，并自动生成新文档“信函1”。

第9步：在新文档“信函1”中，单击“文件”选项卡，在列表中执行“另存为”命令，单击右侧的“浏览”选项，弹出“另存为”对话框，在左侧列表中选择考生文件夹所在位置，在“文件名”文本框中输入文件名“A7-C”，单击“保存”按钮并关闭即可。

第8章　演示文稿的基本操作

Ⅰ. 知识讲解

知识要点

- 幻灯片的基本操作。
- 文本操作与主题应用。

评分细则

本章有4个评分点，每题8分。

评分点	分值	得分条件	判分要求
新建演示文稿	2	在指定文件夹中正确创建A8.pptx	内容不作要求
幻灯片的复制、移动与删除	2	正确复制、粘贴指定幻灯片 正确移动或删除指定幻灯片	幻灯片复制粘贴位置正确 幻灯片移动位置正确，删除指定幻灯片正确
文本的输入与编辑	2	正确录入标题文本，编辑文本的字体格式和对齐方式	文本内容、字体格式、对齐方式均须正确
演示文稿的简单设计	2	正确应用指定的主题	主题样式使用正确

8.1　幻灯片的基本操作

8.1.1　PowerPoint 2016简介

1. PowerPoint 2016文档的格式

PowerPoint 2016相较于以往版本有了很大的变化，其新的文件扩展名是在以前基础上添加“x”或“m”，“x”表示不含宏的PowerPoint文件，而“m”表示含有宏的PowerPoint文件。

演示文稿和幻灯片之间的关系类似于一本书和书中每一页之间的关系。一本书由不同的页组成，各种文字和图片都书写、打印到每一页上。演示文稿是由幻灯片组成的，所有数据（包括文字、数字、符号、图片、图表、声音、视频等）都插入到幻灯片中。

2. PowerPoint 2016窗口

启动PowerPoint 2016后，进入开始屏幕，PowerPoint提供了诸如使用模板、主题、最近的演示文稿或空白演示文稿等多种方式来打开一个演示文稿，如图8-1所示。

图8-1

如果要从空白演示文稿开始，则需单击“空白演示文稿”选项，打开新建的演示文稿窗口，窗口中各组成部分的功能介绍如图8-2所示。

图8-2

8.1.2 创建演示文稿

1. 演示文稿基本制作流程

制作演示文稿的基本流程包括创建新的演示文稿、编辑幻灯片内容、美化演示文稿、保存文件、放映演示文稿等步骤，如图8-3所示。

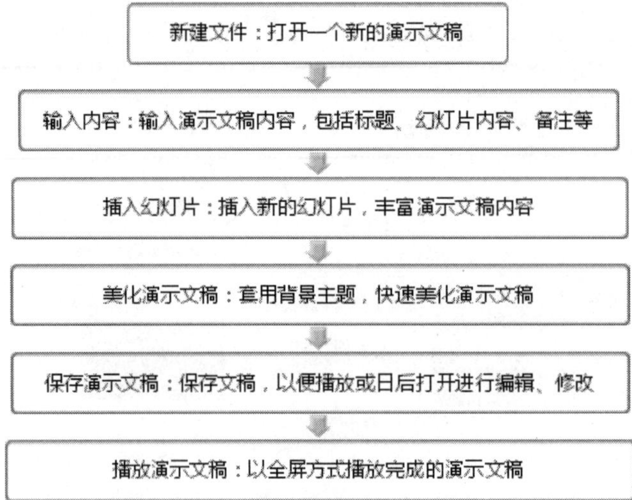

图8-3

2. 创建演示文稿

在对演示文稿进行编辑之前，首先要创建一个演示文稿。演示文稿由一系列幻灯片组成，而幻灯片可以包括醒目的标题、详细的说明文字、生动的图片以及多媒体组件等元素。创建演示文稿可分为新建空白演示文稿和利用模板创建带有专业设计的演示文稿两种方式。

只需在启动PowerPoint 2016程序后，从页面左侧列表中单击“新建”按钮，在右侧列表中单击“空白演示文稿”选项，即可创建一个全新的空白演示文稿，如图8-4所示。

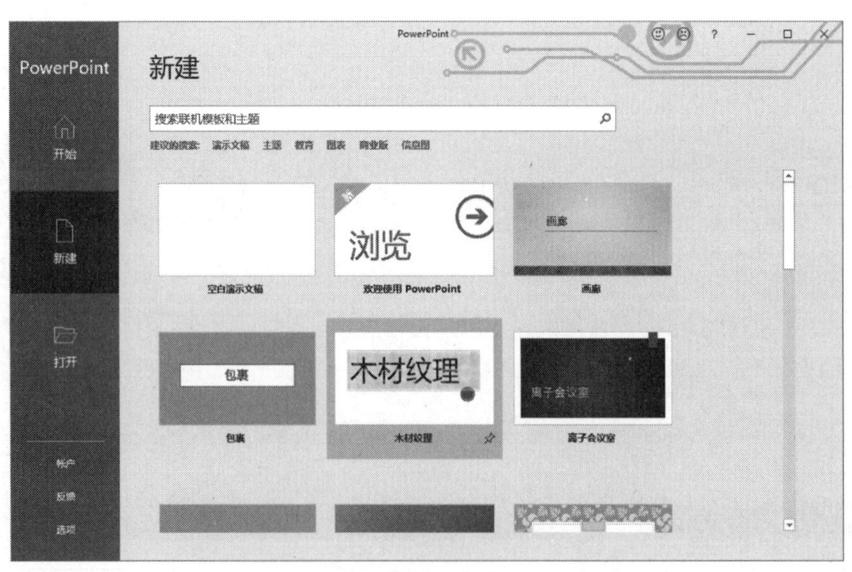

图8-4

模板决定了演示文稿的基本结构，同时决定了其配色方案，应用模板可以使演示文稿具有统一的风格。制作的演示文稿要注重其华丽性和专业性，因为这样才能充分感染

用户。真正好的演示文稿设计，必须要有好的美术概念。如果用户没有什么美术基础，可以使用PowerPoint模板来构建缤纷靓丽、具有专业水平的演示文稿。

在PowerPoint“新建”界面的右侧列表中会显示可使用的模板和主题，如图8-5所示。单击要使用的模板（如“标题”），将弹出如图8-6所示的窗口，从中可选择不同的配色，再单击“创建”按钮，即可根据当前选定的模板创建演示文稿。

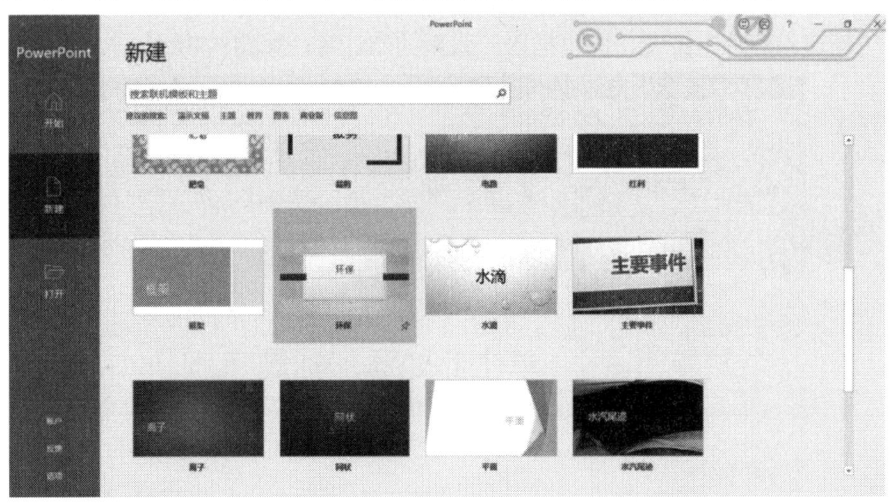

图8-5

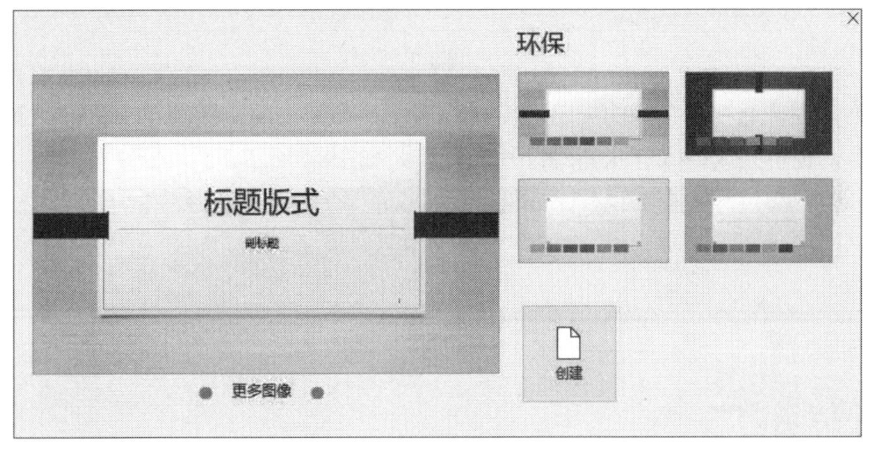

图8-6

8.1.3 幻灯片的基本操作

一般来说，一个演示文稿中会包含多张幻灯片，对这些幻灯片进行管理已成为维护演示文稿的重要任务。在制作演示文稿的过程中，可以进行插入、删除、复制、移动幻灯片等操作。

对幻灯片进行操作之前，必须先选中幻灯片，可以选中单张幻灯片，也可以选中多张幻灯片。在普通视图中选中单张幻灯片，可以直接单击左侧窗格中的幻灯片缩略图。要在幻灯片浏览视图中选中多张连续的幻灯片：可先单击第1张幻灯片的缩略图，使该

幻灯片的周围出现边框，再按住Shift键并单击最后一张幻灯片的缩略图即可。要在幻灯片浏览视图中选中多张不连续的幻灯片：先单击第1张幻灯片的缩略图，然后在按住Ctrl键的同时分别单击要选中的幻灯片缩略图即可。

1. 插入（新建）幻灯片

如果要在演示文稿中插入或新建一张幻灯片，可在“开始”选项卡下“幻灯片”组中单击“新建幻灯片”按钮，即可插入一张新的幻灯片，如图8-7所示。

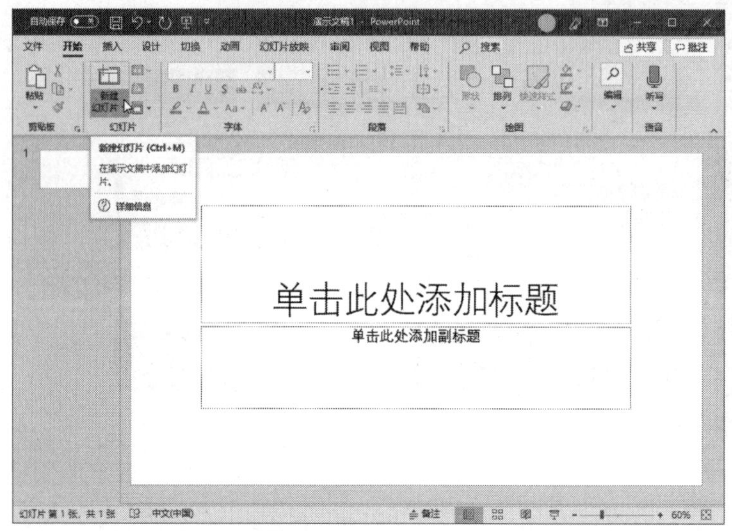

图8-7

另外，在普通视图左侧的缩略图窗格中右击，在弹出的快捷菜单中执行“新建幻灯片”命令，也可完成插入一张新幻灯片的操作，如图8-8所示。

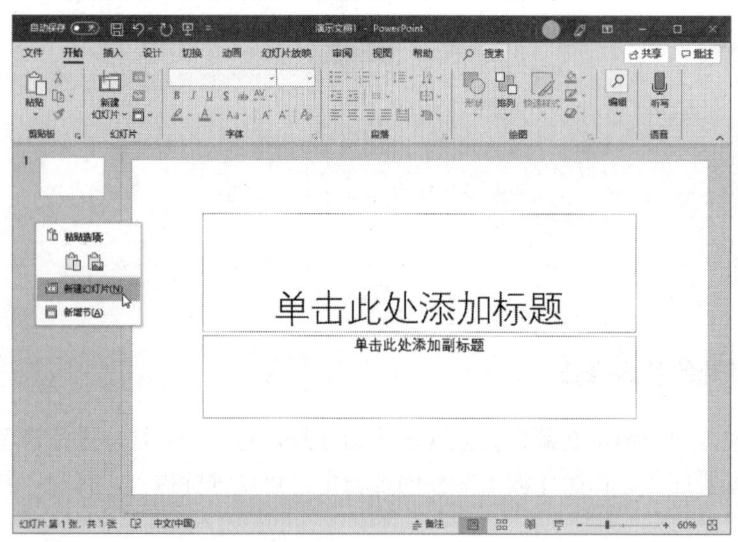

图8-8

2. 删除幻灯片

用户可以将演示文稿中没有用的幻灯片删除，以便对演示文稿进行管理。删除幻灯

片有以下几种方法：

方法1：在普通视图的左侧窗格中，右击要删除的幻灯片缩略图，然后在弹出的快捷菜单中执行“删除幻灯片”命令，即可将幻灯片删除。

方法2：在普通视图的左侧窗格中选中要删除的幻灯片，直接按Delete键，即可删除该页幻灯片。

方法3：在普通视图的左侧窗格中选中要删除的幻灯片，单击“开始”选项卡下“剪贴板”组中的“剪切”按钮✂，即可删除该页幻灯片。

3. 移动幻灯片

如果要在幻灯片浏览视图中调整幻灯片的顺序，应先选中要移动的幻灯片，按住鼠标左键拖动，拖到相应的位置后会自动腾出空间来容纳此幻灯片，释放鼠标左键，选中的幻灯片会出现在相应的位置。

另外，还可以使用“剪切”和“粘贴”按钮来调整幻灯片的顺序，具体的操作步骤是：在幻灯片浏览视图中选中要移动的幻灯片，单击“开始”选项卡下“剪贴板”组中“剪切”按钮，将选定的幻灯片删除并存放到剪贴板中；单击要插入幻灯片的两个幻灯片之间的位置，当该位置出现一个竖线插入点时，单击“剪贴板”组中的“粘贴”按钮，将剪贴板中的幻灯片粘贴到新的位置即可。

4. 复制幻灯片

在制作演示文稿的过程中，可能有几张幻灯片的版式、背景等元素都是相同的，只是其中的部分文本不同而已，这时可以复制幻灯片，然后对复制后的幻灯片进行修改。复制幻灯片有以下几种方法：

方法1：在普通视图的左侧窗格中找到要复制的幻灯片，在按住Ctrl键的同时按住鼠标左键拖动选中的幻灯片，移动到要放置的位置，释放鼠标左键，再松开Ctrl键，选中的幻灯片即被复制到目的位置。

方法2：选中要复制的幻灯片，单击“开始”选项卡下“剪贴板”组中的“复制”按钮，移动鼠标到要放置幻灯片的位置，单击“开始”选项卡下“剪贴板”组中的“粘贴”按钮即可。

方法3：使用快捷键进行复制，先选中要复制的幻灯片，按Ctrl+C组合键复制，移动鼠标到要放置幻灯片的位置，按Ctrl+V组合键粘贴即可。

方法4：在普通视图的左侧窗格中右击要复制的幻灯片，在弹出的快捷菜单中执行“复制幻灯片”命令，即可在其下方复制一个新的幻灯片。

8.2　文本操作与主题应用

8.2.1　文本操作

1. 输入文本

演示文稿的目标是沟通交流，而用户之间最主要的沟通交流工具是语言文字，所以

演示文稿最重要的核心是文本。PowerPoint能够很容易地输入、编辑文本，并且制作出特殊的效果，从而使演示文稿更加生动。

当打开一个空白演示文稿时，系统会自动插入一张标题幻灯片。在该页幻灯片中，共有两个虚线框，这两个虚线框称为占位符，占位符中会显示“单击此处添加标题”和“单击此处添加副标题”的字样。要为幻灯片添加标题，可单击标题占位符，此时插入点出现在占位符中，即可输入标题内容。要为幻灯片添加副标题，可单击副标题占位符，然后输入副标题的内容，如图8-9所示。

图8-9

2. 编辑文本

在PowerPoint演示文稿中选中输入的文本，即可在“开始”选项卡下“字体”组中进行字体、字号、字形、字色等设置，如图8-10所示。具体设置方法与Word、Excel的设置方法基本相同。

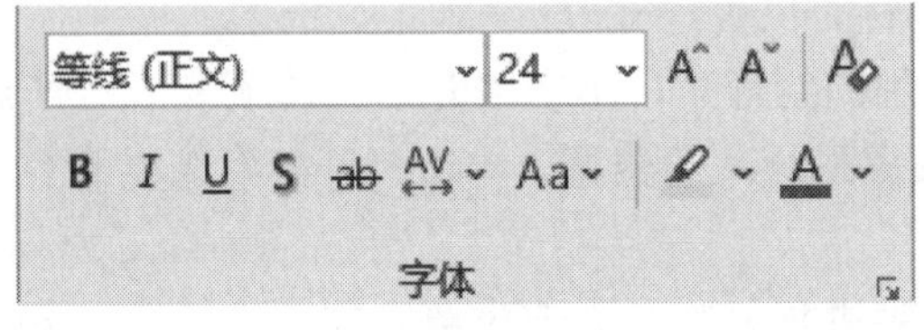

图8-10

8.2.2 主题应用

1. 应用默认主题

主题包括一组主题颜色、一组主题字体（标题字体和正文字体）和一组主题效果（线条和填充效果）。通过应用主题，用户可以快速而轻松地设置演示文稿的格式，赋予它专业和时尚的外观。

如果要快速为幻灯片应用一种主题，具体的操作步骤为：打开要应用主题的演示文稿，在“设计”选项卡下“主题”组中选择要应用主题样式，或者单击右下角的“其他”按钮，如图8-11所示，从中可以查看所有可用的主题，单击某一主题样式，即可将其应用于当前演示文稿。

如果某个主题还有许多变体（如不同的配色方案和字体系列），可以从“变体”组中选择并应用其中一种效果。

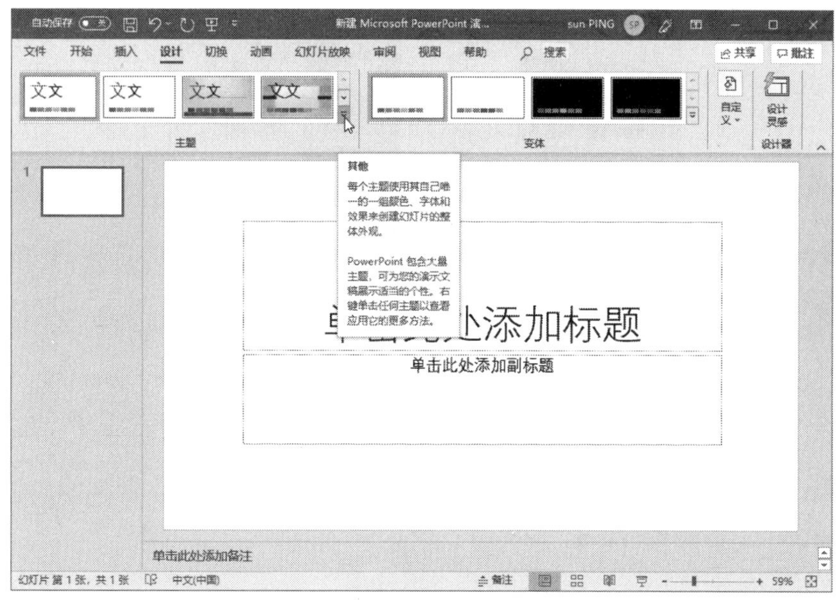

图8-11

2. 自定义主题

如果默认的主题不符合需求，还可以自定义主题。具体的操作步骤为：在“设计”选项卡下单击“变体”组右下角的“其他”按钮，在弹出的下拉列表中执行“颜色”列表下的“自定义颜色”命令，如图8-12所示。

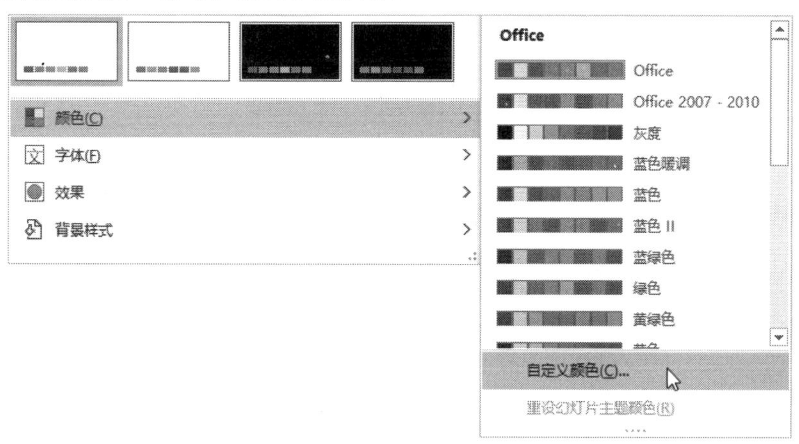

图8-12

弹出“新建主题颜色”对话框，如图8-13所示，在“主题颜色”窗格中单击要更改的主题颜色元素对应的按钮，从中选择所需的颜色，并在右侧“示例”窗格中查看预览效果。设置完成后，可在“名称”文本框中为新的主题颜色输入一个适当的名称，然后单击“保存”按钮，该自定义的主题颜色便被保存并可应用了。使用同样方法，还可以设置新的“主题字体”。

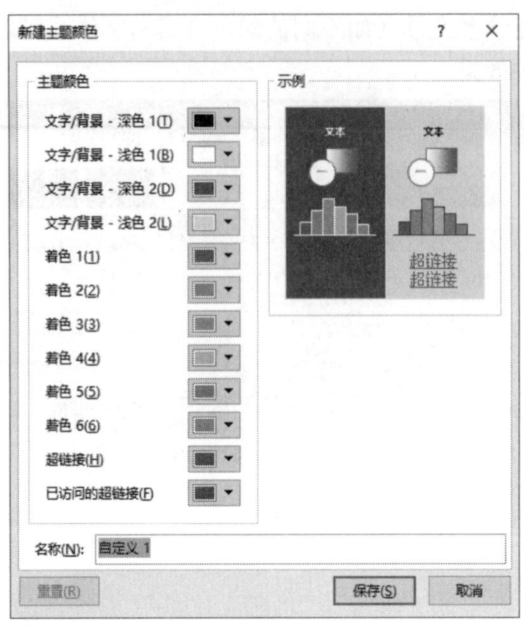

图8-13

在“设计”选项卡下“变体”组中的“其他”命令菜单中选择“效果”选项，可以从其子菜单中选择并应用一种主题效果（用于指定线条与填充效果）。

以上各项设置完毕后，单击“设计”选项卡下“主题”组中右下角的“其他”按钮，在下拉列表中执行“保存当前主题”命令，如图8-14所示。在出现的对话框中输入文件名并单击“保存”按钮。保存自定义主题后，即可在主题菜单中看到创建的主题。

图8-14

Ⅱ. 试题汇编

8.1　第1题

【操作要求】

1. 新建演示文稿

在“Microsoft PowerPoint 2016”程序中，新建一个演示文稿，以A8.pptx为文件名保存至考生文件夹中。

2. 幻灯片的基本操作

- **复制**：将C:\2016KSW\DATA2\TF8-1.pptx中的5张幻灯片复制至A8.pptx中新建幻灯片之后。
- **移动**：将幻灯片“谢谢观赏”页移动至最后一页。

3. 文本的输入与编辑

按【样文8-1】所示，在第1张幻灯片中添加标题文字“环境科学”，设置字体为“华文新魏”、字号为“96磅”、分散对齐；添加副标题“——生物净化”，设置字体为“隶书”、字号为“40磅”、右对齐。

4. 演示文稿的简单设计

按【样文8-1】所示，为所有幻灯片应用“切片”主题效果。

【样文8-1】

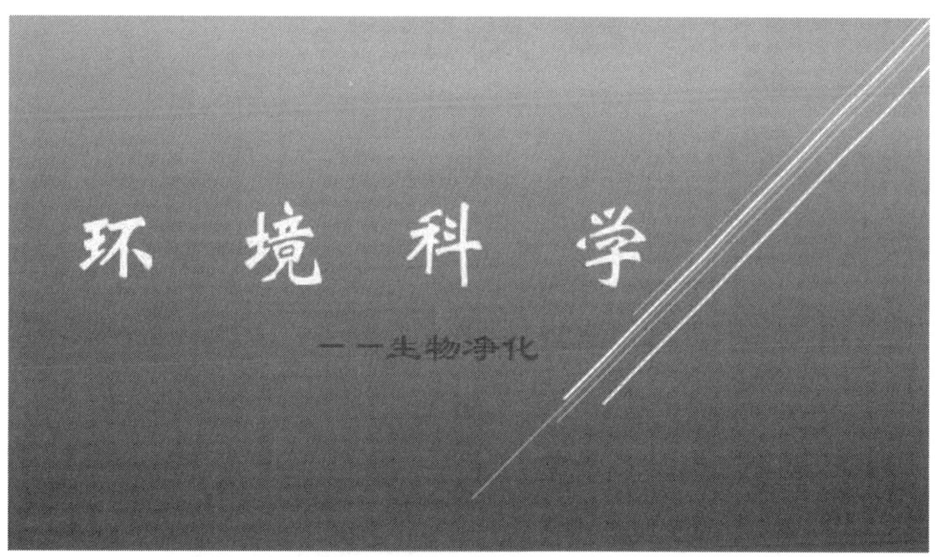

8.2 第2题

【操作要求】

1. 新建演示文稿

在“Microsoft PowerPoint 2016”程序中，新建一个演示文稿，以A8.pptx为文件名保存至考生文件夹中。

2. 幻灯片的基本操作

- **复制：**将C:\2016KSW\DATA2\TF8-2.pptx中的6张幻灯片复制至A8.pptx中新建幻灯片之后。
- **删除：**将幻灯片“娇虎演员”下面的空白幻灯片删除。

3. 文本的输入与编辑

按【样文8-2】所示，在第1张幻灯片中添加标题文字“功夫熊猫”，设置字体为“华文行楷”、字号为“88磅”、居中对齐；添加副标题“——角色介绍”，设置字体为“楷体”、字号为“40磅”、右对齐。

4. 演示文稿的简单设计

按【样文8-2】所示，为所有幻灯片应用“环保”主题效果。

【样文8-2】

8.3 第3题

【操作要求】

1. 新建演示文稿

在“Microsoft PowerPoint 2016”程序中，新建一个演示文稿，以A8.pptx为文件名保存至考生文件夹中。

2. 幻灯片的基本操作

- **复制**：将C:\2016KSW\DATA2\TF8-3.pptx中的5张幻灯片复制至A8.pptx中新建幻灯片之后。
- **移动**：将幻灯片“谢谢欣赏”页移动至最后一页。

3. 文本的输入与编辑

按【样文8-3】所示，在第1张幻灯片中添加标题文字“文房四士”，设置字体为“华文隶书”、字号为“96磅”、分散对齐；添加副标题“——典出宋·陆游《闲居无客所与度日笔砚纸墨而已戏作长句》”，设置字体为“华文行楷”、字号为“18磅”、右对齐。

4. 演示文稿的简单设计

按【样文8-3】所示，为所有幻灯片应用“画廊”主题效果。

【样文8-3】

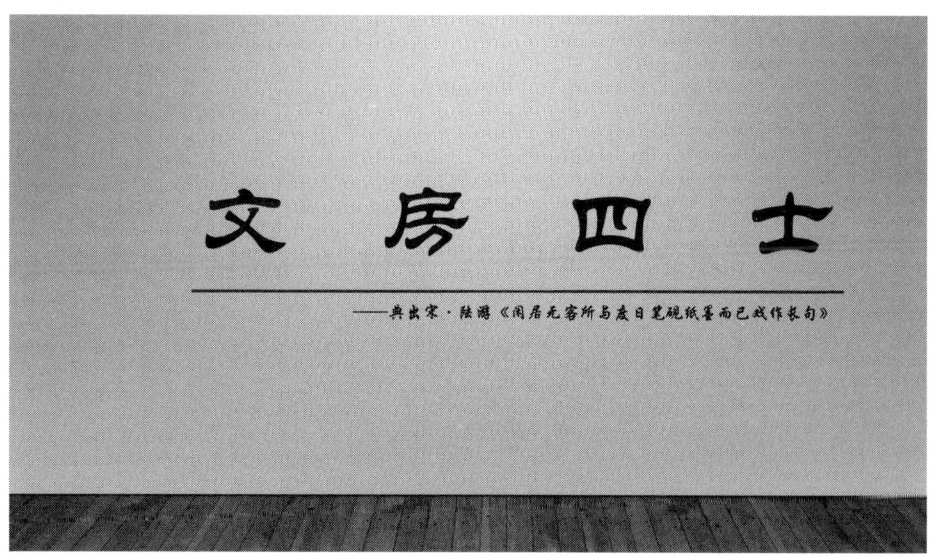

8.4　第4题

【操作要求】

1. 新建演示文稿

在“Microsoft PowerPoint 2016”程序中，新建一个演示文稿，以A8.pptx为文件名保存至考生文件夹中。

2. 幻灯片的基本操作

- **复制：**将C:\2016KSW\DATA2\TF8-4.pptx中的5张幻灯片复制至A8.pptx中新建幻灯片之后。
- **移动：**将后四张幻灯片按照“梅、兰、竹、菊”的顺序重新排列。

3. 文本的输入与编辑

按【样文8-4】所示，在第1张幻灯片中添加标题文字“花中四君子”，设置字体为“华文中宋”、字号为“88磅”，添加文字阴影效果，分散对齐。

4. 演示文稿的简单设计

按【样文8-4】所示，为所有幻灯片应用“丝状”主题效果。

【样文8-4】

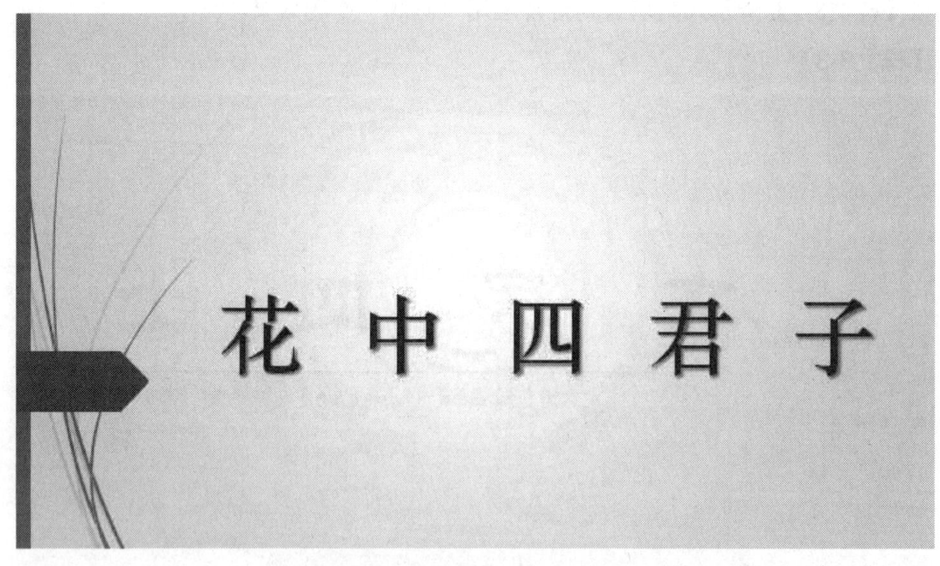

8.5　第5题

【操作要求】

1. 新建演示文稿

在“Microsoft PowerPoint 2016”程序中，新建一个演示文稿，以A8.pptx为文件名保存至考生文件夹中。

2. 幻灯片的基本操作

- **复制**：将C:\2016KSW\DATA2\TF8-5.pptx中的6张幻灯片复制至A8.pptx中新建幻灯片之后。
- **删除**：将幻灯片“太湖”下面的空白幻灯片删除。

3. 文本的输入与编辑

按【样文8-5】所示，在第1张幻灯片中添加标题文字“中国五大湖”，设置字体为“华文彩云”、字号为“96磅”、字体颜色为标准色“黄色”，添加文字阴影效果。

4. 演示文稿的简单设计

按【样文8-5】所示，为所有幻灯片应用“电路”主题效果。

【样文8-5】

Ⅲ. 试题解答

8.1　第1题解答

1. 新建演示文稿

第1步：单击“开始”按钮，打开“开始”菜单，在“所有应用”子菜单中执行“PowerPoint 2016”命令，在弹出的对话框中单击右侧的“空白演示文稿”选项，即可打开一个空白的PowerPoint文档，如图8-15所示。

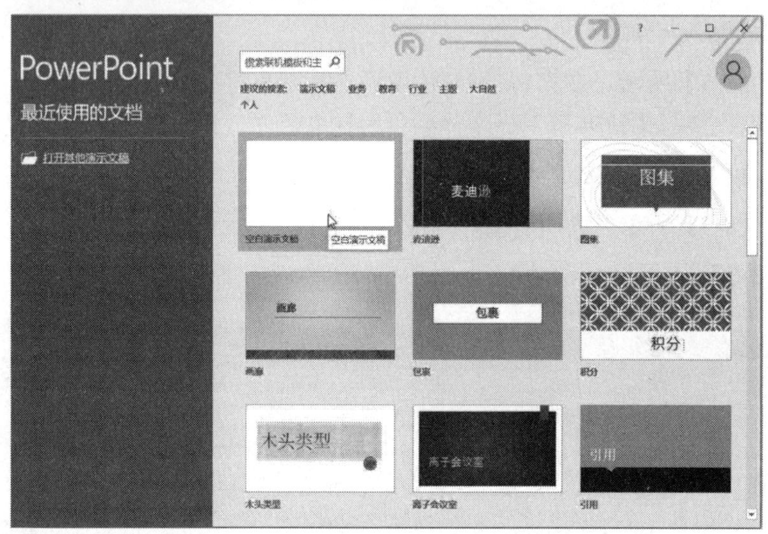

图8-15

第2步：在打开的空白“演示文稿1”中，单击“文件”选项卡，在列表中执行“另存为”命令，单击右侧的“浏览”选项，如图8-16所示，弹出“另存为”对话框。

图8-16

第3步：在“另存为”对话框中，在左侧列表中选择考生文件夹所在的位置，在“文件名”文本框中输入“A8”，如图8-17所示，单击“保存”按钮。

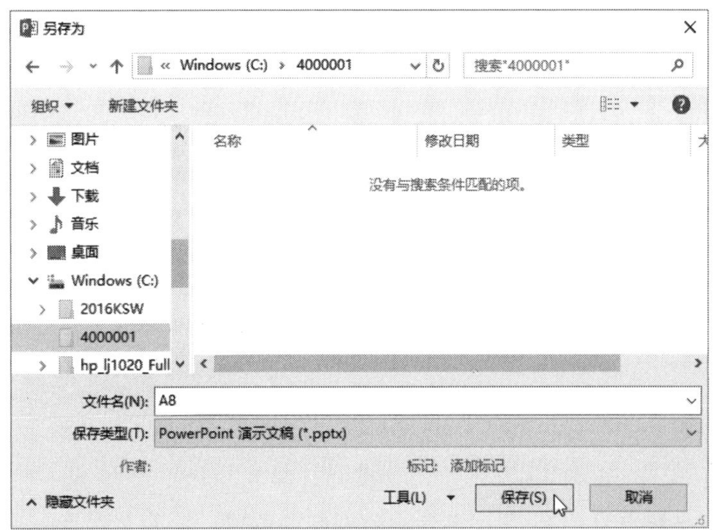

图8-17

2. 幻灯片的基本操作

第1步：单击“文件”选项卡，在列表中执行“打开”命令，单击右侧的“浏览”选项，弹出“打开”对话框。在“打开”对话框中，首先从左侧列表中选择C:\2016KSW\DATA2，然后从右侧列表中选择“TF8-1.pptx”文件，单击“打开”按钮。

第2步：同时选中TF8-1.pptx文档中的5张幻灯片，在“开始”选项卡下“剪贴板”组中单击“复制”按钮，如图8-18所示。

第3步：在A8.pptx文档中，在“开始”选项卡下“剪贴板”组中单击“粘贴”按钮，如图8-19所示。

第4步：选中第4张幻灯片“谢谢观赏”页，在“开始”选项卡下“剪贴板”组中单击“剪切”按钮，如图8-20所示。

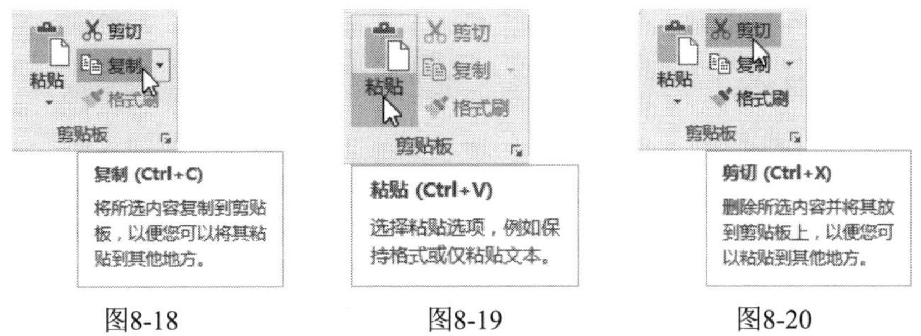

图8-18　图8-19　图8-20

第5步：选中最后一张幻灯片，在“开始”选项卡下“剪贴板”组中单击“粘贴”按钮。

3. 文本的输入与编辑

第1步：将光标定位在第1张幻灯片中的标题位置，输入文本“环境科学”。选中

标题文字，在“开始”选项卡下“字体”组的“字体”下拉列表中选择“华文新魏”，在“字号”下拉列表中选择“96”磅；在“段落”组中单击“分散对齐”按钮，如图8-21所示。

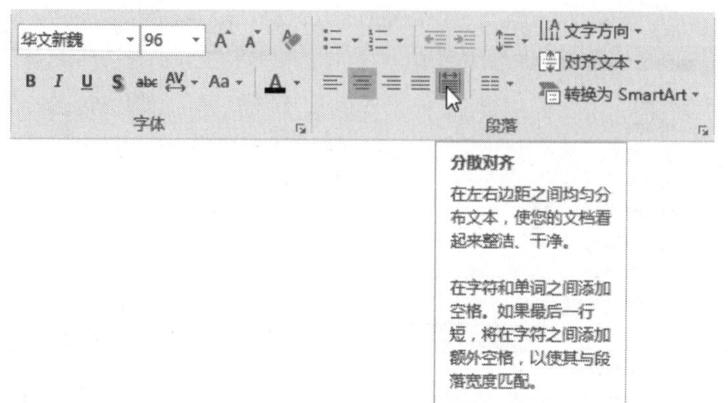

图8-21

第2步：将光标定位在第1张幻灯片中的副标题位置，输入文本“——生物净化”。选中副标题文字，在“开始”选项卡下“字体”组的“字体”下拉列表中选择“隶书”，在“字号”下拉列表中选择“40”磅；在“段落”组中单击“右对齐”按钮。

4. 演示文稿的简单设计

第1步：在“设计”选项卡下“主题”组中单击右下角的“其他”按钮，在打开的库中选择“切片”主题效果，即可为所有幻灯片应用该主题，如图8-22所示。

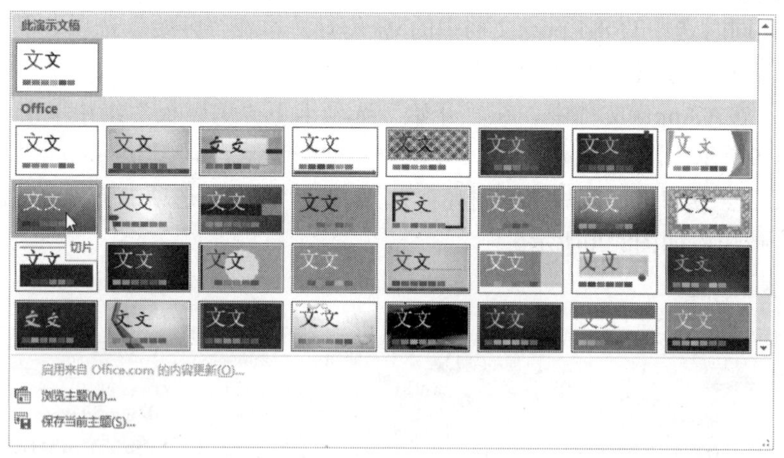

图8-22

第2步：单击“文件”选项卡，在列表中执行“保存”命令。

8.2　第2题解答

1. 新建演示文稿

此部分的操作过程请参考8.1解答，此处略。

2. 幻灯片的基本操作

第1步：单击“文件”选项卡，在列表中执行“打开”命令，单击右侧的“浏览”选项，弹出“打开”对话框。在“打开”对话框中，首先从左侧列表中选择C:\2016KSW\DATA2，然后从右侧列表中选择“TF8-2.pptx”文件，单击“打开”按钮。

第2步：同时选中TF8-2.pptx文档中的6张幻灯片，在“开始”选项卡下“剪贴板”组中单击“复制”按钮。

第3步：在A8.pptx文档中，在“开始”选项卡下“剪贴板”组中单击“粘贴”按钮。

第4步：选中“娇虎演员”下面的空白幻灯片，右击，在打开的快捷菜单中执行“删除幻灯片”命令。

3. 文本的输入与编辑

第1步：将光标定位在第1张幻灯片中的标题位置，输入文本“功夫熊猫”。选中标题文字，在“开始”选项卡下“字体”组的“字体”下拉列表中选择“华文行楷”，在“字号”下拉列表中选择“88”磅；在“段落”组中单击“居中”对齐按钮。

第2步：将光标定位在第1张幻灯片中的副标题位置，输入文本“——角色介绍”。选中副标题文字，在“开始”选项卡下“字体”组的“字体”下拉列表中选择“楷体”，在“字号”下拉列表中选择“40”磅；在“段落”组中单击“右对齐”按钮。

4. 演示文稿的简单设计

第1步：在“设计”选项卡下“主题”组中单击右下角的“其他”按钮，在打开的库中选择“环保”主题效果，即可为所有幻灯片应用该主题。

第2步：单击“文件”选项卡，在列表中执行“保存”命令。

8.3　第3题解答

1. 新建演示文稿

此部分的操作过程请参考8.1解答，此处略。

2. 幻灯片的基本操作

第1步：单击“文件”选项卡，在列表中执行“打开”命令，单击右侧的“浏览”选项，弹出“打开”对话框。在“打开”对话框中，首先从左侧列表中选择C:\2016KSW\DATA2，然后从右侧列表中选择“TF8-3.pptx”文件，单击“打开”按钮。

第2步：同时选中TF8-3.pptx文档中的5张幻灯片，在“开始”选项卡下“剪贴板”组中单击“复制”按钮。

第3步：在A8.pptx文档中，在“开始”选项卡下“剪贴板”组中单击“粘贴”按钮。

第4步：选中幻灯片“谢谢欣赏”页，在“开始”选项卡下“剪贴板”组中单击“剪切”按钮。

第5步：选中最后一张幻灯片，在“开始”选项卡下“剪贴板”组中单击“粘贴”按钮。

3. 文本的输入与编辑

第1步：将光标定位在第1张幻灯片中标题位置，并输入文本“文房四士”。选中标题文字，在“开始”选项卡下“字体”组中，在“字体”下拉列表中选择“华文隶书”，在“字号”下拉列表中选择“96”磅；在“开始”选项卡下“段落”组中单击“分散对齐”按钮。

第2步：将光标定位在第1张幻灯片中副标题位置，并输入文本“——典出宋·陆游《闲居无客所与度日笔砚纸墨而已戏作长句》”。选中副标题文字，在“开始”选项卡下“字体”组中，在“字体”下拉列表中选择“华文行楷”，在“字号”下拉列表中选择“18”磅；在“开始”选项卡下“段落”组中单击“右对齐”按钮。

4. 演示文稿的简单设计

第1步：在“设计”选项卡下，单击“主题”组右下角的“其他”按钮，在打开的库中选择“画廊”主题效果，即可为所有幻灯片应用该主题。

第2步：单击“文件”选项卡，在列表中选择“保存”命令。

8.4　第4题解答

1. 新建演示文稿

此部分的操作过程请参考8.1解答，此处略。

2. 幻灯片的基本操作

第1步：单击“文件”选项卡，在列表中执行“打开”命令，单击右侧的“浏览”选项，弹出“打开”对话框。在“打开”对话框中，首先从左侧列表中选择C:\2016KSW\DATA2，然后从右侧列表中选择“TF8-4.pptx”文件，单击“打开”按钮。

第2步：同时选中TF8-4.pptx文档中的5张幻灯片，在“开始”选项卡下“剪贴板”组中单击“复制”按钮。

第3步：在A8.pptx文档中，在“开始”选项卡下“剪贴板”组中单击“粘贴”按钮。

第4步：选中最后一张幻灯片“梅”页，在“开始”选项卡下“剪贴板”组中单击“剪切”按钮。

第5步：选中第1张幻灯片，在“开始”选项卡下“剪贴板”组中单击“粘贴”按钮。使用同样方法，将后四张幻灯片以“梅、兰、竹、菊”的顺序重新排列位置。

3. 文本的输入与编辑

将光标定位在第1张幻灯片中的标题位置，输入文本“花中四君子”。选中标题文字，在“开始”选项卡下“字体”组的“字体”下拉列表中选择“华文中宋”，在“字号”下拉列表中选择“88”磅，单击“文字阴影”按钮；在“段落”组中单击“分散对齐”按钮▤。

4. 演示文稿的简单设计

第1步：在“设计”选项卡下“主题”组中单击右下角的“其他”按钮▾，在打开的库中选择“丝状”主题效果，即可为所有幻灯片应用该主题。

第2步：单击“文件”选项卡，在列表中执行“保存”命令。

8.5　第5题解答

1. 新建演示文稿

此部分的操作过程请参考8.1解答，此处略。

2. 幻灯片的基本操作

第1步：单击“文件”选项卡，在列表中执行“打开”命令，单击右侧的“浏览”选项，弹出“打开”对话框。在“打开”对话框中，首先从左侧列表中选择C:\2016KSW\DATA2，然后从右侧列表中选择“TF8-5.pptx”文件，单击“打开”按钮。

第2步：同时选中TF8-5.pptx文档中的6张幻灯片，在“开始”选项卡下“剪贴板”组中单击“复制”选项。

第3步：在A8.pptx文档中，在“开始”选项卡下“剪贴板”组中单击“粘贴”选项。

第4步：选中“太湖”下面的空白幻灯片，右击，在弹出的快捷菜单中执行“删除幻灯片”命令。

3. 文本的输入与编辑

将光标定位在第1张幻灯片中的标题位置，输入文本“中国五大湖”。选中标题文字，在“开始”选项卡下“字体”组的“字体”下拉列表中选择“华文彩云”，在“字号”下拉列表中选择“96”磅，在“字体颜色”下拉列表中选择标准色中的“黄色”，单击“文字阴影”按钮S。

4. 演示文稿的简单设计

第1步：在“设计”选项卡下“主题”组中单击右下角的“其他”按钮▾，在打开的库中选择“电路”主题效果，即可为所有幻灯片应用该主题。

第2步：单击“文件”选项卡，在列表中执行“保存”命令。